JN296936

朝倉化学大系 ❻

宇宙・地球化学

野津憲治［著］

朝倉書店

編集顧問
佐野博敏（大妻女子大学学長）

編集幹事
富永　健（東京大学名誉教授）

編集委員
徂徠道夫（大阪大学名誉教授）
山本　学（北里大学教授）
松本和子（早稲田大学教授）
中村栄一（東京大学教授）
山内　薫（東京大学教授）

序

　本書は，学部学生や大学院学生を主な読者に想定して「宇宙・地球化学」を1冊にまとめた著書である．「地球化学 (geochemistry)」の名称はオゾンの発見で知られる C.R.Schönbein が使い始めた 1838 年にまで遡れるが，学問分野としての確立は 20 世紀初頭に欧米の偉人たちによってなされた．一方，重水素の発見でノーベル賞を受賞した H. C. Urey が命名したとされる「宇宙化学 (cosmochemistry)」が，いつの頃からか「地球化学」と並んで称されるようになった．B. Mason の名著 *Principles of Geochemistry* の初版 (1952) にも宇宙における元素の分布と移動の学問として「宇宙化学」が定義されている．つまり，地球に存在する物質の元素，化学種，同位体の分布と移動を時間空間的に扱い，分布や移動の基礎原理を明らかにするのが「地球化学」であり，その対象を宇宙全体に広げたのが「宇宙化学」である．とはいっても，ある時期までは化学分析できた地球外物質は隕石に限られていたので，地球化学の分析手法や考え方を隕石に適用するのが宇宙化学であった．1950 年から出版されている宇宙・地球化学分野の国際学術雑誌 *Geochimica et Cosmochimica Acta* が 2つの国際学会，Geochemical Society と Meteoritical Society の共通学会誌として刊行されていることからも，宇宙化学の成り立ちが示唆される．時代が進み，隕石は手にすることのできる唯一の地球外物質ではなくなり，リモートセンシングで惑星本体や惑星大気の化学情報が得られる時代になると，宇宙化学は「惑星化学」と呼ばれることが多くなった．昨今では，恒星の化学組成が分光分析で多元素定量され，多くの星間分子の化学種が同定され，さらに銀河内で起きる化学現象や化学進化，物質循環も解明されるようになり，本来の意味での「宇宙化学」も盛んになっている．このような背景のもと，本書では，太陽系外に広がる宇宙の化学，太陽系内でも地球外物質の化学の内容を多く取り入れ，我々が生活する地球の化学も宇宙化学の枠組みに組み込まれていることが分かるように心がけた．

本書は，著者が東京大学理学部化学科の 3 年生向けに担当した「地球化学」の講義内容に沿って構成されている．宇宙・地球化学は対象とする場所 (あるいは物質) ごとにまとめることもできるし，宇宙開闢以来の時代に沿ってまとめることもでき，空間と時間が交錯して構成されている．著者は「地球化学」の講義にあたって，太陽系生成からの時間軸に沿って地球で起きたことの化学的な側面を全地球的に組み立てていくように努めてきたが，これがなかなか難しい．基礎的な概念の理解なしには語れないため，元素分配とか同位体比変動の一般論をどこかで取り上げなければならない．また，分析や観測から詳細に分かっているのは現在の宇宙・地球の姿であり，過去の情報は古いほど少なく，現在から過去へ遡る説明の方が分かりやすいことも多い．このような事情を勘案し，本書は以下の章立てから構成されている．第 1 章では宇宙の中での太陽系の時間的空間的な位置づけを示し，第 2 章で研究手段となる元素存在度や同位体組成の基礎的な説明を行った．その上で，第 3 章では太陽系の生成過程を，第 4 章では生成年代をまとめた．太陽系が生成した後，初期地球で起きた現象について，まず第 5 章で大気，海洋の形成，生命の誕生までを扱い，第 7 章ではコア–マントル分離，マントル分化，地殻の形成などの固体地球での大規模構造形成をまとめた．固体地球分化では岩石の溶融固化過程が本質的な役割を果たすので，第 7 章に先立ち第 6 章で岩石鉱物の基本と元素分配を説明した．第 8 〜 10 章では，分化した後の地球の各構成部分で過去に起きた現象や現在起きている現象をまとめた．具体的には，第 8 章が固体地球表層，第 9 章が水圏，生物圏，第 10 章が大気圏の現象を扱っている．第 11 章では現在につながる地球の環境変動を扱い，未来を見据えるところまで言及する．最後の第 12 章では宇宙・地球化学の歩みをまとめて，その後にはさらに勉強をしたい人のための著書紹介をつけた．

このような内容を 1 冊の著書にまとめることは著者の能力をはるかに超える仕事であり，読者のためを思えば，何人かで分担して書いた方が充実した内容になり，役に立つことは疑う余地がない．単独著者による「地球化学」あるいは「宇宙・地球化学」の著書は海外では現在でもときどき出版されるが，日本に限ると著者の知る限り 1965 年に出版された三宅泰雄先生の *Elements of Geochemistry* (丸善) 以降はない．その後出版された著書は複数著者による「地球化学」か，単独著者による宇宙・地球化学の中の特定分野を扱った著作であ

る．こんな中で今回あえて1人で書こうと思ったのは，1人で書くと得意不得意を反映して章ごとに質やレベルにむらができるが，1人の研究者の目で宇宙・地球化学全般を眺めることにより著書全体の一貫性は出せるのではないかと思ったからである．講義用のノートを作ることと著書の文章を書くこととは全く異なる作業であることをいやというほど思い知り，自分にとってこれまで遠かった分野の執筆は，まさに勉強の成果をレポートにまとめるような心境であった．本書の内容に不適切なところがあるとすれば，ひとえに著者の能力不足を露呈していることになり，お恥ずかしい次第である．内容的な完成度に自信がもてないまま出版するのは心苦しいが，この本の読者の中から我こそはもっと内容ある著作が書けると名乗りを上げる人が多く出ることを願う限りである．

　ここで本書ができるに至った経緯を，私事にわたることも交えて，述べておきたい．2001年に刊行企画が行われた朝倉化学大系では，『宇宙・地球化学』は酒井均先生が執筆されることになっていた．しかし，酒井先生は健康上の理由で執筆できなくなり，私に代役の依頼が来たのが2003年の夏のことであった．酒井先生は1996年に東京大学出版会から松久幸敬博士と共著で『安定同位体地球化学』を出版されており，1999年には講談社ブルーバックスで『地球と生命の起源』を著されている．前者は同位体を学ぶ者なら誰でも勉強に使う定評のある著作であり，後者は一般書ではあるが内容的には専門書のレベルで，明快な論理と巧みな文章は読者を引きつけ，何度も読みたくなる著書である．酒井先生の代役はとても務まらないと思いつつも，「地球化学」ではなく「宇宙・地球化学」というタイトルに惹かれて，これも何かのご縁かと思い無謀にも引き受けてしまった．思い起こすと40年前，著者が大学院入試の際に研究室を選ぶのに，「化学」と名のつく分野で誰もやりそうもなく面白そうな分野を探しているうちに，「宇宙化学」に出会い，馬淵久夫先生のご指導を受けることになった．馬淵先生との出会いがなければ本書の執筆もなかったであろう．その後宇宙化学から離れ火山岩や火山ガスの地球化学を専門としてきたが，宇宙化学には思い入れがまだ残っていたのである．

　さて執筆を引き受けたものの，内容の目次すらできないまま，あっという間に執筆を約束した3年がたった．2006年に入ると予期せぬ若い人の他界が続き，今度は執筆そのものが考えられなくなってしまった．3月末には著者の研究室の助教授から東北大学の教授に栄転した五十嵐丈二博士が突然逝去した．

46歳の若さで，これから研究の華が開くと期待していた矢先だった．半年後の10月には博士課程2年の福良哲史君が実験のための出張先で突然死した．無限の未来が約束された25歳であり，本人やご両親の無念さを思うと私の大学教員人生の中で悔やんでも悔やみきれない最悪の出来事だった．そうこうしているうちに，私の妻が末期癌を患っていることが判明し，医者の見立てどおり半年の寿命を翌2007年の7月18日に全うした．本書を書くはずだった酒井先生も2008年9月30日に永眠された．このように本書は，個人的には私の身近の人たちの死を受け止める形で執筆しており，本書を酒井先生，五十嵐さん，福良君そして私の妻，和子に謹んで捧げたいと思う．さらに，大学院修了後の著者を筑波大学に呼んでくださり，49歳の若さで他界した宇宙化学の大先輩小沼直樹先生にも本書を捧げたい．もっとも，小沼先生が本書を読んだら，「この本には思想が見えない」と一喝されそうで怖い気はするが．

本書は，第1原稿全体を，松久幸敬博士，松田准一博士，編集委員の松本和子博士に読んでいただき，コメントをいただいた．また，9～11章は蒲生俊敬博士にコメントいただいた．お忙しい中，私の著書のために時間を割いていただき感謝に堪えない．編集幹事の富永健先生には何かとお力添えいただきながら，最初の約束どおりに執筆できなかったことをお詫びしたい．最後に朝倉書店編集部には，いろいろな無理を聞いていただき，心から御礼申し上げたい．

2009年12月1日 (満63歳の誕生日を記して)

野津　憲治

目　次

1. 宇宙の中の太陽系・地球 ………………………………………………………… 1
   1.1 宇宙，銀河系，太陽，惑星 ……………………………………………… 1
   1.2 太陽系天体とその構成物質 ……………………………………………… 5
   1.3 始源的な隕石，分化した隕石 …………………………………………… 10
      1.3.1 隕石の分類 …………………………………………………………… 11
      1.3.2 コンドライト ………………………………………………………… 12
      1.3.3 分化した隕石 ………………………………………………………… 14
   1.4 地球の姿と内部構造 ……………………………………………………… 16

2. 太陽系を構成する元素や同位体 ………………………………………………… 23
   2.1 元素，同位体 ……………………………………………………………… 23
   2.2 太陽系の元素存在度 ……………………………………………………… 27
   2.3 元素の起源 ………………………………………………………………… 32
      2.3.1 ビッグバンでの元素の合成 ………………………………………… 32
      2.3.2 恒星の進化に伴う Fe より軽い元素の合成 ……………………… 33
      2.3.3 Fe より重い元素の合成 …………………………………………… 35
      2.3.4 宇宙線による核破砕反応で作られる Li, Be, B ………………… 36
   2.4 宇宙における物質循環と化学進化 ……………………………………… 37
   2.5 元素合成の年代学 ………………………………………………………… 38
   2.6 自然界でみられる同位体比の変動 ……………………………………… 41
      2.6.1 天然で起きる同位体効果による同位体比の変動 ………………… 42
      2.6.2 放射壊変生成核種による同位体比の変動 ………………………… 44
      2.6.3 天然でおきる核反応生成核種による同位体比の変動 …………… 46
   2.7 隕石中の「同位体異常」 ………………………………………………… 46

2.7.1　希ガス同位体 ………………………………………… 46
　　2.7.2　酸素同位体 …………………………………………… 47
　　2.7.3　そのほかの元素の同位体 …………………………… 49
　2.8　プレソーラー粒子の太陽系物質とは異なる同位体比 …… 50

3. 太陽系，地球・惑星の誕生 ……………………………………… 56
　3.1　星間物質から作られた太陽系 …………………………… 56
　3.2　太陽系の形成過程 ………………………………………… 59
　3.3　平衡凝縮モデル …………………………………………… 62
　3.4　元素の宇宙化学的分類 …………………………………… 66
　3.5　地球の化学組成 …………………………………………… 68

4. 太陽系天体の形成年代 …………………………………………… 73
　4.1　絶対年代測定法 …………………………………………… 73
　　4.1.1　K–Ar 法と Ar–Ar 法 ………………………………… 74
　　4.1.2　Rb–Sr 法および同じ原理の年代測定法 …………… 76
　　4.1.3　U(Th)–Pb 法，Pb–Pb 法とコンコーディア図による解析 … 78
　4.2　隕石の精密形成年代 ……………………………………… 81
　4.3　原始太陽系形成にかかった時間と隕石形成の相対年代 ……… 83
　4.4　地球の年代，月の年代 …………………………………… 87

5. 大気・海洋の形成と進化，生命の起源と進化 ……………………… 94
　5.1　原始大気の誕生：一次大気と二次大気 ………………… 94
　5.2　初期地球の大規模な脱ガスと原始海洋の誕生 ………… 98
　5.3　CO_2 大気の長期的な組成変化 ………………………… 101
　5.4　地球上に出現した最初の生物 …………………………… 103
　5.5　化学進化から生命の誕生へ ……………………………… 106
　5.6　生物進化に伴う O_2 の蓄積と大気海洋環境の変化 …… 109
　5.7　生物の多様化と大量絶滅 ………………………………… 115

6. 固体地球に多様性をもたらす現象 ………………………… 120
- 6.1 固体地球を作る岩石，鉱物 ………………………… 120
- 6.2 マグマの発生・分化と火成岩の多様性 ………………………… 125
  - 6.2.1 火成岩の分類 ………………………… 125
  - 6.2.2 マグマ発生の場 ………………………… 127
  - 6.2.3 マグマ発生のメカニズム ………………………… 130
  - 6.2.4 マグマの分化と多様性 ………………………… 134
- 6.3 火成作用に伴う元素の挙動 ………………………… 136
- 6.4 マグマと固相間の元素の分配 ………………………… 140
- 6.5 元素の地球化学的分類と元素存在度パターン ………………………… 141

7. 固体地球の分化と物質循環 ………………………… 146
- 7.1 マントルとコアの分離，固体コア (内核) の誕生 ………………………… 146
- 7.2 地球化学的に不均質なマントル：同位体リザーバー ………………………… 148
- 7.3 マントルの分化と進化 ………………………… 153
- 7.4 大陸地殻の形成と進化 ………………………… 156
- 7.5 プレートテクトニクスの地球化学：発散境界と収束境界 ………………………… 159
- 7.6 固体地球の構造モデル ………………………… 163

8. 固体地球表層で起きる諸現象 ………………………… 168
- 8.1 風化作用に伴う元素の挙動 ………………………… 168
- 8.2 土壌の生成 ………………………… 170
- 8.3 堆積作用と堆積岩 ………………………… 172
- 8.4 変成作用と変成岩 ………………………… 175
- 8.5 浅部マグマ活動が関与する諸現象 ………………………… 177
- 8.6 地震活動が関与する諸現象 ………………………… 184
- 8.7 鉱化作用：著しい元素の濃縮 ………………………… 186
  - 8.7.1 火成鉱床 ………………………… 187
  - 8.7.2 熱水鉱床 ………………………… 187
  - 8.7.3 堆積鉱床 ………………………… 190

9. 水惑星地球の水圏, 生物圏での物質循環 ... 193
- 9.1 地球上での水循環：海水と陸水 ... 193
- 9.2 固体地球の中の水循環 ... 197
- 9.3 海水の化学組成とその鉛直分布 ... 198
- 9.4 海水の化学組成, 同位体組成の経時変化 ... 204
- 9.5 海洋の循環 ... 207
- 9.6 海洋での生物地球化学サイクル ... 210
- 9.7 生物圏の元素組成, 元素の挙動 ... 211

10. 地球大気圏の化学 ... 219
- 10.1 大気の構造と化学組成 ... 219
- 10.2 大気構成元素の地球化学的循環 ... 224
  - 10.2.1 窒素循環 ... 224
  - 10.2.2 酸素循環 ... 225
  - 10.2.3 炭素循環 ... 227
  - 10.2.4 硫黄循環 ... 229
- 10.3 大気の運動と大気による物質輸送 ... 230
- 10.4 成層圏, 対流圏における光化学反応 ... 232

11. 人間活動が変えた地球環境とその将来 ... 236
- 11.1 人間活動が作り出す環境変化 ... 236
- 11.2 古環境の復元 ... 237
- 11.3 地球温暖化：大気への温室効果ガスの排出 ... 244
- 11.4 地球温暖化以外の人間活動による地球環境変化 ... 251
  - 11.4.1 オゾン層の破壊 ... 252
  - 11.4.2 合成化学物質による環境汚染 ... 252
  - 11.4.3 鉱山操業に伴う環境への重金属汚染 ... 254
  - 11.4.4 酸性雨 ... 255
  - 11.4.5 放射能汚染 ... 255
- 11.5 地球環境のこれから ... 257

12. まとめに代えて：宇宙・地球化学の歩み 265
  12.1 　地球化学前史：新元素発見の時代 265
  12.2 　地球化学の誕生の頃：20 世紀前半 268
  12.3 　日本における地球化学の事始め 270
  12.4 　質量分析法による宇宙・地球化学の新展開：1950 年代 270
    12.4.1 　放射年代測定法の確立 271
    12.4.2 　安定同位体地球化学の確立 271
  12.5 　微量元素測定が切り開いた宇宙・地球化学：1960 年代以降 ... 272
  12.6 　宇宙化学の記念すべき年：1969 年 274
  12.7 　プレートテクトニクスの地球化学：1970 年代以降 275
  12.8 　これからの宇宙・地球化学 276

さらに宇宙・地球化学を学ぶために 280
索　　引 283

1
宇宙の中の太陽系・地球

1.1 宇宙,銀河系,太陽,惑星

　これまで人類が営々と行ってきた自然科学研究が到達した宇宙観によれば,我々人類が認識できる宇宙は,137 億年前に起きたビッグバン (big bang) で誕生したとされる[1].地球から遠い銀河ほど速く後退しており,後退速度が距離に比例するというハッブル (Hubble) の法則から観測できる宇宙の端までの距離を見積もると,地球から 137 億光年 (1 光年は光が真空中を 1 年間に進行する距離で 9.46×10^{15} m) となり,宇宙は 10^{26} m を超える広がりをもっている.ビッグバン宇宙論の発展したインフレーション (inflation) 宇宙論は,力の統一理論に基づき提唱された宇宙誕生の理論である.宇宙開闢から 10^{-44} 秒後に 10^{32} K で第 1 の相転移が起き,統一された 1 つの力から重力が枝分かれする.10^{-36} 秒後に 10^{28} K まで下がり強い力が枝分かれすると (第 2 の相転移),一挙に指数関数的膨張 (インフレーション) が起きて,宇宙はほとんど瞬時に何十桁何百桁と大きくなる[1].

　インフレーションを終えた後も宇宙は膨張し,10^{-6} 秒後には 10^{13} K まで冷えクォークから陽子や中性子などの核子ができた.3 分後には 10^9 K となり陽子や中性子から核反応で ^{2}H (D:重水素) や He の原子核ができた (図 2.8 参照).宇宙開闢後 38 万年の頃,温度も 3000 K まで下がり陽子と電子が結合し H 原子ができると,光子は物質と相互作用しなくなり宇宙空間を直進するようになるので,「宇宙の晴れ上がり (transparent to radiation)」と呼ばれる.このときの 3000 K の黒体放射は,宇宙膨脹で波長が引きのばされ,現在も宇宙背景放射 (cosmic background radiation) として観測されている.アメリカの NASA が 1989 年に打ち上げた COBE 衛星による観測で,宇宙背景放射は 2.74 ± 0.006 K のほぼ完璧なプランク分布の熱放射であることが明らかにされた[2].宇宙の晴

れ上がりのあとも宇宙がさらに膨張し冷えていくと，宇宙内の物質密度に揺らぎが生じ，密度が高い部分から第 1 世代の恒星が誕生し，銀河も誕生した．これまでに観測された最古の銀河は，ビッグバン後わずか 7.5 億年経過したときの銀河で，日本のすばる望遠鏡による観測で 2006 年に発見された[3]．

現在の宇宙の基本的な構成要素は銀河であり，わが太陽系が属している銀河は「銀河系 (Galaxy)」あるいは「天の川銀河 (Milky Way Galaxy)」と呼ばれる．2×10^{11} 個の恒星からなる典型的な渦巻銀河 (spiral galaxy) で，バルジ (bulge) と呼ばれる直径 1.5 万光年の球形構造の中心部と直径 10 万光年の円盤部とから構成される (図 1.1)．わが太陽は銀河面にあって，銀河中心から (2.8 ± 0.3) 万光年の位置に存在し，(220 ± 20) km/s で銀河面を回転しているので，回転周期は約 2 億年である．宇宙において銀河は階層構造をもつ集団として存在しており，わが銀河系はアンドロメダ銀河など 40 個ほどの銀河と半径 300 万光年程度の局部銀河群を作り，さらに複数個の銀河群が集まって銀河団，複数個の銀河団から 1 億光年程度より大きな超銀河団を形作っている．超銀河団は壁上につらなったグレイトウォール (Great Wall) と呼ばれる構造を作り，銀河のほとんどないボイド (void：超空洞) と入り交じって，大規模構造を作っている．アメリカの NASA が 2001 年に打ち上げた WMAP 衛星の観測結果によると，宇宙のエネルギーのわずか 4% を通常の物質が占め，20% をダークマター (dark matter)，76% をダークエネルギー (dark energy) が占めるという．しかし，ダークマターやダークエネルギーの本質は皆目分からず 21 世紀の宇宙論の課題であるとされている[2]．

恒星は通常，横軸に表面温度 (観測的には恒星の色またはスペクトル型)，縦軸に星の明るさをとるヘルツシュプルング–ラッセル (Hertzsprung–Russel) 図，略して HR 図上で分類される (図 1.2)．多くの恒星はこの図で主系列 (main sequence) と呼ばれる線上に分布する．太陽 (sun) は G 型 (表面温度が 5000～6000 K に対応) の主系列星で，恒星としては平凡でかつおとなしい星である．太陽は H と He を主成分とする巨大なガス球で，半径は 6.960×10^8 m (地球の約 110 倍)，質量は 1.989×10^{30} kg (地球の約 33 万倍)，平均密度は $1.41 \mathrm{g/cm^3}$ である．内部で起きている H の核融合反応のため，総輻射量 3.84×10^{26} W の莫大なエネルギーを宇宙空間に放出している[5]．このエネルギーは，約 5800 K の黒体放射として放出され (大部分が可視光のエネルギー)，このほかに X 線や

1.1 宇宙，銀河系，太陽，惑星

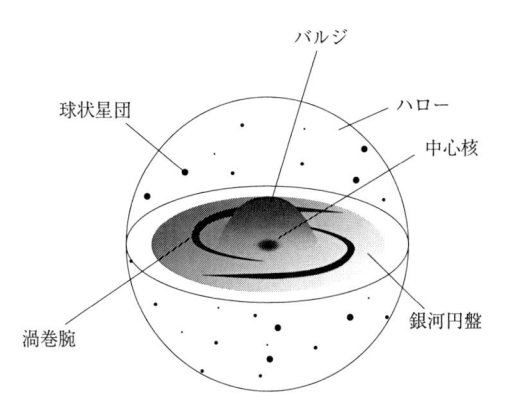

図 1.1 銀河系の模式図[1]

銀河円盤の直径は約 10 万光年 (約 10^{21} m)．2×10^{11} 個の恒星が円盤とバルジに集まり，円盤を囲む球状のハロー領域には (数〜100) 万個の古い星の集団である球状星団が見られる．

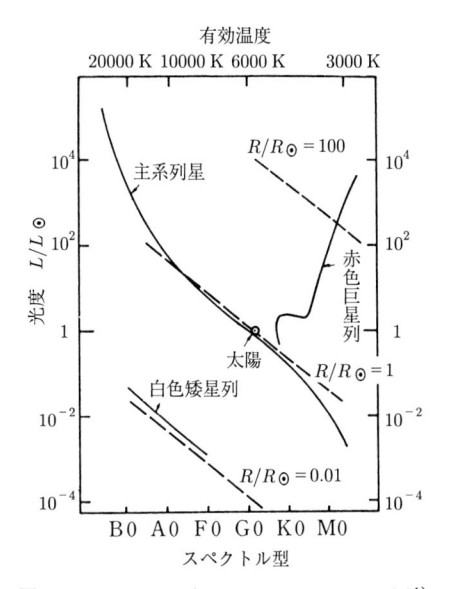

図 1.2 ヘルツシュプルング–ラッセル (HR) 図[4]

光度は太陽光度 $L_\odot$ で規格化したした値．$R/R_\odot=100, 1, 0.01$ の点線は，恒星半径が太陽半径の 100 倍，1 倍，0.01 倍の恒星の系列の理論的な光度と有効温度との関係を示している．

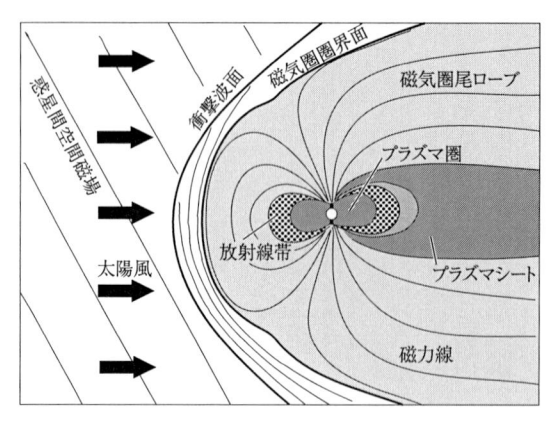

図 1.3 太陽風と地球磁気圏 (文献[5]) の p.783)

紫外線,高エネルギー粒子やプラズマとしても惑星間空間に放出されている.太陽風 (solar wind) は太陽から放出されるプラズマの流れで,主に陽子と電子とからなり次に多いのは He^{2+} (α 粒子) である.

地球近傍での太陽風は,粒子密度 $1 \sim 10$ 個/cm^3,速度 $300 \sim 800\,km/s$ であり[4],地球に接近すると地球磁場に妨げられて衝撃波を発生し,太陽風の圧力と地球磁場とが釣り合ったところに彗星の頭部の形に似た磁気圏圏界面 (太陽側では地球半径の約 10 倍あたりに位置する) ができる (図 1.3).圏界面は地球の夜側には地球半径の 1000 倍以上に尾を引いて伸びている.圏界面の内側は地球磁場の影響の及ぶ領域で磁気圏 (magnetosphere) と呼ばれ,主に H^+ や He^+ から構成され,地球大気の最も外側の部分にあたる (10.1 節参照).太陽風粒子は磁気圏内に直接入り込めないので,圏界面は物質的にも地球圏 (あるいは地球大気圏) と惑星間空間の境になっている.

太陽表面は,約 $5800\,K$ の黒体放射が観測される厚さ数百 km の光球 (photosphere) で覆われており,その外側には $7000 \sim 10^4\,K$ で光球より密度が希薄な厚さ $1500\,km$ の彩層 (chromosphere) が覆い,さらに外側には $10^6\,K$ 以上の希薄なプラズマからなるコロナ (corona) が太陽半径の 10 倍あたりまで広がっている.光球の可視域スペクトルには,H,He のほかにも原子番号が大きい元素の原子吸収線が観測され (2.2 節参照),銀河の進化に伴って数多く起きた元素合成過程で生成した元素を集めて太陽系が誕生したことを示している.光球より深い部分は急激に密度が高まり不透明になるので,地球からは観測できない.

中心部分の密度は $156\,\mathrm{g/cm^3}$，温度は $15.8\times10^6\,\mathrm{K}$ と見積もられており，H が核融合して He ができる核反応が起きている．恒星進化の理論によれば，質量が大きい恒星ほど主系列にとどまる期間は短く，太陽質量では約 100 億年と計算されている．現在の太陽の年齢は約 46 億年であるので (4.2 節参照)，ちょうど中間あたりの段階にさしかかっている．

恒星としての太陽の最も重要な特徴は，地球をはじめとして太陽の周りを公転する惑星 (planet) をもっていることである．惑星のほかにも衛星 (satellite)，小惑星 (asteroid)，彗星 (comet)，惑星間塵 (interplanetary dust) ほかが太陽系 (solar system) を構成しており，これらの詳細は次節で取り上げる．太陽から $10^4 \sim 10^5$ AU (1 AU (astronomical unit：天文単位) は地球の軌道長半径で 1.496×10^{11} m) の距離に存在するとされるオールトの雲 (Oort cloud) が太陽系の最外殻を構成しており[6]，太陽から 1.58 光年 (10^5 AU) 離れた太陽系の最遠部までの距離は，太陽から一番近い隣の恒星，ケンタウルス座の α 星 (α Cen C) までの距離 4.2 光年[5]のほぼ 1/3 に相当する．

宇宙の中での生命の誕生を考えるとき，惑星の存在は必須で，たとえ惑星があっても，液体の水を長期間保持できる環境が保たれていないと，高等生物への進化は望めない．恒星に惑星が伴うことが普遍的か否かは，最近までは悲観的で，わが太陽系は極めてまれな存在ではないかと考えられていた．しかし，惑星を伴う恒星は 1995 年以降続々と見つかり，2009 年 6 月までに約 350 個の太陽系外惑星が発見されており，現代天文学の中心的課題になりつつある[5]．

1.2 太陽系天体とその構成物質

2006 年の国際天文学連合 (IAU: International Astronomical Union) 総会で「太陽系の惑星の定義」が決議され，(a) 太陽の周りを回り，(b) 質量が十分に大きいので自己重力でほぼ球状 (流体力学的平衡の形状) になっており，(c) 自己の軌道の周囲から他の天体を力学的に一掃し，(d) 衛星でない，天体が惑星と定義された．これに該当する水星 (Mercury)，金星 (Venus)，地球 (Earth)，火星 (Mars)，木星 (Jupiter)，土星 (Saturn)，天王星 (Uranus)，海王星 (Neptune) の 8 つの天体が惑星となり，(c) の条件を満たさない天体を新たに準惑星 (dwarf planet) と定義し，小惑星のセレス (Ceres)，太陽系外縁天体 (TNO: trans-Neptunian

表 1.1 太陽系天体の物理的データ　(文献5) より抜粋)

	太陽からの距離 軌道長半径 a (AU)	(10^8 km)	離心率 e	対恒星公転周期 P (太陽年)	軌道平均速度 (km/s)
水星	0.3871	0.579	0.2056	0.24085	47.36
金星	0.7233	1.082	0.0068	0.61521	35.02
地球	1.0000	1.496	0.0167	1.00004	29.78
火星	1.5237	2.279	0.0934	1.88089	24.08
木星	5.2026	7.783	0.0485	11.8622	13.06
土星	9.5549	14.294	0.0555	29.4578	9.65
天王星	19.2184	28.750	0.0463	84.0223	6.81
海王星	30.1104	45.044	0.0090	164.774	5.44

	赤道半径 (km)	扁平率	質量 (地球=1)*	密度 (g/cm^3)	自転周期 (日)
太陽	696000	0	332946	1.41	25.38
水星	2440	0	0.05527	5.43	58.65
金星	6052	0	0.8150	5.24	243.02
地球	6378	0.0034	1.0000	5.52	0.9973
火星	3396	0.0059	0.1074	3.93	1.0260
木星	71492	0.0649	317.83	1.33	0.414
土星	60268	0.0980	95.16	0.69	0.444
天王星	25559	0.0229	14.54	1.27	0.718
海王星	24764	0.0171	17.15	1.64	0.671
月	1738	3軸不等	0.012300	3.34	27.3217

* 地球の質量：5.974×10^{24} kg

object) の冥王星 (Pluto) とエリス (Eris) の3天体が準惑星に属することとなった．その後，準惑星には太陽系外縁天体のハウメア (Haumea) とマケマケ (Makemake) も加わり，2009年6月時点で5天体であるが，今後も増える可能性がある[5]．なお，太陽系外縁天体の準惑星を特に冥王星型天体 (plutoid) と呼ぶ．

　表1.1に惑星の物理量を，太陽や月のデータも加えてまとめる．太陽系の質量のほとんどは太陽が担っており，2番目に大きい天体である木星ですら太陽質量の 10^{-3} 程度である．太陽系の構造の概要を図1.4に示す．太陽系内の惑星は小惑星帯を境にして，火星より内側の地球型惑星 (terrestrial planets) と，木星より外側の木星型惑星 (jovian planets) に大別される．水星，金星，地球，火星の地球型惑星は，相対的に半径が小さく，密度が $3.9 \sim 5.5$ g/cm^3 と大きい．表面は岩石 (ケイ酸塩) で覆われており，地球と同様に中心部に金属コアをもつと考えられている．一方，木星，土星，天王星，海王星からなる木星型惑

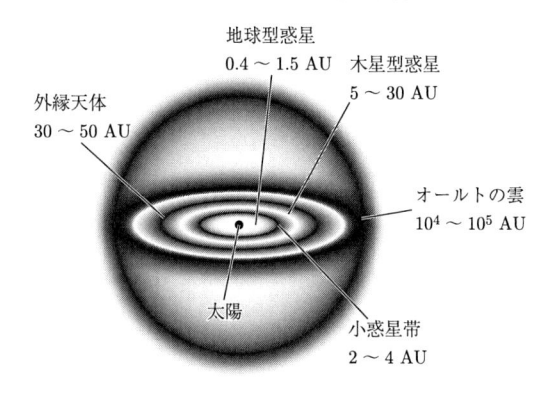

地球型惑星
0.4 〜 1.5 AU　木星型惑星
　　　　　　　5 〜 30 AU

外縁天体
30 〜 50 AU

オールトの雲
$10^4 \sim 10^5$ AU

太陽

小惑星帯
2 〜 4 AU

図 1.4　太陽系の構造

星は大型だが，密度が $0.7 \sim 1.7\,\mathrm{g/cm^3}$ と小さく，太陽の密度 $1.41\,\mathrm{g/cm^3}$ と同程度である．木星，土星は H と He からなる巨大な大気を保持し，中心部には岩石や氷からなるコアが存在すると考えられており，天王星，海王星は岩石コア，氷マントル，H–He ガス外層の 3 層構造からなっていると考えられている．

表 1.2 に惑星大気の化学組成をいくつかの衛星大気のデータも加えて示す．水星と月の大気はアルカリ金属からなる極めて希薄な大気で，時間変動も激しい．木星型惑星の大気は，主成分の H_2，He でほぼ 100% が占められ，少量の CH_4 や NH_3 などを含んでいる．一方，地球型惑星の大気は 90 数% の CO_2 と数% の N_2 とからなり，少量の Ar と H_2O がそれに次ぐ．なお，現在の地球大気は N_2，O_2 が主成分であるが，O_2 は光合成起源で，CO_2 は炭酸塩として地表に固定されていることを考慮して，地球上に生命が誕生する以前の大気の組成に戻すと現在の金星や火星の大気と似た組成になる (5.1 節参照)．

惑星の周りを回る天体が衛星で，地球型惑星では地球を回る月と，火星を回るフォボス (Phobos)，ダイモス (Deimos) が知られている．半径 1738 km の月の密度は，地球の $5.52\,\mathrm{g/cm^3}$ に比べるとかなり小さい $3.34\,\mathrm{g/cm^3}$ であり，岩石でできた天体で，その中心に半径 300 km 程度の金属コアをもつと考えられている[7]．一方，火星の 2 つの衛星はどちらも半径が 10 km 前後と小型で，密度が $2\,\mathrm{g/cm^3}$ 以下と小さいので，氷と岩石からなる小惑星が火星軌道に捉えられたのであろう．木星型惑星には衛星が多く知られており，2009 年 7 月末までに報告された数は，木星 63，土星 64，天王星 27，海王星 13 個である[5]．

表 1.2　太陽系天体の大気の化学組成と物理的データ (文献[5] より作成)

物質名	水星 体積%	金星 体積%	地球 体積%	火星 体積%
H_2				
He	~1			
Ar		1.9×10^{-3}	9.3×10^{-1}	1.6
Na	~99[c]		—[c]	
K	—[c]			
N_2		3.4	78	2.7
O_2		6.9×10^{-3}	21	1.3×10^{-1}
CO_2		96	3.8×10^{-2}[b]	95
H_2O		1.4×10^{-1}	$1 \sim 2.8$[c]	3×10^{-2}[c]
CO		4×10^{-5}	1.2×10^{-5}	7×10^{-2}
CH_4				
NH_3				
表面大気圧 (bar)	10^{-15}[c]	90	1	0.006
大気量 (g)		5.3×10^{23}	5.3×10^{21}	2.4×10^{19}
大気量 (km・atm)[d]				
有効温度 (K)	530	240(雲上)	295(太陽直下)	250
表面温度 (K)		735		

物質名	木星 モル比	土星 モル比	天王星 モル比	海王星 モル比[a]	月 体積%	タイタン 体積%
H_2	0.89	0.96	0.85	1		4×10^{-3}
He	0.11	0.04	0.15	0.22		
Ar						>1
Na					~80[c]	
K					~20[c]	
N_2						82~94
O_2						
CO_2						
H_2O	1×10^{-6}					
CO	$\sim 10^{-9}$			$\sim 10^{-6}$		
CH_4	2×10^{-3}	5×10^{-3}	6×10^{-3}	0.02		2~3
NH_3	2×10^{-4}	2×10^{-4}		3×10^{-6}		
表面大気圧 (bar)					10^{-17}[c]	1.5
大気量 (g)						
大気量 (km・atm)[d]	75 ± 15	75 ± 20	225 ± 75	225 ± 75		
有効温度 (K)	124.4 ± 0.3	93.6 ± 0.5	<59.4	55 ± 2	325	94
表面温度 (K)						

[a] 水素量 1 としたモル比.　[b] 2007 年の値.　[c] 変化する.　[d] 水素量, 1 気圧, 0°C における厚さ (km).

木星を回るイオ (Io) とエウロパ (Europa) を除くとすべて密度が $2\,\mathrm{g/cm^3}$ 以下で，氷を主成分として岩石コアをもつ小天体である．太陽系最大の衛星は木星を回るガニメデ (Ganymede) で，その半径 $2634\,\mathrm{km}$ は水星より大きいが，密度は $1.94\,\mathrm{g/cm^3}$ で氷と岩石とからなる．タイタン (Titan) は土星の最大の衛星で密度は $1.88\,\mathrm{g/cm^3}$ とガニメデに近いが，N_2 を主成分とする $1.5\,\mathrm{bar}$ の大気をもち，$2\sim3\%$ の CH_4 を含む．なお，密度 $3.53\,\mathrm{g/cm^3}$ のイオは SO_2 を放出する火山活動で知られ，密度 $3.01\,\mathrm{g/cm^3}$ のエウロパは内部に塩分に富む海があると考えられており，どちらも主に岩石で構成されている衛星である．

太陽系には，太陽，惑星，準惑星，衛星以外にも数多くの小天体や物質が存在しており，太陽系小天体 (small solar system bodies) と一括して呼ばれ，太陽系外縁天体や小惑星の大部分，隕石，彗星，惑星間塵などが含まれる．太陽系外縁天体は，従来からエッジワース–カイパーベルト天体 (EKBO: Edgeworth–Kuiper belt object) と呼ばれ，大部分が軌道長半径 $30\sim50\,\mathrm{AU}$ をもつ海王星より外側で太陽の周りを回る小天体で，これまでに約 1300 個発見されている[5]．さらに外側で太陽系を球殻状に取り囲んでいるオールトの雲 (太陽から $10^4\sim10^5\,\mathrm{AU}$ くらいまで存在していると思われている) とともに，彗星核 (comet nucleus) の起源天体と考えられている．

火星軌道と木星軌道の間の太陽から $2\sim4\,\mathrm{AU}$ の空間には小天体が多数集中して存在しており，小惑星帯 (asteroid belt) と呼ばれる．このうち 216463 個は軌道が確定し小惑星番号がついており，軌道未確定の小惑星はさらに数十万個に上る (2009 年 6 月 18 日時点)[5]．最大の直径 $952\,\mathrm{km}$ をもつセレスだけは準惑星に分類され小惑星には含めないが，直径 $100\,\mathrm{km}$ を超える大きさの小惑星は 220 個程度にすぎず，ほとんどすべては km サイズ以下である．ちなみに日本の惑星探査で，2003 年に打ち上げられた探査機「はやぶさ」が無人サンプルリターンを試みた小惑星イトカワ (Itokawa) は，$535\,\mathrm{m}\times294\,\mathrm{m}\times209\,\mathrm{m}$ の天体である[5]．地球で回収された隕石は，次節で説明するように，岩石や金属から構成されており，始源的で未分化なものから分化したものまで多種多様である．ほとんどの隕石は小惑星帯起源であることが，落下隕石の大気圏突入時の軌道データや反射スペクトルから示されている[5]．太陽系内には直径 1 mm 以下の固体微粒子が浮遊しており，地球にも年間 $(40\pm20)\times10^6\,\mathrm{kg}$ 降下している[8]．この量は年間の平均的な隕石落下量よりはるかに多い．そのほとんどは

太陽系内で発生する惑星間塵で,彗星核からの放出,小惑星同士の衝突によってもたらされる.

地球化学研究では,実際の試料の実験室での精密分析が欠かせないが,地球上で採取できる試料を除くと,これまでに入手できた太陽系の試料は,各種の隕石試料,月試料,惑星間塵試料である.隕石の中には火星起源や月起源の隕石も存在し,火星試料も分析対象に加わった.地球に落下する隕石を待つのではなく,多くの隕石の起源天体である小惑星から試料を採取する計画も進んでいる.前出の「はやぶさ (MUSES–C)」ミッションでは,2005 年 11 月に小惑星イトカワで表面試料採取を試み,微粒子採集に成功し 2010 年に帰還した.太陽系外縁天体も始源的な物質の生き残りの可能性が指摘されており,米国のスターダスト計画 (stardust mission) では,太陽系外縁天体に起源をもつビルド第 2 彗星 (Wild 2 comet) から 2004 年に塵を回収し,2006 年に地球へ持ち帰り,現在研究が進んでいる[9].しかし,探査機を用いた地球外物質の採取,地球への帰還には多くの困難が伴うので,探査機を目的天体に着陸させて無人の化学分析を行い,あるいは目的天体を回る衛星軌道上から遠隔分析を行い,データを地球へ送る研究も進められてきた.火星や金星の表土の化学分析,惑星や衛星の大気組成の分析データはこのような無人その場分析の成果である[7].

1.3　始源的な隕石,分化した隕石

太陽系形成の標準モデルによれば,多数の塵を含む H_2 分子を主体とする星間分子雲の収縮によって,原始太陽とその周りの原始太陽系星雲が形成されたとされる (3.1, 3.2 節参照).地球をはじめとして太陽系天体は原始太陽系星雲から分化してできたので,原始太陽系星雲の原料物質の元素組成を知ることは極めて重要である.地球型惑星や月はすべて中心に金属コアをもっており,形成直後に大規模な分別が起きたことを示している.さらに,その後も何度か溶融固化を繰り返した結果できた岩石試料を我々は入手し分析できるが,それらは原始太陽系星雲の原料物質の元素組成は示さない.しかし,太陽系物質の中である種の隕石,彗星の核は,原始太陽系星雲の中に存在した塵が機械的にくっついた組織をもち,二次的な変化を受けず現在まで保持されているので,始源的な物質とされている.一方,隕石には多くの種類が知られており,始源的な

1.3 始源的な隕石，分化した隕石

隕石のほかにも惑星進化のいろいろな段階や，小惑星内部の不均質性を反映している隕石が存在する．ここでは，多様な隕石が示す惑星化学における重要な知見をまとめる．

1.3.1 隕石の分類

地球に飛来した地球外物質をすべて隕石 (meteorite) と呼ぶので，隕石には多様な起源や化学組成，岩石組織，構成物質をもつ物質が含まれている．隕石は従来から構成物質による分類が行われ，石質隕石 (stony meteorite)，石鉄隕石 (stony-iron meteorite)，鉄隕石 (iron meteorite) と大別したのち，石質隕石をコンドルールの有無でコンドライト (chondrite) とエイコンドライト (achondrite) に細分してきた．昨今では，分化を受けていない隕石であるコンドライトを1つのグループとし，コンドライト以外のすべてを分化した隕石として1つのグループとする分類 (表 1.3) が多く用いられる．

起源となる天体で隕石を分類すると，大部分は小惑星を起源としており，まれに火星や月を起源とする隕石も見つかる．さらに，彗星の核と同じく太陽系外縁天体やオールトの雲を起源とする隕石もあると考えられている．たまたま地球への落下軌跡が撮影されるとそれをもとに軌道が計算でき，どこから飛来したかが分かる．これまで軌道が決まった5つの隕石はすべて小惑星起源であった[5]．小惑星の反射スペクトルとの対応からも小惑星起源が示唆されており，エイコンドライトの HED 隕石が小惑星ベスタ (Vesta) 起源と考えられている根拠は極めて類似しているスペクトルである[11]．

しばしば使われる隕石の分類として落下隕石 (fall)，発見隕石 (find) の区別がある．文字どおり大気圏を光りながら落下するのが目撃され，回収された隕石が落下隕石で，過去に落下したものが回収されたのが発見隕石である．鉄隕石や石鉄隕石は，地球上の岩石と明瞭に異なるので発見されやすい．1969年日本の南極探検隊は南極の雪氷から隕石を発見し，その後大量の隕石が南極で採取される最初のきっかけとなったが，これらを南極隕石 (Antarctic meteorite) と呼ぶ．また，砂漠で見つかる隕石を砂漠隕石 (desert meteorite) と呼ぶ．

表 1.3 隕石の分類 (文献[10] を簡略化)

	個数
コンドライト (chondrite)	
炭素質 (C) コンドライト (carbonaceous chondrite)	
CI (Ivuna タイプ)	5
CM (Mighei タイプ)	171
CR (Renazzo タイプ)	78
CO (Ornans タイプ)	85
CV (Vigarano タイプ)	49
CK (Karoonda タイプ)	73
CH (ALHA85005 タイプ)	11
CB (Bencubbin タイプ)	5
普通 (O) コンドライト (ordinary chondrite)	
H	6962
L	6213
LL	1048
エンスタタイト (E) コンドライト (enstatite chondrite)	
EH	125
EL	38
R コンドライト (Rumuruti-like chondrite)	19
K コンドライト (Kakangari-like chondrite)	3
非コンドライト (nonchondrite)	
始源的エイコンドライト (primitive achondrite)	37
Acapulcoite, Lodranite, Winonaite	
分化隕石 (differentiated meteorite)	
エイコンドライト (achondrite)	
Angrite, Aubrite, Brachinite	57
HED 隕石 (Eucrite, Howardite, Diogenite)	387
Ureilite	110
石鉄隕石 (stony-iron meteorite)	
Pallasite	50
Mesosiderite	66
鉄隕石 (iron meteorite)	
IAB, IC, IIAB, IIC, IID, IIE, IIF, IIIAB, IIICD, IIIE, IIIF, IVA, IVB	770
火星隕石 (Martian meteorite)(SNC 隕石：Shergottite, Nakhlite, Chassignite)	26
月隕石 (lunar meteorite)	18

1.3.2　コンドライト

コンドライトは，コンドルール (chondrule) と呼ばれる溶融ケイ酸塩が急冷した組織をもつ直径 0.1～数 mm の球粒状物質を特徴的に含む隕石で，コンドルールのほか Fe–Ni 合金，Ca–Al に富む包有物 (CAI: calcium–aluminum-rich inclusion) など難揮発性元素に富む包有物，細粒の石基 (matrix) の 4 成分から

なる．コンドライトの種類によっては4成分すべてを含まないが，これらの成分は機械的に固まって岩石を作っている．コンドライトは隕石母天体 (meteorite parent body) 中で加熱を受けたり衝撃を受けたり，水質変成を受けた形跡をもつものもあるが，溶融してマグマ分化をした形跡は全くなく，コンドライトが始源的隕石あるいは未分化の隕石といわれる所以である．

コンドライトは生成時の酸化還元状態と化学組成から，表1.3で示したように，炭素質コンドライト，普通コンドライト，エンスタタイトコンドライト (これらに加えてまれなRコンドライトとKコンドライト) に分けられ，さらに細分化される．コンドライトの各グループは，Feの含有量と酸化還元状態を両軸にとるユーリー–クレイグ図 (Urey–Craig diagram) 上で区分することができる (図1.5)．この図では，縦軸に還元的なFe (Fe–Ni合金と硫化物中のFe) とSiのモル比，横軸に酸化的なFe (ケイ酸塩と酸化物中のFe) とSiのモル比を用いているので，左上ほど還元的環境下で形成し，右下ほど酸化的環境下で形成したことを示している．また全Fe量が等しい隕石は傾き -1 の線上に並び，全Fe量が多いほど原点から離れた等濃度線を作る．エンスタタイトコンドライト (EH, EL) は著しく還元的な環境で形成し，炭素質コンドライトの一部 (CI, CM) は逆に著しく酸化的環境，残りの炭素質コンドライトと普通コンドライト，RおよびKコンドライトは中間的環境で形成した．

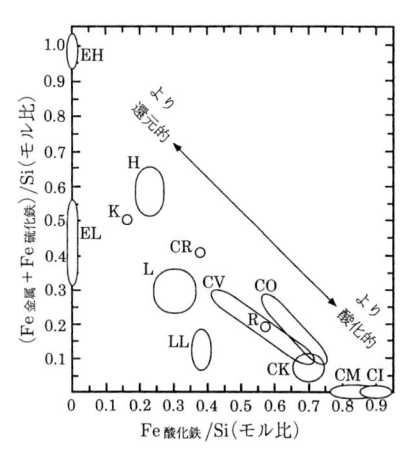

図1.5 コンドライトのFeの含有量と酸化還元状態による分類[12]
隕石の記号は表1.3を参照．

化学的特徴で15グループに細分化されたコンドライトはさらに1から6までの岩石学タイプで分類される[10]．タイプ3は非平衡コンドライト (unequilibrated chondrite) と呼ばれ二次的な変化を受けていない隕石で，タイプ3から6に進むに従い熱変成の程度が大きくなる．その結果，タイプ3ではコンドルール中に急冷ガラスを含むが，タイプ4で失透し，タイプ5ではコンドルールの輪郭が不明瞭になり，タイプ6では認識できなくなる．カンラン石や輝石のMg, Fe組成はタイプ3では極めて不均質であるが，熱変成が進むと均質化し，タイプ6では化学平衡に達する．さらにタイプ3では存在しなかった二次的な斜長石がタイプ4から出現，粗粒化し，タイプ6では $50\,\mu m$ 以上になる．また，炭素質コンドライトにのみ適用されるタイプ3から1への水質変成の程度の増加に伴い，粘度鉱物などの含水鉱物が増え，タイプ1では全岩中の H_2O 含有量が18〜20%に達する．なお，コンドライトを分類名で呼ぶとき，岩石学タイプを付けることが多く，たとえばH3コンドライト，LL6コンドライト，CV3コンドライトのように呼ぶ．

1.3.3　分化した隕石

隕石母天体で火成活動が起きマグマができると，地球型惑星のようにケイ酸塩相と金属相の分離が起き，多様な分化した隕石が生成した．それらは，主にケイ酸塩からなるエイコンドライトと金属および硫化物からなる鉄隕石，両者をほぼ等量ずつ含む石鉄隕石に分類される．分化した隕石はしばしば地球型惑星の層構造と対比され，鉄隕石はコアに，エイコンドライトはマントルに擬せられる．

エイコンドライトは，接頭語「エイ (a)」がnotの意味で，コンドルールを含まない石質隕石の総称である．地球の火成岩に似た化学組成や岩石組織をもっており，岩石学特徴や酸素同位体組成で表1.3のように細分され，それらは母天体の違いを反映していると考えられている．すでに述べたように，中でもHED隕石は小惑星Vesta起源が指摘されている．火星隕石や月隕石も溶融固化した岩石の組織をもつ点でエイコンドライトの一種であるが，母天体が小惑星ではないので，表1.3のように独立のサブグループにする方が分かりやすい．

鉄隕石は，Niを5〜25%含むFe–Ni合金で，トロイライト (troilite: FeS) やシュライバーサイト (schreibersite: $(Fe, Ni)_3P$) が副鉱物として粒状や板状に

存在する．Fe–Ni 合金の溶融体を冷却すると，Ni に富む (20～50%) テーナイト (taenite) と乏しい (<6%) カマサイト (kamacite) に分離し，その互相がウィドマンシュテッテン (Widmannstätten) 構造を作る．テーナイトとカマサイト間の Ni 濃度プロファイルから求めた Ni の拡散速度を使うと鉄隕石の冷却速度が求まり，その値は化学グループごとに異なるが，おおよそ $10～500°C/10^6$ y で，半径 10～100 km の母天体の中でゆっくりと冷却したことを示している[13]．鉄隕石は合金の構造状態をもとに，ウィドマンシュテッテン構造をもつヘキサヘドライト (hexahedrite)，カマサイトからなるオクタヘドライト (octahedrite)，テーナイトからなるアタクサイト (ataxite) に分類されてきた．鉄隕石はまた Ga–Ni や Ge–Ni プロットなど化学組成による分類がなされており，表 1.3 に示すように 13 グループに分けられる[10]．図 1.6 には Ga–Ni による分類を示す．

石鉄隕石は，Fe–Ni 合金とカンラン石主体のケイ酸塩とからなるパラサイト (pallasite) と，Fe–Ni 合金とカンラン石，輝石，斜長石からなる岩石片が機械的に混合しているメソシデライト (mesosiderite) の 2 種類が知られている．パラサイトは隕石母天体の金属コアとケイ酸塩マントルの境界部分であったと考えられている．

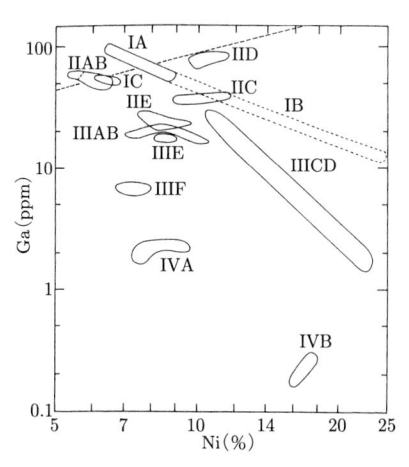

図 1.6 鉄隕石の化学組成 (Ni および Ga 濃度) による分類[14]
IA, IC, IIAB を通る点線は CI コンドライトの Ga/Ni を示す (注：論文[14] 発表時に IIF は見つかっておらず，この図には示されていない)．

1.4 地球の姿と内部構造

地球は，赤道半径が 6378.137 km で，扁平率が 1/298.25722 の，ほとんど球形に近い回転楕円体の天体で，自転しながら太陽の周りを公転する[5]．自転のために赤道面がわずかに膨れているが，球形からの変形が問題になる議論を行わないときには，通常平均半径 6371 km の球として扱う．地球の表面地形には凹凸があり，海水面を基準にして地表の最高点は高度 8848 m のエベレスト山 (別名チョモランマ，サガルマータ) で，最深点は深度 10920 m のマリアナ海溝最深部 ($11°22'$N, $142°36'$E) であるので[5]，地表の最大高低差は約 20 km で，赤道半径と極までの半径との差と同程度である．

地球を構成する物質を調べるためには，対象となる物質を採取して分析するが，地球物質はどこでも採取できる訳ではなく，むしろ採取できない物質の方が圧倒的に多い．地球物質の中で採取できる試料は，陸上の地表や海洋底に露出している岩石，鉱石，堆積物などの固体試料，海水，陸水 (河川水，湖沼水，地下水ほか)，雨水などの液体試料，さらには大気など気体試料で，いずれも地球化学研究に重要な試料である．しかし，地球内部物質の採取となると容易ではなく，これまでの世界最深のボーリングはロシア，コラ半島での 12.2 km であり，ほんの表面にすぎない．地下深部の岩石は長い間の隆起で地表まで持ち上げられて露出したり，マグマの上昇の際に捕獲されて融解せずに地表に現れることがある．地表で入手できる捕獲岩は，岩石学的研究から深さ 100 ～ 200 km の岩石と考えられており，地球の半径が 6371 km であることを考えるとそれでもごく表面の物質である．

地球の内部の構造や物質は，実際に物質を手にして分析ができなくとも，地球内部を通過する地震波を用いて調べることができる．震源から発した地震波がある場所まで伝わる時間を走時 (travel time) と呼ぶが，その時間と距離の関係を示す走時データから地震波が通過した物質の地震波速度構造を決めることができ，さらにその物質の密度を求めることができる．地震波速度の深さ分布は，地球上のどの場所でも，地表近くを除くと深部では同じ分布を示すので，地球は大局的には球対称の層構造をもっている．図 1.7 に地震波速度の標準モデルとして最も多く引用される PREM (preliminary reference earth model)[15]

を示す．地震波速度は P 波 (primary wave：縦波) も S 波 (secondary wave：横波) も地表から深部に向かって速くなり，それに応じて密度も高くなるが，ところどころで不連続な変化が見られる．求められた地震波速度や密度から化学組成を推定するためには，地球内部の圧力温度分布の情報が必要であり，図 1.8 に地球内部の温度圧力分布を示す．圧力は地球内部の静水圧平衡で一意的に決まるが，温度は対流パターンなど不確定な要素があり推定が難しいので，大きな幅をもたせてある．

図 1.7 に示した地震波速度分布には，顕著な不連続が 2 つの深さで見られる．1 つは深さ 2900 km の不連続面で，ケイ酸塩からなるマントル (mantle) と Fe 合金の融体からなるコア (core：核) との境界に相当し，コア–マントル境界 (CMB: core–mantle boundary) と呼ばれる．なお，マントル最下部 250 km くらいには低速度，低粘性の境界層が存在し，かつて Bullen が称した名前を使い D″ 層 (D double prime layer) と呼ばれるが，その厚さは場所によって大きく異なる．もう 1 つの顕著な不連続面は，図 1.7 では深さ 0 km の縦軸にほとんど重なっている地殻 (crust) とマントルとの境界 (モホロビチッチ不連続面：Mohorovičić discontinuity，略してモホ面：Moho) で，その深さは海洋地域では 6～7 km，大陸地域では 30～40 km と異なる．海洋地殻は主に玄武岩，大陸地殻は主に花崗岩からなり，カンラン岩からなるマントルとでは密度に大きな違いがあるため，顕著な地震波速度不連続面が生じる．マントル内部の不連

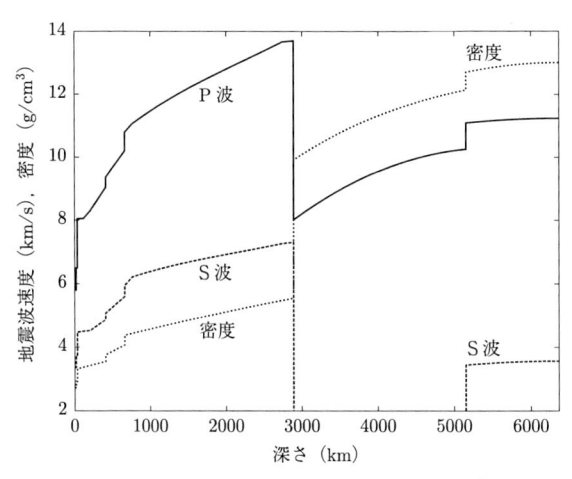

図 1.7 地球内部の地震波速度および密度分布[15]

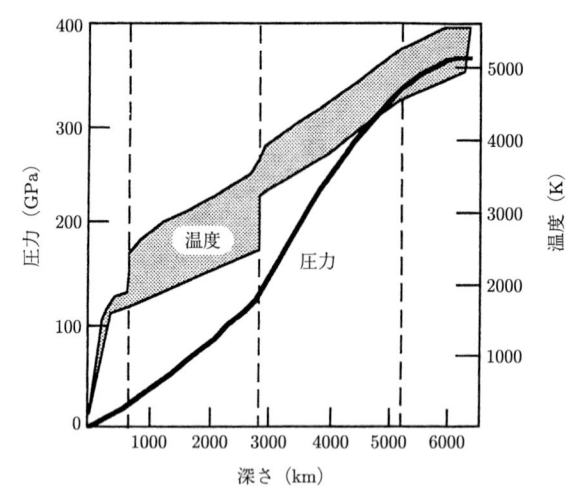

図 1.8 地球内部の温度, 圧力分布[16]

続面は, 深さ 410 km, 660 km に見られ, モホ面から 410 km 不連続面までを上部マントル (upper mantle), 深さ 410 ～ 660 km の領域をマントル遷移層 (mantle transition zone), 660 km 不連続面からコア–マントル境界までを下部マントル (lower mantle) と呼ぶ. 高温高圧実験の結果からは, 410 km 不連続面はカンラン石 (α 相) から変形スピネル (β 相) への相転移, 660 km 不連続面はスピネル (γ 相) のペロブスカイトとマグネシオウスタイトへの分解に対応している (6.1 節参照)[17]. コアにも深さ 5100 km 付近に不連続面が存在し, 地球の中心に近い内核 (inner core) を外核 (outer core) が覆っている. 外核は地震波の S 波を通さず液体であるのに対し, 内核は S 波構造が存在する固体であるので, その不連続面 (ICB: inner core boundary) は Fe 合金の固相–液相転移を示している (7.1 節参照).

表 1.4 に地球の層構造をまとめて示す. 気圏・水圏も含めて, 地球中心部に向かって密度が高くなる密度成層構造が成り立っている. 比較のために生物圏の占める総質量とその比率も示す. 生物圏の総質量は大気の 1/3000, 海洋の 10^{-6} 程度である.

大局的には成層構造をもっている地球であるが, 地表面は不均質で, その影響は上部マントルにまで及んでいる. 現在の地球では海が 70.8%, 陸が 29.2% の表面を覆っているが, 地下数十 km までの構造から分けられる大陸地殻と海洋地

1.4 地球の姿と内部構造

表 1.4 地球の層構造[18]

	厚さ (km)	体積 (10^9 km^3)	密度 (g/cm^3)	質量 (10^{21} kg)	(％)
生物圏 *	—	—	—	1.8×10^{-6}	3×10^{-8}
大気	—	—	—	5.3×10^{-3}	8.9×10^{-5}
海洋	3.8	1.73	1.03	1.41	0.024
地殻	17	10	2.8	28	0.47
マントル	2874	897	4.5	4004	67.0
コア	3480	169	11.0	1943	32.5
全地球	6371	1083	5.52	5975	100

* 乾燥重量 (文献[19] による).

殻の被覆比はこの値とは異なる．図 1.9 に地球表面の高度分布を現在の海水面を原点として示す．標高 0 〜 1000 m と水深 −5000 〜 −4000 m に 2 つのピークが現れており，両者は明瞭に分離される．このようなバイモーダル (bimodal) な表面高度の頻度分布は太陽系の惑星の中でも地球に特有で，金星など他の地球型惑星ではピークが 1 つの分布を示す[20]．地球の高度分布で見られる 2 つのピークは大陸地殻と海洋地殻の地形高度モードに対応しており，大陸地殻と海洋地殻の遷移帯は水深 −2000 m あたりになり，大陸地殻は地球表面の約 40％ を覆っていることが分かる．初期地球の高度分布は他の地球型惑星と同様にピークが 1 つであったが，進化の過程で化学組成や密度の異なる海洋地殻と大陸地殻が異なる厚さをもって分化生成したため，現在見られる 2 つのピークをもつ高度分布ができたことを示している．

深さ 100 km 付近の上部マントルには地震波速度が少し減少する低速度層 (low-velocity layer) が存在し，アセノスフェア (asthenosphere) と呼ばれ，その上に存在するリソスフェア (lithosphere) に比べて粘性率が低い．そのため，地球表面を覆い尽くしているリソスフェアは 10 数枚のプレート (plate) に分かれて，アセノスフェアの上を滑るように相対速度 1 〜 10 cm/y で水平運動をしている (図 1.10)．各プレートは同一方向に同一速度で運動していないので，プレート間には相対運動が生じ，それが大陸の離合集散，地震や火山現象，造山活動などあらゆる地学現象の原動力となっている．海洋プレート (oceanic plate) は中央海嶺の火山活動でできる玄武岩からなる厚さ 6 〜 7 km の海洋地殻とその直下の上部マントル最上部とからなり，水平運動を行ったのち隣接するプレートの下に沈み込み，さらにマントル深部にまで達する．その際，プレート境界

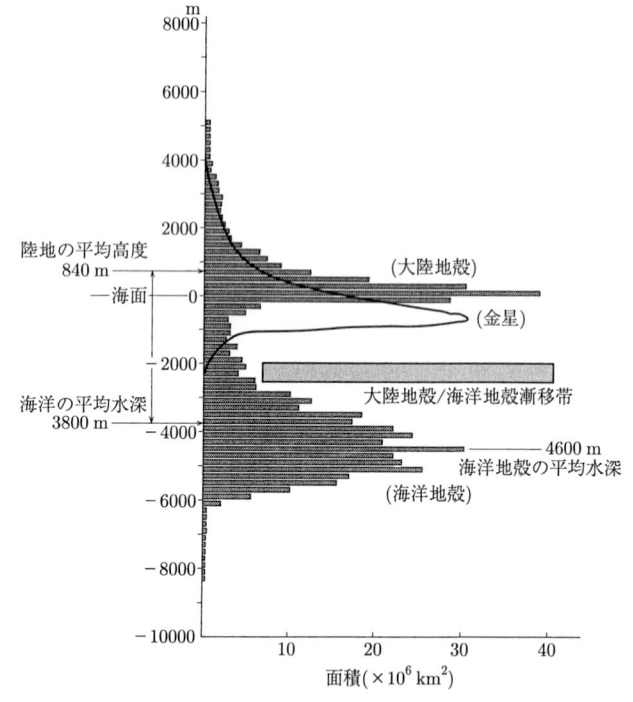

図 1.9 地球の高度分布[20)]
参考のために金星の高度分布 (直径に対する値) を実線で示す.

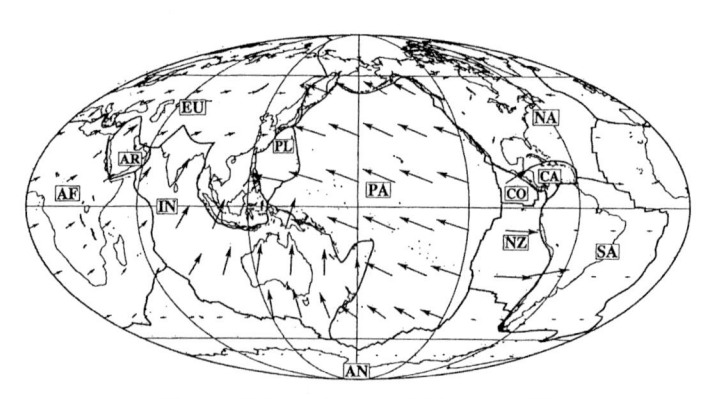

図 1.10 地球上のプレートの分布とその運動[21)]
NA：北米プレート, CA：カリブプレート, CO：ココスプレート, SA：南米プレート, NZ：ナスカプレート, AN：南極プレート, PA：太平洋プレート, PL：フィリピン海プレート, IN：インド・オーストラリアプレート, EU：ユーラシアプレート, AR：アラビアプレート, AF：アフリカプレート. 矢印はマントル深部の不動点に対する各プレートの運動の方向を示し, その長さは運動速度を表す.

には海溝 (trench) ができ，沈み込み帯 (subduction zone) が形成され，巨大地震や島弧火山活動を誘発する (7.5 節参照)．一方，30 〜 40 km の厚さの大陸地殻を地表にもつ大陸プレート (continental plate) は通常はマントルへ沈み込むことができず，プレート境界で衝突 (collision) が起き，アルプスやヒマラヤのような隆起を促す．特に沈み込み帯では，プレートが堆積物など地殻物質を取り込んで上部マントルに沈み込むので，巨大地震を起こし，島弧火山活動を誘発する (7.5 節参照)．地表で観測されるプレート運動は，マントルの固体物質が流体のように振る舞うマントル対流 (mantle convection) の表層部分の動きに他ならない．マントル内の物質循環は地震波の3次元速度構造をインバージョンの手法で求める全地球トモグラフィーで明らかにされた．詳しくは，7.6 節で解説するが，全地球トモグラフィーで明らかにされたマントルの3次元的な不均質構造とそのダイナミクスの模式図を図 1.11 に示す．

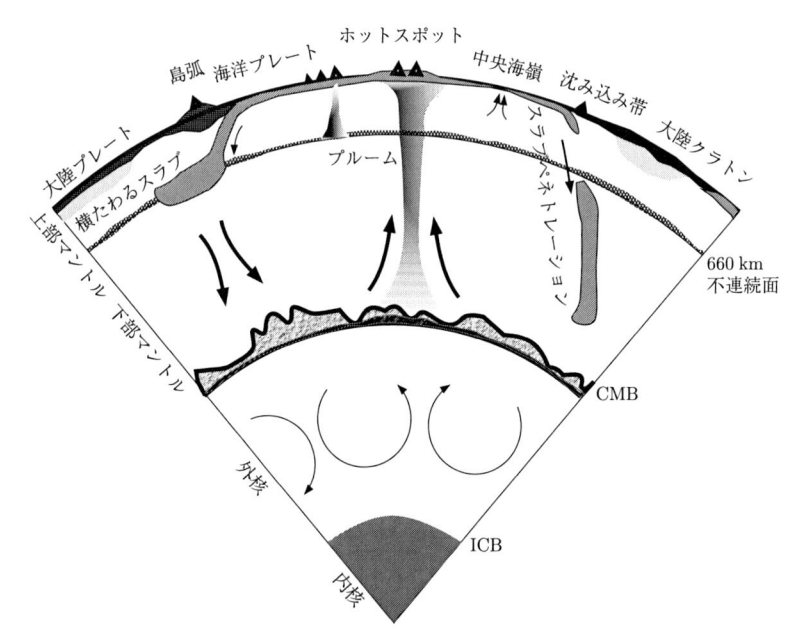

図 1.11 マントルダイナミクスの模式図[22]

マントルに沈み込んだ海洋プレートをスラブ (slab) と呼び，スラブは 660 km 不連続面を貫通してさらに深く沈み込んだり (スラブペネトレーション：slab penetration)，貫通できず不連続面に横たわったりする (stagnant slab)．ホットスポット，中央海嶺，沈み込み帯などマグマ発生の場については 6.2.2 項を参照のこと．大陸クラトンは 7.4 節を参照のこと．

文　　献

1) 佐藤勝彦, シリーズ現代の天文学 1, 人類の住む宇宙, 日本評論社, 47–75 (2007)
2) 佐藤勝彦, シリーズ現代の天文学 2, 宇宙論 I, 日本評論社, 1–21 (2008)
3) M.Iye *et al.*, *Nature* 443, 186–188 (2006)
4) 尾崎洋二, 宇宙科学入門, 東京大学出版会, 238pp. (1996)
5) 国立天文台 (編), 理科年表 (平成 22 年), 丸善, 1041pp. (2009)
6) 向井　正, シリーズ現代の天文学 1, 人類の住む宇宙, 日本評論社, 138–161 (2007)
7) 倉本　圭, 地球化学講座 2, 宇宙・惑星化学, 培風館, 112–165 (2008)
8) S.Love and D.E.Brownlee, *Science* 262, 550–553 (1993)
9) 中村智樹, 地球化学講座 2, 宇宙・惑星化学, 培風館, 166–189 (2008)
10) A.N.Krot *et al.*, *Treatise on Geochemistry* 1, *Meteorites, Comets, and Planets*, Elsevier, 83–128 (2004)
11) 長谷川直, シリーズ現代の天文学 9, 太陽系と惑星, 日本評論社, 129–140 (2008)
12) A.J.Brearley and R.H.Jones, *Rev. Mineral.* 36, 3–1〜3–398 (1998)
13) H.Haack and T.J.McCoy, *Treatise on Geochemistry* 1, *Meteorites, Comets, and Planets*, Elsevier, 325–345 (2004)
14) E.R.D.Scott and J.T.Wason, *Rev. Geophys. Space Phys.* 13, 527–546 (1975)
15) A.M.Dziewonski and D.L.Anderson, *Phys. Earth Planet. Inter.* 25, 297–356 (1981)
16) 唐戸俊一郎, レオロジーと地球科学, 東京大学出版会, 251pp. (2000)
17) 入舩徹男, 地球化学講座 3, マントル・地殻の地球化学, 培風館, 1–22 (2003)
18) 一國雅巳, 地球環境ハンドブック (第 2 版), 朝倉書店, 25–28 (2002)
19) H.J.M.Bowen(著), 浅見輝男・茅野充男 (訳), 環境無機化学—元素の循環と生化学—, 博友社, 369pp. (1983)
20) 徐　垣, 岩波講座地球惑星科学 9, 地殻の進化, 岩波書店, 1–38 (1997)
21) C.Lithgow-Bertelloni and M.A.Richards, *Rev. Geophys.* 36, 27–78 (1998)
22) 川勝　均, 地球科学の新展開 1, 地球ダイナミクスとトモグラフィー, 朝倉書店, 1–12 (2002)

2

太陽系を構成する元素や同位体

2.1 元素,同位体

　我々の世界を構成している物質は,半径が $(1 \sim 2) \times 10^{-10}$ m の原子 (atom) から構成され,原子は半径 $10^{-15} \sim 10^{-14}$ m 程度の原子核 (atomic nucleus) とそれをとりまく電子 (electron) とからなる.原子核は正電荷をもつ陽子 (proton) と電荷をもたない中性子 (neutron) とから構成され,陽子の正電荷と核外電子の負電荷とが釣り合って電気的に中性の原子となる.なお,陽子と中性子を総称して核子 (nucleon) と呼ぶ.原子核の種類は,陽子数 Z と中性子数 N (あるいはそれらの和の質量数 $A = Z + N$) とエネルギー状態とで規定され,特定の原子核あるいはその原子核をもつ原子のことを核種 (nuclide) と呼ぶ.中性原子では陽子数が核外電子数に等しく,原子の化学的な性質は核外電子数とその配置とで決まるので,陽子数 Z が原子の化学的性質を規定することになる.陽子数 Z は原子の種類を特定する原子番号 (atomic number) と等しく,ある特定の原子番号をもつ原子によって代表される物質種のことを元素 (element) と呼ぶ.元素は通常アルファベットの元素記号で表記され,左下に原子番号を添えることもある.核種を特定するときには元素記号の左上に質量数 A を記述する.原子番号 8 の酸素の質量数 16 の核種は $^{16}_{8}$O と表記するが,原子番号を略して ^{16}O と書くことも多い.

　原子番号で区分けされる特定の元素は,同一の陽子数 Z をもち,中性子数 N が異なる (すなわち質量数 A が異なる) 複数の核種から構成されており,同一元素で質量数の異なる核種を互いに同位体 (isotope) と呼ぶ.例えば,炭素には ^{12}C と ^{13}C の安定同位体や ^{14}C の放射性同位体が存在する.また,^{14}C と ^{14}N のような質量数 A が等しい核種同士を同重体 (isobar),^{13}C と ^{14}N のような中性子数 N が等しい核種同士を同中性子体 (isotone) と呼ぶ.

原子核は，エネルギー的に安定していて変化しない安定核種 (stable nuclide) と不安定な状態にあってエネルギーを放出してより安定な核種に変換する放射性核種 (radionuclide) とに分けられる．放射性核種がより安定な核種に変換する現象が放射壊変 (radioactive decay) で，放射性核種 P が壊変するとき，P の量 P の減少速度は P に比例し，

$$-\frac{dP}{dt} = \lambda P \tag{2.1}$$

と記述される．ここで λ は壊変定数 (decay constant) と呼ばれる放射性核種に固有の値で，特殊な例を除き，環境条件によらず極めて一定な値をもつ．式 (2.1) を積分すると

$$P(t) = P(0)\exp(-\lambda t) \tag{2.2}$$

となる．放射性核種が壊変して量が半分になる時間 $T_{1/2}$ を半減期 (half life) と呼ぶ．$T_{1/2}$ は，式 (2.2) で $P(t) = P(0)/2$ のときの t であるので，壊変定数 λ との間には

$$T_{1/2} = \frac{\ln 2}{\lambda} = \frac{0.693}{\lambda} \tag{2.3}$$

の関係が成立する．代表的な放射壊変の様式を表 2.1 にまとめる．

核種は陽子数 Z と中性子数 N で特定されるので，縦軸に陽子数 Z，横軸に中性子数 N をとった核図表 (chart of nuclides) の上にすべての核種を位置づけることができる (図 2.1)．この図では元素の違いが縦方向に示され，同位体が横方向に並ぶ．この図上に割り振られるすべての区画に核種が存在できるかというと，それは否で，限られた区画にしか核種は存在できない．図 2.1 には，現在確認されている約 280 種の安定核種と約 3000 種の放射性核種を示し，さらに理論的に存在が予測される約 1 万の放射性核種の領域も示す．原子核が安

表 2.1　放射性核種の主な壊変様式

壊変様式	壊変式
α 壊変 (α decay)	$^A_Z\mathrm{E} \to ^{A-4}_{Z-2}\mathrm{E}' + \alpha\,(^4_2\mathrm{He}^{2+})$
β^- 壊変 (β^- decay)	$^A_Z\mathrm{E} \to ^A_{Z+1}\mathrm{E}' + \mathrm{e}^- + \bar{\nu}$
β^+ 壊変 (β^+ decay)	$^A_Z\mathrm{E} \to ^A_{Z-1}\mathrm{E}' + \mathrm{e}^+ + \nu$
電子捕獲 (EC) 壊変 (electron capture decay)	$^A_Z\mathrm{E} + \mathrm{e}^- \to ^A_{Z-1}\mathrm{E}' + \nu$
γ 壊変 (γ decay)	$^A_Z\mathrm{E} \to ^A_Z\mathrm{E} + \gamma$
自発核分裂 (SF)(spontaneous fission)	$^A_Z\mathrm{E} \to \mathrm{E}_1 + \mathrm{E}_2 + \mathrm{n}$ (複数個)

E, E'：元素記号，A：質量数，Z：陽子数，$\mathrm{E}_1, \mathrm{E}_2$：核種，$\mathrm{e}^-$：電子，$\mathrm{e}^+$：陽電子，$\bar{\nu}$：反ニュートリノ，$\nu$：ニュートリノ，$\gamma$：光子 ($\gamma$ 線)，n：中性子

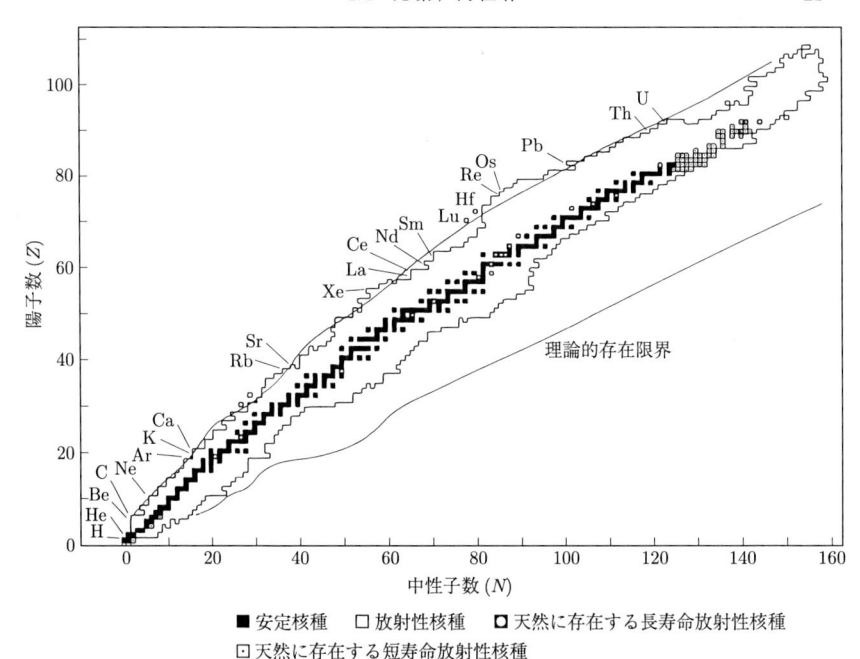

図 2.1 核図表[1]

定に存在できるためには，原子核を構成する陽子と中性子の数とその割合に制限があり，制限に合わない不安定な原子核は放射壊変を起こし最終的には安定核種になる．図 2.1 において黒塗りの四角で示す安定核種が作る領域は，原子番号の小さい元素では $Z = N$ に沿っているが，Z が 20 を超えると $Z = N$ から離れて中性子過剰側に傾き，最も重い安定核種 ^{208}Pb の N/Z は約 1.5 である．安定核種の島を取り囲む放射性核種の中で，中性子過剰核種は β^- 壊変，陽子過剰核種は β^+ 壊変か電子捕獲 (EC) 壊変を繰り返し起こして，安定核種に至る．陽子数，中性子数ともに大きい原子核も安定には存在できず，α 壊変や自発核分裂を起こして小さい原子番号の原子核になり，場合によってはさらに壊変を続けて安定核種に至る．

放射性核種の半減期は，原子核の安定性を反映して，μ (10^{-6}) 秒以下の極めて短い半減期から 10^{15} 年を超える極めて長い半減期まで確認されている．半減期が極端に長くなると放射能測定で放射壊変を検出することが困難になり，安定核種との境界がはっきりしなくなる．図 2.2 に放射性核種を半減期の順に並べ

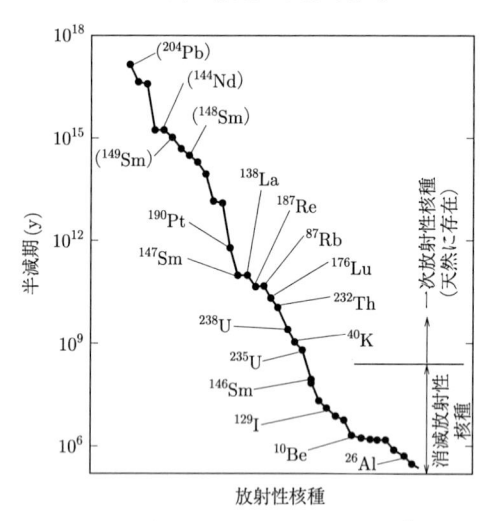

図 2.2 半減期の順に並べた放射性核種[1]

る．天然に存在する長半減期 (長寿命) の放射性核種を一次放射性核種 (primary radionuclide) と呼び，半減期が 7.04×10^8 年 (^{235}U) より長い放射性核種はすべて該当し，実質的には安定核種として扱うことができる．安定核種を1つ以上持つ元素は全部で 80 元素 ($_{43}$Tc と $_{61}$Pm を除く $_1$H から $_{82}$Pb までの元素) 存在し，安定核種はもたないが一次放射性核種をもつ3元素，Bi, Th, U を加えると，天然には 83 元素が存在している．このほかに，^{235}U, ^{238}U や ^{232}Th が壊変を繰り返して Pb の安定同位体になる途中でできる放射性核種 (二次放射性核種：secondary radionuclide) や，天然で起きる核反応でできる放射性核種 (誘導放射性核種：induced radionuclide) も天然に存在するが，比較的短い時間で放射壊変するので，その存在量は著しく微量である．

天然に存在する ^{235}U の次に半減期が短い核種は，図 2.2 に示すように，半減期が 1.03×10^8 年の ^{146}Sm であるが，この核種より半減期が短い核種は，二次放射性核種や誘導放射性核種を除くと，天然では見つかっていない．しかし元素合成時には安定核種や一次放射性核種と一緒に生成されたはずで，過去における存在は壊変生成核種を検出することで立証できる．太陽系形成時にはまだ壊変し尽くしておらず，形成後分化を受けず現在に至った隕石中に取り込まれたなら，その中に壊変生成核種を検出することができ，現在は存在しないが過去の存在が確認できた放射性核種を消滅放射性核種 (extinct radionuclide) と

呼ぶ (4.3 節参照).

　すべての元素は複数の同位体から構成されるが, 安定同位体の数はまちまちである. 安定同位体が 1 つしか存在しない元素は 26 元素で, 最多の安定同位体数をもつ元素は 10 個の Sn である. 地球化学や宇宙化学では同位体比をパラメータとして使って自然現象を解明することが多いが, 同位体比が測定できる元素は, 2 つ以上の安定同位体をもつ 54 元素, 安定同位体は 1 つだが一次放射性同位体との組み合わせで存在比が求まる 6 元素 (例えば ^{87}Rb/^{85}Rb など), 一次放射性同位体 2 種で同位体比が決まる 1 元素 (^{235}U/^{238}U) の合計 61 元素である.

2.2　太陽系の元素存在度

　現在の太陽系の元素組成は, 太陽系の質量の 99.87％を太陽が占めているので, 太陽の化学組成で代用することができる. 太陽系誕生以来, 太陽の中心部では 4 個の ^{1}H が核融合して ^{4}He ができる核反応が起き, 核融合反応に伴って Li, Be, B 存在度が変化した可能性があるので, 太陽の化学組成は時間的に不変ではない. しかし, これらの元素より原子番号が大きい元素については, 原始太陽系星雲の組成がそのまま現在まで保持されていると考えられている. もし原始太陽系星雲の化学組成を保存している惑星物質があれば, 現在の太陽の化学組成と比べることで, 太陽系の元素組成の時間的な不変性を明らかにできる.

　地球型惑星や月は分化した天体で, これらの物質を使って原始太陽系星雲の元素組成を求めることは難しい. 一方, 隕石の中でもコンドライトは生成後に溶融固化の形跡はなく, 原始太陽系星雲の元素組成を反映している可能性がある. しかし, 1.3 節で示したように, コンドライトも種類が多岐にわたり, それぞれ生成環境も違うので, 元素組成も異なる. 図 2.3 に代表的なコンドライトの元素組成を示す. 各種のコンドライトのいろいろな元素の濃度はまず Mg 濃度で規格化し, さらに CI コンドライトの Mg 規格化濃度との比で示してある. その結果, コンドライトの元素組成の特徴は以下の 3 点にまとめられる.

　① Al, Sc, Ca, 希土類元素, Os, Ir, Ru など難揮発性元素の存在度 (3.4 節参照) は, コンドライトの各グループ間に差はあるが, 相互の元素間の分別は親石元素, 親鉄元素 (6.5 節参照) ともにほとんどない.

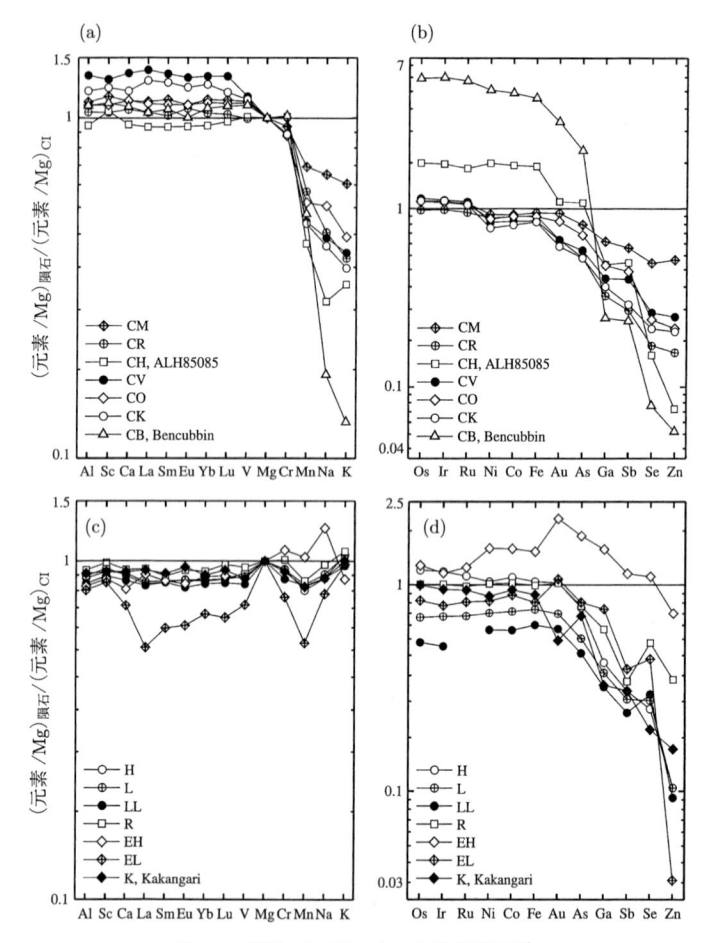

図 2.3　各種コンドライトの全岩元素組成[2)]

各元素濃度を Mg 濃度で規格化し，さらに CI コンドライトの Mg 規格化濃度で再規格化した比の値で標示．(a), (c) は親石元素，(b), (d) は親鉄元素．(a), (b) は炭素質コンドライト．(c), (d) は非炭素質コンドライト（コンドライトの略記号は表 1.3 を参照）．

② 揮発性が中程度で化学的挙動の異なる Fe, Ni, Co 間の分別もほとんどない．

③ Mn, Na, K, Ga, Sb, Se, Zn など揮発性元素の存在度はほぼすべてのグループのコンドライトで CI コンドライトに比べて欠乏しており，元素の揮発性の度合いに応じて欠乏の度合いも大きくなっている．

このような化学組成の特徴から，CI コンドライトは原始太陽系星雲の始源的な

組成を保持したまま，現在に至った可能性を示している．

太陽の化学組成は，太陽光球のスペクトルから求めることができる．1814 年に Fraunhofer は太陽光のスペクトルに暗線を発見した．この暗線は太陽光球中に含まれる原子がそれぞれ特定の波長の光を吸収して生じたもので，現在では精密に測定した原子吸収スペクトルと太陽光球のモデルと理論とから各元素の存在度が決定されている．Si(原子数) $= 10^6$ で規格化した太陽光球の元素組成を，同じく Si $= 10^6$ で規格化した CI コンドライトの元素組成と比べたのが図 2.4 である．H，C，N，He ほか希ガス元素は太陽光球中の存在度が桁違いに大きいこと，Li は CI コンドライト中の存在度が大きいことを除くと，太陽光球と CI コンドライトの元素組成はほぼ 10%以内でよく一致している．このことは原始太陽系星雲の最も始源的な化学組成を保持している隕石が CI コンドライトであることを示している．

現在最も多く引用されている太陽系の元素存在度は，Anders と Grevesse が 1989 年に発表した値[3]で，CI コンドライトの元素組成をもとに，揮発性軽元素は太陽光球の値，希ガス元素は恒星の分光データや隕石データの内挿値をもとに求められている．その値を表 2.2 に示し，原子番号順に並べて図 2.5 に図示する．この図からは以下の特徴が読みとれ，それらは元素合成過程を反映し

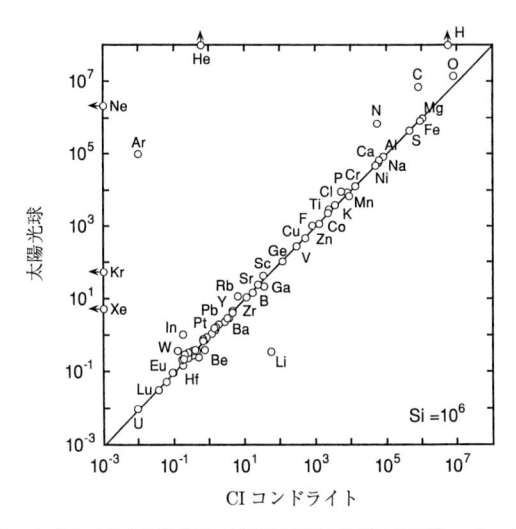

図 2.4 CI コンドライトと太陽光球の元素存在度の比較 (文献[3] のデータより作成)

2. 太陽系を構成する元素や同位体

表 2.2 太陽系の元素存在度[3] ($Si = 10^6$ に規格化した値)

元素	存在度	元素	存在度	元素	存在度	元素	存在度
1 H	2.79×10^{10}	22 Ti	2400	44 Ru	1.86	66 Dy	0.3942
2 He	2.72×10^9	23 V	293	45 Rh	0.344	67 Ho	0.0889
3 Li	57.1	24 Cr	1.35×10^4	46 Pd	1.39	68 Er	0.2508
4 Be	0.73	25 Mn	9550	47 Ag	0.486	69 Tm	0.0378
5 B	21.2	26 Fe	9.00×10^5	48 Cd	1.61	70 Yb	0.2479
6 C	1.01×10^7	27 Co	2250	49 In	0.184	71 Lu	0.0367
7 N	3.13×10^6	28 Ni	4.93×10^4	50 Sn	3.82	72 Hf	0.154
8 O	2.38×10^7	29 Cu	522	51 Sb	0.309	73 Ta	0.0207
9 F	843	30 Zn	1260	52 Te	4.81	74 W	0.133
10 Ne	3.44×10^6	31 Ga	37.8	53 I	0.90	75 Re	0.0517
11 Na	5.74×10^4	32 Ge	119	54 Xe	4.7	76 Os	0.675
12 Mg	1.074×10^6	33 As	6.56	55 Cs	0.372	77 Ir	0.661
13 Al	8.49×10^4	34 Se	62.1	56 Ba	4.49	78 Pt	1.34
14 Si	1.00×10^6	35 Br	11.8	57 La	0.4460	79 Au	0.187
15 P	1.04×10^4	36 Kr	45	58 Ce	1.136	80 Hg	0.34
16 S	5.15×10^5	37 Rb	7.09	59 Pr	0.1669	81 Tl	0.184
17 Cl	5240	38 Sr	23.5	60 Nd	0.8279	82 Pb	3.15
18 Ar	1.01×10^5	39 Y	4.64	62 Sm	0.2582	83 Bi	0.144
19 K	3770	40 Zr	11.4	63 Eu	0.0973	90 Th	0.0335
20 Ca	6.11×10^4	41 Nb	0.698	64 Gd	0.3300	92 U	0.0090
21 Sc	34.2	42 Mo	2.55	65 Tb	0.0603		

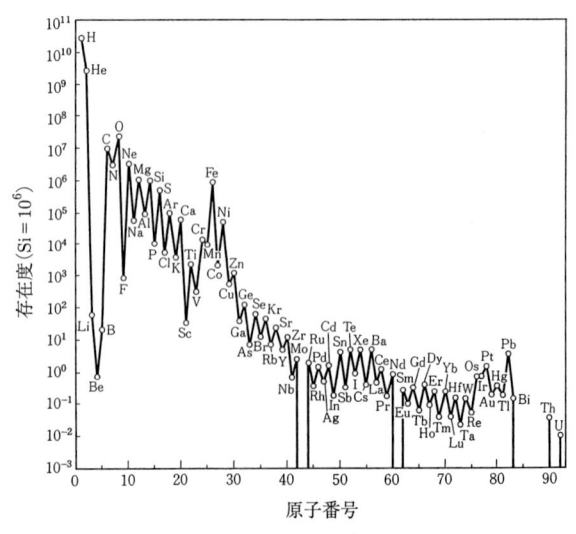

図 2.5 太陽系の元素存在度 (文献[3] のデータより作成)

ている (2.3 節参照).

① H と He の存在度が著しく高く，42 番元素あたりまでは原子番号の増加とともに指数関数的に減少するが，それ以降は変化が小さい．
② 減少傾向の中，Fe を最大値として原子番号 23〜28 でピークが現れる．
③ Li, Be, B の 3 元素の存在度は周囲に比べ極端に低い．
④ O の存在度は原子番号の小さい C の約 2 倍である．
⑤ 偶数原子番号の元素の存在度は隣接する奇数原子番号の元素より高い (オッド–ハーキンズの法則 (Oddo–Harkins law)).

図 2.5 に示す太陽系の元素存在度は，しばしば元素の宇宙存在度 (cosmic abundance of elements) と呼ばれる．それは，太陽系が銀河系内のある領域の物質を集めて誕生しているが，太陽は主系列星の中でごく普通の恒星であるため，銀河系の平均的な元素組成を反映していると考えられていることによる．太陽からの距離が 150 光年程度以内に存在するスペクトル型 F, G, K の恒星 1 万 4000 個の金属 (H と He 以外の全元素) の存在度は，Fe 存在度との相関がよく，太陽系の値の周りに分布しているので (図 2.6)，銀河系の中で太陽系近傍の恒星は太陽系と同じような元素組成をもつことを示唆している．しかし，星間物質やそれを集めて生成した恒星の元素組成は，宇宙の時間経過とともに繰り返

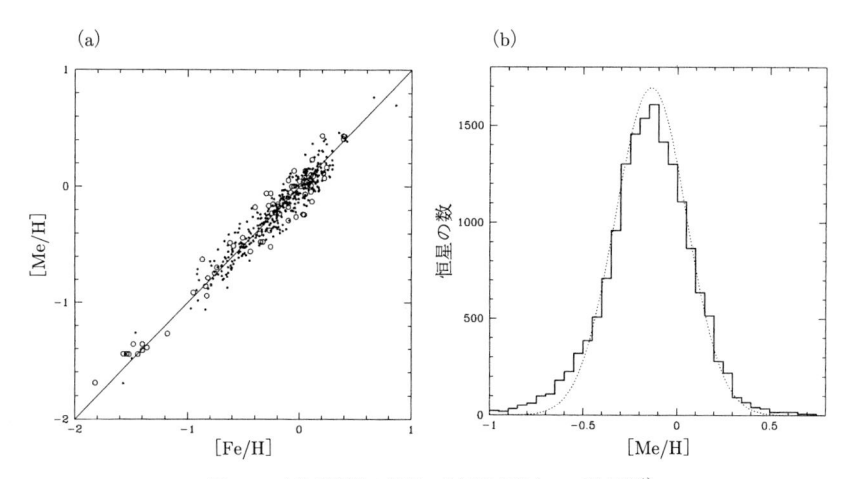

図 2.6 太陽系近傍の恒星の金属存在度と Fe 存在度[4]
(a) 金属 (Me：H と He 以外の全元素) 存在度と Fe 存在度との相関 (○：スペクトル型 G, K の低温星．●：F の高温星)，(b) 金属存在度の頻度分布．$[Me/H] = \log_{10}((Me/H)_{恒星}/(Me/H)_{太陽系})$, $[Fe/H] = \log_{10}((Fe/H)_{恒星}/(Fe/H)_{太陽系})$.

される元素合成を反映して変化しているので (2.4 節参照),元素の宇宙存在度は銀河の化学進化を反映したダイナミックな概念として捉えるべきであろう.

2.3 元素の起源

太陽系の元素存在度は,元素合成過程を反映しているので,元素存在度をもとに元素生成のメカニズムに迫ることができる.現在の知識では,ビッグバン(1.1 節参照)で H や He ができ,恒星の進化に伴う核反応で He より重い元素が作られたとされる.原子核の結合エネルギー (図 2.7) は,すべての原子核の中で ^{56}Fe が最も大きく安定であるため,^{1}H から ^{56}Fe へ向かってエネルギーを解放しながら核融合反応で元素合成が進む.しかし,^{56}Fe より重い元素は核融合反応では作ることができないので,中性子捕獲反応や陽子捕獲反応で作られる[6].

2.3.1 ビッグバンでの元素の合成

ビッグバン直後の元素合成の経過を図 2.8 に示す.ビッグバンから 3 分経過し 10^9 K まで下がると,陽子と中性子が結合し光子を放出して重水素原子核 (^{2}H) ができ,安定に存在できるようになる.できた ^{2}H 同士の衝突や陽子との反応で ^{3}H,^{3}He,^{4}He ができ,それらをもとに ^{7}Li,^{7}Be までは合成されるが,質量数 8 より重い原子核はできない.バリオン (baryon:重粒子) とは核子と核

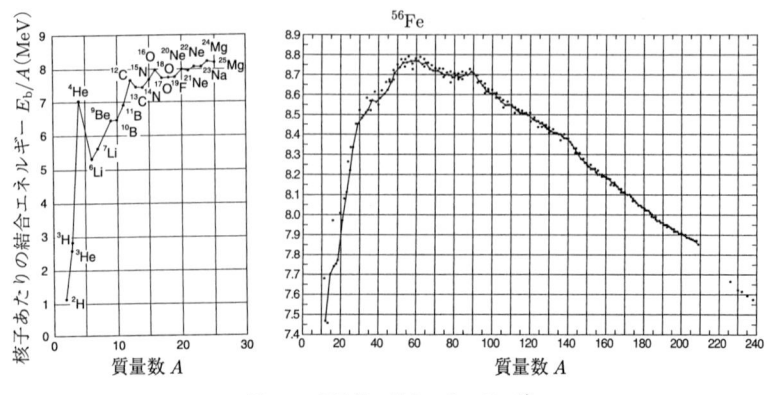

図 2.7 原子核の結合エネルギー[5]

2.3 元素の起源

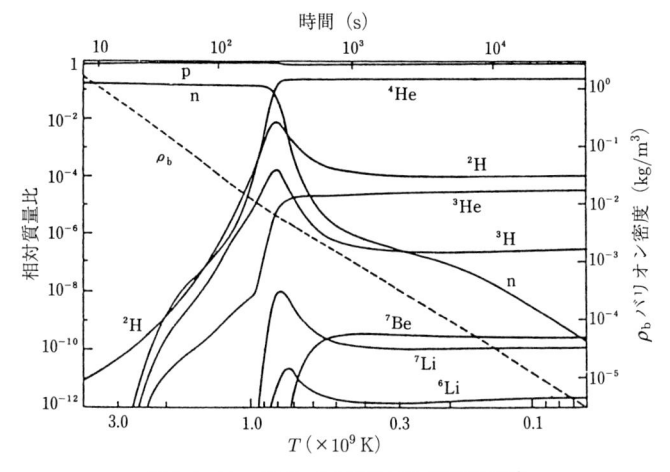

図 2.8 ビッグバンでの元素合成の時間変化[7]

子より重いスピンが半奇数の素粒子のことで,その密度は宇宙の膨張,温度低下とともに減少する.

宇宙開闢後 38 万年の頃,温度が 3000 K 以下になり電子の熱運動エネルギーが下がると,電子は陽子や He 原子核に捕られ,H 原子や He 原子ができる (1.1 節参照).その後,宇宙で第 1 世代の恒星が誕生し,このときから原子番号の大きい元素の合成が始まった.

2.3.2 恒星の進化に伴う Fe より軽い元素の合成

宇宙空間は完全な真空ではなく,平均的には $1\,\mathrm{cm}^3$ あたり原子 1 個程度のガス密度である.何らかの理由により密度に揺らぎが生じ,$1\,\mathrm{cm}^3$ あたり 10^4 個程度の分子雲 (molecular cloud) になると収縮を開始し,原始星 (protostar) の誕生に至る (3.1 節参照).中心温度が 10^7 K を超えると ^{1}H から ^{4}He ができる核融合反応が起き,内部密度が約 10^{24} 個 $/\mathrm{cm}^3$ で主系列星となる.恒星の内部温度の上昇に伴い,以下に示す核融合反応が次々と起き原子番号の大きい元素が合成される.

① 水素燃焼 (H burning):第 1 世代の恒星や太陽質量程度の第 2 世代以降の恒星では陽子陽子連鎖反応 (pp チェイン) で 4 個の ^{1}H から ^{4}He が合成される.第 2 世代以降で太陽質量の 1.5 倍以上の恒星では,中心温度が 2×10^7 K を超えると,すでに存在する ^{12}C と p との反応から出発す

るCNOサイクルで^{4}Heが合成される.

② ヘリウム燃焼 (He burning)：中心温度が2×10^8 Kを超えると，3個の^{4}He (α粒子) から^{12}Cができる核融合反応が起き (トリプル・アルファ反応)，生成した^{12}Cは^{4}Heと核融合して^{16}Oができる．この段階で恒星は主系列から離れ赤色巨星 (red giant) となり，第2世代以降の恒星では以前の元素合成で作られ恒星中にすでに取り込まれている重元素を種核として，中性子が付加するs過程 (2.3.3項で詳述) が起き，Feより重い元素が合成される．

③ 炭素燃焼 (C burning)：中心温度が8×10^8 Kになると，^{12}C + ^{12}C → ^{20}Ne + α，^{12}C + ^{12}C → ^{23}Na + p，^{12}C + ^{12}C → ^{24}Mg + γなどの反応が起き，NeやMgが合成される．

④ ネオンおよび酸素燃焼 (Ne and O burning)：1.5×10^9 Kに達すると，^{20}Ne + γ → ^{16}O + α，^{20}Ne + α → ^{24}Mg + γ，^{16}O + ^{16}O → ^{28}Si + α，^{16}O + ^{16}O → ^{31}P + p，^{16}O + ^{16}O → ^{31}S + n，^{16}O + ^{16}O → ^{32}S + γなどの反応が起き，SiやSが合成される．

⑤ α過程 (α process) とe過程 (equilibrium process)：3.5×10^9 Kに達すると，^{28}Siにα粒子が次々と反応し，^{32}S，^{36}Ar，^{40}Ca，^{44}Ti，^{48}Cr，^{52}Fe，^{56}Niができ，このうち後半の4核種は放射壊変して^{44}Ca，^{48}Ti，^{52}Cr，^{56}Feになる．この段階では核反応は短時間で起きるため，いろいろな核種，陽子，中性子，光子の間に熱力学的平衡が成立し，原子核の結合エネルギーが最大で，最も安定な^{56}Feを中心にTi，V，Cr，Mn，Co，Niなどが合成される．

上記の反応が次々と起きると，恒星の中ではタマネギ状に中心ほど重元素が存在する密度成層構造を形成するが，恒星の質量によってどの反応まで進むかが決まる．太陽質量の0.08倍以下の恒星の場合，最初の水素燃焼も起きずに，収縮が止まり褐色矮星 (brown dwarf) となる．太陽質量の0.08～0.46倍の恒星では水素燃焼で止まり，0.46～8倍ではヘリウム燃焼で止まってCやOのコアができて反応は終了する．さらに8～10倍の恒星では炭素燃焼でNeやMgのコアができて燃え尽き，10倍以上の大質量星でFeのコアができる[6]．

2.3.3　Feより重い元素の合成

恒星の中心に Fe のコアができた後，^{56}Fe より重い核種を核融合反応で作ろうとしても，吸熱反応になるため反応は進まない．電気的反発がなく原子核を大きくできるのは中性子捕獲反応で，同じ元素の質量数が 1 大きい同位体ができ，その同位体が放射性の場合，β^- 壊変して 1 つ原子番号が増えた同重体になるので，新たな元素ができる．中性子捕獲反応による重い元素の合成は，中性子密度の違い (つまり中性子捕獲寿命の違い) で s 過程 (slow process) と r 過程 (rapid process) の 2 種類が存在する．

中性子密度が $10^7 \sim 10^{11}$ cm^{-3} 程度の場合 (s 過程)，中性子捕獲の寿命は数年～数千年程度と長く，中性子捕獲反応でできた放射性核種がさらに中性子捕獲するより β^- 壊変の方が速く進む．したがって，中性子過剰の放射性核種ができるたびに β^- 壊変して新たな元素の安定核種ができ，次の中性子捕獲反応の種核種となるので，次々と原子番号の大きい元素の同位体ができていく．図 2.9 に示すように，^{56}Fe を起点として s 過程が進むと，^{209}Bi まで合成される．

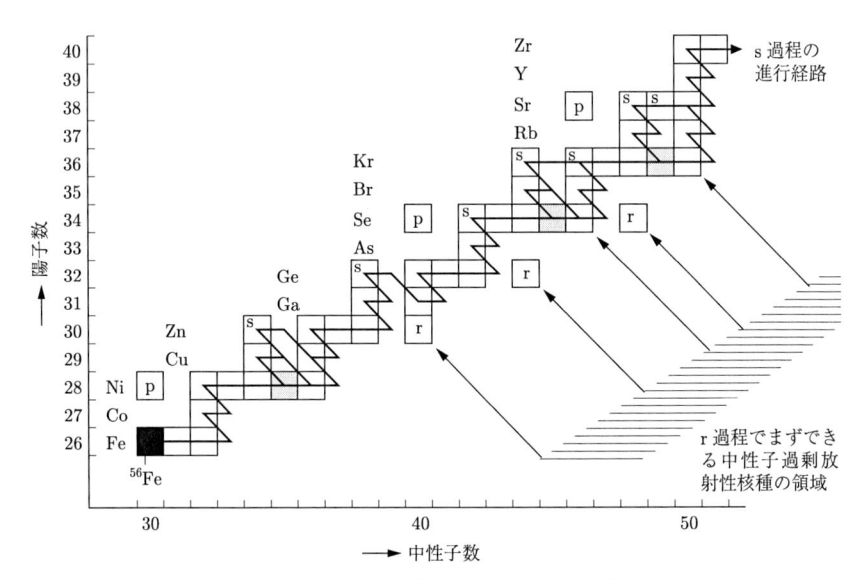

図 2.9　s 過程，r 過程による重元素の合成[8]

^{56}Fe を種核種とした s 過程の経路と，r 過程でできた中性子過剰放射性核種の壊変の様子が示されている．■ は半減期の比較的長い放射性核種 (^{63}Ni，^{79}Se，^{85}Kr など) で，β^- 壊変と中性子捕獲の分岐がおきる．r：r 過程だけで合成される核種．□：r 過程と s 過程とで合成される核種．s：s 過程だけで合成される核種．p：p 過程や γ 過程で合成される核種．

しかし，s過程ではBiより重い元素や，s過程の経路から外れた中性子過剰の安定核種，中性子が欠乏した安定核種を作ることができない．なお，s過程の中性子源は，CやOのコアをもつ赤色巨星のコアの周りのHe殻で数万年程度は続く，$^{13}C + {}^4He \to {}^{16}O + n$ の反応が有力視されている．また，熱パルスで温度が上がると，$^{22}Ne + {}^4He \to {}^{25}Mg + n$ の反応が起き，中性子が供給されることも示唆されている．赤色巨星でs過程が起きていることの観測事実としては，赤色巨星の分光観測で半減期 2.13×10^5 年の ^{99}Tc が見つかったことがあげられる．半減期から考えると赤色巨星の表面でs過程が起きていなければならない[9]．

中性子密度が $10^{20} \sim 10^{30}$ cm^{-3} 程度に大きくなると，中性子捕獲の寿命は $10^{-2} \sim 10^{-6}$ 秒程度と短く，中性子捕獲反応でできた放射性核種が β^- 壊変するより速く中性子捕獲反応が進む (r過程)．その結果，種となる安定核種を出発点として中性子が著しく過剰の超短寿命核種が一挙にでき (図2.9の右下の領域)，それらは β^- 壊変を繰り返して安定核種になる．太陽質量の10倍以上の質量をもつ恒星では，進化が進みFeのコアが形成すると，核エネルギー源がなくなり，重力崩壊 (gravitational collapse) を起こし，中性子星 (neutron star) やブラックホール (black hole) ができる．その際起きる超新星爆発 (supernova explosion) の際にr過程が起きると考えられている[9]．

Feより重い元素の合成は，中性子捕獲反応だけではすべてを説明できない．図2.9には，s過程の経路から中性子が少ない側に外れて点々と安定核種が存在することが示されている．このような核種を作る反応として (p,γ) 反応や，(γ,n) 反応が考えられており，それぞれp過程 (p process)，γ過程 (γ process) と呼ばれている．これらは超新星爆発時に放出される高エネルギーの陽子や光子による反応が有力である．

2.3.4 宇宙線による核破砕反応で作られる Li, Be, B

原子番号3, 4, 5のLi, Be, Bは，太陽系の元素存在度 (図2.5) では隣接するHeやCに比べ4桁以上も少ない．これらの元素の原子核は結合エネルギー (図2.7) が小さいため，恒星内部では不安定で破壊される．^{7}Liはビッグバンでもある程度作られるが，^{6}Li, ^{7}Li, ^{9}Be, ^{10}B, ^{11}Bは星間物質のC, N, Oに宇宙線が照射して起きる核破砕反応で作られると考えられている．

2.4 宇宙における物質循環と化学進化

ビッグバン以降 137 億年間,星間物質から恒星が誕生しては元素が作られ,超新星爆発で重元素が作られて宇宙空間へまき散らす循環が繰り返されてきた.恒星の元素組成は,ビッグバンで作られた H と He とが最大成分,2 番目の成分であり,大局的には第 1 世代の恒星誕生以降の星間物質中の重元素量の経時的な増加が,恒星の重元素濃度に反映されてきた.図 2.10 に恒星の Fe 含有量 (図の [Fe/H] は恒星の Fe/H 比を太陽系の値で規格化した値の対数) と恒星の年齢との関係を示す[10].この関係をさらに昔に戻すと,宇宙ができて最初に誕生した第 1 世代の恒星は最も低い [Fe/H] をもつはずで,金属欠乏星 (metal-poor star) から宇宙初期の元素存在度とその当時の元素合成の姿を知ることができる.これまでに,[Fe/H] > −4 の恒星は多く見つかっているが,それ以下の恒星はほとんどなく,最も低い [Fe/H] = −5.4 をもつ恒星は,2005 年にすばる望遠鏡で発見された[11].図 2.11 に示す [Fe/H] = −5.4 と −5.2 の 2 つの金属超欠乏星の元素組成には,どちらも共通して C, N, O が異常に濃縮しており[11],特異な条件の超新星爆発が起きた第 1 世代の恒星の放出物からできた第 2 世代

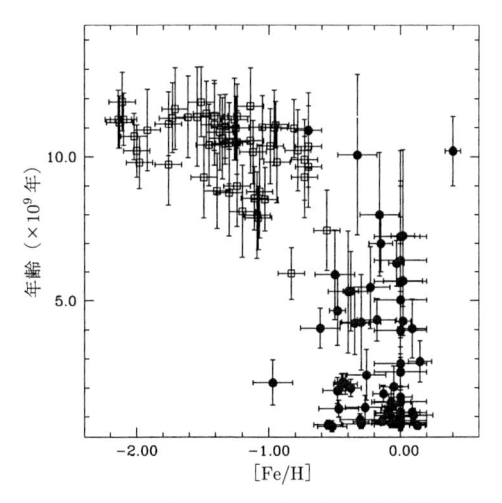

図 2.10 恒星の [Fe/H] と年齢との関係[10]

[Fe/H] = $\log_{10}((\text{Fe/H})_{恒星}/(\text{Fe/H})_{太陽系})$. ●:散開星団 (open cluster),□:球状星団 (globular cluster).

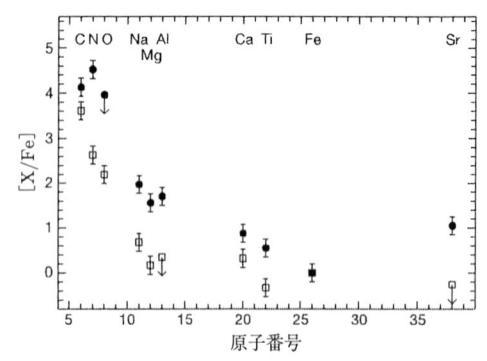

図 2.11 Fe 存在度が極めて低い 2 つの恒星の元素存在度[11]
●：HE1327-2326([Fe/H]=−5.4), □：HE0107-5240([Fe/H]=−5.2).
$[X/Fe] = \log_{10}((X/Fe)_{恒星}/(X/Fe)_{太陽系})$

の恒星と考えられている[12]．

図 2.12 に恒星中の C から Zn までの元素組成を示す．横軸は恒星の年齢の指標となる [Fe/H] をとっており，左ほど (マイナスの値が大きいほど) 古く，[Fe/H] = 0 は原始太陽系星雲に相当する．縦軸は恒星中の各元素と Fe の原子比を太陽系のそれぞれの比で規格化した値の対数表示で示してある．実線は，銀河におけるある時刻の星の生成率とその質量関数，各種の超新星爆発の質量放出率と元素合成率などを数値化した銀河の化学進化の理論モデルの計算結果を示してある[13]．宇宙初期には巨大質量星が起こす極超新星の爆発の影響が見られ，[Fe/H] > −2.5 では重力崩壊型 (II 型) の超新星爆発が元素の供給源であったが，[Fe/H] > −1.0 になると熱核爆発型 (Ia 型) 超新星爆発の寄与が現れてきていることが示されている．

2.5 元素合成の年代学

元素がいつ頃，どのくらいの時間をかけて作られたかを研究する分野は，核–宇宙年代学 (nucleo-cosmochronology) と呼ばれており，放射性核種の壊変関係を解析することにより，元素合成の時間情報を得ている．

ある限られた宇宙空間において時刻 t に存在する核種 i の量を $N_i(t)$ とすると，その時間変化は，

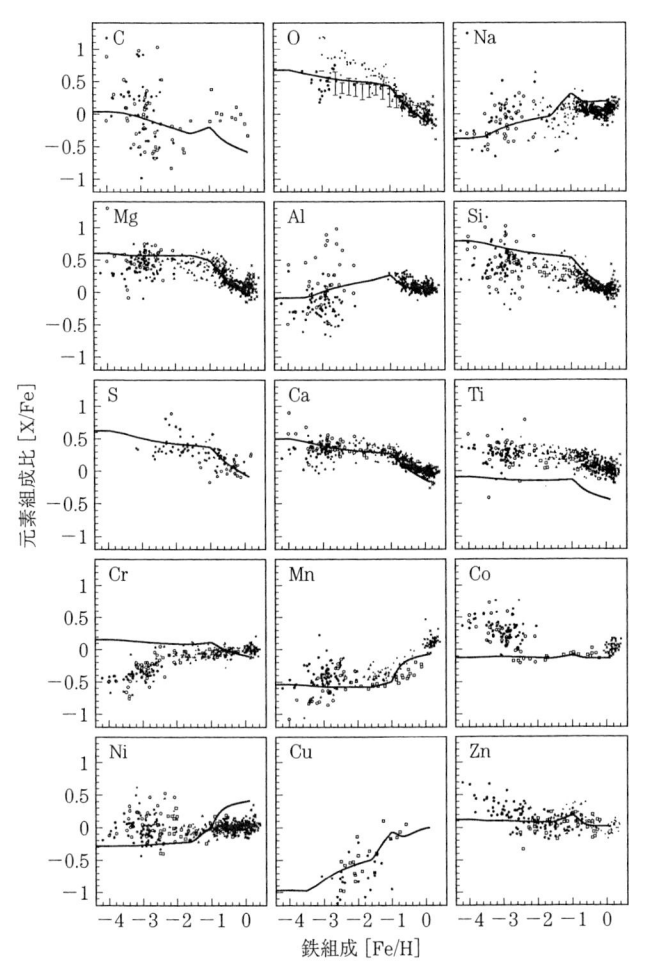

図 2.12 宇宙の化学進化[13)]
[Fe/H] と [X/Fe] の定義式は，図 2.10，図 2.11 を参照．

$$\frac{dN_i(t)}{dt} = -\lambda_i N_i(t) + P_i p(t) \tag{2.4}$$

で表される．右辺第 1 項は放射壊変の項で，壊変定数 λ_i は安定核種では 0 となる．また，第 2 項は核種生成を表す項で，P_i は元素合成過程での核種 i の生成速度，$p(t)$ は元素合成が起きた頻度の時間変化を示す関数 (生成関数：production function) を示す．厳密には核種 i が核反応で失われる項なども必要だが，ここでは考慮しない．式 (2.4) の解は，

$$N_i(t) = P_i \exp(-\lambda_i t) \int_0^t \exp(\lambda_i \tau) p(\tau) d\tau \tag{2.5}$$

で表される．ある宇宙空間内で特定の核種の全量を見積もることは難しいが，2つの核種の存在比は観測や測定から求めることができる．式 (2.5) を時刻 t における核種 i と核種 j との存在比 (同じ元素の場合同位体比) で表現すると，

$$\frac{N_i}{N_j}(t) = \frac{P_i}{P_j} \frac{\exp(-\lambda_i t) \int_0^t \exp(\lambda_i \tau) p(\tau) d\tau}{\exp(-\lambda_j t) \int_0^t \exp(\lambda_j \tau) p(\tau) d\tau} \tag{2.6}$$

となる．このうち，P_i/P_j は元素合成理論から半経験的な値として求まり，λ_i や λ_j は定数であるので，式 (2.6) は観測される核種比から $p(t)$ の情報が得られることを示している．つまり，元素合成がいつから始まり，どのような頻度で時間とともに推移したかが分かるのである．核種 i, j ともに安定核種であるなら，式 (2.6) は $(N_i/N_j)(t) = P_i/P_j$ となり，$p(t)$ の情報は得られないので，年代学的議論を行うためには少なくとも一方の核種が放射性核種でなければならない．また，現在あるいは過去のある時点での核種比が既知であるためには，核種 i または j，あるいは両方が一次放射性核種，消滅放射性核種でなければならない．また式 (2.6) で，$(N_i/N_j)(t)$ と P_i/P_j とが与えられても一意的に $p(t)$ は決められない．そこで，$p(t)$ として以下に示す極端な元素合成モデルに基づく未知パラメータの少ない簡単な生成関数を仮定し，式 (2.6) に代入する．

① 連続元素合成モデル：ビッグバン後の最初の元素生成から，同じ時間頻度で元素合成が繰り返し起き，それらが十分に混じり合った星間物質から太陽系ができた．この場合 $p(t) = A$(定数) で，式 (2.5) は，

$$N_i(t) = \frac{AP_i}{\lambda_i}(1 - \exp(-\lambda_i t)) \tag{2.7}$$

となる．

② 単一元素合成モデル：過去のある時点 T で起きた元素合成でできた元素だけを集めて太陽系ができた．この場合 $p(t) = A\delta(t-T)$ で，式 (2.5) は，

$$N_i(t) = \begin{cases} 0 & (t < T) \\ AP_i \exp(-\lambda_i(t-T)) & (t \geqq T) \end{cases} \tag{2.8}$$

となる．

2.6 自然界でみられる同位体比の変動

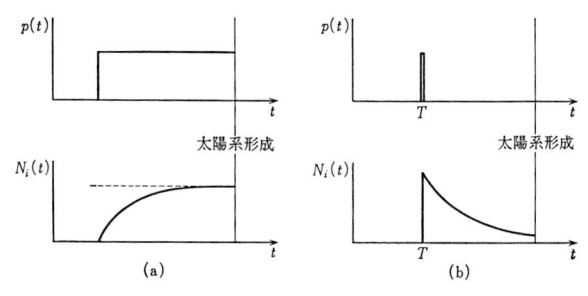

図 2.13 簡単な元素合成モデルの生成関数と, 放射性核種 N_i 存在量の時間変化[14]
(a) 連続元素合成モデル, (b) 単一元素合成モデル.

表 2.3 ^{235}U, ^{238}U, ^{232}Th を用いて計算された元素の年代[14]

	^{235}U/^{238}U	^{232}Th/^{238}U
現在の存在比	$(7.25 \pm 0.01) \times 10^{-3}$	4.0 ± 0.2
4.6×10^9 年前 (太陽系形成時) の存在比	0.313 ± 0.026	2.48 ± 0.15
生成速度比 P_i/P_j	1.42 ± 0.19	1.65 ± 0.15
最初の元素合成から 4.6×10^9 年前までの時間		
連続元素合成モデル	$(8^{+3}_{-2}) \times 10^9$ 年	$(9^{+3}_{-2}) \times 10^9$ 年
単一元素合成モデル	$(1.8 \pm 0.2) \times 10^9$ 年	$(3.8 \pm 0.8) \times 10^9$ 年

これらの 2 つのモデルの $p(t)$ と $N_i(t)$ とを図 2.13 に示す.

表 2.3 に, N_i/N_j として ^{235}U/^{238}U および ^{232}Th/^{238}U を使って計算した結果を示す. ^{235}U, ^{238}U と ^{232}Th はすべて一次放射性核種で天然に現存しており, 元素合成では r 過程で作られるので P_i/P_j が理論的に精度よく求められている. 計算結果からは, 単一元素合成モデルでは ^{235}U/^{238}U および ^{232}Th/^{238}U の両方の年代値が合わず現実的でないことが示された. 連続元素合成モデルでは両者に共通の年代が得られ, 多くの元素合成生成物が混じって太陽系を作ったとする天文学的な知見と符合する. 第 1 世代の恒星による最初の元素合成から太陽系生成までが 80 ~ 90 億年と計算され, 太陽系の年代 46 億年とビッグバンが起きて最初の超新星の爆発が起きるまでの 2 億年とを加えてビッグバンの年代を求めると, 130 ~ 140 億年となり, ハッブル定数から求めた宇宙の年代 (137 億年) とよくあっている (1.1 節参照).

2.6 自然界でみられる同位体比の変動

元素の同位体比は元素合成の核反応の生成条件を反映するので, 太陽系を構

成する元素の同位体比から元素の起源についての情報が得られる．また，様々な種類の太陽系内物質，地球物質で同位体比の均一性を調べることから，太陽系や地球の形成や進化のプロセスを知ることができる．同位体の発見以来，同位体比が測定できる 61 元素について地球物質のみならず隕石，月試料などで測定が繰り返された．その結果，宇宙での元素合成過程の違いに起因する同位体比の変動が，地球物質では見つからず，始源的な炭素質コンドライト隕石をはじめ隕石試料でのみ見つかり，「同位体異常 (isotope anomaly)」と呼ばれている．太陽系形成時に，原始太陽系星雲がいったん高温を経て同位体的に均質化したが，その際均質化を免れて生き残った粒子が同位体異常を担っていると解釈され，その粒子をプレソーラー (先太陽系) 粒子 (pre-solar grain) と呼んでいる．詳細については，このあと 2.7 節と 2.8 節で説明する．「同位体異常」を除くと，地球物質を含めて太陽系物質で見られる同位体比の変動は，以下の 3 つの場合に限られる．これらはすべて太陽系ができた後の現象であり，太陽系形成時には地球物質，月物質，多くの隕石物質は均一な同位体比をもっていた．

2.6.1 天然で起きる同位体効果による同位体比の変動

同位体の質量の違いが原子，分子の物理的化学的性質や挙動に差を生じることを同位体効果 (isotope effect) と呼び，その結果異なる物質間あるいは同一物質の 2 相間で同位体比が変動することを同位体分別 (isotope fractionation) と呼ぶ．天然で起きる化学過程や物理過程においても同位体効果は起き，同位体比の変動が生じており，このような同位体効果に起因する同位体比変動をもとに自然現象を解明する分野は安定同位体地球化学 (stable isotope geochemistry) と呼ばれる[40]．同位体分別が起きる主な原因は，平衡下において分子間で同位体の再分配が起きる同位体交換反応 (isotope exchange reaction) と，蒸発や拡散，解離反応など不可逆過程で起きる動的同位体効果 (dynamic isotope effect) の 2 つに大別される．前者は平衡同位体効果 (equilibrium isotope effect) あるいは静的同位体効果 (static isotope effect) とも呼ばれ，古海水温度，熱水鉱床生成温度，変質変成温度など温度情報推定に利用されている．一方後者は，速度論的同位体効果 (kinetic isotope effect) とも呼ばれ，生物が関与する反応や地球での物質移動の解析に利用されている．

同位体効果は H, C, N, O, S など原子番号が小さい元素に特徴的に現れる．

これらの元素では同位体同士の質量差の質量数に対する割合が大きいため，同位体の質量による挙動の違いが現れやすく，10%以上の同位体比変動も知られている．しかし，同位体比変動は一般には小さく，試料中の同位体 N_j と N_i との存在比 N_j/N_i は，以下に定義するように標準物質の同位体比の値からのずれの千分率をパーミル (‰) 単位で示す δ 表示を用いる．

$$\delta N_j(‰) = \left\{ \frac{(N_j/N_i)_{試料}}{(N_j/N_i)_{標準}} - 1 \right\} \times 10^3 \tag{2.9}$$

最近の質量分析法の進歩による同位体比測定の精密化は，原子番号が大きい元素についても天然で起きている同位体分別を検出できるようにし，20元素以上で同位体比変動が検出されている．表 2.4 に地球上の試料で見つかった同位体分別による同位体比変動を，元素ごとに原子量，標準物質とともに示す．

安定同位体が 3 つ以上存在するとき，平衡同位体交換反応や動的同位体効果

表 2.4 地球上で起きる同位体効果に起因する同位体比の変動

元素	同位体比	同位体比の変動 (‰) 最小	最大	原子量 (2009)*	標準物質	文献
H	^{2}H/^{1}H	-836	$+180$	1.00794(7)	VSMOW**	15
Li	^{7}Li/^{6}Li	-19	$+56.3$	6.941(2)	L-SVEC	15
B	^{11}B/^{10}B	-34.2	$+59.2$	10.811(7)	NISTSRM951	15
C	^{13}C/^{12}C	-130.3	$+37.5$	12.0107(8)	VPDB**	15
N	^{15}N/^{14}N	-150	$+150$	14.0067(2)	Air	15
O	^{18}O/^{16}O	-62.8	$+109$	15.9994(3)	VSMOW**	15
Mg	^{26}Mg/^{24}Mg	-1.95	$+2.67$	24.3050(6)	NISTSRM980	15
Si	^{30}Si/^{28}Si	-3.7	$+3.4$	28.0855(3)	NISTSRM28	15
S	^{34}S/^{32}S	-55	$+135$	32.065(5)	VCDT**	15
Cl	^{37}Cl/^{35}Cl	-7.7	$+7.5$	35.453(2)	SMOC	15
Ca	^{44}Ca/^{40}Ca	-2.17	$+2.76$	40.078(4)	NBS915a	15
Cr	^{53}Cr/^{52}Cr	0	$+5.8$	51.9961(6)	NISTSRM979	15
Fe	^{56}Fe/^{54}Fe	-2.9	$+1.36$	55.845(2)	IRMM-014	15
Cu	^{65}Cu/^{63}Cu	-7.65	$+9.0$	63.546(3)	NISTSRM976	15
Zn	^{66}Zn/^{64}Zn	-0.19	$+1.50$	65.38(2)	NISTSRM683	16
Ge	^{74}Ge/^{70}Ge	$+0.68$	$+3.34$	72.64(1)	Ge$_{cam}$	17
Se	^{80}Se/^{76}Se	-3	$+3$	78.96(3)	CDT	18
Mo	^{97}Mo/^{95}Mo	-1.0	$+1.8$	95.96(2)	JMC Mo	16
Pd		(1 質量あたり変動幅 < 3.6)		106.42(1)	—	15
Te	^{130}Te/^{122}Te	(変動幅 < 4.0)		127.60(3)	—	15
Hg	^{202}Hg/^{198}Hg	-3.6	$+2.1$	200.59(2)	NISTSRM3133	19
Tl	^{205}Tl/^{203}Tl	-0.18	$+1.43$	204.3833(2)	NISTSRM997	15

* 原子量 (2009) は文献[20]による．( ) の中の数字は原子量の不確かさで，有効数字の最後の桁に対応する．**V (Vienna) を省いて，SMOW, PDB, CDT と呼ぶことも多い．

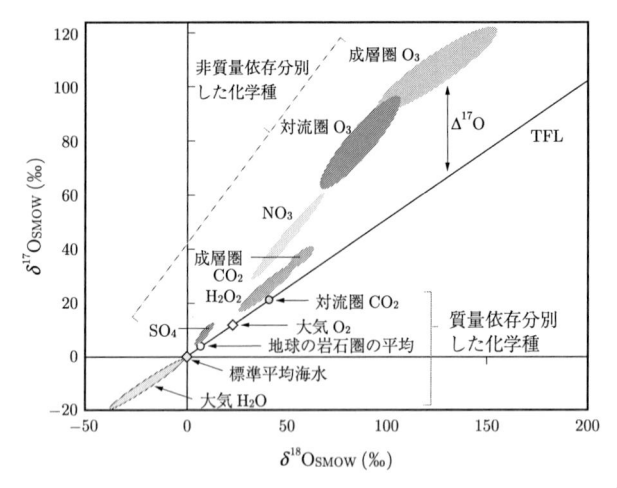

図 2.14 大気成分にみられる O 同位体の質量依存分別と非質量依存分別[22]
TFL：地球物質の同位体分別線.

に起因する同位体分別は，質量差に比例して現れると考えられてきた．事実 O の 3 同位体プロット (^{17}O/^{16}O vs.^{18}O/^{16}O) では，すべての地球物質は傾きほぼ 0.5 の直線上に分布し (図 2.14 の地球物質の同位体分別線：TFL (terrestrial fractionation line))，質量依存 (mass-dependent) の同位体分別が起きている．しかし，放電による O_2 から O_3 の生成では傾き 1 の同位体分別が見つかり[21]，光化学反応では非質量依存の同位体分別 (MIF: mass-independent fractionation) が起きることが明らかになった．O の MIF は，成層圏や対流圏 (10.1 節参照) の O_3, NO_3, CO_2, SO_4 などでも見つかっている (図 2.14).

2.6.2 放射壊変生成核種による同位体比の変動

放射壊変の娘核種を含む元素の同位体比は，壊変の影響で変動する．放射性核種 P の娘核種 D_i への壊変は式 (2.1) に従って進む．時刻 t の D_i の量 $D_i(t)$ は，$t = 0$ ですでに存在した $D_i(0)$ と P の壊変生成分の和であり，

$$D_i(t) = D_i(0) + P(0)\{1 - \exp(-\lambda t)\}$$
$$= D_i(0) + P(t)\{\exp(\lambda t) - 1\} \quad (2.10)$$

となる．$D_i(t)$ を同位体比で表すため，式 (2.10) の両辺を娘核種と同じ元素の安定同位体の量 D_j で割ると，D_j は時間によって変化しないので，

$$\frac{D_i}{D_j}(t) = \frac{D_i}{D_j}(0) + \frac{P}{D_j}(t)\{\exp(\lambda t) - 1\} \tag{2.11}$$

となり,時刻 t の同位体比は放射性核種と娘核種の元素の存在比に比例する P/D_i や経過時間 t の関数となっている.天然に存在する一次放射性核種の壊変で娘核種を含む元素の同位体比に変動が現れる場合を表 2.5 にまとめる.これらは半減期が 10^{12} 年程度以下の放射性核種が壊変する系であり,さらに長い半減期の一次放射性核種では娘核種の生成が少なすぎ,同位体比の変化として娘核種の蓄積を検出できない.どの系も,年代測定に応用されており (4.1 節参照),さらに地球進化のトレーサーとして,あるいは地球内の物質移動や物質相互作用のトレーサーとして用いられている (7.2 節参照).表 2.6 には消滅放射

表 2.5 一次放射性核種の壊変による同位体比の変動

親核種	半減期 (年)*	壊変様式	娘核種	変動の見られる同位体比
^{235}U	7.038×10^8	壊変系列 ($7\alpha + 4\beta^-$)	^{207}Pb	^{207}Pb/^{204}Pb,^{4}He/^{3}He
^{40}K	1.277×10^9	$\{$EC(10.72%)+β^+(0.001%) β^-(89.28%)	^{40}Ar ^{40}Ca	^{40}Ar/^{36}Ar ^{40}Ca/^{44}Ca
^{238}U	4.468×10^9	壊変系列 ($8\alpha + 6\beta^-$)	^{206}Pb	^{206}Pb/^{204}Pb,^{4}He/^{3}He
^{232}Th	1.405×10^{10}	壊変系列 ($6\alpha + 4\beta^-$)	^{208}Pb	^{208}Pb/^{204}Pb,^{4}He/^{3}He
^{176}Lu	3.78×10^{10}	β^-	^{176}Hf	^{176}Hf/^{177}Hf
^{187}Re	4.35×10^{10}	β^-	^{187}Os	^{187}Os/^{188}Os
^{87}Rb	4.75×10^{10}	β^-	^{87}Sr	^{87}Sr/^{86}Sr
^{138}La	1.05×10^{11}	$\{$EC+β^+(66.4%) β^-(33.6%)	^{138}Ba ^{138}Ce	^{138}Ba/^{137}Ba ^{138}Ce/^{142}Ce
^{147}Sm	1.06×10^{11}	α	^{143}Nd	^{143}Nd/^{144}Nd
^{190}Pt	6.5×10^{11}	α	^{186}Os	^{186}Os/^{188}Os

* 半減期は文献[39] p.467〜469 による.

表 2.6 消滅放射性核種の壊変による同位体比の変動

親核種	半減期 (年)*	壊変様式	娘核種	変動の見られる同位体比
^{146}Sm	1.03×10^8	α	^{142}Nd	^{142}Nd/^{144}Nd
^{244}Pu	8.2×10^7	α, SF	^{240}U, SF 生成物	^{132,134,136}Xe/^{130}Xe
^{92}Nb	3.6×10^7	EC	^{92}Zr	^{92}Zr/^{90}Zr
^{129}I	1.57×10^7	β^-	^{129}Xe	^{129}Xe/^{130}Xe
^{182}Hf	9×10^6	β^-	^{182}Ta $\to$ ^{182}W	^{182}W/^{184}W
^{107}Pd	6.5×10^6	β^-	^{107}Ag	^{107}Ag/^{109}Ag
^{53}Mn	3.7×10^6	EC	^{53}Cr	^{53}Cr/^{52}Cr
^{60}Fe	1.5×10^6	β^-	^{60}Co $\to$ ^{60}Ni	^{60}Ni/^{58}Ni
^{10}Be	1.5×10^6	β^-	^{10}B	^{10}B/^{11}B
^{26}Al	7×10^5	β^+, EC	^{26}Mg	^{26}Mg/^{24}Mg
^{41}Ca	1×10^5	EC	^{41}K	^{41}K/^{39}K

* 半減期は表 4.1 による.

性核種の娘核種を含む元素で見られる同位体比の変動をまとめる．主に隕石で検出されているが，Xe や Nd の同位体比は地球物質でも変動している．消滅放射性核種は隕石形成の精密相対年代，惑星系形成直後の金属とケイ酸塩の分離年代の測定に使われている (4.3 節参照)．

2.6.3 天然でおきる核反応生成核種による同位体比の変動

天然で起きる核反応によっても同位体比に変動が見られる．隕石や月面物質では宇宙線照射による核反応 (核破砕反応や中性子捕獲反応) で安定核種や放射性核種が生成し，それらが蓄積すると同位体比変動が検出できるようになる．隕石中では宇宙線による核反応で希ガス元素の同位体組成に変動が見られ，地球上でも標高が高い場所では，宇宙線による Si や O の核破砕反応で He や Ne が生成し表面岩石中の ^{3}He/^{4}He や ^{21}Ne/^{22}Ne 比が高くなる[23]．月面では，熱中性子捕獲反応断面積がそれぞれ 4.0×10^4, 6.1×10^4, 2.54×10^5 barn (1 barn $= 1 \times 10^{-24}$ cm^2) と極めて大きい ^{149}Sm, ^{155}Gd, ^{157}Gd をターゲット核にして二次宇宙線による中性子捕獲反応が起き，Sm や Gd の同位体比に変動が生じる[24]．大変特殊な例ではあるが，アフリカ，ガボンのオクロ (Oklo) 鉱山では，^{235}U の存在比が現在より高かった約 20 億年前にウラン鉱床で臨界に達し核分裂連鎖反応が起きた．反応が起きた場所では ^{235}U の誘導核分裂により多くの元素の同位体比が通常の値と全く異なる[25]．この現象は天然原子炉 (natural nuclear reactor) とかオクロ現象 (Oklo phenomenon) と呼ばれ，黒田和夫が 1956 年に予言し，1972 年に実際に見つかったことでも知られている[26]．

2.7 隕石中の「同位体異常」

2.7.1 希ガス同位体

同位体の発見以来，同位体効果や放射壊変，核反応で説明できない同位体比の変動を探す試みが多くの元素についてなされたが，徒労に終わった．その結果，均一な同位体比をもつ太陽系像の確立へと向かったが，希ガス元素だけは例外であった．Ne には質量数 20，21，22 の 3 つの同位体が存在し，隕石に含まれる Ne 同位体比は，Ne–A (惑星型 (planetary) と呼ばれる隕石から見つかった成分)，Ne–B (太陽型 (solar) と呼ばれる太陽風組成をもつ成分) と Ne–S

(核破砕型 (spallogenic) と呼ばれる宇宙線照射反応でできた成分) の3成分混合で説明された. しかし, 1969年に Black と Pepin は Orgueil CI コンドライトの段階加熱成分から $^{20}Ne/^{22}Ne$ の異常に低い成分を見つけ Ne–E と名付けた[27]. その後の研究で Ne–E には低温 ($\sim 600°C$) で抽出される Ne–E(L) と高温 ($\sim 1200°C$) で抽出される Ne–E(H) の2成分が存在することが明らかになり, Ne–E(L) はほぼ純粋な ^{22}Ne ($^{20}Ne/^{22}Ne < 10^{-2}$, $^{21}Ne/^{22}Ne < 10^{-3}$) からなることが分かったが, その成因は不明のままであった[28].

Xe には9つの同位体が存在し, 元素合成過程 (2.3節参照) で分類すると, ^{124}Xe と ^{126}Xe は p 過程核種, ^{128}Xe と ^{130}Xe は s 過程核種, ^{134}Xe と ^{136}Xe は r 過程核種, ^{129}Xe, ^{131}Xe, ^{132}Xe は s 過程に r 過程が重なった核種である. 炭素質コンドライトには, 超ウラン元素の自発核分裂で生成する ^{131}Xe より重い Xe 同位体が濃集していたので, その成分は CCF (carbonaceous chondrite fission) Xe と呼ばれていたが, その同位体パターンは ^{238}U, ^{244}Pu, ^{248}Cm の自発核分裂生成 Xe の同位体パターンのどれとも厳密には一致せず謎であった. その後 CCFXe には ^{124}Xe, ^{126}Xe の濃縮が伴うことが見つかり, 軽い (light) p 過程核種と重い (heavy) r 過程核種が濃集した Xe 成分 (Xe–HL) であるので, 太陽系生成直前に起きた超新星爆発に直接由来すると考えられた[29]. 一方で, s 過程でできる Xe 同位体が濃縮した成分 (Xe–S) は Murchison CM コンドライト中で見つかった[30].

2.7.2 酸素同位体

酸素には質量数 16, 17, 18 の3つの安定同位体が存在し, その同位体比は自然界でわずかに変動している. O 同位体比は, 標準物質である標準平均海水 SMOW (standard mean ocean water) の値 ($^{17}O/^{16}O = 0.000380$, $^{18}O/^{16}O = 0.002005$) からのずれの千分率で表す (2.6節参照). 両軸に $\delta^{17}O$, $\delta^{18}O$ をとる3同位体プロット図 (図2.15) 上に地球物質の値を図示すると, すでに図2.14でも示したように, 光化学反応でできた上層大気分子を除き, すべての地球物質が勾配約0.5の地球物質の同位体分別線 (TFL) 上に並ぶ. このことは, 地球が均質な O 同位体比をもつ起源物質から生成し, 地球形成以来の諸現象では TFL を作る質量依存の同位体分別が起きて今日に至ったことを示している. 一方, 炭素質コンドライトの一種である Allende CV3 コンド

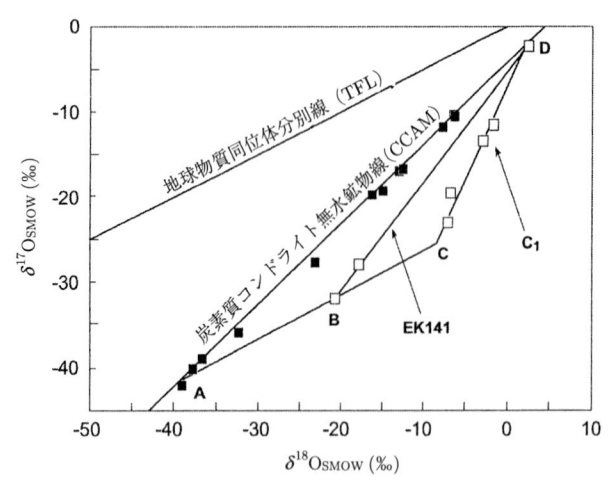

図 2.15 Allende CV3 コンドライトの O の 3 同位体プロット[31]
■ 普通の包有物，□ "FUN" 包有物 (本文参照)

ライトの「普通の」無水包有物は，傾きがほぼ 1 の直線上に並び，この線を CCAM (carbonaceous chondrite anhydrous mineral：炭素質コンドライト無水鉱物) 線と呼ぶ．このような質量依存の同位体分別で説明できない O 同位体比は，1973 年 Clayton らにより発見され，当時は，超新星爆発起源の ^{16}O に富む成分が難揮発性鉱物として原始太陽系に取り込まれた，いわば太陽系先駆物質の生き残りの証拠と考えられた[32]．しかし最近では原始太陽系星雲に進化した分子雲の中で起きた光化学反応で非質量依存の同位体分別 (MIF) が起き，^{17}O や ^{18}O に富む成分と ^{16}O に富む成分ができたとの説が有力である[33]．炭素質コンドライトには傾きほぼ 1 の直線 (CCAM) を作る「普通の (normal)」包有物のほかにも，その直線より ^{18}O 濃縮側に分布する O 同位体をもつ包有物も存在し，FUN (fractionated and unknown nuclear) 包有物と呼ばれる (図 2.15)．FUN 包含物は特殊な外来成分が複雑な分別・混合過程を経てできた成分であることを示しているが，詳細は不明である．

O 同位体比の変動は，鉱物内部のミクロンスケールから惑星スケールまで，異なった長さスケールで認められる．図 2.16(a) にはコンドライトの種類ごとの O 同位体比分布を示す．コンドライトは種類ごとに特定の O 同位体比をもっており，O 同位体比がわずかに異なる原始太陽系星雲内の特定の位置の物質を集めて生成したことを示している．E コンドライトだけが地球物質と一致し，

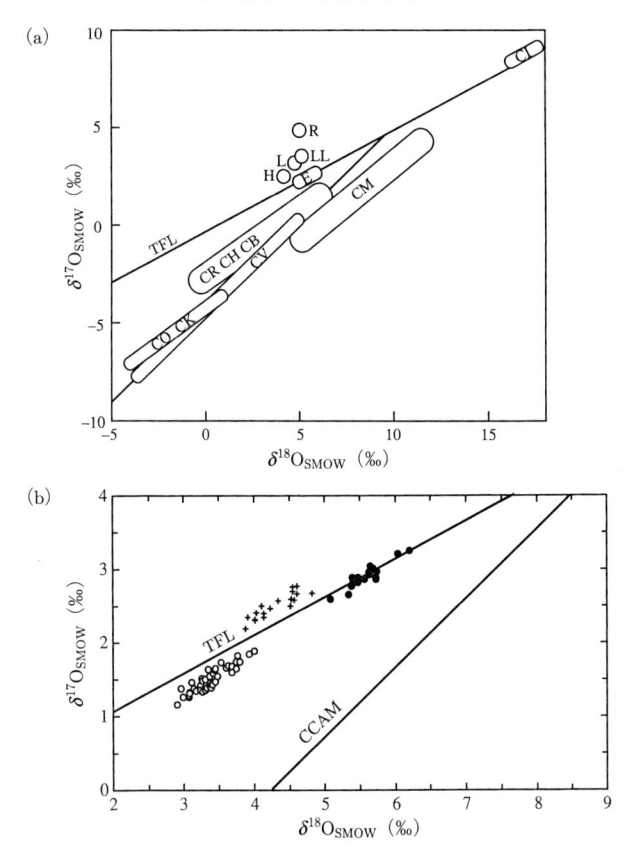

図 2.16 太陽系物質の O の 3 同位体プロット[34]
(a) コンドライト隕石 (コンドライトの略記号は表 1.3 を参照), (b) 分化した天体 (●：月物質, ＋：火星起源の SNC 隕石, ○：小惑星ベスタ起源とされる HED 隕石).

普通 (H, L, LL) コンドライトとは異なる．図 2.16(b) には分化した天体の O 同位体比を示す．月物質は地球と同じ O 同位体比をもち，火星物質は普通コンドライトに近い．

2.7.3　そのほかの元素の同位体

O 以外の元素の同位体異常は，O 同位体異常と同じく Allende CV3 コンドライトの難揮発性包有物から見つかっているが，その特徴は包有物の種類によって異なる[31]．O 同位体比が CCAM 線上を最大 40‰ 変動する「普通の」包有物では，Ca, Ti, Cr, Ni で中性子過剰安定核種 ^{48}Ca, ^{50}Ti, ^{54}Cr, ^{64}Ni の異

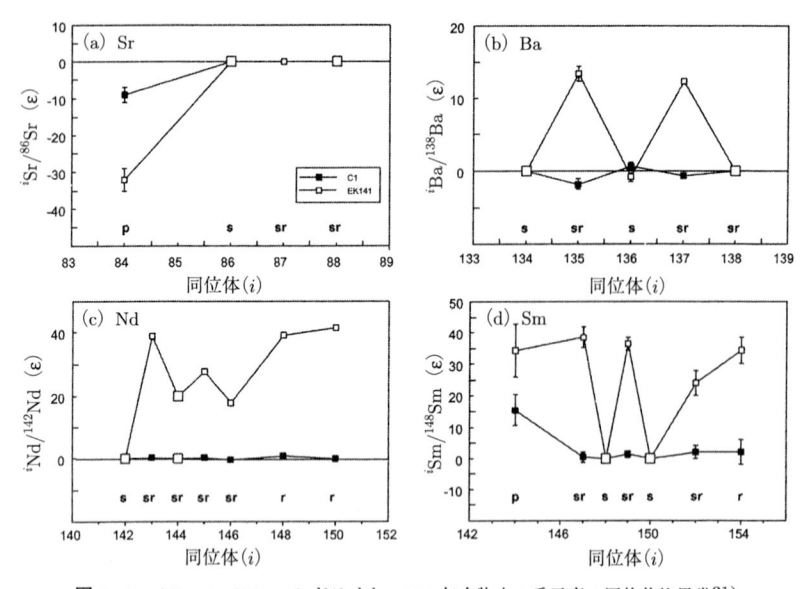

図 2.17 Allende CV3 コンドライト FUN 包有物中の重元素の同位体比異常[31]
■試料 C1, □試料 EK141 (図 2.15 を参照). ϵ は標準物質の同位体比からの 1 万分偏差を示す. $\dfrac{^iE}{^jE}(\epsilon) = \left(\dfrac{(^iE/^jE)_{試料}}{(^iE/^jE)_{標準}} - 1\right) \times 10^4$
各同位体比の偏差は,元素ごとに□ (大きい四角) の 2 つの同位体比の偏差を標準物質の値に規格化して求めている.

常な増加が見られる.また,FUN 包有物では,O 同位体組成からも特殊な外来成分が複雑な分別過程を経て混入したことを示しているが,Mg, Si, Ca, Ti, Cr, Fe, Zn に加え,Sr, Ba, Nd, Sm などの重い元素にも同位体異常が見られ (図 2.17), 異なる環境で起きた r 過程, s 過程, p 過程の元素合成生成物が不均質に混合していることを示している.このほか,CM2 コンドライトのヒボナイトに富む包有物中からも Ti, Ca の同位体比異常が見つかっている[31].

2.8 プレソーラー粒子の太陽系物質とは異なる同位体比

Anders と Zinner は,Ne–E や CCFXe など希ガス元素同位体異常を担う鉱物を探す研究を進め,1993 年これらの異常はダイヤモンド (C), グラファイト (C) や炭化ケイ素 (SiC) などの微粒子が担っていることを突き止めた[35]. このような微粒子は,原始太陽系星雲から惑星系ができるときに生き残った太陽系

2.8 プレソーラー粒子の太陽系物質とは異なる同位体比

表 2.7 プレソーラー粒子[36)]

粒子の種類	保持する希ガス成分	大きさ	隕石中の存在量	起源となる天体
ダイヤモンド (C)	Xe-HL	2 nm	1000 ppm	超新星？
炭化ケイ素 (SiC)	Ne-E(H), Xe-S	$0.1 \sim 20\,\mu$m	10 ppm	AGB 星，超新星，J タイプ炭素星，新星
グラファイト (C)	Ne-E(L)	$1 \sim 20\,\mu$m	$1 \sim 2$ ppm	超新星，AGB 星
酸化物		$0.15 \sim 3\,\mu$m	1 ppm	赤色巨星，AGB 星，超新星
窒化ケイ素 (Si_3N_4)		$0.3 \sim 1\,\mu$m	3 ppb 程度	超新星，AGB 星
Ti,Fe,Zr,Mo 炭化物		$10 \sim 200$ nm		超新星
カマサイト (Fe 合金)		$10 \sim 20$ nm		超新星
カンラン石		$0.1 \sim 0.3\,\mu$m		

の先駆物質と考えられており，プレソーラー粒子と呼ばれており，始源的な隕石ばかりでなく惑星間塵からも見つかっている．表 2.7 にプレソーラー粒子の種類とその特徴をまとめる．

近年，質量分析装置が画期的に進歩し，二次イオン質量分析法 (SIMS: secondary ion mass spectrometry) によりミクロンサイズの粒子の同位体分析が可能になると，バルク試料で測定された同位体比変動とは桁違いに大きい変動が見つかっている．Ne–E(H) や Xe–S の担体である SiC の C，N，Si 同位体比を図 2.18 に示す．これらの図のスケールでは，太陽系の値は太陽系内の変動も含めて 1 点で表されてしまう．これらの同位体比から SiC が細分されているが，全体の 93%を占めるメインストリーム粒子は ^{12}C/^{13}C が $10 \sim 100$ と太陽系の値より低く，炭素星の分光観測値と等しいので，主系列から離れて激しい質量放出を行っている AGB (asymptotic giant branch：漸近巨星分岐) 星起源を示唆している．N や他の微量元素 (Ti, Sr, Kr, Xe, Ba, Nd, Sm, Dy など) の同位体組成にも大きな異常が存在し[36)]，AGB 星起源と矛盾しないが，重い同位体の過剰が見られる Si 同位体は AGB 星起源では説明できない．Ne–E(L) の担体であるグラファイトの C，N，O 同位体比を図 2.19 に示す．C 同位体比の広がりは SiC とほぼ重なるが，その頻度分布はかなり異なる．一方で N 同位体比は太陽系の値に極めて近く変動も小さい．これらの特徴から超新星起源や AGB 星起源と考えられている．ダイヤモンドは Xe–HL の担体として知られて超新星起源が示唆され，Te 同位体も支持しているが，C 同位体が太陽系の値と同一であり[36)]，その起源は謎である．

原始太陽系星雲はプレソーラー粒子を原料物質としてできたと考えると，酸

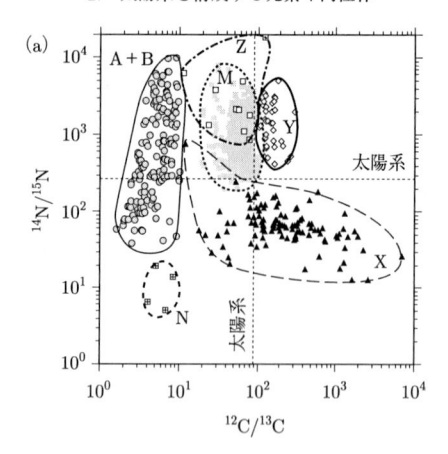

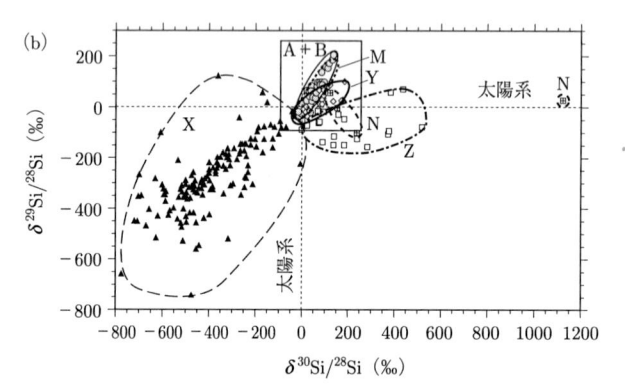

図 2.18 プレソーラー SiC 粒子の同位体比 (文献[36] より作成)
(a)^{14}N/^{15}N vs ^{12}C/^{13}C, (b)^{29}Si/^{28}Si vs ^{30}Si/^{28}Si. M：メインストリーム粒子 (93%), A+B：A+B 粒子 (4～5%), X：X 粒子 (1%), Y：Y 粒子 (1%), Z：Z 粒子 (1%), N：新星粒子.

化物やケイ酸塩のプレソーラー粒子の同位体比は，現在の太陽系のほぼ均一な同位体比を説明する上で重要な制約となる．ヒボナイト，スピネル，コランダムなど酸化物のプレソーラー粒子は希ガス元素の同位体異常は測定されていないが，O 同位体比の異常は大きく，太陽系の平均的な O 同位体組成とは大きく異なっている (図 2.20)．赤色巨星や AGB 星起源を示しているが，T84 のように超新星起源と思われる ^{16}O の大きな過剰をもつ粒子も見つかっており，炭素質コンドライトの O 同位体で想定された ^{16}O が濃縮した端成分の候補となりうるであろう．ケイ酸塩のプレソーラー粒子は，2003 年に無水惑星間塵から見

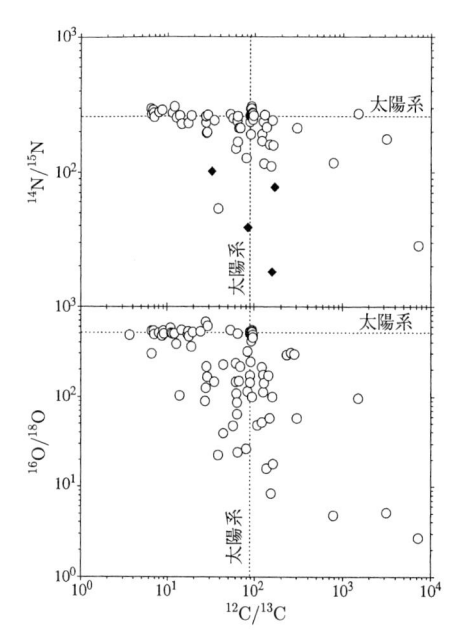

2.8 プレソーラー粒子の太陽系物質とは異なる同位体比

図 2.19 プレソーラーグラファイト粒子の C, N, O 同位体比[36)]
○ グラファイト, ◆ Si_3N_4

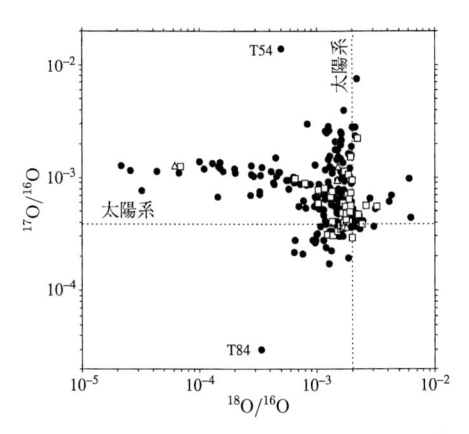

図 2.20 プレソーラー酸化物粒子の O 同位体比[36)]
△ ヒボナイト, □ スピネル, ● コランダム

つかり[37]，その後隕石からも見つかっている．そのO同位体比の分布様式は酸化物プレソーラー粒子と同じで，起源も同一であることが示唆される．これまで見つかっているケイ酸塩プレソーラー粒子は平均O同位体比が明らかに太陽系の平均O同位体比からかけ離れており，太陽系の原料物質を代表していないことになるが，そのO同位体比の解釈はいろいろ可能で，今後の研究に待つところが大きい[38]．

文　　献

1) A.P.Dickin, *Radiogenic Isotope Geology*, Cambridge University Press, 490pp. (1995)
2) A.N.Krot et al., *Treatise on Geochemistry* 1, *Meteorites, Comets, and Planets*, Elsevier, 83–128 (2004)
3) E.Anders and N.Grevesse, *Geochim. Cosmochim. Acta* 53, 197–214 (1989)
4) B.Nordström et al., *Astronom. Astrophys.* 418, 989–1019 (2004)
5) 海老原充, 現代放射化学, 化学同人, 224pp. (2005)
6) 望月優子, シリーズ現代の天文学1, 人類の住む宇宙, 日本評論社, 94–137 (2007)
7) H.Kodama and M.Sasaki, *Int. J. Mod. Phys.* A1, 265–301 (1986)
8) F.Käppeler et al., *Rep. Prog. Phys.* 52, 945–1013 (1989)
9) 和南城伸也, 岩波講座物理の世界, 地球と宇宙の物理3, 元素はいかに作られたか, 92–108 (2007)
10) M.Salaris et al., *Astronom. Astrophys.* 414, 163–172 (2004)
11) A.Frebel et al., *Nature* 434, 871–873 (2005)
12) N.Iwamoto et al., *Science* 309, 451–453 (2005)
13) C.Kobayashi et al., *Astrophys. J.* 653, 1145–1171 (2006)
14) 野津憲治, 岩波講座地球科学6, 地球年代学, 岩波書店, 1–17 (1978)
15) T.B.Coplen et al., *Pure Alppl. Chem.* 74, 1987–2017 (2002)
16) A.D.Anbar and O.Rouxel, *Annu. Rev. Earth Planet. Sci.* 35, 17–46 (2007)
17) O.Rouxel et al., *Geochim. Cosmochim. Acta* 70, 3387–3400 (2006)
18) C.M.Johnson et al., *Rev. Mineral. Geochem.* 55, 1–24 (2004)
19) W.I.Ridley and S.J.Stetson, *Appl. Geochem.* 21, 1889–1899 (2006)
20) 日本化学会原子量小委員会, 化学と工業 62, 4月号巻末 (2009)
21) M.H.Thiemens and J.E.Heidenreich III, *Science* 219, 1073–1075 (1983)
22) M.H.Thiemens, *Annu. Rev. Earth Planet. Sci.* 34, 217–262 (2006)
23) M.Ozima and F.A.Podosek, *Noble Gas Geochemistry* (2nd Ed.), Cambridge University Press, 286pp. (2002)
24) G.Crozaz, *Phys. Chem. Earth* 10, 197–214 (1977)
25) H.Hidaka and P.Holliger, *Geochim. Cosmochim. Acta*, 62, 89–108 (1989)
26) 黒田和夫, 化学総説 23, 248–252 (1979)
27) D.C.Black and R.O.Pepin, *Earth Planet. Sci. Lett.* 6, 395–405 (1969)

28) 松田准一, 地質ニュース No.361, 20–36 (1984)
29) O.K.Manuel et al., *Nature* 40, 99–101 (1972)
30) B.Srinivasan and E.Anders, *Science* 201, 51–56 (1978)
31) J.L.Birck, *Rev. Mineral. Geochem.* 55, 25–64 (2004)
32) R.N.Clayton et al., *Science* 182, 485–488 (1973)
33) H.Yurimoto and K.Kuramoto, *Science* 305, 1763–1766 (2004)
34) R.N.Clayton, *Treatise on Geochemistry* 1, *Meteorites, Comets, and Planets*, Elsevier, 129–142 (2005)
35) E.Anders and E.Zinner, *Meteoritics* 28, 490–514 (1993)
36) E.K.Zinner, *Treatise on Geochemistry* 1, *Meteorites, Comets, and Planets*, Elsevier, 17–39 (2005)
37) S.Messenger et al., *Science* 300, 105–108 (2003)
38) 圦本尚義, 地球化学講座 2, 宇宙・地球化学, 培風館, 82–111 (2008)
39) 国立天文台 (編), 理科年表 (平成 22 年), 丸善, 1041pp. (2009)
40) J. Hoefs, *Stable Isotope Geochemistry* (6th Ed.), Springer-Verlag, 285pp. (2009)

3

太陽系，地球・惑星の誕生

3.1 星間物質から作られた太陽系

宇宙では，星間物質 (interstellar matter) から恒星が誕生し，恒星進化の過程で新たな元素を生成し，できた元素は恒星進化の最終段階で星間空間へ放出され再び星間物質に戻る，という物質循環を繰り返している (2.4 節参照).星間物質は主に H からなる星間ガス (interstellar gas) と，サイズが $0.1\mu m$ 程度で 10^9 個ほどの原子からなる微粒子の星間塵 (interstellar dust) とから構成されている.宇宙空間で恒星と星間物質の総質量の比はだいたい 10：1 で，星間物質のガスと微粒子の質量比は 100：1 程度である[1]).

星間塵は赤外線観測から化学的な特徴が明らかにされており，表 3.1 に示す成分が特定されている.ケイ酸塩の中心核に有機物や氷のマントルが覆う構造が推定されており，彗星の起源物質が考えられる[2]).星間塵は，太陽系の中を漂っている惑星間塵 (interplanetary dust：宇宙塵 (cosmic dust) と呼ぶこともある) がほとんど太陽系内物質起源であること (1.2 節参照) とは異なり，赤色巨星，AGB 星，新星，超新星など進化した恒星から放出されたガス中で形成される[3]).2.8 節で取り上げたプレソーラー粒子は，我々が手にすることができ

表 3.1 星間塵の分類と観測波長領域[2])

成分	構造	観測波長領域
ケイ酸塩	アモルファス，結晶	$10 \sim 20\,\mu m$
グラファイト	結晶	$220\,nm$
多環芳香族炭化水素 (PAH)？	分子 (イオン？)	$3.3, 6.2, 7.7, 8.6, 11.3\,\mu m$*
無機物 (SiC, MgS, SiS$_2$)	結晶	$\sim 20\,\mu m$
H$_2$O 氷	アモルファス，結晶	$3.1, 4.6, 6.0, 6.85\,\mu m$
単純分子 (固相)	氷マントル中？	
CO, CO$_2$, CH$_3$OH, NH$_3$, "XCN"		(順に) $4.67, 15.3, 3.53, 2.96, 4.62\,\mu m$

* これら 5 波長域のバンドは PAH と完全には一致しない.

る唯一の星間塵であり，表 3.1 と表 2.7 とを比べると，ケイ酸塩，グラファイト，SiC は共通である．星間塵の元素組成は，実際の化学分析ができないため，星間ガスの化学組成と太陽の化学組成を比べ，星間ガスに欠乏している元素は星間塵に取り込まれたとして推定する[4]．その結果得られた O, C, Mg, Si, Fe を主成分とする星間塵の元素組成は，表 3.1 の分光学的な推定を支持している．

星間ガスを温度と密度で分類して図 3.1 に示す．銀河の中に普遍的に存在するガスは中性 H (電離していない H：HI) で，密度は 1 原子 $/cm^3$，温度は 100 K 程度である．中性 H ガスの濃い部分が HI ガス雲で，銀河の中で渦巻状に分布する．H が完全に電離している HII 領域の多くは，誕生したての大質量星に伴っており，大きさは 10^5 AU 程度である．将来恒星が誕生する場所となる星間分子雲 (interstellar molecular cloud) は，H_2 を主成分とし，分子個数密度が $10^2 \sim 10^4$ 個$/cm^3$，温度 10 ～ 50 K の領域で，大きさ $10^5 \sim 10^7$ AU 程度に広がって分布し，気体分子と星間塵を合わせた質量は太陽質量の $10^1 \sim 10^5$ 倍に及ぶ[5]．星間分子雲からは H_2 のほか，約 150 種の多様な分子が電波観測，赤外線観測ほかで検出されている (表 3.2)．C を含む化合物が圧倒的に多く，様々な炭素鎖の分子が存在している．また，ラジカルなど実験室条件では寿命が短い化学種が存在することも特徴に挙げられる．星間空間は極低密度，低温であるので，分子の生成メカニズムとしてイオン–分子反応が提案されている[2]．

分子雲の中で特に密度が高い部分は分子雲コア (molecular cloud core) と呼ばれる．太陽系形成論の標準シナリオによれば，分子雲の中に大きさが 10^4 AU くらい，太陽質量の数倍で，温度は 10 K 程度，H_2 分子個数密度が 10^4 個 / cm^3

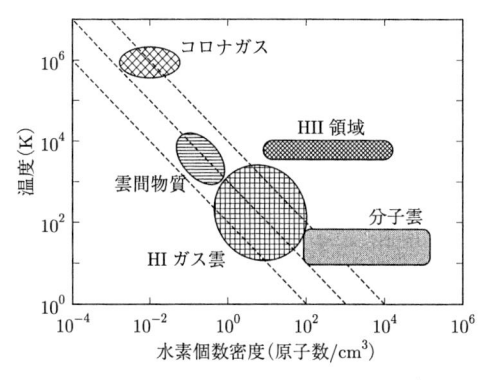

図 3.1　星間ガスの温度と密度による分類[1]

表 3.2 観測された星間分子 (2009 年 6 月現在)(文献[6]) の p.152)

簡単な水素化物, 酸化物, 硫化物, ハロゲン化物など				
H_2(IR)	CO	NH_3	CS	NaCl
HF	SiO	SiH_4(IR)	SiS	AlCl
HCl	SO_2	C_2(IR)	H_2S	KCl
H_2O	O_2	CH_4(IR)	OCS	AlF
N_2O	CO_2	HCP	PN	

ニトリル, アセチレン誘導体など				
C_3(IR)	HCN	CH_3CN	HNC	C_2H_2(IR)
C_5(IR)	HC_3N	CH_2CHCN	HNCO	HC_4H(IR)
C_3O	HC_5N	CH_3CH_2CN	HCNO	HC_6H(IR)
C_3S	HC_7N	CH_3C_3N	HOCN?	CH_3C_2H
C_4Si	HC_9N	CH_3C_5N	HNCS	CH_3C_4H
C_2H_4(IR)	$HC_{11}N$	CH_2CCHCN	HNCCC	CH_3C_6H
		$n\text{-}C_3H_7CN$	CH_3NC	
			HCCNC	

アルデヒド, アルコール, エーテル, ケトン, アミドなど				
H_2CO	CH_3OH	HCOOH	CH_2NH	H_2C_3
H_2CS	C_2H_5OH	$HCOOCH_3$	CH_2CNH?	H_2C_4
CH_3CHO	CH_2CHOH	CH_3COOH	CH_3NH_2	H_2C_6
NH_2CHO	CH_3SH	H_2CCO	NH_2CN	
HC_2CHO	$(CH_3)_2O$	C_2H_5OCHO	CH_3CONH_2	
CH_2OHCHO	$(CH_3)_2CO$		NH_2CH_2CN	
CH_2CHCHO?	$(CH_2OH)_2$?			
C_2H_5CHO?	$C_2H_5OCH_3$?			

環状分子				
$c\text{-}C_3H_2$	$c\text{-}SiC_2$	$c\text{-}SiC_3$	$c\text{-}C_3H$	$c\text{-}C_2H_4O$
$c\text{-}C_6H_6$(IR)	$c\text{-}H_2C_3O$			

分子イオン				
H_3^+	HCO^+	$HCNH^+$	C_4H^-	
CH^+(OPT)	HOC^+	HC_3NH^+	C_6H^-	
CF^+	HCS^+	H_3O^+	C_8H^-	
CO^+	HN_2^+	H_2COH^+	C_3N^-	
SO^+		$HOCO^+$		

ラジカル				
OH	C_2H	CN	C_2O	C_2S
CH	C_3H	C_3N	NO	NS
CH_2	C_4H	C_5N	SO	SiC
CH_3	C_5H	HCCN	PO	SiN
NH(UV)	C_6H	HC_4N	MgNC	SiCN
NH_2	C_7H	CH_2CN	MgCN	SiNC
SH(IR)	C_8H	CH_2N	NaCN	CP
		HCO	HNO	AlNC	FeO?

電波以外の波長域で観測される分子：IR(赤外線), OPT(可視光), UV(紫外線). ?：報告はあるが, 未確認.

程度の分子雲コアができると，何らかのきっかけで重力収縮 (gravitational contraction) を始め太陽の誕生に至る[7]．太陽系内に 0.1×10^6 年の半減期をもつ ^{41}Ca や 10^6 年前後の半減期のいくつかの消滅放射性核種が存在していたことが実験的に確かめられており，近傍で起きた超新星爆発を引き金として，分子雲コアの収縮が始まったことが示唆されている (4.3 節参照)．

3.2　太陽系の形成過程

分子雲コアの収縮が進むと，約 10^5 年かけて原始太陽 (proto-sun) とそれを取り巻く円盤 (原始惑星系円盤：proto-planetary disk．別名，原始太陽系星雲：proto-solar nebula) が形成される．原始星の進化の様子は図 3.2 の HR 図 (1.1 節参照) 上で示される．原始太陽が成長するとともに重力エネルギーの解放により中心温度は 10^5 K を超える．原始太陽の表面温度も 10^3 K を超え，光度は現在の太陽光度の 10 倍以上に達し，これをフレアーアップ (flare-up) と呼ぶ[9]．この時期は中心星からの放射が周囲のガスや塵に吸収されて赤外線を放出するので，赤外線源として観測される．前後して周囲の物質が原始太陽に降り積もったり飛ばされて減少し，中心星が可視光で観測できるようになり，T Tauri (T タウリ) 型星の段階に入る．T Tauri とは牡牛座 T という変光星で，

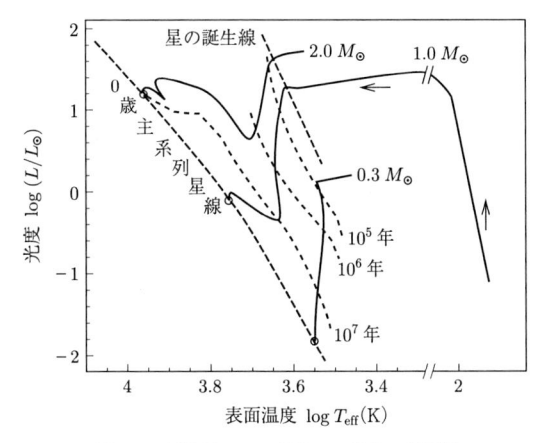

図 3.2　原始星の HR 図上での進化の経路[8]
太陽質量を $M_\odot$ として，$0.3 M_\odot$，$1.0 M_\odot$，$2.0 M_\odot$ の恒星の進化経路が示されている．$L_\odot$ は太陽光度．

表面温度は主系列に入った原始星より低いが,光度が著しく高い特徴をもつ[7]. T Tauri 型星は,赤外線を過剰に放出していることが 1980 年代の観測で明らかになっており,原始星の周りに円盤状の塵の存在が示唆されていた. 1990 年代後半からのミリ波干渉計を用いた観測では,T Tauri 型星の周りに原始惑星系円盤が撮像され,太陽系形成論で示された惑星形成の現場が直接に観察できるようになった[10].

図 3.2 で示されているように,フレアーアップの後は,光度が一定で表面温度が上昇したのち,星の誕生線 (birthline) に到達すると表面温度が一定のまま光度が下がる.再び光度が上がると中心温度が 10^7 K を超え,4 個の H が He に核融合する反応が始まり主系列星となる.この段階まで来るのに,収縮開始から約 3×10^7 年くらい経過している[7].フレアーアップから主系列星に至る不安定な段階を林フェイズ (Hayashi phase) と呼び,HR 図上の軌跡が林ライン (Hayashi line) で,T Tauri 型星進化の道筋になっている.

分子雲コアの収縮の初期には円盤のガスや塵が原始太陽へ降着していたが,分子雲ガスの原始太陽への降着が止まると,円盤の質量は次第に減少し,太陽質量の 1/100 程度まで減ると惑星形成が可能になる.円盤内で塵の合体が始まり中心面へと沈殿し,塵の薄い層ができると,やがて多くの塊に分裂した.この塊は半径数 km 程度の自己重力天体で微惑星 (planetesimal) と呼ばれる.さらにその微惑星が衝突合体を繰り返して,原始惑星 (proto-planet) が形成した[11].原始太陽と原始惑星系円盤が生成し,惑星系ができるまでの様子を図 3.3 に示す.

これまでの研究で同位体異常を示すプレソーラー粒子の存在は認められているものの,太陽系の大部分の物質は極めて均質な同位体組成をもっている.このことは原始太陽系星雲の中のかなりの部分では同位体組成の均質化が起きたことを示唆しており,太陽に近い領域ではすでに存在していた固体粒子が一旦気化して星雲ガスと混じり合い高温ガスができたことが考えられる (2.6 節参照).太陽系形成の標準シナリオでは,原始太陽がフレアーアップして T Tauri 型星の段階を経るので,このときに星雲の加熱が起きた可能性が指摘されている.原始太陽系星雲内の温度分布の見積もりによれば,このような「高温星雲」を支持する数値モデルも出されている[12].原始太陽が進化するある段階で,太陽に近い領域では 2000 K を超え,原始太陽系星雲は完全にガス化したのであろう.その後星雲の温度が低下すると,気相から固相が凝縮し,微粒子の成長が

3.2 太陽系の形成過程

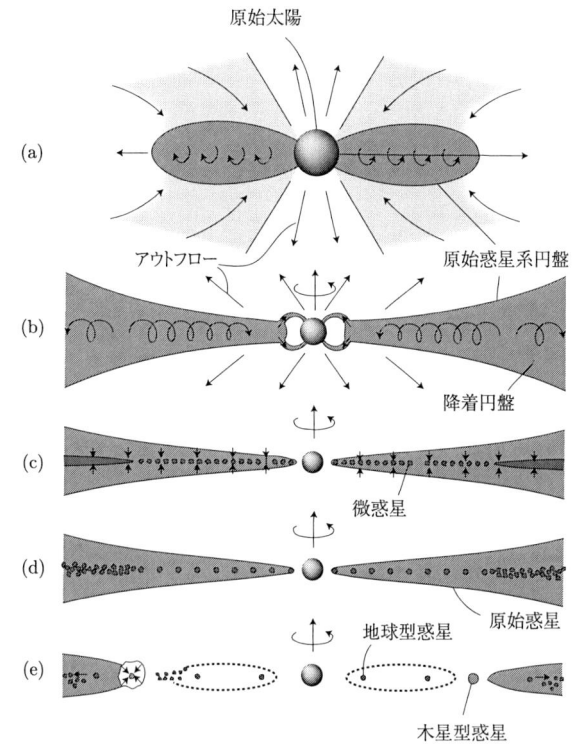

図 3.3 太陽系形成の標準シナリオ[11]

起きた．原始太陽系星雲の全圧は高くとも 10^{-3} atm と考えられており，そのほとんどが H_2 の分圧であるので，H_2 以外の気体化合物の分圧は極めて低く，気相が液相を経て固相になることはなく，直接固相が凝縮した．

始源的な隕石であるコンドライトは，鉱物結晶が機械的に集積した組織をもつ岩石で，凝縮成長した鉱物が集まってできている (1.3 節参照)．このようにしてできた隕石母天体は，加熱を受けた形跡はあるが，凝縮鉱物の機械的な集積がそのまま現在まで保存された．原始太陽系星雲の中で高温ガス化が不完全な領域では，凝縮成長してできた鉱物粒子に混じって，太陽系形成前から星間塵として存在していた微粒子が生き残っている可能性もあり，それこそがプレソーラー粒子である (2.8 節参照)．一方，エイコンドライト，鉄隕石など分化した隕石は，鉱物結晶や金属粒子が機械的に集積した岩石が一旦溶融して，固化し直した天体に由来する．地球，火星など地球型惑星は，分化した隕石と同じ

く,現在の大きさまで成長する過程で大規模な分化が起き,現在の姿になった.

3.3 平衡凝縮モデル

原始太陽系星雲の平衡凝縮モデル (equilibrium condensation model) は,1967 年に Larimer によって隕石の化学組成を説明するために定式化され[13],Grossman によって完成された[14]. このモデルでは多成分系の気相,固相の平衡計算により,高温の原始太陽系星雲ガスが冷却する際の,固相析出の様子を再現する.初期条件として仮定する太陽系の元素存在度をもつ高温の原始太陽系星雲ガスは,元素単体と化合物の気体から構成されている.気体化合物間で化学平衡が成り立つとすると,2000 K と 1200 K の間で気体全圧の 10^{-7} 以上

表 3.3 太陽系の元素存在度をもつ高温 (2000〜1200 K) ガス中に全圧の 10^{-7} 以上存在する気体化学種[14]

元素	元素存在度	気体化学種
H	2.6×10^{10}	H_2, H, H_2O, HF, HCl, MgH, HS, H_2S, MgOH
O	2.36×10^7	CO, SiO, H_2O, TiO, OH, HCO, CO_2, PO, CaO, COS, MgO, SiO_2, AlOH, SO, NaOH, MgOH, PO_2, $Mg(OH)_2$, AlO_2H
C	1.35×10^7	CO, HCN, CS, HCO, CO_2, COS, HCP
N	2.44×10^6	N_2, HCN, PN, NH_3, NH_2
Mg	1.05×10^6	Mg, MgH, MgS, MgF, MgCl, MgO, MgOH, $Mg(OH)_2$
Si	1.00×10^6	Si, SiS, SiO, SiO_2
Fe	8.90×10^5	Fe
S	5.06×10^5	SiS, CS, S, HS, H_2S, PS, AlS, MgS, NS, S_2, COS, SO, CS_2, SO_2
Al	8.51×10^4	Al, AlH, AlF, AlCl, AlS, AlO, Al_2O, AlOH, AlOF, AlO_2H
Ca	7.36×10^4	Ca, CaF, CaO, $CaCl_2$
Na	6.32×10^4	Na, NaH, NaCl, NaF, NaOH
Ni	4.57×10^4	Ni
P	1.27×10^4	P, PN, PH, P_2, PH_2, PS, PO, PH_3, PO_2, HCP
Cr	1.24×10^4	Cr
Mn	8800	Mn
F	3630	HF, AlF, CaF, F, MgF, NaF, NF, KF, PF, CaF_2, AlOF, TiF_2, MgF_2, MgClF, TiF
K	3240	K, KH, KCl, KF, KOH
Ti	2300	Ti, TiO, TiF_2, TiO_2, TiF
Co	2300	Co
Cl	1970	HCl, Cl, AlCl, NaCl, KCl, MgCl, $CaCl_2$, $MgCl_2$, AlOCl, MgClF

計算に用いる太陽系の元素存在度 (Si $= 10^6$ で規格化) は原論文で使用した Cameron(1968) の値をそのまま記述.

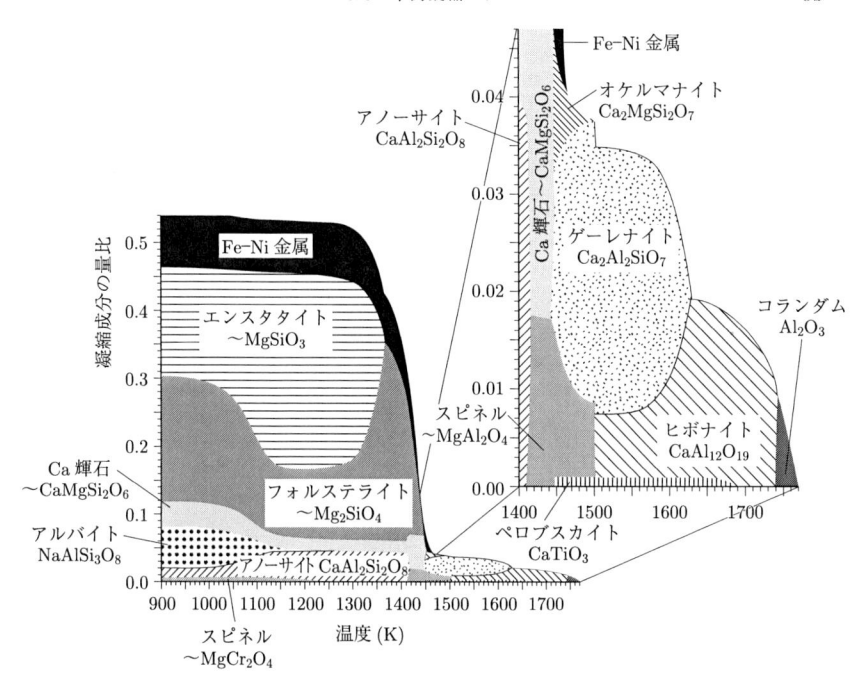

図 3.4 太陽系の元素存在度をもつ全圧 10^{-3} atm の高温ガスの冷却に伴う主要固相の凝縮の様子[15]

存在する気体化学種 (元素と化合物) は表 3.3 のように 100 種以上に上る[14].

完全にガス化した高温の原始太陽系星雲が冷却すると，ガス成分は鉱物や金属固相として凝縮するか，その中に溶け込んで凝縮する．特定成分の蒸気圧 (昇華圧) は温度の関数になっており，温度が低いほど小さくなるので，原始太陽系星雲の温度低下に伴い，特定成分のガス分圧が昇華圧より低くなった時点で凝縮が始まる．図 3.4 には，太陽系の元素存在度をもつ全圧 10^{-3} atm の高温ガスが冷却するとき，温度低下に従って凝縮する主な固相をその量比とともに示す[15]．また，表 3.4 には，全圧 10^{-4} atm の太陽系元素存在度の高温ガスが冷却したときの，元素ごとの凝縮温度とその凝縮相をまとめて示す[16]．この表では，特定の鉱物相や合金相に溶解して凝縮する微量元素は，鉱物相として凝縮する元素とは異なり，凝縮温度が定義できないので，気相の 50% が固相に溶解した温度を 50% 凝縮温度として示してある．

平衡凝縮モデル (図 3.4) に従えば，1800 K あたりで Re, Os, W などの合金相

表 3.4 太陽系の元素存在度をもつ高温ガス (全圧 10^{-4} atm) が平衡凝縮したときの各元素の凝縮温度と凝縮相[16]

元素	凝縮温度 (K)	最初の凝縮相 (溶解化学種)	50%凝縮温度 (K)	主要凝縮相または鉱物
H	182	H_2O 氷	—	—
He	< 3	He 氷	—	—
Li		(Li_4SiO_4, Li_2SiO_3)	1142	フォルステライト+エンスタタイト
Be		$(BeCa_2Si_2O_7)$	1452	メリライト
B		$(CaB_2Si_2O_8)$	908	長石
C	78	$CH_4 \cdot 7H_2O$	40	$CH_4 \cdot 7H_2O + CH_4$ 氷
N	131	$NH_3 \cdot H_2O$	123	$NH_3 \cdot H_2O$
O	182	H_2O 氷[a]	180	岩石+H_2O 氷
F	739	$Ca_5[PO_4]_3F$	734	F アパタイト
Ne	9.3	Ne 氷	9.1	Ne 氷
Na		$(NaAlSi_3O_8)$	958	長石
Mg	1397	スピネル		
	1354	フォルステライト[b]	1336	フォルステライト
Al	1677	Al_2O_3	1653	ヒボナイト
Si	1529	ゲーレナイト		
	1354	フォルステライト[b]	1310	フォルステライト+エンスタタイト
P	1248	Fe_3P	1229	シュライバーサイト
S	704	FeS	664	トロイライト
Cl	954	$Na_4[Al_3Si_3O_{12}]Cl$	948	ソーダライト
Ar	48	$Ar \cdot 6H_2O$	47	$Ar \cdot 6H_2O$
K		$(KAlSi_3O_8)$	1006	長石
Ca	1659	$CaAl_{12}O_{19}$	1517	ヒボナイト+ゲーレナイト
Sc		(Sc_2O_3)	1659	ヒボナイト
Ti	1593	$CaTiO_3$	1582	チタン酸塩
V		(VO, V_2O_3)	1429	チタン酸塩
Cr		(Cr)	1296	Fe 合金
Mn		$(Mn_2SiO_4, MnSiO_3)$	1158	フォルステライト+エンスタタイト
Fe	1357	Fe 金属	1334	Fe 合金
Co		(Co)	1352	Fe 合金
Ni		(Ni)	1353	Fe 合金
Cu		(Cu)	1037	Fe 合金
Zn		$(Zn_2SiO_4, ZnSiO_3)$	726	フォルステライト+エンスタタイト
Ga		(Ga, Ga_2O_3)	968	Fe 合金+長石
Ge		(Ge)	883	Fe 合金
As		(As)	1065	Fe 合金
Se		$(FeSe_{0.96})$	697	トロイライト
Br		$(CaBr_2)$	546	Cl アパタイト
Kr	53	$Kr \cdot 6H_2O$	52	$Kr \cdot 6H_2O$
Rb		(Rb ケイ酸塩)	800	長石
Sr		$(SrTiO_3)$	1464	チタン酸塩
Y		(Y_2O_3)	1659	ヒボナイト
Zr	1764	ZrO_2	1741	ZrO_2
Nb		(NbO, NbO_2)	1559	チタン酸塩

3.3 平衡凝縮モデル

表 3.4 つづき

元素	凝縮温度 (K)	最初の凝縮相 (溶解化学種)	50%凝縮温度 (K)	主要凝縮相または鉱物
Mo		(Mo)	1590	難揮発性金属合金
Ru		(Ru)	1551	難揮発性金属合金
Rh		(Rh)	1392	難揮発性金属合金
Pd		(Pd)	1324	Fe 合金
Ag		(Ag)	996	Fe 合金
Cd		($CdSiO_3$, CdS)	652	エンスタタイト+トロイライト
In		(InS, InSe, InTe)	536	FeS
Sn		(Sn)	704	Fe 合金
Sb		(Sb)	979	Fe 合金
Te		(Te)	709	Fe 合金
I		(CaI_2)	535	Cl アパタイト
Xe	69	$Xe \cdot 6H_2O$	68	$Xe \cdot 6H_2O$
Cs		(Cs ケイ酸塩)	799	長石
Ba		($BaTiO_3$)	1455	チタン酸塩
La		(La_2O_3)	1578	ヒボナイト+チタン酸塩
Ce		(CeO_2, Ce_2O_3)	1478	ヒボナイト+チタン酸塩
Pr		(Pr_2O_3)	1582	ヒボナイト+チタン酸塩
Nd		(Nd_2O_3)	1602	ヒボナイト
Sm		(Sm_2O_3)	1590	ヒボナイト+チタン酸塩
Eu		(EuO, Eu_2O_3)	1356	ヒボナイト+チタン酸塩+長石
Gd		(Gd_2O_3)	1659	ヒボナイト
Tb		(Tb_2O_3)	1659	ヒボナイト
Dy		(Dy_2O_3)	1659	ヒボナイト
Ho		(Ho_2O_3)	1659	ヒボナイト
Er		(Er_2O_3)	1659	ヒボナイト
Tm		(Tm_2O_3)	1659	ヒボナイト
Yb		(Yb_2O_3)	1487	ヒボナイト+チタン酸塩
Lu		(Lu_2O_3)	1659	ヒボナイト
Hf	1703	HfO_2	1684	HfO_2
Ta		(Ta_2O_5)	1573	ヒボナイト+チタン酸塩
W		(W)	1789	難揮発性金属合金
Re		(Re)	1821	難揮発性金属合金
Os		(Os)	1812	難揮発性金属合金
Ir		(Ir)	1603	難揮発性金属合金
Pt		(Pt)	1408	難揮発性金属合金
Au		(Au)	1060	Fe 合金
Hg		(HgS, HgSe, HgTe)	252	トロイライト
Tl		(Tl_2S, Tl_2Se, Tl_2Te)	532	トロイライト
Pb		(Pb)	727	Fe 合金
Bi		(Bi)	746	Fe 合金
Th		(ThO_2)	1659	ヒボナイト
U		(UO_2)	1610	ヒボナイト

[a] 氷の凝縮前に 22.75%の O が岩石中に凝縮
[b] 主な凝縮相

表 3.5 Allende CV コンドライトの CAI の化学組成と凝縮モデル (全圧 10^{-3} atm) で計算される高温凝縮物の化学組成との比較[17]

	1500 K 凝縮物 計算値 (%)	粗粒 CAI 実測値 (%)	細粒 CAI 実測値 (%)	1450 K 凝縮物 計算値 (%)[a]
CaO	34.42	26.76	21.6	19.27
Al_2O_3	37.68	31.61	26.6	20.25
TiO_2	1.60	0.99	1.3	0.86
MgO	6.73	10.82	13.1	21.74
SiO_2	19.57	29.79	33.7	37.87
合計	100	99.79[b]	96.3[c]	99.99

[a] Fe を除く
[b] この他に,FeO 0.37%, Na_2O 0.11%を含む
[c] この他に,FeO 2.3%, Cr_2O_3 0.1%, Na_2O 1.1%を含む

が凝縮したのち,1700 ～ 1500 K で Al,Ca,Ti が,コランダム (Al_2O_3),ヒボナイト ($CaAl_{12}O_{19}$),ゲーレナイト ($Ca_2Al_2SiO_7$),ペロブスカイト ($CaTiO_3$) として凝縮する.Sc,Y,希土類元素,U,Th はこの段階でヒボナイトに溶け込んで凝縮する.1400 K 前後で,主要なケイ酸塩鉱物 (カンラン石,輝石,長石) や Fe–Ni 合金が凝縮し,固相の割合が増大する.さらに温度が下がると,すでに凝縮した固相とガス相との反応で新しい固相ができ,フォルステライト (カンラン石の端成分)(Mg_2SiO_4) と SiO_2 ガスとの反応でエンスタタイト (輝石の端成分)($MgSiO_3$) ができる (鉱物の端成分については 6.1 節参照).原始太陽系星雲の温度がさらに下がると,700 K 付近で金属 Fe と H_2S ガスが反応してトロイライト (FeS) が生じ,さらに低温でケイ酸塩と水蒸気が反応して含水ケイ酸塩が生じる.

凝縮モデルの妥当性は,凝縮モデルで予想された高温成分が実際の隕石から見つかったことで示された.Allende CV コンドライトには CAI (1.3.2 項参照) がたくさん含まれているが,その化学組成が,表 3.5 に示すように,凝縮モデルの計算結果とよくあっていた[17].また,CAI の中には,難揮発性金属ナゲット (refractory metal nugget) と呼ばれる Mo,W,白金族元素の合金細粒子が分布しており,これらは凝縮モデルから期待される成分である[18].

3.4 元素の宇宙化学的分類

原始太陽系星雲から固相が凝縮し,それらが集積して微惑星になり,さらに各

3.4 元素の宇宙化学的分類

種の隕石母天体や惑星に成長する過程では，元素の挙動は，凝縮温度で示される揮発性の違いが支配する．すでに図 2.3 で示した代表的なコンドライトの化学組成は，グループごとに難揮発性元素存在度に差があるが，難揮発性元素相互の分別はほとんどない．化学的挙動は異なるが凝縮温度が同程度の Fe, Ni, Co 間の分別もほとんどない．さらに揮発性元素の存在度はすべてのグループのコンドライトで CI コンドライトに比べて欠乏しており，元素の揮発性の度合いに応じて欠乏の度合いも大きくなっている．このような特徴は元素の揮発性が原始太陽系において元素の挙動を支配していることを示しており，元素の揮発性に基づく元素の分類を，元素の宇宙化学的分類 (cosmochemical classification of the elements) と呼ぶ．この分類では元素の凝縮温度を基準にして，難揮発性元素 (refractory element)，中揮発性元素 (moderately volatile element)，揮発性元素 (volatile element)，高揮発性元素 (highly volatile element) の 4 種類に分類される．難揮発性元素は，系の全圧が 10^{-4} atm のとき，1400 K 以上で凝縮する元素で，初期凝縮元素とも呼ばれる．ケイ酸塩鉱物の主成分元素となる Si, Fe, Mg など凝縮温度が 1350 〜 1250 K の元素が中揮発性元素で，それより凝縮温度が低い元素が揮発性元素である．その中でも凝縮温度が 640 K 以下の元素が高揮発性元素である．図 3.5 では，周期表の上で，元素の宇宙化学的分類を示す．

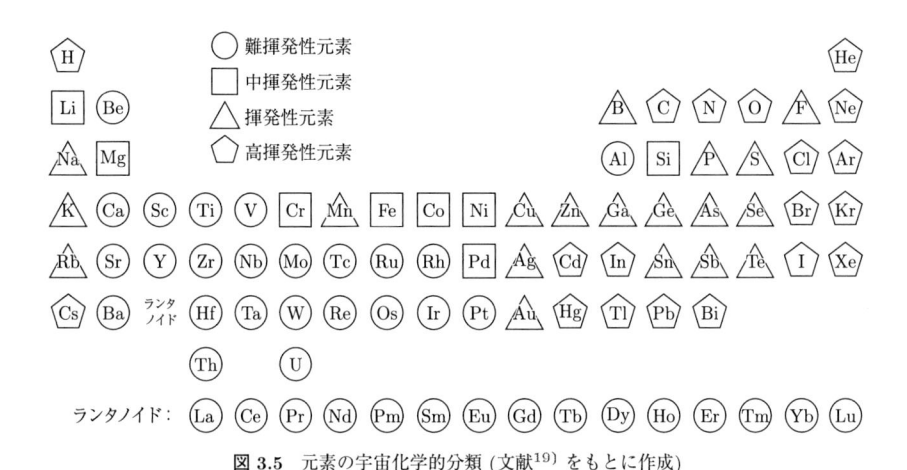

図 3.5 元素の宇宙化学的分類 (文献[19]) をもとに作成)

3.5 地球の化学組成

地球が全体としてどのような化学組成をもっているかを推定することは極めて難しい．我々が手にして化学分析できるのは地表に近い物質に限られており，地球深部を調べるために掘削された最深のボーリングはロシア，コラ半島での12.2 kmであり，未だにマントルまで掘削することには成功していない．上部マントル物質が火山岩中に捕獲岩として得られることがあるが，深さ100〜200 kmあたりからもたらされた岩石で，それから全マントルの化学組成を推定することはできない (1.4節参照)．コア物質は分析対象として入手は全く不可能である．したがって地球の化学組成を推定するためには何らかの妥当な仮定と推論が必要で，地球化学の100年近い歴史の中で初期の頃から，研究者がいろいろなアイデアを駆使して挑戦してきた．

地球の化学組成についての1960年代以前の議論は，地球外物質である隕石との対比に基づいていた．コア，マントルという地球の層構造が鉄隕石，石質隕石と対応でき，隕石母天体も地球のような層状構造をしていたと考えられたためである．Masonは，地球の岩石部分 (マントル＋地殻に相当) の組成がコンドライトのケイ酸塩部分の平均組成，コアはコンドライト中のFe-Ni合金相の平均組成と仮定し，さらに5.3%のFeS (コンドライト中の平均存在度と同じ) を加えて地球の化学組成を求めた[20]．地球と隕石母天体は，同じ頃，類似の原料物質から作られたことは確かであるが，単純化しすぎたモデルに基づいている．その後，地球のコアを除くケイ酸塩部分の化学組成が，地球物質をもとに推定されるようになった．Ringwoodは，マントルが (ダナイト：玄武岩 = 3:1) の仮想的なパイロライト (pyrolite) からなると考え，いわゆるパイロライトモデルに基づく地球の化学組成を求め，パイロライトの難揮発性親石元素存在度はCIコンドライトと合うことを示した[21]．

一方で，1970年代に確立した凝縮モデルに基づく地球の化学組成の推定がAndersのグループで行われた[22]．太陽系の元素存在度をもつ高温ガスの冷却に伴って凝縮する成分を凝縮温度ごとに初期凝縮物 (early condensate)，金属 (metal)，ケイ酸塩 (silicate)，揮発性物質 (volatile)，高揮発性物質 (highly volatile) の5グループに分け，すべての元素をこれら5グループに割り当てる．

3.5 地球の化学組成

各グループ内での元素の挙動は同じと仮定し，惑星間や隕石の種類間の化学組成の違いは，5 グループの量比の違いとした．5 グループの量比は，天体ごとに各グループの指標となる元素 (U, Fe, Si, K, Tl) の存在量を，地球物理データ (熱流量や密度など) と地球化学データから独立に求めて決め，その量比をもとに各グループのすべての元素の濃度を求めた．この方法で，地球や月，さらには火星や金星の化学組成までが推定された[22]．

1990 年代以降は，惑星物質の組成データと地球物質の組成データとを組み合わせて地球の化学組成を推定している．Allègre のグループは，各種の隕石の原料物質と地球の原料物質は同じで，隕石同士の化学組成の規則性は地球にも当てはまるとの前提で，地球のマントル構成岩石の化学組成が作るシステマティックスと隕石の化学組成のシステマティックスを重ね合わせて，その重なった点が全地球の化学組成であると推定した[23]．まず，マントルにのみ存在しコアには入らない主成分元素 Mg, Al, Ca の組成を求めるため，図 3.6 に示すように，隕石やマントル岩石の分析値を Mg/Si–Al/Si 図, Mg/Si–Ca/Si 図上にプロットした．隕石試料の組成トレンドとマントル岩石の組成トレンドとを示す 2 本の直線を引くことができ，その交点から全地球の Mg/Si や Al/Si を求めることができた．次にマントルにもコアにも存在している Fe の組成を求めるため，Fe/Mg–Al/Mg 図上に炭素質コンドライト隕石のトレンド直線を作り，すでに求めた全地球の Al/Mg に対応する Fe/Mg を全地球の値とした (図 3.7)．このような操作を繰り返して主成分組成比を求め，微量元素についても Ca, Sr, U などとの濃度比の相関トレンドを作り，全地球の値を順次求めた．さらに，N,

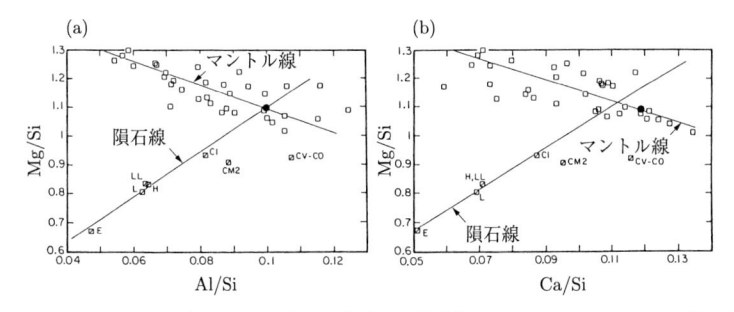

図 3.6　隕石および地球のマントル岩石の主成分元素濃度比のシステマティックスに基づく全地球の元素濃度比の見積もり[24]
(a) Mg/Si vs. Al/Si, (b) Mg/Si vs. Ca/Si.

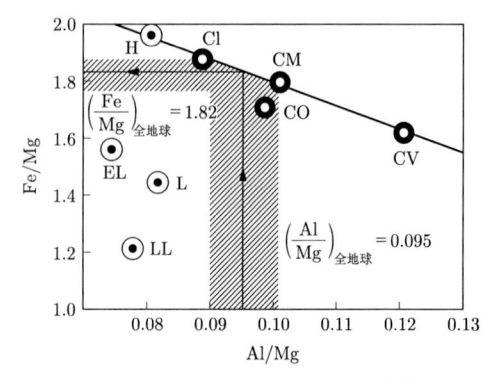

図 3.7 全地球の Fe/Mg の見積もり[23)]
炭素質コンドライトの組成比のトレンドを用いる．

表 3.6 地球の化学組成（重量濃度）[25)]

He	$(6.19 \pm 0.05) \times 10^{-13}$	Zn	(24 ± 2) ppm	Pr	(165 ± 5) ppb
Li	(2.30 ± 0.5) ppm	Ga	(3.13 ± 0.5) ppm	Nd	(814 ± 10) ppb
Be	(46 ± 5) ppb	Ge	(7.30 ± 1) ppm	Sm	(259 ± 3) ppb
B	(258 ± 30) ppb	As	(1.06 ± 0.1) ppm	Eu	(97.9 ± 3) ppb
C	1700 ppm (3900 ppm 以下)	Se	(2.52 ± 0.5) ppm	Gd	(348 ± 8) ppb
N	(1.27 ± 1) ppm	Br	(400 ± 150) ppb	Tb	(66.6 ± 5) ppb
O	$(32.436 \pm 0.010)\%$	Kr	$(2.82 \pm 0.05) \times 10^{-12}$	Dy	(424 ± 10) ppb
F	(5.12 ± 0.5) ppm	Rb	(0.6 ± 0.05) ppm	Ho	(95.6 ± 5) ppb
Ne	$(1.085 \pm 0.005) \times 10^{-11}$	Sr	(13.7 ± 0.4) ppm	Er	(278 ± 15) ppb
Na	$(0.187 \pm 0.015)\%$	Y	(2.4 ± 0.2) ppm	Tm	(42.1 ± 2) ppb
Mg	$(15.8 \pm 0.1)\%$	Zr	(6.79 ± 0.1) ppm	Yb	(278 ± 10) ppb
Al	$(1.507 \pm 0.010)\%$	Nb	(471 ± 10) ppb	Lu	(42.5 ± 2) ppb
Si	$(17.1 \pm 0.2)\%$	Mo	(1664 ± 40) ppb	Hf	(199 ± 4) ppb
P	(690 ± 10) ppm	Ru	(1173 ± 20) ppb	Ta	(27.9 ± 2) ppb
S	$(0.46 \pm 0.15)\%$	Rh	(230 ± 10) ppb	W	(172 ± 5) ppb
Cl	(10 ± 5) ppm	Pd	(883 ± 20) ppb	Re	(62.5 ± 3) ppb
Ar	$^{36}\mathrm{Ar}=(3.85 \pm 0.05) \times 10^{-11}$	Ag	(45.8 ± 5) ppb	Os	(820 ± 30) ppb
K	(171 ± 5) ppm	Cd	(182 ± 10) ppb	Ir	(766 ± 30) ppb
Ca	$(1.62 \pm 0.02)\%$	In	(9.42 ± 1) ppb	Pt	(1562 ± 40) ppb
Sc	(10.1 ± 2) ppm	Sn	(394 ± 30) ppb	Au	(102 ± 20) ppb
Ti	(764 ± 20) ppm	Sb	(40 ± 5) ppb	Hg	
V	(93 ± 5) ppm	Te	(313 ± 30) ppb	Tl	(4 ± 2) ppb
Cr	(4240 ± 200) ppm	I	(40.5 ± 15) ppb	Pb[a]	(0.696 ± 0.1) ppm
Mn	(1390 ± 100) ppm	Xe	$(3.38 \pm 0.1) \times 10^{-13}$	Bi	(16 ± 4) ppb
Fe	$(28.8 \pm 0.4)\%$	Cs	(41.2 ± 10) ppb	Th	(51 ± 3) ppb
Co	(804 ± 50) ppm	Ba	(4.08 ± 0.5) ppm	U	(14.4 ± 0.3) ppb
Ni	$(1.69 \pm 0.03)\%$	La	(415 ± 10) ppb		
Cu	(64.7 ± 5) ppm	Ce	(1088 ± 20) ppb		

[a] 非放射起源 Pb

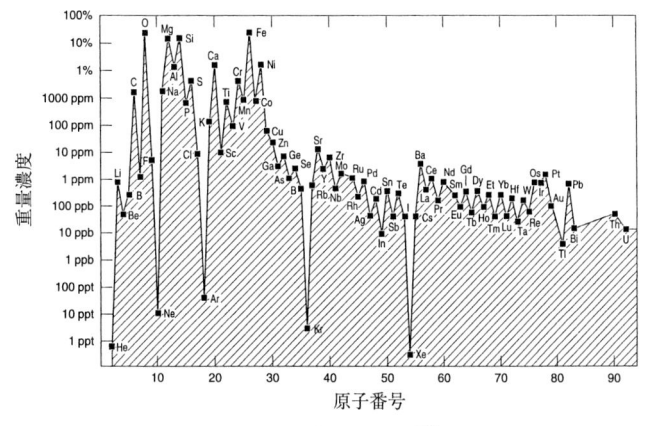

図 3.8 地球の化学組成[25]

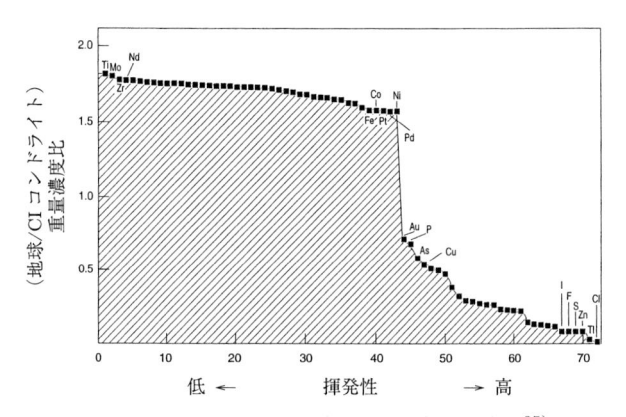

図 3.9 CI コンドライトで規格化した地球の化学組成[25]

C，希ガス元素のような高揮発性元素については別の扱いで決めた．最終的にまとめた地球の化学組成の重量濃度値を表 3.6 に示し，原子番号順に並べたグラフを図 3.8 に示す．Fe のピークが見えること，原子番号の偶数奇数でジグザグのパターンが見られることなど，元素合成過程を反映した特徴も見られるが，最も特徴的な点は，スムーズな存在度変化が希ガス元素によって深く切られ，希ガス元素を中心に濃度低下の谷間ができていることである．図 3.9 には，太陽系の元素存在度のもととなっている CI コンドライトの元素存在度で規格化した地球の化学組成を，元素の揮発性の順に並べて示す．地球では，難揮発性元素や中揮発性元素が濃集し，揮発性元素が欠乏しており，Allègre らは，地球

の凝縮温度が 1100 〜 1200 K であることを示していると述べている[25].

文　献

1) 犬塚修一郎ほか, シリーズ現代の天文学 6, 星間物質と星形成, 日本評論社, 3-14 (2008)
2) 平原靖大, 地球化学講座 2, 宇宙・惑星化学, 培風館, 236-263 (2008)
3) 山本哲夫, シリーズ現代の天文学 6, 星間物質と星形成, 日本評論社, 143-149 (2008)
4) B.D.Savage and K.R.Sembach, *Annu. Rev. Astron. Astrophys.* 34, 279-329 (1996)
5) 土橋一仁, シリーズ現代の天文学 6, 星間物質と星形成, 日本評論社, 39-42 (2008)
6) 国立天文台 (編), 平成 22 年理科年表, 1041pp. (2009)
7) 阿部　豊, 岩波講座地球惑星科学 1, 地球惑星科学入門, 219-280 (1996)
8) R.Neuhäuser, *Science* 276, 1363-1370 (1997)
9) 高原文郎, 宇宙物理学, 朝倉書店, 173pp. (1999)
10) 北村良実, シリーズ現代の天文学 9, 太陽系と惑星, 日本評論社, 187-199 (2008)
11) 渡邊誠一郎, シリーズ現代の天文学 9, 太陽系と惑星, 日本評論社, 178-186 (2008)
12) A.N.Halliday, *Treatise on Geochemistry* 1, *Meteorites, Comets, and Planets*, 509-557 (2005)
13) J.W.Larimer, *Geochim. Cosmochim. Acta* 31, 1215-1238 (1967)
14) L.Grossman, *Geochim. Cosmochim. Acta* 36, 597-619 (1972)
15) A.M.Davis and F.M.Richter, *Treatise on Geochemistry* 1, *Meteorites, Comets, and Planets*, 407-430 (2005)
16) K.Lodders, *Astrophys. J.* 591, 1220-1247 (2003)
17) L.Grossman and J.W.Rarimer, *Rev. Geophys. Space Phys.* 12, 71-101 (1974)
18) M.Blander et al., *Geochim. Cosmochim. Acta* 44, 217-223 (1980)
19) H.Palme and A.Jones, *Treatise on Geochemistry* 1, *Meteorites, Comets, and Planets*, 41-61 (2005)
20) B.Mason, *Principle of Geochemistry* (3rd ed.), John Wiley & Sons, 329pp. (1966)
21) A.E.Ringwood, *Origin of the Earth and Moon*, Springer-Verlag, 295pp. (1979)
22) J.W.Morgan and E.Anders, *Proc. Natl. Acad. Sci.* 77, 6973-6977 (1980)
23) C.J.Allègre et al., *Earth Planet. Sci. Lett.* 134, 515-526 (1995)
24) S.R.Hart and A.Zindlar, *Chem. Geol.* 57, 247-267 (1986)
25) C.J.Allègre et al., *Earth Planet. Sci. Lett.* 185, 49-69 (2001)

4

太陽系天体の形成年代

4.1 絶対年代測定法

　放射性核種の壊変が娘核種の元素の同位体比に変動をもたらすことを利用すると，年代測定を行うことができる．このような放射性核種の壊変関係を用いる年代測定を放射年代測定 (radiometric age determination)，あるいは年代の絶対値が求まるという意味で絶対年代測定 (absolute age determination) と呼ぶ．放射性核種を使って正確な年代測定ができるのは，その壊変定数が核種を取り巻くどのような環境下でも変化しないことによっている．実験室で実現できる温度，圧力，電磁場の極限条件下でも，α 壊変や β 壊変の壊変定数が一定であることが知られている．唯一の例外は核外電子が壊変に関わる電子捕獲 (EC) 壊変であり，原子の化学状態の違い[1] や超高圧をかけること[2] で生じる原子の電子密度の変化を反映して，壊変定数がわずかに変化する．

　放射性核種はどの核種も原理的には年代測定に使うことができ，半減期の長さに応じて測定可能な年代範囲が決まる．半減期 7.04×10^8 年 (^{235}U) から 10^{12} 年あたりまでの一次放射性核種 (表 2.5) は，隕石を用いる太陽系形成期の年代測定，色々な時期に生成した地球物質，月物質などの年代測定に使われる (4.2 節参照)．それより半減期の短い消滅放射性核種 (表 2.6) は，太陽系形成期に起きた現象の精密な相対年代測定に使われる (4.3 節参照)．

　ウラン系列やトリウム系列などの系列壊変の途中で生成する二次放射性核種は半減期が比較的短く，長時間閉鎖系が保たれているときには順次壊変してできる核種間で放射平衡 (radioactive equilibrium) が成り立つが，自然界では開放系であることも多く，必ずしも放射平衡は成り立っていない．その場合，放射平衡からのずれを利用すると $10^4 \sim 10^6$ 年程度の現象の年代測定を行うことができる．その中で ^{234}U (半減期 2.46×10^5 年)，^{230}Th (7.54×10^4 年)，^{231}Pa

(3.28×10^4 年) などの放射性核種が,サンゴや石灰岩の年代測定やマグマ発生後のマグマ溜まり滞留時間の推定に使われる[3]).

誘導放射性核種の中で ^{14}C (半減期 5715 年) は,大気中の N が宇宙線起源の中性子と核反応, ^{14}N(n, p)^{14}C, を起こして生成する核種で,生物は大気から常に一定量取り込んでいる.生体が死ぬと ^{14}C の供給はとだえ,生体中の ^{14}C 量は半減期に従って減少する.この関係を使うのが ^{14}C 法年代測定で,数万年程度より若い C を含む人類学,考古学試料や地質試料に適用されている[3]).また ^{10}Be (半減期 1.5×10^6 年) は,大気中の N や O に対して宇宙線による核破砕反応で生成した核種で,エアロゾル粒子に付着して降水とともに地表に運ばれ,さらに海底に堆積するので,堆積物の堆積速度を求めるのに使われる[3]).

以下に,地球化学や宇宙化学でよく使われる絶対年代測定法を説明する.

4.1.1 K–Ar 法と Ar–Ar 法

^{40}K は分岐壊変し,89.3%が β^- 壊変して ^{40}Ca ができ,10.7%が EC 壊変,0.001%が β^+ 壊変して ^{40}Ar が生成する.^{40}K の全壊変定数を λ_{40},EC 壊変の壊変定数を λ_{EC40} で表すと,^{40}K の壊変で生成した ^{40}Ar* は,

$$^{40}\text{Ar}^* = \frac{\lambda_{EC40}}{\lambda_{40}} {}^{40}\text{K}\{\exp(\lambda_{40} t) - 1\} \tag{4.1}$$

と表され,年代 t は,

$$t = \frac{1}{\lambda_{40}} \cdot \ln\left(1 + \frac{\lambda_{40}}{\lambda_{EC40}} \cdot \frac{^{40}\text{Ar}^*}{^{40}\text{K}}\right) \tag{4.2}$$

と求まる.式 (4.2) は,分析対象となる岩石試料中の ^{40}Ar* と ^{40}K の原子数が分かればその岩石の年代 t が求められることを示している.

実験的には,岩石や鉱物試料を超高真空中で加熱融解して抽出される ^{40}Ar* に既知量の ^{38}Ar (スパイクと呼ぶ) を加えて質量分析を行う同位体希釈法で,試料中の ^{40}Ar* の (原子数/重量) を求める.試料中に大気 Ar の混入がある場合は,抽出された Ar 中の ^{36}Ar の 295.5 倍が大気起源の ^{40}Ar であるので,その寄与を抽出された ^{40}Ar から除去して試料中の ^{40}Ar* 量を求める.試料中の ^{40}K の (原子数/重量) は,炎光光度法,原子吸光法,蛍光 X 線法などで K の定量を行い,モルに換算したあと同位体存在比を掛けて求める.

K–Ar 法で正確な年代が求まるためには,大きく 2 つの条件の成立が必要で

ある.1つは,年代の出発点である岩石鉱物ができたときに,すでに蓄積していた ^{40}Ar が完全に除去されていることである.試料の固化時に ^{40}Ar が完全に抜けておらず過剰 Ar (excess argon) がある場合,実際より古い年代値を与える.もう1つの条件は,岩石鉱物の生成後,K や ^{40}Ar の移動がないことで,特に試料が形成後加熱を受けると蓄積した ^{40}Ar の一部がなくなることがあり (Ar 散逸:argon loss),実際の値より若い年代を与える.過剰 Ar のある場合,その Ar 同位体比が現在の大気の同位体比と異なると,^{36}Ar を使う大気バックグラウンドの補正ができなくなるので注意を要する.このような点から,K–Ar 法は,10^9 年を超える試料にはあまり適用されず,$10^5 \sim 10^8$ 年程度の火山岩類や,K に富む雲母,カリ長石などへの適用が多い.

通常の K–Ar 法を改良し,信頼度の高い年代値が得られるのが,Ar–Ar 法である.式 (4.1) には,固化時に存在した ^{40}Ar (捕獲 Ar:trapped Ar) の項がないが,その項を付け加え,放射壊変とは関係のない Ar 安定同位体の ^{36}Ar で両辺を規格化すると,現在の ^{40}Ar/^{36}Ar は,

$$\left(\frac{^{40}\text{Ar}}{^{36}\text{Ar}}\right)_p = \left(\frac{^{40}\text{Ar}}{^{36}\text{Ar}}\right)_0 + \frac{\lambda_{\text{EC40}}}{\lambda_{40}} \cdot \left(\frac{^{40}\text{K}}{^{36}\text{Ar}}\right)_p \{\exp(\lambda_{40}t) - 1\} \qquad (4.3)$$

と表される.ここで,p と 0 は,現在と固化時を示している.試料を速中性子で照射すると,^{39}K(n, p)^{39}Ar 反応が起き,^{39}Ar を生成するので,K の定量を ^{39}Ar の生成量から行うことができる.したがって,式 (4.3) は,

$$\left(\frac{^{40}\text{Ar}}{^{36}\text{Ar}}\right)_p = \left(\frac{^{40}\text{Ar}}{^{36}\text{Ar}}\right)_0 + \frac{1}{J} \cdot \left(\frac{^{39}\text{Ar}}{^{36}\text{Ar}}\right)_p \{\exp(\lambda_{40}t) - 1\} \qquad (4.4)$$

と書くことができる.J は速中性子照射の条件に依存する定数で,年代既知の標準物質を同一条件で照射して求める.式 (4.4) は,試料を段階加熱して Ar を抽出すると,異なる抽出温度成分中の ^{40}Ar/^{36}Ar と ^{39}Ar/^{36}Ar とは直線関係をもち,傾き $\{\exp(\lambda_{40}t) - 1\}$ から年代 t が求まることを示している.この直線をアイソクロン (isochron:等時線) と呼ぶ.この方法は,Ar の同位体比測定だけで年代が求まるので Ar–Ar 法と称されている.この方法では,加熱を受けて Ar 散逸のある試料でも,高温抽出成分だけからアイソクロンを引くことができるし,アイソクロンが ^{40}Ar/^{36}Ar 軸と交わる点から捕獲 Ar の ^{40}Ar/^{36}Ar が求まり,捕獲 Ar が現在の大気の同位体比をもたなくとも正確な年代が求ま

る．Ar–Ar 法は，K–Ar 法では年代値が不正確になる 10^9 年を超える試料でも正確に年代が求まる点に特徴がある．また，Ar–Ar 法は年代既知の標準試料との比較で未知試料の年代を求めるので，標準試料の年代精度と確度が測定値の精度と確度に大きく影響する．

4.1.2 Rb–Sr 法および同じ原理の年代測定法

^{87}Rb は β^- 壊変して ^{87}Sr になる．K–Ar 法のように放射壊変の娘核種が気体元素の場合には，岩石が固化するときに以前から存在した娘核種が完全に散逸し，固化後に新たに娘核種の蓄積が始まるが，Rb–Sr 法のように娘核種が固体元素では，固化以前から存在した ^{87}Sr はそのまま保持され，その上に新たな壊変生成 ^{87}Sr が加わる．すなわち，現在の ^{87}Sr 量は，

$$(^{87}\mathrm{Sr})_p = (^{87}\mathrm{Sr})_0 + (^{87}\mathrm{Rb})_p \{\exp(\lambda_{87} t) - 1\} \tag{4.5}$$

と表される．ここで，λ_{87} は ^{87}Sr の壊変定数，p と 0 は現在と固化時を示す．式 (4.5) を放射性壊変の娘核種とは異なる Sr の安定同位体 ^{86}Sr で規格化すると，

$$\left(\frac{^{87}\mathrm{Sr}}{^{86}\mathrm{Sr}}\right)_p = \left(\frac{^{87}\mathrm{Sr}}{^{86}\mathrm{Sr}}\right)_0 + \left(\frac{^{87}\mathrm{Rb}}{^{86}\mathrm{Sr}}\right)_p \{\exp(\lambda_{87} t) - 1\} \tag{4.6}$$

が得られる．式 (4.6) で $(^{87}\mathrm{Sr}/^{86}\mathrm{Sr})_p$ は年代を求めたい試料の Sr 同位体比測定，$(^{87}\mathrm{Rb}/^{86}\mathrm{Sr})_p$ は試料中の Rb と Sr の定量分析値をそれぞれ同位体濃度に換算して求める．したがって，式 (4.6) は $(^{87}\mathrm{Sr}/^{86}\mathrm{Sr})_0$ が分かれば年代 t が計算できることを示している．この $(^{87}\mathrm{Sr}/^{86}\mathrm{Sr})_0$ は「初生 ^{87}Sr/^{86}Sr 比 (initial ^{87}Sr/^{86}Sr ratio)」と呼ばれ，この値を何らかの方法で仮定して年代を求めることもあるが，通常は以下に述べる「アイソクロン法」により年代 t と $(^{87}\mathrm{Sr}/^{86}\mathrm{Sr})_0$ とを一緒に求める．

マグマが固化して火山岩が生成する年代測定の出発点において，同一の $(^{87}\mathrm{Sr}/^{86}\mathrm{Sr})_0$ をもち異なった Rb/Sr (あるいは ^{87}Rb/^{86}Sr) の相ができると，時間の経過とともに ^{87}Sr/^{86}Sr に違いが生じる．各相の現在の ^{87}Sr/^{86}Sr と ^{87}Rb/^{86}Sr は，式 (4.6) で表される直線上に並び，その勾配 $\{\exp(\lambda_{87} t) - 1\}$ から年代 t が求まり，^{87}Rb/^{86}Sr $= 0$ を切る切片の ^{87}Sr/^{86}Sr から初生 ^{87}Sr/^{86}Sr 比が求まる．この直線はすでに述べた Ar–Ar 法と同じく，アイソクロンと呼ばれる．アイソクロンが得られるための条件としては，年代測定の出発時に元素

4.1 絶対年代測定法

分別が起きてできた Rb/Sr の異なる相が同一の $^{87}\text{Sr}/^{86}\text{Sr}$ をもち,それぞれの相で現在まで Rb, Sr の出入りがないことである.異なる Rb/Sr をもつ相は,マグマが固化して岩石ができるとき,いろいろな Rb/Sr をもつ鉱物が晶出することで実現される.同様に,共通のマグマをもつ岩体間でも,Rb/Sr に違いがあればアイソクロンが得られる.マグマから晶出した鉱物で作るアイソクロンを「鉱物アイソクロン (mineral isochron)」,同一岩体中の異なる岩石で作るアイソクロンを「全岩アイソクロン (whole rock isochron)」と呼ぶ.全岩アイソクロン年代と鉱物アイソクロン年代とが異なる場合,一般的には全岩年代が鉱物年代より古くなる.図 4.1 に示すように,一旦できた岩石が二次的な加熱を受けて鉱物が再結晶し,Rb や Sr も再分配する変成作用が起きると,全岩年代より若い鉱物年代が得られる.

Rb–Sr 法と同じ原理の年代測定法には,Sm–Nd 法,Re–Os 法,Lu–Hf 法,La–Ce 法,La–Ba 法などがある.いずれも式 (4.6) に相当する下記の式に基づいてアイソクロン年代を求める.

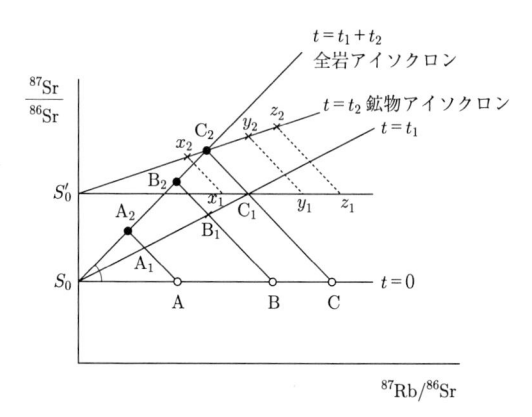

図 4.1 Rb–Sr 法の全岩アイソクロンと鉱物アイソクロン
時刻 $t=0$ のとき初生 $^{87}\text{Sr}/^{86}\text{Sr}= S_0$ をもつ岩体ができる.その岩体を構成する岩石 A,B, C は,時間 t_1 が経過すると岩体の Rb/Sr に応じて $^{87}\text{Sr}/^{86}\text{Sr}$ 比が変化し,A_1, B_1, C_1 の線上にくる.時刻 $t=t_1$ のとき初生 $^{87}\text{Sr}/^{86}\text{Sr}= S_0'$ をもつ岩石 C に変成作用がおき,x_1, y_1, z_1 の鉱物ができる.さらに時間 t_2 が経過すると全岩値は A_2, B_2, C_2 に進化して直線を作り,x_1, y_1, z_1 は x_2, y_2, z_2 に進化し C_2 と一緒に直線を作る.A_2, B_2, C_2 の作るアイソクロンは $t=t_1+t_2$ の年代 (岩体ができた年代) を示し,x_2, C_2, y_2, z_2 の作るアイソクロンは $t=t_2$ の年代 (鉱物生成の年代) を示す.

Sm–Nd 法:
$$\left(\frac{^{143}\mathrm{Nd}}{^{144}\mathrm{Nd}}\right)_p = \left(\frac{^{143}\mathrm{Nd}}{^{144}\mathrm{Nd}}\right)_0 + \left(\frac{^{147}\mathrm{Sm}}{^{144}\mathrm{Nd}}\right)_p \{\exp(\lambda_{147}t) - 1\} \quad (4.7)$$

Re–Os 法:
$$\left(\frac{^{187}\mathrm{Os}}{^{186}\mathrm{Os}}\right)_p = \left(\frac{^{187}\mathrm{Os}}{^{186}\mathrm{Os}}\right)_0 + \left(\frac{^{187}\mathrm{Re}}{^{186}\mathrm{Os}}\right)_p \{\exp(\lambda_{187}t) - 1\} \quad (4.8)$$

Lu–Hf 法:
$$\left(\frac{^{176}\mathrm{Hf}}{^{177}\mathrm{Hf}}\right)_p = \left(\frac{^{176}\mathrm{Hf}}{^{177}\mathrm{Hf}}\right)_0 + \left(\frac{^{176}\mathrm{Lu}}{^{177}\mathrm{Hf}}\right)_p \{\exp(\lambda_{176}t) - 1\} \quad (4.9)$$

La–Ce 法:
$$\left(\frac{^{138}\mathrm{Ce}}{^{142}\mathrm{Ce}}\right)_p = \left(\frac{^{138}\mathrm{Ce}}{^{142}\mathrm{Ce}}\right)_0 + \frac{\lambda_{\beta-138}}{\lambda_{138}} \cdot \left(\frac{^{138}\mathrm{La}}{^{142}\mathrm{Ce}}\right)_p \{\exp(\lambda_{138}t) - 1\} \quad (4.10)$$

La–Ba 法:
$$\left(\frac{^{138}\mathrm{Ba}}{^{137}\mathrm{Ba}}\right)_p = \left(\frac{^{138}\mathrm{Ba}}{^{137}\mathrm{Ba}}\right)_0 + \frac{\lambda_{\mathrm{EC}138}}{\lambda_{138}} \cdot \left(\frac{^{138}\mathrm{La}}{^{137}\mathrm{Ba}}\right)_p \{\exp(\lambda_{138}t) - 1\} \quad (4.11)$$

これらの年代測定法の適用できる年代範囲は，親核種の半減期と親娘元素の分別の大きさによっている．Rb–Sr 法は，10^7 年を超える火成岩，変成岩の年代測定の代表的な方法で，隕石の年代測定にも汎用されている．Sm–Nd 法は，^{147}Sm の半減期が ^{87}Rb のほぼ 2 倍で，親娘元素とも希土類元素で分別が少ないため，10^9 年を超える試料への適用が多いが，Sm–Nd 系は固化後の二次的な現象で乱されにくいので，ほかの測定法では年代が得られない試料でも最初に固化した年代が求まるメリットがある．Re–Os 法は，親娘元素の化学的な性質から，鉄隕石に代表される金属相や硫化物の精密な年代測定ができる特徴がある．

4.1.3 U(Th)–Pb 法，Pb–Pb 法とコンコーディア図による解析

^{238}U，^{235}U，^{232}Th は，それぞれ α 壊変と β^- 壊変を何度か繰り返し，最終的には安定核種 ^{206}Pb，^{207}Pb，^{208}Pb に至る．それぞれの壊変関係は，Rb–Sr 法と同じ原理でアイソクロンを作ることができ，以下の 3 種類の年代が求まる．

^{238}U–^{206}Pb 法:
$$\left(\frac{^{206}\mathrm{Pb}}{^{204}\mathrm{Pb}}\right)_p = \left(\frac{^{206}\mathrm{Pb}}{^{204}\mathrm{Pb}}\right)_0 + \left(\frac{^{238}\mathrm{U}}{^{204}\mathrm{Pb}}\right)_p \{\exp(\lambda_{238}t) - 1\} \quad (4.12)$$

^{235}U–^{207}Pb 法:
$$\left(\frac{^{207}\mathrm{Pb}}{^{204}\mathrm{Pb}}\right)_p = \left(\frac{^{207}\mathrm{Pb}}{^{204}\mathrm{Pb}}\right)_0 + \left(\frac{^{235}\mathrm{U}}{^{204}\mathrm{Pb}}\right)_p \{\exp(\lambda_{235}t) - 1\} \quad (4.13)$$

^{232}Th–^{208}Pb 法：$\left(\dfrac{^{208}\text{Pb}}{^{204}\text{Pb}}\right)_p = \left(\dfrac{^{208}\text{Pb}}{^{204}\text{Pb}}\right)_0 + \left(\dfrac{^{232}\text{Th}}{^{204}\text{Pb}}\right)_p \{\exp(\lambda_{232}t) - 1\}$
(4.14)

さらに，式 (4.12) と式 (4.13) とを組み合わせて，現在の U 同位体比 $(^{235}\text{U}/^{238}\text{U})_p$ に測定値 $1/137.88$ を代入すると，

$$\frac{(^{207}\text{Pb}/^{204}\text{Pb})_p - (^{207}\text{Pb}/^{204}\text{Pb})_0}{(^{206}\text{Pb}/^{204}\text{Pb})_p - (^{206}\text{Pb}/^{204}\text{Pb})_0} = \frac{1}{137.88}\frac{\exp(\lambda_{235}t) - 1}{\exp(\lambda_{238}t) - 1} \quad (4.15)$$

が得られる．式 (4.15) は，同一の Pb 同位体比をもち異なった U/Pb の相ができると，時間の経過とともに $^{206}\text{Pb}/^{204}\text{Pb}$ と $^{207}\text{Pb}/^{204}\text{Pb}$ が直線関係を作りつつ増加し，その直線の勾配から年代 t が求まることを示している．この直線をアイソクロンと呼ぶのは Rb–Sr 法などと同じである．この方法の最大の特徴は，^{238}U–^{206}Pb 法などでは放射壊変の親元素 U と娘元素 Pb の定量を行わないと年代が求まらないのに対し，Pb 同位体比の測定だけで年代が求まることで，Pb–Pb 法と呼ばれる．元素定量の分析精度に比べ同位体比測定の精度は格段によいので，同位体分析のみで作るアイソクロン年代は，同位体分析と元素分析を組み合わせて作る場合より，精密な値が得られる．図 4.2 には Pb–Pb アイソクロンを Pb 同位体の成長曲線 (growth curve) とともに示す．この図では，μ 値 $(=^{238}\text{U}/^{204}\text{Pb})$ が異なる構成成分の Pb 同位体比の時間変化と 4.55×10^9

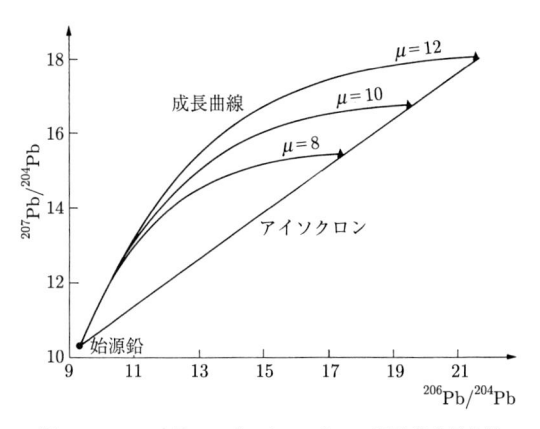

図 4.2 Pb–Pb 法のアイソクロンと Pb 同位体成長曲線
Canyon Diablo 鉄隕石のトロイライト (FeS) に含まれる Pb の同位体比で代表される始源鉛の Pb 同位体比をもち，異なる μ 値 $(=^{238}\text{U}/^{204}\text{Pb})$ をもつ物質の $^{207}\text{Pb}/^{204}\text{Pb}$，$^{206}\text{Pb}/^{204}\text{Pb}$ の成長の様子と，4.55×10^9 年後の同位体比が作るアイソクロンを示す．

年のアイソクロンが示されている．Pb–Pb 法は二次的な影響を受けにくい特徴をもっており，10^8 年を超える古い試料の年代が精度よく求まる．

3 種類の U(Th)–Pb 年代測定法と Pb–Pb 年代測定法は，系が完全に閉じていれば同じ年代を示すはずであり，その年代を一致年代 (concordant age) と呼ぶ．実際には U や Th の壊変系列の途中で Rn のような気体を経ると散逸が起きたり，U や Pb が動きやすいため，年代が不一致になることも多く，各年代測定法で求まる異なる年代値を不一致年代 (discordant age) という．しかし，次の U–Pb コンコーディア図 (concordia diagram) による解析を行うと，二次的に親娘元素の移動があった場合にも鉱物が最初に生成した年代を求めることができる．ジルコン ($ZrSiO_4$) のように生成時に U を多く取り込むが Pb はほとんど入らない鉱物では，鉱物中の Pb は放射壊変起源同位体のみからなると見なすことができる．放射壊変で生成した Pb 同位体を*を付けて示すと，

$$\frac{^{206}Pb^*}{^{238}U} = \exp(\lambda_{238}t) - 1 \tag{4.16}$$

$$\frac{^{207}Pb^*}{^{235}U} = \exp(\lambda_{235}t) - 1 \tag{4.17}$$

が成り立ち，両式から t を消去すると，

$$\frac{^{206}Pb^*}{^{238}U} = \left(\frac{^{207}Pb^*}{^{235}U} + 1\right)^{\lambda_{238}/\lambda_{235}} - 1 \tag{4.18}$$

が得られる．式 (4.18) は，$^{206}Pb^*/^{238}U$ と $^{207}Pb^*/^{235}U$ とを両軸にとるダイヤグラム上で曲線を作ることを示している (図 4.3)．この曲線は時刻 0 の原点を出発点にして同一時刻の $^{206}Pb^*/^{238}U$ と $^{207}Pb^*/^{235}U$ を結んでこれらの値が増加する様子を描いており，コンコーディア (年代一致曲線) と呼ばれ，この図はコンコーディア図と呼ばれる．図 4.3 に示すように，ある鉱物試料が 2.0×10^9 年経過した時刻 T_1 のとき二次的な加熱を受け，それまで蓄積した Pb が散逸したり，U が増減したりすると，試料の $^{206}Pb^*/^{238}U$ と $^{207}Pb^*/^{235}U$ とは，原点と T_1 とを結ぶ直線上の a_1, b_1, c_1 に並ぶ．その後 0.5×10^9 年経って現在 T_0 に至ると，a_1, b_1, c_1 は a_0, b_0, c_0 に達するので，測定値 (現在の値) が T_2 (0.5×10^9 年) と T_0 (2.5×10^9 年) を結ぶ直線上に並ぶことになる．このようなコンコーディアからはずれた直線はディスコーディア (年代不一致線) と呼ば

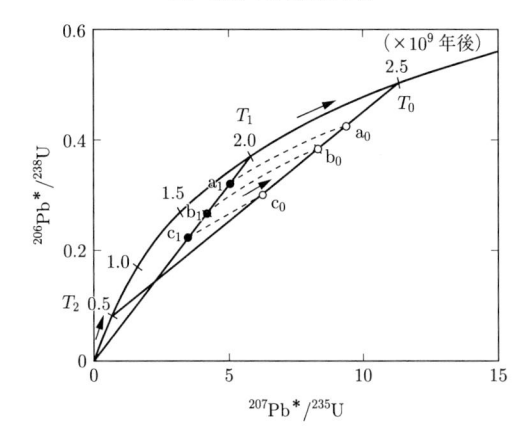

図 4.3 U–Pb コンコーディア図による解析
鉱物生成後 T_1 (2.0×10^9 年) 経過したときに加熱を受け U/Pb が変化し,現在 T_0 (2.5×10^9 年) に至った. 詳細な説明は本文を参照.

れ,コンコーディアとの交点の年代 T_0 (2.5×10^9 年) と T_2 (0.5×10^9 年) とがそれぞれ生成年代,二次的に加熱を受けた年代に相当する.

4.2 隕石の精密形成年代

3.2 節で述べたように,原始太陽系星雲の円盤部分から微惑星ができ,それらが合体成長を繰り返し,隕石母天体や惑星などができた.地球や火星のような惑星は,形成後に大規模な分化作用を受けており形成年代を求めることが難しい.原始太陽系星雲から惑星が誕生した年代は,形成後分化作用を受けず現在に至った隕石を使って,様々な年代測定法で求められている.古くから,多くの隕石について Rb–Sr 法,Sm–Nd 法,Ar–Ar 法などで年代値が出され,隕石母天体の形成年代は $(4.50 \sim 4.60) \times 10^9$ 年の範囲に入ることが示されてきた[4].しかし,個別の隕石の年代測定データの誤差 (例えば Rb–Sr 鉱物アイソクロン年代には通常 $\pm 0.05 \times 10^9$ 年程度の誤差を伴う) を考えると,多くの隕石試料の年代は誤差の範囲で一致してしまい,10^7 年オーダーより短い時間の議論はできなかった.同位体比測定の高精度化が進むと,Pb 同位体比測定だけで年代値が求まる Pb–Pb 法では,個々の試料のアイソクロン年代の誤差が $\pm 0.5 \times 10^6$ 年程度を達成できるようになり,精密な形成年代の議論が可能になった.

4. 太陽系天体の形成年代

図中:
- Efremovka CAI 試料 E 49 $(4.56717 \pm 0.00070) \times 10^9$ 年
- Efremovka CAI 試料 E 60 $(4.5674 \pm 0.00011) \times 10^9$ 年
- Acfer059 コンドルール $(4.56466 \pm 0.00063) \times 10^9$ 年

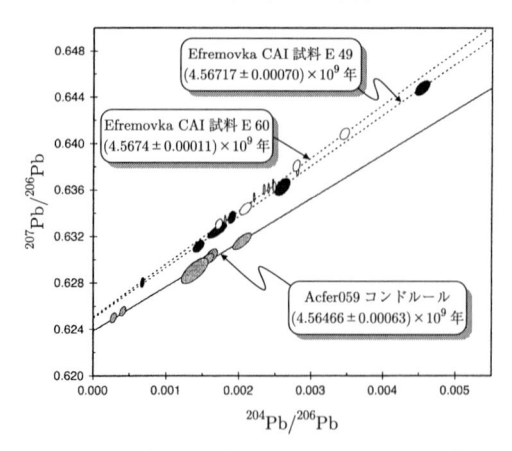

縦軸: $^{207}\text{Pb}/^{206}\text{Pb}$
横軸: $^{204}\text{Pb}/^{206}\text{Pb}$

図 4.4 最古の隕石試料の Pb–Pb アイソクロン[5]

Pb–Pb 法による結果をまとめると，これまでに得られている最古の年代の隕石試料は，Efremovka CV3 コンドライトの CAI 2 試料で，それらの年代値 $(4.5672 \pm 0.0007) \times 10^9$ 年と $(4.5674 \pm 0.0011) \times 10^9$ 年の重み付き平均をとると，$(4.5672 \pm 0.0006) \times 10^9$ 年となる[5]．この値を出した Pb–Pb 法年代アイソクロンを図 4.4 に示す．Allende CV3 コンドライトの CAI 4 試料も $(4.565 \sim 4.568) \times 10^9$ 年の範囲に入り[6]，太陽系の固体物質の誕生は，CAI が生成した 4.5672×10^9 年前から始まったことが示された．一方，Acfer059 CR コンドライトのコンドルールの Pb–Pb 年代は，$(4.5647 \pm 0.0006) \times 10^9$ 年であり (図 4.4)，CAI 形成から $(2.5 \pm 1.2) \times 10^6$ 年遅れてできたことを示している[5]．コンドルールは原始太陽系星雲で大量の微粒子が生成し微惑星に成長するより前にできたと思われるので，$(2 \sim 3) \times 10^6$ 年の年代差は，原始太陽系星雲の温度低下に伴い，微粒子が生成し微粒子の円盤ができるのに要する時間と考えられる．また，この時間差は原始太陽が主系列星に成長する途中段階の T Tauri 型星の経過時間 (3.2 節参照) と同程度である．Pb–Pb 法アイソクロン年代は放射壊変起源の Pb 同位体に富む (U/Pb 比が高い) 成分を使うと高精度で求めることができ，普通コンドライトでは変成作用でできたリン酸塩鉱物が使われる．15 試料の LL, L, H コンドライトの分析結果は $(4.563 \sim 4.504) \times 10^9$ 年の間に分布し (図 4.5)，隕石母天体内での変成作用は 45 億年前までには終了したことを示している[6]．一方，分化した隕石であるエイコンドライトは $(4.558 \sim 4.530) \times 10^9$

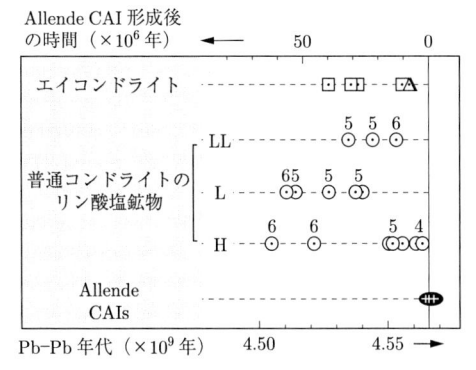

図 4.5 隕石の Pb–Pb 年代[6]

普通コンドライトの数字は岩石学タイプで 4 から 6 に従って変成度が大きい (1.3.2 項参照). エイコンドライトの△はアングライト, □はユークライト.

年に分布し, 隕石母天体上のマグマ作用は短期間に起きたことを示している[6].

4.3 原始太陽系形成にかかった時間と隕石形成の相対年代

一次放射性核種を用いる隕石の固化年代測定では, 4.567×10^9 年前に最古の隕石構成物質である難揮発性物質の CAI が原始太陽系星雲から誕生したことが示された. 一次放射性核種より半減期の短い消滅放射性核種 (表 2.6) は, 現在では壊変し尽くして天然に存在しないが, もし隕石が誕生した 45 億数千万年前には存在していたのであれば, 誕生後分別作用を受けずに現在に至った隕石中で壊変生成核種を識別でき, 年代情報が得られるはずである.

半減期 0.7×10^6 年で ^{26}Mg に壊変する ^{26}Al を例にとると (^{26}Al–^{26}Mg 法), 現在隕石中に存在する ^{26}Mg は生成時にすでに存在した ^{26}Mg と, その時存在した ^{26}Al が壊変生成した ^{26}Mg の和であるから,

$$(^{26}\mathrm{Mg})_p = (^{26}\mathrm{Mg})_0 + (^{26}\mathrm{Al})_0 \tag{4.19}$$

と表せる. ここで, p と 0 は, 現在と隕石形成時を示す. 式 (4.19) を Mg の安定同位体 ^{24}Mg で規格化し, 右辺の ^{26}Al の壊変分の分子と分母に安定核種 ^{27}Al を掛けると,

$$\left(\frac{^{26}\mathrm{Mg}}{^{24}\mathrm{Mg}}\right)_p = \left(\frac{^{26}\mathrm{Mg}}{^{24}\mathrm{Mg}}\right)_0 + \left(\frac{^{26}\mathrm{Al}}{^{27}\mathrm{Al}}\right)_0 \left(\frac{^{27}\mathrm{Al}}{^{24}\mathrm{Mg}}\right)_p \tag{4.20}$$

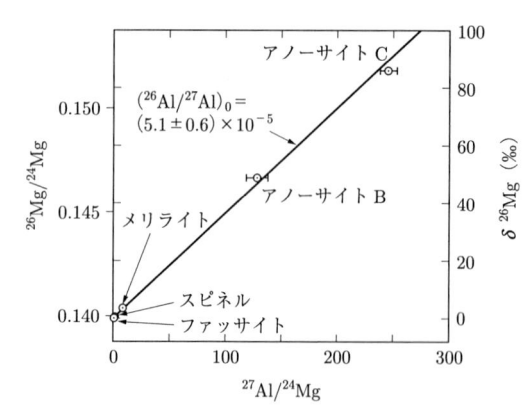

図 4.6 Allende CV3 コンドライトの CAI の ^{26}Al–^{26}Mg アイソクロン[7]

となる．この式は隕石形成時に Al と Mg が分別を起こした系では，その分別の度合いに応じて，現在の ^{26}Mg/^{24}Mg に違いを生じ，^{26}Mg/^{24}Mg と ^{27}Al/^{24}Mg の測定値を両軸にとるグラフ上では，形成時の ^{26}Al/^{27}Al を勾配とする直線が得られることを示し，この直線もまたアイソクロンと呼ばれる．図 4.6 に Allende CV3 コンドライトの CAI を分析した例を示す．アイソクロンの勾配は，この CAI が生成時に取り込んだ消滅放射性核種 ^{26}Al の安定核種 ^{27}Al に対する存在比，$(^{26}$Al/^{27}Al$)_0$ が，$(5.1 \pm 0.6) \times 10^{-5}$ であったことを示している[7]．

消滅放射性核種のアイソクロンからは，隕石形成時に取り込まれた消滅放射性核種の量が同位体比の形で求まるだけで，現在から遡る年代値を求めることはできない．しかし，元素は宇宙の中であるときに作られたものであるから，元素合成時の核反応における消滅放射性核種とその比較に使う安定核種との生成速度比が分かれば，元素合成が終了した時点 (2.5 節で説明した単一元素合成モデルの場合，連続元素合成モデルなら最後の元素合成が終了しすでに存在する元素と混じり合った時点) と隕石生成時点との間の時間差を求めることができる．言い換えれば，連続元素合成モデルでは，分子雲コアが収縮し始め原始太陽系星雲に新たな合成元素が加わらなくなった (閉鎖系になった) 時点から隕石形成時までの時間に相当し，この時間を形成期間 (formation interval) と呼ぶ．

図 4.5 で示した ^{26}Al/^{27}Al の場合，恒星の中で起きる爆発的な C 燃焼での ^{26}Al と ^{27}Al の生成比 P_{26}/P_{27} は $(0.4 \sim 2) \times 10^{-3}$ と見積もられている[8]．宇宙形成以来恒星の中で作られた ^{26}Al と ^{27}Al とが太陽系に取り込まれたとする

連続元素合成モデルを採用すると，連続合成の期間を T として，連続合成終了時点での Al の同位体比は，式 (2.7) に従い，

$$\frac{^{26}\text{Al}}{^{27}\text{Al}} = \frac{P_{26}}{P_{27}} \frac{1 - \exp(-\lambda_{26}T)}{\lambda_{26}T} \tag{4.21}$$

と表せる．式 (4.21) に，宇宙年代学の結果 (2.5 節参照) の $T = 8 \times 10^9$ 年と理論的に求められた $P_{26}/P_{27} = (0.4 \sim 2) \times 10^{-3}$ とを代入すると $^{26}\text{Al}/^{27}\text{Al} = (0.5 \sim 2.5) \times 10^{-7}$ となり，この値は隕石中の測定値 $(5.1 \pm 0.6) \times 10^{-5}$ よりはるかに低い．この結果は，隕石形成時に取り込んだ ^{26}Al の量が宇宙生成以来の恒星内でできた核種を集める連続元素合成モデルでは説明できないことを示している．原始太陽系星雲内での高エネルギー粒子照射による核反応生成起源か，太陽系形成直前に近傍で起きた超新星爆発からほとんどが供給された可能性が示唆される．超新星爆発時には，恒星の中でできた $(^{26}\text{Al}/^{27}\text{Al})_{\text{SN}} = (0.4 \sim 2) \times 10^{-3}$ の Al がまき散らされたと推定できるので，図 4.6 から得られている隕石固化時の $^{26}\text{Al}/^{27}\text{Al}$ との間に，

$$\left(\frac{^{26}\text{Al}}{^{27}\text{Al}}\right)_0 = \left(\frac{^{26}\text{Al}}{^{27}\text{Al}}\right)_{\text{SN}} \exp(-\lambda_{26}t) \tag{4.22}$$

が成り立つ．その結果，$t = (2 \sim 4) \times 10^6$ 年が得られ，この年代値は原始太陽系星雲が収縮するきっかけとなった超新星爆発と Allende 隕石の CAI 形成の時間差に相当する．理論的計算によれば，分子雲コアが収縮を始めて太陽質量の主系列星ができるまでに 3×10^7 年かかる (3.2 節参照)．収縮開始からおよそ 3×10^6 年後はすでに T Tauri 型星の段階を過ぎ，原始太陽系星雲内で凝縮過程は完了し，微惑星の合体成長が進み原始惑星ができかけている段階である．

表 4.1 に隕石中に存在が確認された消滅放射性核種を半減期の順に示し，それぞれの核種が合成される過程も合わせて示す．半減期は 10^5 年から 1.03×10^8 年と 3 桁の広がりを見せており，核種合成過程も恒星進化に伴う核融合反応，超新星爆発時の r 過程や p 過程など様々である．この中で ^{10}Be だけは恒星の進化に伴って生成できず，原始太陽からの高エネルギー粒子照射による核反応で作られた．そのほかの消滅放射性核種は恒星の進化の過程で生成できるが，実験的に確認されたすべての核種の存在度を説明できる元素合成モデルは難しく，^{41}Ca や ^{26}Al などは原始太陽系星雲内での高エネルギー粒子による核反応起源の可能性もある．表 4.1 の消滅放射性核種の中で，太陽系の年代学に最も大き

表 4.1 隕石中に検出された消滅放射性核種[9](核種合成過程は文献[10]よりまとめた)

親核種	半減期 ($\times 10^6$ 年)	娘核種	隕石形成時の存在量	核種合成過程
^{41}Ca	0.1	^{41}K	^{41}Ca/^{40}Ca$=10^{-8}$	恒星内核反応,粒子照射
^{26}Al	0.7	^{26}Mg	^{26}Al/^{27}Al$=4.5\times10^{-5}$	爆発的 H 燃焼,非爆発的 H 燃焼,粒子照射
^{10}Be	1.5	^{10}B	^{10}Be/^{9}Be$\approx 6\times10^{-4}$	粒子照射
^{60}Fe	1.5	^{60}Ni	^{60}Fe/^{56}Fe$\approx 3\times10^{-7}$	恒星中心の中性子過剰部分の e 過程
^{53}Mn	3.7	^{53}Cr	^{53}Mn/^{55}Mn≈ 2–4×10^{-5}	恒星中心の中性子欠乏部分の e 過程
^{107}Pd	6.5	^{107}Ag	^{107}Pd/^{108}Pd$\approx 5\times10^{-5}$	r 過程,s 過程
^{182}Hf	9	^{182}W	^{182}Hf/^{180}Hf$=10^{-4}$	r 過程
^{129}I	15.7	^{129}Xe	^{129}I/^{127}I$=10^{-4}$	r 過程
^{92}Nb	36	^{92}Zr	^{92}Nb/^{93}Nb$=10^{-4}$	p 過程
^{244}Pu	82	自発核分裂生成核種	^{244}Pu/^{238}U$=7\times10^{-3}$	r 過程
^{146}Sm	103	^{142}Nd	^{146}Sm/^{147}Sm$=9\times10^{-4}$	p 過程

な制約を与えるのは,極めて短い半減期 1×10^5 年の ^{41}Ca の存在である.恒星の中で合成された ^{41}Ca が隕石で検出されているなら,どんなに長くかかっても超新星爆発から 10^6 年程度以内に原始太陽系星雲で初期凝縮物が生成しなければならない (3.1 節参照).^{41}Ca は原始太陽からの高エネルギー粒子照射による核反応でできた可能性も捨てきれない.一方,半減期 1.5×10^6 年の ^{60}Fe は粒子照射による核反応では作られず,進化した恒星内部の核反応ででき,超新星爆発の際星間空間にまき散らされた核種である.^{60}Fe など 10^6 年前後の半減期の核種の存在を説明するためには,近傍で起きた超新星爆発からの衝撃波到達を引き金に分子雲コアの収縮が起き,急速に原始太陽系星雲の生成に至ったとするシナリオが有力視される[9].その際 ^{60}Fe をはじめ多くの消滅放射性核種は超新星から供給されたが,^{10}Be など数核種は原始太陽が主系列に入る前の活発な活動期に起きた高エネルギー粒子照射による核反応で作られたのであろう.

消滅放射性核種を使う年代測定からは,原始太陽系形成にかかった時間についての議論ができることに加え,隕石形成の相対年代が精密に求まる.例えば,隕石試料 A と B について ^{26}Al–^{26}Mg 系の測定を行い,それぞれアイソクロンを引いて生成時の値 $(^{26}$Al$/^{27}$Al$)_\mathrm{A}$ と $(^{26}$Al$/^{27}$Al$)_\mathrm{B}$ が得られたとすると,両者の生成年代の差は,

$$\Delta t_{\mathrm{A-B}} = \frac{1}{\lambda_{26}} \cdot \{\ln(^{26}\mathrm{Al}/^{27}\mathrm{Al})_\mathrm{A} - \ln(^{26}\mathrm{Al}/^{27}\mathrm{Al})_\mathrm{B}\} \quad (4.23)$$

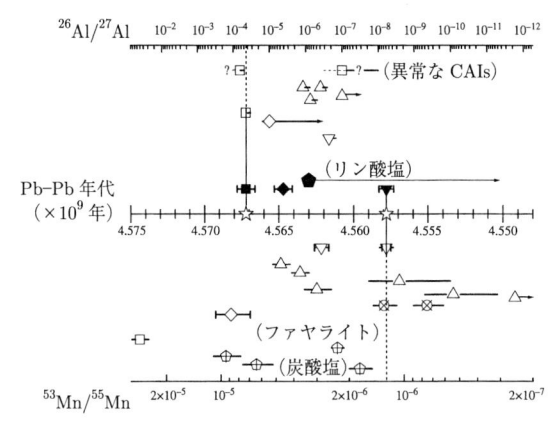

図 4.7 隕石の Pb–Pb 絶対年代と ^{26}Al–^{26}Mg, ^{53}Mn–^{53}Cr 相対年代[9].
黒染りの記号の Pb–Pb 法による絶対年代値の決まっている CAI とアングライトを基準 (絶対年代軸上の☆) にとり, 図の上半分, 下半分にそれぞれ ^{26}Al–^{26}Mg 法, ^{53}Mn–^{53}Cr 法の相対年代を絶対年代の軸に示してある.
□CAIs, ◇コンドルール, ▽アングライト, △ユークライト, ⊗ その他のエイコンドライトとパラサイト, ⬠ コンドライト中の二次鉱物 (リン酸塩, 炭酸塩, ファヤライト).

で与えられる. 多くの隕石について ^{26}Al/^{27}Al や ^{53}Mn/^{55}Mn が測定され, 相対的な固化年代が細かい年代スケールで求められている. Pb–Pb 法による絶対年代も測られている試料の絶対年代を固定の年代 ("anchor point" と呼ばれる) として, ^{26}Al–^{26}Mg 法や ^{53}Mn–^{53}Cr 法の相対年代を絶対年代の軸に示し直したのが図 4.7 である. これらの3種の年代を比べると, どの年代測定でも CAI が最古でコンドルール, リン酸塩のようなコンドライト構成鉱物, エイコンドライトの順に若くなるが, その年代差は方法ごとに異なる. 例えば, CAI とアングライトの年代差は, Pb–Pb 法では 10×10^6 年弱であるが, ^{26}Al/^{27}Al からは 5×10^6 年程度, ^{53}Mn/^{55}Mn からは 20×10^6 年である. ^{182}Hf–^{182}W 系で求められた相対年代でも, CAI 形成後 $(5 \sim 10) \times 10^6$ 年にアングライトの形成を示しており, 図 4.7 の関係を支持している[11].

4.4 地球の年代, 月の年代

地球は隕石母天体とは異なり, 微惑星が集積成長した後, 分化して内部に層構造が作られた天体であるから, 現在採取できる地球物質の年代測定から地球の形

成年代を求めることはできない．しかし，マントルとコアの分離や大気海洋の形成など初期に起きた現象のタイムスケールを理解する上で，最古の地球物質の探索は重要な年代学的意味をもつ．月も同じく分化した天体で，その成因については，地球軌道付近で独立に微惑星から成長した天体 (共成長説：co-accretion model)，地球重力圏にたまたま捉えられた外来天体 (捕獲説：capture model)，溶融地球が分裂して飛び出した天体 (分裂説：fission model) など古くから諸説提案されてきた．しかしどの説も月の重要な物理化学的性質と矛盾する点があり，現在では巨大衝突説 (impact model) が最も有力である[12]．地球がほぼ現在の大きさに近づいた頃，火星質量の惑星天体が斜めに衝突し，月ができたとされ，数値実験でも再現されている．月物質の年代測定は，地球の誕生と結びついて月の成因にも重要な制約を与える．

我々が手にした月試料は，1969年のアポロ11号以降6回の有人月面探査，2度のルナ宇宙船による無人探査で採取された試料のほか，月隕石も加わる．月試料の年代測定が Rb–Sr 法，Ar–Ar 法，Sm–Nd 法，Pb–Pb 法などで行われた結果，月の海を形成する玄武岩は場所ごとに違いはあるが $(3.1 \sim 3.9) \times 10^9$ 年前に噴出し，高地の斜長岩やハンレイ岩などの年代は大部分が $(3.9 \sim 4.0) \times 10^9$ 年に集中していた[4]．4.0×10^9 年より古い岩石は数えるほどしか回収されておらず，月が誕生した直後は隕石の大規模衝突が続き，その頃固化した月面の岩石の痕跡はほとんど残らなかったと考えられている．激しい月面の変動を生き残った試料の中で最古の月面試料は，アポロ16号が回収したFeに富む斜長岩60025 ($(4.50\pm0.01) \times 10^9$ 年の U–Pb 年代) か，Feに富むノーライト質斜長岩67016 ($(4.56\pm0.07) \times 10^9$ 年の Sm–Nd 年代) であり[12]，少なくとも 4.50×10^9 年前の月面にマグマが固化した岩石が存在したことを示している．原始太陽系星雲中で高温ガスから最初に CAI が凝縮したとき (4.567×10^9 年前) から，数千万年以内 (ほとんど同時期かも知れない) に現在の月の姿があったことになる．

一方，これまでに報告されている最古の地球物質は，西オーストラリア Yilgarn クラトン Narryer 変麻岩体の Jack Hills に産出する，変成作用を受けた堆積物から分離されたジルコン ($ZrSiO_4$) である．鉱物粒子の $50\,\mu m$ 程度の微小領域に分布する U や Pb の同位体を二次イオン質量分析法 (SIMS)(2.8節参照) で測定したところ，$(4.404\pm0.008) \times 10^9$ 年の最古の値が得られた[13]．図 4.8 にこの試料の U–Pb コンコーディア図を示す．ジルコンは，もともと

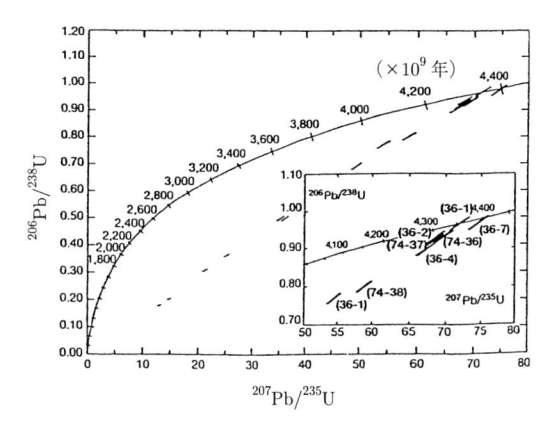

図 4.8 地球上で最古の年代値を示すジルコンの U–Pb コンコーディア図[13]
西オーストラリアの変成岩体中の変成を受けた堆積物から分離したジルコンを測定.

大陸地殻が溶融してできたマグマから晶出し,固化した火成岩が風化作用を受けても風化されずに残留して堆積岩に取り込まれたと考えられるので,地球上には 44 億年前かそれ以前にすでに大陸地殻が存在したことを示している.岩石として最古の年代測定値は,北西カナダ Slave クラトン,Acasta 変麻岩の $(4.031 \pm 0.003) \times 10^9$ 年で,U–Pb 法で測定された[14].カナダ,北ケベックの Nuvvuagittug グリーンストーン帯の火山岩や変堆積岩の Nd 同位体分析からは,消滅放射性核種 ^{146}Sm の娘核種 ^{142}Nd の変動が検出され,アイソクロンが得られた.最初の惑星物質ができた 4.567×10^9 年前の ^{146}Sm の存在量を ^{146}Sm$/^{144}$Nd $= 0.008$ と仮定すると,アイソクロンは $(4.28^{+0.05}_{-0.08}) \times 10^9$ 年前に相当し,最古の岩石年代となるが,同一岩体のガブロの ^{147}Sm–^{143}Nd アイソクロン年代は $(4.023 \pm 0.110) \times 10^9$ 年であった[15].

現存する地球物質,月物質の固化年代測定からは,地球や月が誕生した年代の下限値が示され,それぞれ 4.40×10^9 年,4.50×10^9 年である.月が巨大衝突でできたとすると,衝突は 4.50×10^9 年以前に起きる必要があり,多くの隕石母天体で変成作用が起きた $(4.56 \sim 4.50) \times 10^9$ 年前[6]と同じタイミングとなる.原始地球も巨大衝突の直後に現在に近い姿となったのであろう.

地球や月も隕石母天体と同じ頃できたのであれば,隕石母天体と同様に消滅放射性核種が壊変し尽くす前に誕生しており,消滅放射性核種が存在した痕跡を娘核種から探索することによって形成年代の推定が行える.地球上で見つかっ

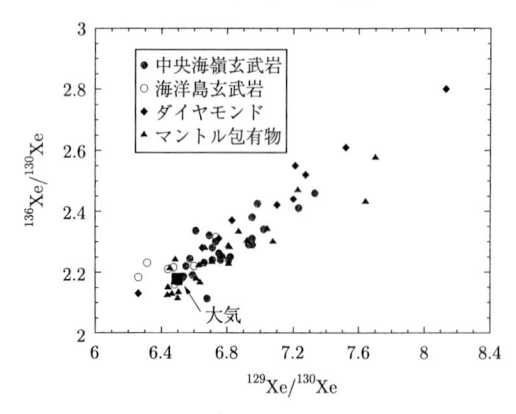

図 4.9 地球のマントル起源物質の $^{136}\mathrm{Xe}/^{130}\mathrm{Xe}$ および $^{129}\mathrm{Xe}/^{130}\mathrm{Xe}$ [16])

た消滅核種の1つは半減期 1.57×10^7 年で $^{129}\mathrm{Xe}$ に壊変する $^{129}\mathrm{I}$ であり,地球を構成する種々の物質に $^{129}\mathrm{Xe}/^{130}\mathrm{Xe}$ の変動が現れている.図 4.9 に示すように,各種のマントル由来物質中の $^{129}\mathrm{Xe}/^{130}\mathrm{Xe}$ や $^{136}\mathrm{Xe}/^{130}\mathrm{Xe}$ は大気の値と異なっており[16]),地球形成時には $^{129}\mathrm{I}$ が取り込まれていたことを示している.この図で $^{136}\mathrm{Xe}/^{130}\mathrm{Xe}$ の変動は,半減期 8.2×10^7 年の消滅放射性核種 $^{244}\mathrm{Pu}$ と一次放射性核種 $^{238}\mathrm{U}$ の自発核分裂起源の $^{136}\mathrm{Xe}$ の蓄積に起因している.生成後分化を受けずに現在に至っている始源的隕石の $^{129}\mathrm{I}/^{127}\mathrm{I}$ は,個々の隕石の分析から求められているので[17]),もし地球形成時に取り込まれた I の $^{129}\mathrm{I}/^{127}\mathrm{I}$ が分かれば,隕石母天体と地球の形成の時間差が計算できる.地球の場合は形成直後に大規模な分化を受けているので,現存する岩石を用いて地球形成時の $^{129}\mathrm{I}/^{127}\mathrm{I}$ を求めることはできず,地球全体での $^{129}\mathrm{I}$ 起源 $^{129}\mathrm{Xe}$ 量と I の含有量の推定から $^{129}\mathrm{I}/^{127}\mathrm{I}$ を求めざるを得ない.全地球のケイ酸塩部分 4.1×10^{27} g の I 含有量は 11 ppb,大気中の $^{129}\mathrm{I}$ 起源 $^{129}\mathrm{Xe}$ は 3.69×10^{13} g であり,地球全体の脱ガス率 85% とすると,地球形式時の $^{129}\mathrm{I}/^{127}\mathrm{I} = 9.3 \times 10^{-7}$ となり,$^{129}\mathrm{I}/^{127}\mathrm{I} = 1.1 \times 10^{-4}$ をもつ Bjurböle L4 コンドライト形成と地球形成の時間差が 1.08×10^8 年と求められる.計算に使った数値の不確かさも考慮すると,I–Xe 法による地球の年代は $(4.46 \pm 0.02) \times 10^9$ 年となる[6]).

今ひとつ重要な消滅核種は半減期 9.4×10^6 年の $^{182}\mathrm{Hf}$ で,天然では $^{182}\mathrm{W}/^{184}\mathrm{W}$ が変動する.図 4.10 に各種の太陽系物質の $^{182}\mathrm{W}/^{184}\mathrm{W}$ を ϵ 表示 (標準物質の同位体比からのずれを 10^{-4} 単位で表示) でまとめて示す[18]).炭

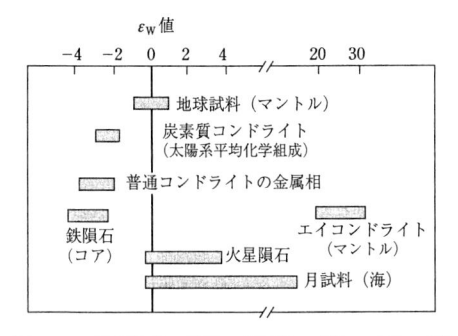

図 4.10 地球物質,隕石,月試料の $^{182}W/^{184}W$ [18]

素質コンドライトの $^{182}W/^{184}W$ に比べ,普通コンドライトの金属相や鉄隕石は ^{182}W に欠損しており,分化隕石であるエイコンドライトは著しく ^{182}W に富んでいる.これは ^{182}Hf が壊変し尽くす前に始源的隕石が融解を起こして,Hf/W の極めて小さい金属相と Hf/W が大きいケイ酸塩相に分離したからである.^{182}Hf–^{182}W アイソクロンから求めた炭素質コンドライトの $^{182}Hf/^{180}Hf$ は $(1.00 \pm 0.08) \times 10^{-4}$ で,エイコンドライトの $^{182}Hf/^{180}Hf$ は 7.96×10^{-5} であることから,隕石母天体内での金属–ケイ酸塩分離は CAI 形成から約 3×10^6 年後に起きたことを示唆する[19].一方,地球のマントルの値は,炭素質コンドライトより 3ϵ 程度 ^{182}W に富んでおり,火星や月試料の最小値も地球の値とほぼ同じである.コンドライトの初生 $\epsilon^{182}W$ 値と地球全体の $\epsilon^{182}W$ 値を使って地球の $^{182}Hf/^{180}Hf$ を求めると 1.1×10^{-5} となり,地球では CAI 形成後 3.0×10^7 年後までにコア–マントル分離が起きたことを示している[19].

半減期が消滅核種の中では最も長い 1.03×10^8 年の ^{146}Sm は,地球形成直後の大規模分化過程後も残っており,最古と思われる岩石で ^{146}Sm–^{142}Nd アイソクロンを引くことができた[15].その影響は惑星物質間の $^{142}Nd/^{144}Nd$ の差としても現れ,地球物質の $^{142}Nd/^{144}Nd$ は,隕石試料に比べ約 0.2ϵ 高い[20].地球物質の中でも $(3.6 \sim 3.8) \times 10^9$ 年前に固化した西グリーンランドの岩石は他の物質より $0.08 \sim 0.15\epsilon$ 高く,この結果は地球のマントル分化が,太陽系形成後 $(0.5 \sim 2.0) \times 10^8$ 年に起きたことを示している[21].さらに,消滅核種 ^{92}Nb (半減期 3.6×10^7 年) の壊変の影響が現れる $^{92}Zr/^{93}Zr$ は,CAI だけがほかの隕石試料,あらゆる地球試料,月試料より約 3ϵ 低く,CAI 形成時の $^{92}Nb/^{93}Nb$ は 10^{-3} であった.この結果は,地球のマントルが CAI 形成後 5.0×10^7 年以

上経てから形成したことを示している[22]．

高温の原始太陽系星雲から最初の固体物質である CAI が生成した 4.567×10^9 年前を起点として，地球形成時期を求めると，時計として用いる消滅放射性核種ごとに多少の時間差はあるが，^{182}Hf–^{182}W 系の解析からは 3×10^7 年後まで（4.54×10^9 年以前に相当）には，コア–マントル分離が終了して現在の姿になったと考えられる．一方で，^{92}Nb–^{92}Zr 系や ^{146}Sm–^{142}Nd 系の解析からは，マントル分化の年代が 5×10^7 年か $(5\sim20)\times10^7$ 年と得られている．上部，下部マントルの分離といったマントルの分化（7.3 節参照）がコア–マントル分離の終了後に起きたことを示しているかも知れない．月の誕生も 4.50×10^9 年より前であるので，巨大衝突により月ができ，地球ではコア–マントル分離が起きた可能性が大きい．また，小型の天体である隕石母天体では金属–ケイ酸塩分離が 4.567×10^9 年前から 10^7 年程度以内に起き，変成作用も $(4.563\sim4.504)\times10^9$ 年前の間に起きた．

文　献

1) T.Ohtsuki *et al.*, *Phys. Rev. Lett.* 93, 112501 (2004)
2) L.-G.Liu and C.-A.Huh, *Earth Planet. Sci. Lett.* 180, 163–167 (2000)
3) 兼岡一郎, 年代測定概論, 東京大学出版会, 315pp. (1998)
4) 野津憲治, 岩波講座地球科学 6, 地球年代学, 岩波書店, 19–44 (1978)
5) Y.Amelin *et al.*, *Science* 297, 1678–1683 (2002)
6) C.J.Allègre *et al.*, *Geochim. Cosmochim. Acta* 59, 1445–1456 (1995)
7) T.Lee *et al.*, *Astrophys. J.* 211, L107–L110 (1977)
8) J.W.Truran and A.G.Cameron, *Astrophys. J.* 219, 226–229 (1978)
9) K.D.McKeegan and A.M.Davis, *Treatise on Geochemistry* 1, *Meteorites, Comets, and Planets*, 431–460 (2005)
10) J.L.Birck, *Rev. Mineral. Geochem.* 55, 25–64 (2004)
11) A.Markowski *et al.*, *Earth Planet. Sci. Lett.* 262, 214–229 (2007)
12) A.N.Halliday, *Treatise on Geochemistry* 1, *Meteorites, Comets, and Planets*, 509–557 (2005)
13) S.A.Wilde *et al.*, *Nature* 409, 175–178 (2001)
14) S.A.Bowring and I.S.Williams, *Contrib. Mineral. Petrol.* 134, 3–16 (1999)
15) J.O'Neil *et al.*, *Nature* 321, 1828–1831 (2008)
16) M.Ozima and F.A.Podosek, *Noble Gas Geochemistry* (2nd ed.), Cambridge University Press, 286pp. (2002)
17) F.A.Podosek, *Geochim. Cosmochim. Acta* 34, 341–365 (1970)
18) 平田岳史, 地球化学講座 3, マントル・地殻の地球化学, 培風館, 101–121 (2003)

19) Q.Yin *et al.*, *Nature* 418, 949–952 (2002)
20) M.Boyet and R.W.Carlson, *Earth Planet. Sci. Lett.* 250, 254–268 (2006)
21) G.Caro *et al.*, *Geochim. Cosmochim. Acta* 70, 164–191 (2006)
22) C.Münker *et al.*, *Science* 289, 1538–1542 (2000)

5

大気・海洋の形成と進化，生命の起源と進化

5.1 原始大気の誕生：一次大気と二次大気

地球を始め太陽系構成天体は，H_2 や He を主成分とする高温の原始太陽系星雲の冷却により凝縮生成した微粒子が付着成長して微惑星になり，さらに衝突成長を繰り返して誕生したと考えられている (3.1節参照)．その結果，原始地球は大量の H_2 や He の大気に包まれて成長することになり，このような原始太陽系星雲ガスに直接由来する大気を一次大気 (primary atmosphere) と呼ぶ．表 1.2 に示したように，木星型惑星は中心に固体コアをもつ H_2 と He からなるガス球で，その組成比も原始太陽系星雲ガスの値に似ているので，一次大気からできている惑星ということもできる．一方，現在の地球型惑星の大気組成は，地球が N_2，O_2 を主成分とし，金星，火星が CO_2，N_2 を主成分とするなど，原始太陽系星雲ガスの化学組成とは全く異なる．化学反応を行わない希ガス元素に着目すると，図 5.1 で示されるように，地球大気の Ne から Xe の存在度は太陽中の存在度に比べて 10^{-11} から 10^{-7} と極端に欠如しており，火星や金星の大気でも同様である．また，地球大気の Kr や Xe の同位体比は，太陽風の Kr や Xe の同位体比と比べると，著しく質量分別を受けている[1]．これらのことは，原始惑星の成長に伴って重力集積した一次大気は地球大気からほぼ完全になくなったことを示している．地球型惑星では一次大気が散逸した後，惑星内部に存在した揮発性物質が地表から放出されて大気を作った．このような惑星内部から脱ガスした大気を二次大気 (secondary atmosphere) と呼ぶ．

地球型惑星で一次大気が失われた原因は明確ではなく，原始太陽からの強い紫外線照射や粒子照射と巨大衝突が候補に挙げられているが[1]，どれも決め手に欠ける．太陽系形成の標準シナリオ (3.2節参照) によれば，分子雲コアが収縮を始めてから 10^5 年経つと原始太陽が T Tauri 型星になり，T Tauri 型星の

図 5.1 惑星大気の希ガス元素存在度[1]

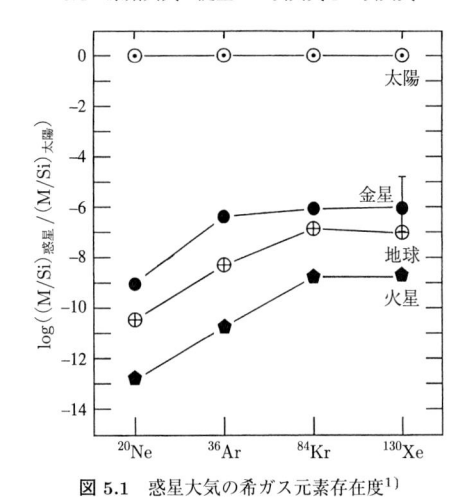

各惑星の Si 存在度で規格化した希ガス元素存在度と太陽中の Si 規格化存在度との比の対数値で標示.

段階から林フェイズにかけての活発な太陽活動期に，現在よりはるかに強い紫外線と太陽風を放出していたと考えられている．現在の $10^2 \sim 10^3$ 倍の強度の紫外光照射があれば星雲ガスの散逸も可能で，この強度は原始太陽では非現実的ではない[1]．しかし，この時期は凝縮モデル (3.3 節参照) から要請される原始太陽系星雲の高温ガス化，均質化が起きた時期の候補でもあり，原始太陽の進化の細かなタイムスケールと整合性をとる必要があろう．一方で，原始地球に火星程度の大きさの天体が衝突し月ができるときには，巨大なエネルギーが一挙に解放され，地球を覆っていた大気は散逸し，地球内部に存在していた揮発性物質の一部も失われたのではないかと考えられている．しかし衝突による溶融脱ガスはまさに二次大気生成のメカニズムであり，地球を覆う一次大気の散逸と二次大気の生成とが同時に起こりうるかは，よく分かっていない．そもそも，地球型惑星ができたとき H や He の一次大気を伴っていた証拠は乏しく，調べ直す必要があろう．

地球型惑星では，惑星内部の揮発性物質を起源とする二次大気が蓄積し原始大気となった．その化学組成は隕石中に存在する揮発性物質から推定すると，H_2O と CO_2 を主成分として，HCl, N_2, SO_2 などを副成分に含む組成で，現在の火山ガスの組成と似ている．このような水蒸気大気は，地球集積過程で起きた激しい小天体衝突現象で作られることが，多くの理論と実験から支持されており[2]，そ

の結果,地表は溶融してマグマオーシャン (magma ocean) ができたとされる.ここでは地球の原始大気の化学組成を推定する Holland の方法[3] を紹介する.地球物質が溶融して原始大気ができるとすると,溶融メルト中には金属 Fe は存在せず,大気中の O_2 フガシティは以下の FMQ (ファヤライト–磁鉄鉱–石英)緩衝系 (fayalite–magnetite–quartz buffer) で規定される.

$$2Fe_3O_4 + 3SiO_2 \rightleftharpoons 3Fe_2SiO_4 + O_2 \tag{5.1}$$
（磁鉄鉱）　（石英）　（ファヤライト）

また,地球内部から原始大気に供給される気体化合物間には,以下の平衡反応が成り立っている.

$$H_2O \rightleftharpoons H_2 + \frac{1}{2}O_2 \tag{5.2}$$

$$CO_2 \rightleftharpoons CO + \frac{1}{2}O_2 \tag{5.3}$$

$$CO_2 + 2H_2O \rightleftharpoons CH_4 + 2O_2 \tag{5.4}$$

$$N_2 + 3H_2O \rightleftharpoons 2NH_3 + \frac{3}{2}O_2 \tag{5.5}$$

$$SO_2 + H_2O \rightleftharpoons H_2S + \frac{3}{2}O_2 \tag{5.6}$$

マグマオーシャンが固化する 1500 K の大気組成は,まず O_2 フガシティを式 (5.1) の反応から求め,その値と地球表層の C, H, N, S 存在度,式 (5.2) から式 (5.6) の平衡反応の温度依存性とを組み合わせて求める.その結果を表 5.1 に示す.比較のために H_2O 量が同程度の高温 (900°C) 火山ガスの分析例 (インドネシア,メラピ火山) も合わせて示す.

表 5.1 初期地球で生成した原始大気の化学組成 (1500 K の計算値)[4] とメラピ火山の高温火山ガスの組成[5]

成分	1500 K の原始大気 (mol%)	メラピ火山の火山ガス (mol%)
H_2O	95	94.0
CO_2	4.2	4.3
HCl	0.78	0.2
H_2	0.076	0.5
SO_2	0.076	0.5
N_2	0.13	<0.1
CO	0.009	<0.01

原始大気がCO_2に富んでいたことは，Saganらが1972年に最初に提起した「暗い太陽のパラドクス (faint young Sun paradox)」[6]を解決できるシナリオとしても支持される．現在の地球表層の平均気温は288K (=15°C)で，水は液体として存在できる生物が棲息しやすい環境である．しかし，太陽放射と地球からの放射のバランスで決まる大気上端における有効放射温度は255K (= −18°C)で，その差33Kは大気に含まれるH_2O，CO_2などの温室効果によって生じる (11.3節参照)．現在の太陽は中心部で4個のHからHeができる核融合反応が起き発熱しており，放射される全エネルギーフラックスを太陽光度 (solar luminosity)と呼ぶ．恒星進化の理論によれば，太陽光度は時間とともに増加しており，誕生時は現在に比べると25～30％小さかった (図11.23参照)．もし，地球誕生以来大気中のCO_2分圧が現在と同じ低さで維持されており，地球の太陽放射反射率 (アルベド：albedo)も変化しないと，図5.2に示すように20億年前には地表温度が0°C以下になり，それ以前は全球凍結の状態になる．45億年あまりの地球史の中で全球凍結が何度かあったことが知られており (図5.12参照)，スノーボールアース (snowball earth)と呼ばれている[8]．しかし，全球凍結のたびに再び温暖な地球に戻るフィードバック機構が働き現在に至っており，地球形成以降20億年前まで地表温度が長期間0°C以下であった地質学的な証拠はない．この矛盾が「暗い太陽のパラドクス」で，原始大気中に温室効果ガスが多く含まれていれば，矛盾は解決できる．逆に地表温度を特定の温度に保つために必要な大気中のCO_2分圧の時間変化を図5.3に示す．誕生時

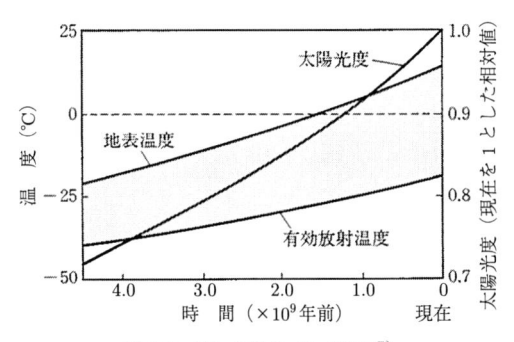

図5.2 暗い太陽のパラドクス[7]

太陽光度の時間変化と，現在のCO_2分圧を保った場合の地表温度，有効放射温度の時間変化．

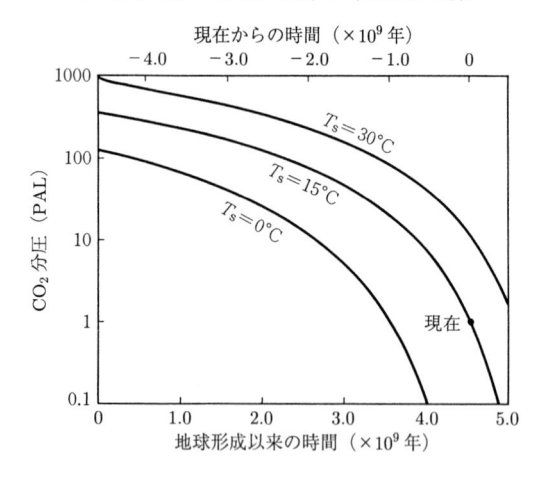

図 5.3 地表温度を $0°C$, $15°C$, $30°C$ に保つために必要な大気中 CO_2 分圧の時間変化[7]
1 PAL (present atmospheric level) は，現在の分圧．

の地表温度が $0 \sim 30°C$ であるためには CO_2 分圧は現在の $100 \sim 1000$ 倍必要で，当時の大気は CO_2 が主成分であったことを示している．地球史を通じて大気中の CO_2 分圧は，全球凍結や温暖化を起こす短期間の変動はあるものの，図 5.3 のモデル計算に示されるように長期的には減少する傾向を保ってきた．

原始大気が CO_2 に富んでいたことは，火星や金星の大気組成との対比からも支持される．表 1.2 に示した現在の地球大気成分から生物起源の O_2 を除き，大気中の CO_2 が固定されてできた堆積岩中の C を CO_2 として大気に加えると，地球の原始大気の大気圧は約 80 bar で，化学組成は CO_2: 99.0%, N_2: 1.0%, Ar: 0.01% と計算される．現在の火星と金星は，大気圧がそれぞれ 0.006 bar, 90 bar と異なるが，大気の化学組成はどちらも 95% 以上の CO_2 と副成分の N_2 と Ar とで構成されており，地球の原始大気の推定組成とよく似ている．

5.2 初期地球の大規模な脱ガスと原始海洋の誕生

地球型惑星において，惑星内部物質中の揮発性成分がいつどのように放出し，大気や海洋として惑星表面に蓄積したのだろうか．固体に取り込まれている気体は，固体を溶融すると放出されるし，固体を衝撃破砕しても放出される．地球内部からの気体の放出は現在でも起きており，活動的な火山ではマグマから

5.2 初期地球の大規模な脱ガスと原始海洋の誕生

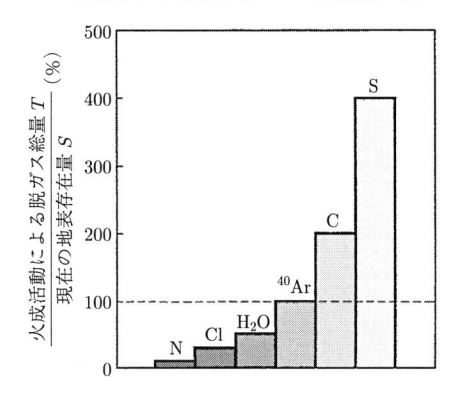

図 5.4 地球形成以来の火成活動による脱ガスで放出された揮発性物質の総量と現在の地表存在量との比較[7]

分離した火山ガスの放出が見られる．図 5.4 では，地球で見られる揮発性成分について，現在の地表存在量と，現在の火山活動による全地球の放出量を地球誕生から現在までの全時間で積算した総量とを比べる．N, Cl, H_2O は現在の規模の火山活動では不足し，地球史のある時期に突発的な大量の脱ガスが起きたことを示唆している．一方，C や S は地表の全量以上の積算放出量となるので，地球内部と大気との間で何度もリサイクルしていることを示している．

もし，突発的な大量の脱ガスによって大気や海洋が形成したのなら，それが起きた時期は地球形成初期が最有力である．なぜなら，38 億年前には現在に近い規模の海洋があったことが，グリーンランド南部の Isua 地域の礫岩や枕状溶岩の存在から示されているからである．初期地球の大規模な脱ガスはカタストロフィック脱ガス (catastrophic degassing) と呼ばれ，脱ガスの機構としては衝突脱ガス (impact degassing) が考えられている．原始地球表面への微惑星の激しい衝突により原始大気が蓄積すると，大気中の H_2O (水蒸気) や CO_2 の温室効果で熱が逃げなくなり，地表温度が上がる．地表温度の上昇は地球内部の脱ガスを促し，高温蒸気の大気ができると，地表物質は融点を超えて溶融し，マグマオーシャンができる[9]．地表物質が溶融すると，脱ガスはさらに進む．微惑星の衝突条件にもよるが，地表から 1000 〜 2000 km あたりまで溶融し，金属コアの分離もこの頃起きたと考えられている．大気中の水蒸気分圧は，水蒸気のマグマへの溶解と温度低下とのバランスで決まり，100 〜 300 bar に保たれるが，海水の総重量と同程度である[10]．なお金星の場合は，二次大気の H_2O

は上層大気で光解離され,できた H は惑星間空間に散逸した結果,90 bar の濃厚な CO_2 大気が残り,温室効果のため現在は 735 K の高い表面温度が保たれている.火星の場合はもともと二次大気量が少なく,さらに H_2O や CO_2 は氷として極冠 (polar cap) の下に存在しているため,表面気圧が 0.006 bar と極めて小さくなったと考えられている.

地球形成後すぐにカタストロフィック脱ガスが起きたことは,H_2O や CO_2 と一緒に地球内部から脱ガスする希ガス元素 Ar の同位体比の解析からも示された.地球形成時には地球内部の $^{40}Ar/^{36}Ar$ は 10^{-4} であったが,地球内部の ^{40}K の放射壊変で ^{40}Ar が蓄積し,現在のマントルでは $^{40}Ar/^{36}Ar$ は 5000 を超えている.しかし,現在の大気の $^{40}Ar/^{36}Ar$ は 295.5 と低く,この値を説明するためには,地球初期の脱ガスが要請される.現在のマントルの K 含有量を $100 \sim 400$ ppm と仮定すると,現在大気中に存在する Ar の 75% 以上が地球史の初期 (3.6×10^9 年前まで) に脱ガスしたとの結論を得る[11].スコットランドのチャート (ケイ質堆積岩の一種.表 8.1 参照) に保存されていた過去の大気の Ar 同位体比の測定では,3.8×10^8 年前の大気の $^{40}Ar/^{36}Ar$ が 291.0 ± 1.0 であったことが示され,この値は 3.5×10^9 年以前に脱ガスが起きた初期脱ガスモデルを支持する[12].

微惑星の衝突頻度も減り,表面で解放されるエネルギー密度が減少すると,地球表面の温度低下が起きた.マグマオーシャンの固化が始まり,1500 K 以下になると完全に固化して玄武岩質の地殻ができた.高温水蒸気を主成分とする原始大気の温度も下がり,臨界温度 648 K 以下では水蒸気は凝縮して雲となり,雲は大気中の HCl や SO_2 を溶かし込み高温の酸性雨として地表に降り注いだ.地表温度も 648 K 以下に下がると酸性雨は地表にたまって海洋を作ったが,すでに述べたように,このときできた海洋の海水の総量は現在の海水量と同程度であったと考えられている.

原始海水は酸性度が極めて強く (0.5 mol/l 程度の HCl に相当),マグマオーシャンが固化してできた玄武岩質の海底火山岩と反応し,Mg, Ca, Al, Na, K, Fe などのイオンを溶かし出し,Cl^- など陰イオンとイオン対を作り中和された.グリーンランド,Isua に産する 3.8×10^9 年前の枕状溶岩には強い酸性変質が見られないので,この頃までには原始海洋は中和されていたのだろう.CO_2 は酸性の水には溶けにくいが中性になると溶けやすくなるので,原始大気

中に大量に存在した CO_2 は，中和された海水に溶解して HCO_3^- となり，海水中の Ca^{2+} と反応して $CaCO_3$ が生成沈殿し海水中から除かれた．この際，一部の Mg^{2+} や Fe^{2+} も $CaCO_3$ 中に置換して除かれたであろう．また，海水が中性となると Al^{3+} は $Al(OH)_3$ として沈殿除去された．さらに，K^+ や Mg^{2+}，Al^{3+} は粘土鉱物としても除かれたので，多量の金属イオンが溶けていた強酸性の原始海水の化学組成は，海水の中性化に伴って，Na^+ と Fe^{2+} に富む海水に変化した．一方，原始大気では，100 bar 近くあった CO_2 分圧が海洋への溶解で 10 bar にまで下がり，H_2O，SO_2，HCl は海水に取り込まれたので，N_2 や Ar など水に溶けにくい化学種が相対的に濃縮して，N_2 が主成分の現在の化学組成に一歩近づいた．

5.3 CO_2 大気の長期的な組成変化

原始海洋が誕生した頃の大気の化学組成は，CO_2 を主成分として，N_2，Ar の順で濃度が高かった．O_2 は極微量成分で，水蒸気の紫外線分解でしか生成されなかったので，大気中の分圧は 10^{-10}PAL (present atmospheric level：現在の O_2 分圧を 1 としたときの相対値) 程度と推定されている．40 億年前以前には 1 bar 以上あった CO_2 が，現在は 1/3000 bar 程度にまで減少したが，長い地球史の中で一様に減少した訳ではない．もし地表温度が一定であるなら，図 5.3 のモデル計算のように単調な CO_2 濃度変化が期待できるが，地質学的な観察結果に基づく地球気温の変遷は，全球凍結したり (全球平均気温は $-40°C$ 位)，$+40°C$ くらいに上昇したりと，短期的な変動が認められており，大きく気温が変化すると負のフィードバックがかかるシステムであった．大気中の CO_2 濃度は大気中への供給量と大気中からの除去量とのバランスで決まっており (10.2.3 項参照)，バランスの乱れが CO_2 濃度の短期変化の原因となり，気温変化にもつながった．ここでは，大気中の CO_2 濃度を決める CO_2 の供給と除去の過程について説明する．

大気中へ CO_2 を供給する主要な過程は，火山ガス放出に見られる固体地球からの脱ガスである．炭酸塩が高温高圧下で変成作用を受け，

$$CaCO_3 + SiO_2 \rightarrow CaSiO_3 + CO_2 \tag{5.7}$$

なる反応で CO_2 が生成すると,マグマに溶解し,マグマの上昇とともに地表から放出される.生物が出現した後は,生物活動が CO_2 の供給源となる.1つは呼吸作用であり,もう1つは死後の酸化分解である.また,人間活動が活発な現代では,化石燃料の燃焼も大気中への CO_2 の供給源となる (11.3 節参照).

一方,大気中からの主要な CO_2 除去過程は,地殻を構成するケイ酸塩物質に対する化学的風化作用 (chemical weathering) と光合成 (photosynthesis) である.大気中の CO_2 は雨水や地下水に溶けると炭酸 (H_2CO_3) になり,

$$CaSiO_3 + 2CO_2 + H_2O \rightarrow Ca^{2+} + 2HCO_3^- + SiO_2 \tag{5.8}$$

なる反応で,長い時間をかけてケイ酸塩を溶解する.なお,この式では Ca ケイ酸塩を2価金属ケイ酸塩の代表として示してある.河川水に溶けた陽イオンや陰イオンは海洋へもたらされ,海水中では,

$$Ca^{2+} + 2HCO_3^- \rightarrow CaCO_3 + CO_2 + H_2O \tag{5.9}$$

なる反応が起きて,炭酸塩が沈殿する.風化堆積作用の反応をまとめて示すと,式 (5.8) と式 (5.9) とを合わせて,

$$CaSiO_3 + CO_2 \rightarrow CaCO_3 + SiO_2 \tag{5.10}$$

と書くことができ,ちょうど式 (5.7) の逆反応になっている.したがって,大気中の CO_2 濃度が減少するためには,風化堆積作用でできた $CaCO_3$ が,変成作用を受けずに炭酸塩として大陸地殻に固定される必要がある.ケイ酸塩の風化反応の室内実験からは風化反応速度 F が求められており,絶対温度 T と CO_2 分圧 P_{CO_2} に対して,

$$F \sim (P_{CO_2})^n \exp\left(-\frac{E}{RT}\right) \tag{5.11}$$

の依存性が知られている[7].ここで,E は活性化エネルギー,R は気体定数であり,通常のケイ酸塩鉱物では $n = 0.3 \sim 0.4$,$E/R = 4600$ K 程度である.風化反応速度は CO_2 分圧や温度の増加とともに大きくなり,全地球的な風化による CO_2 除去量は,河川流出量や被風化面積 (大陸面積) などとも関係する.

生命が誕生し,進化を遂げると光合成を行う生物が出現し,光のエネルギー

を得て，
$$CO_2 + H_2O \rightarrow CH_2O(有機物) + O_2 \tag{5.12}$$
の反応が進む．有機物が生成し O_2 が発生するが，生物の死後に有機物が酸化分解されると，式 (5.12) の逆反応が起き O_2 が消費されて CO_2 と H_2O ができるので，地球全体として CO_2 は減少しない．大気中の CO_2 が減少するのは，光合成でできた有機物が酸化を免れて系から除去される場合で，堆積物中に埋没した有機物は最終的には，ケロジェンや石油，石炭として固定される (10.2.3 項参照)．光合成生物出現後の大気組成の変化は，5.6 節で取り上げる．

5.4　地球上に出現した最初の生物

　現在の生物から生物進化を逆に辿って過去へ戻ると，地球上に誕生した最初の生物に限りなく近づけるはずである．過去に存在した生物の痕跡は化石 (fossil) と呼ばれ，化石から古生物が復元され，地球上での生物進化が調べられる．化石には生物体そのものが一部でも石化して保存された体化石 (body fossil) のほかに，生体の形状が地層中に押印されたように残った印象化石 (impression fossil)，足跡や巣穴など活動の痕跡が残った生痕化石 (trace fossil) がある．このような化石として残るためには，極めてまれで幸運な条件下で保存されねばならず，ほとんどすべての生物は化石として残らない．過去の生物存在の痕跡は，生体由来の有機物として堆積物中に残されており，化学化石 (chemical fossil) と呼ぶ．生体を構成する複雑な有機物が死後分解した後には特異的な有機物ができ，それらは生物種によって著しく異なり，先駆物質の推定が行えるので，バイオマーカー (biomarker) と呼ばれる．生体起源の有機物の C 同位体比は特徴的な値を示すことから，C 同位体比も広義には化学化石に含める．

　炭素同位体比 ($^{13}C/^{12}C$) は，式 (2.9) に従って，
$$\delta^{13}C(‰) = \left\{\frac{(^{13}C/^{12}C)_{試料}}{(^{13}C/^{12}C)_{PDB}} - 1\right\} \times 10^3 \tag{5.13}$$
で定義される δ 表示で示される．標準物質としては表 2.4 に示したように，PDB と呼ばれるアメリカ南カロライナ州，Peedee 層の箭石 (belemnite: $CaCO_3$) が使われる．図 5.5 に，高等植物や独立栄養微生物の C 同位体比をまとめる．

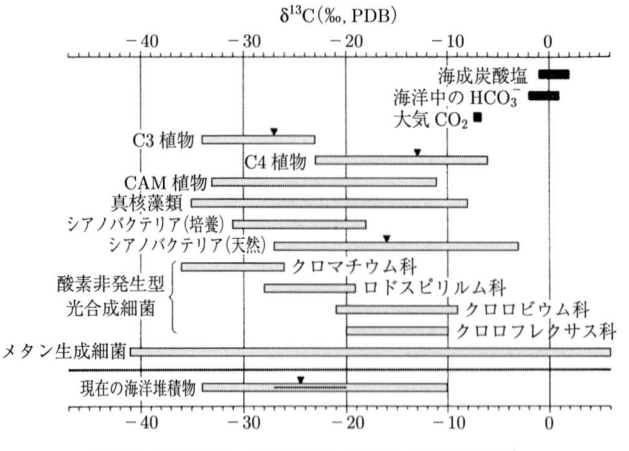

図 5.5 高等植物，独立栄養微生物の C 同位体比[13]

光合成によって CO_2 が有機物に変換される際には大きな同位体効果が起き，光合成の回路によって分別の程度が異なる．C3 植物 (CO_2 固定最初の段階で炭素数 3 のホスホグリセリン酸ができる植物：多くの植物) では，合成された有機物の $\delta^{13}C$ が大気中の CO_2 より $-25 \sim -15‰$ 程度分別するのに対し，C4 植物 (CO_2 固定の早い段階で炭素数 4 のオキサロ酢酸を経由する植物：トウモロコシ，サトウキビなど) では $-15 \sim 0‰$ 程度しか分別しない．さらに CAM 植物 (ベンケイソウ型有機酸代謝 (crassulacean acid metabolism) を行う植物：サボテン，パイナップルなど) は両者にまたがる分別をする．

これまでに報告された最古の化石は，西オーストラリア北西部の Pilbara 地塊で 3.496×10^9 年の年代を示す Dresser フォーメーション中から見つかったシアノバクテリア (cyanobacteria) に似た繊維状原核生物の微化石である[14]．詳細な産状調査が行われ，生成時の有機物 C 同位体比 ($\delta^{13}C$) が極めて低い $-38‰$ 以下と推定されたことから，有機物はメタン生成細菌 (methanogenic bacteria) のような嫌気性化学独立栄養生物 (anaerobic chemoautotroph) で作られたこと，つまり海底熱水環境下で還元的アセチル CoA (reductive acetyl–CoA) 経路の炭素固定を行う細菌が 35 億年前に存在していたことが示唆された[15]．

35 億年前より古い体化石は見つかっていないが，38 億年前のグリーンランド，Isua 地方に産出する堆積岩中の有機物の C 同位体比から生物存在の痕跡が主張されている[13]．図 5.6 に地球史を通しての堆積岩中の有機物と炭酸塩堆

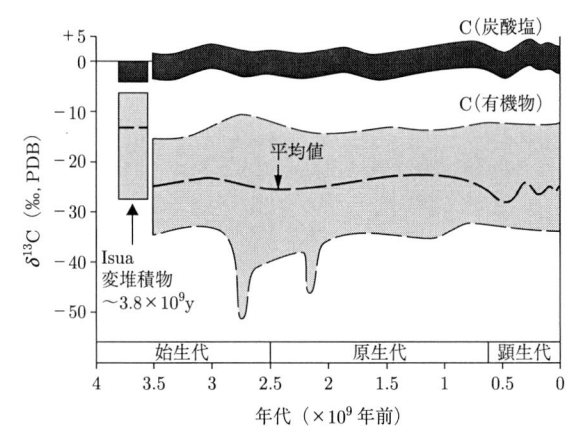

5.4 地球上に出現した最初の生物

図 5.6 堆積岩中の有機物の C 同位体比 (δ^{13}C) の時間変化[13]

積物の C 同位体比 (δ^{13}C) をまとめて示す．現在から遡って 38 億年前まで海成炭酸塩の δ^{13}C は $(+0.5 \pm 2.5)$‰ の幅で変動しており，ほぼ一定である．一方，現在から 35 億年前までの堆積物中の有機物の δ^{13}C は $-50 \sim -10$‰ と広く分布したが，ほとんどが -27 ± 7‰ に入り，現在の C3 植物の値と合っている．その間の 27 億年前，21 億年前に見られる異常に低い δ^{13}C は，有機物前駆体生成に CH_4 が関与したためとされている．38 億年前の有機物の δ^{13}C が -13.0 ± 4.9‰ と，35 億年前以降に比べて同位体分別が小さいのは変成作用のためで，38 億年前には生物が存在した証拠となると述べられている[13]．同じ Isua 地方の 37 億年前より古い堆積岩中の石墨の δ^{13}C が -19‰ と測定されたことも，35 億年前以前の生物の存在を支持している[16]．

生物の進化系統を探ることからも生命の起源に迫ることができる．生物は，核の有無，膜脂質や rRNA 遺伝子の配列から真核生物 (ユーカリア：Eucarya)，真正細菌 (バクテリア：Bacteria)，古細菌 (アーキア：Archaea) の 3 つのドメイン (domain) に分けられ，その進化系統樹 (phylogenetic tree) は図 5.7 のように示される．全生物の共通の祖先はコモノート (commonote)，センアンセスター (cenancestor)，プロゲノート (progenote) などと呼ばれるが，共通の祖先は存在しないとする立場の研究者も多い[17]．進化系統樹での分岐の年代は，化石年代と遺伝子の進化速度を組み合わせて推定する．全生物が真正細菌とそれ以外に分かれたのが 38 億年前，真核生物の分離が 22 億年前と推定されてい

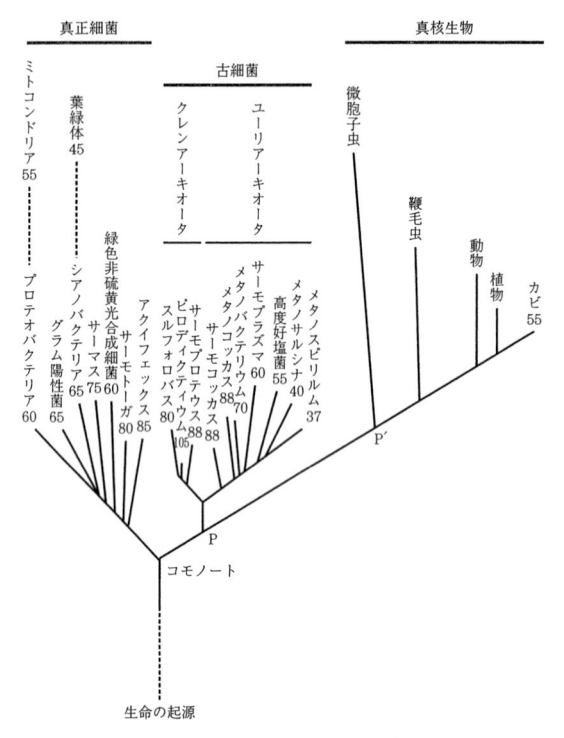

図 5.7 生物の進化系統樹[17]
それぞれの枝は生物種あるいは生物群に対応する．それぞれの生物種のあとの数字は生物の至適生育温度 (°C) を表す．

る[17]．共通の祖先の近くには 100°C 前後の高温を好む生物が多く位置し，地球上で最初の生命が高温の環境下，例えば熱水が湧出する海洋底で誕生したことを暗示している．生命の起源 (原始生命) からコモノートに達するまでに，多くの進化の過程があったことは想像に難くないが，この部分は全く未知の領域である．

5.5 化学進化から生命の誕生へ

生命の起源に迫る方法には，現在の生物から出発し過去へ遡りコモノートに達するアプローチとは逆に，簡単な分子から生命発生に至る化学進化 (chemical evolution) の過程を追跡するアプローチもある．化学進化の考え方はロシアの

Oparin が 1924 年に著した「生命の起源 (Origin of Life)」が出発点となっている. 生物体は物質的に見ると, 全質量の 70 〜 90% が水であり, 水を除くとほとんどが有機化合物で, タンパク質 (約 70%), 脂質 (約 12%), 核酸 (約 7%), 糖質 (約 5%) など高分子化合物からなる. このほか, これら高分子化合物の重合材料となるアミノ酸, 脂肪酸, ヌクレオチド, 単糖, さらには金属イオンなど無機イオンや各種無機化合物なども含まれる. 生命は宇宙からもたらされたとするパンスペルミア (panspermia) 説や, 生命の材料物質が地球外起源との考えも否定はできないが, 原始地球環境で準備された簡単な無機化合物から複雑な機能をもつ高分子化合物が作られ, 最終的には生命体の誕生に至ったとする化学進化の考え方が受け入れられている.

化学進化の過程は, 通常以下の 4 段階に分けて検討されている[18].
① HCN, HC_2CN, HCHO など簡単な反応活性物質ができる段階
② ①で作られた物質から, アミノ酸, 核酸塩基, 糖, 脂肪酸, 炭化水素など低分子化合物が生成する段階
③ 低分子化合物が脱水縮合して, タンパク質, 核酸, 多糖, 脂質など高分子化合物が作られる段階
④ 高分子化合物が集まって複製や代謝の機能をもつ原始生命に至る段階

化学進化を実証するためのモデル実験が数多く行われているが, 1953 年に行われた Urey と Miller の実験はあまりにも有名である. CH_4, NH_3, H_2, H_2O からなる還元的な大気に放電を加えると, グリシンやアラニンなど 7 種類のアミノ酸が生成した. このような還元的な大気の放電実験では核酸塩基も生成するが, マグマオーシャン形成時の大気として想定される CO_2 を主成分とする酸化的大気の放電実験ではアミノ酸の収率は大幅に減少する. しかし, 放電よりはるかにエネルギーの高い宇宙線照射を模した陽子線などを酸化的大気に照射すると, アミノ酸が効率よく合成された. 海底の熱水湧出孔付近は高温高圧, 還元的, 金属イオン濃度が高い環境で, 原始生命が誕生する場所の有力な候補と考えられている. 熱水湧出孔付近の海水を模した模擬海水に CH_4 と N_2 を加え, 熱水湧出孔の温度圧力条件で反応させると, グリシンやアラニンなどのアミノ酸が生成した[18]. このように, アミノ酸生成の段階までの化学進化は, 適当なエネルギー供給さえあれば, 原始大気中でも海水中でも進む.

炭素質コンドライト中には, 表 5.2 に示すように多くの有機物, 各種のアミノ

表 5.2　Murchison CM2 コンドライトに含まれる有機物および各種のアミノ酸[19]

有機物		アミノ酸		
化合物	存在量 (ppm)	化合物	分子式	存在量 (nmol/g)
CO_2	106	グリシン	$C_2H_5NO_2$	28.1〜31.0
CO	0.06	*D-アラニン	$C_3H_7NO_2$	12.9〜17.1
CH_4	0.14	L-アラニン	$C_3H_7NO_2$	
炭化水素		β-アラニン	$C_3H_7NO_2$	5.7〜8.1
鎖状	12〜35	*サルコシン	$C_3H_7NO_2$	
環状	15〜29	*α-アミノイソ酪酸	$C_4H_9NO_2$	15.0〜19.0
カルボン酸		D,L-アスパラギン酸	$C_4H_7NO_4$	1.0〜3.9
モノカルボン酸	332	L-グルタミン酸	$C_5H_9NO_4$	
ジカルボン酸	25.7	*D-グルタミン酸	$C_5H_9NO_4$	1.9〜4.6
α-ヒドロキシカルボン酸	14.6	D,L-プロリン	$C_5H_9NO_2$	
アミノ酸	60	*イソバリン + バリン	$C_5H_{11}NO_2$	4.6〜7.5
アルコール	11	L-ロイシン	$C_6H_{13}NO_2$	0.8〜1.6
アルデヒド	11			
ケトン	16			
糖類およびその関連化合物	〜60			
アンモニア	19			
アミン	8			
尿素	25			
塩基性 N-複素環	0.05〜0.5			
ピリジンカルボン酸	>7			
ジカルボキシイミド	>50			
ピリミジン	0.06			
プリン	1.2			
ベンゾチオフェン	0.3			
スルホン酸	67			
ホスホン酸	1.5			

* タンパク質を構成しないアミノ酸.

酸が検出されており，隕石衝突が激しかった初期地球では，地球外からのアミノ酸の供給が多かったかもしれない．隕石の有機物の起源については，原始太陽系星雲内で鉱物表面を触媒とするフィッシャー・トロプシュ (Fischer-Tropsch) 反応が有力と考えられていた頃もあった．現在では，星間雲内のイオン分子反応，星間塵外縁部分での放射線化学反応，恒星から放出される物質の凝縮，原始太陽系星雲中での反応，星雲表面域での光化学反応，隕石母天体上での液相反応などいろいろ提案されている[19]．なお，星間分子からも多くの有機物が検出されているが (表 3.2)，アミノ酸はまだ発見されていない．

　生命の起源を化学進化から解明するときに，避けて通れないのが，生化学的禁制律[20]である．タンパク質を構成するアミノ酸は L 型，糖は D 型の光学異

性体に限られている．もしアミノ酸がラセミ体であると，核酸の二重螺旋構造もタンパク質の α 螺旋構造も作ることができない．図 5.7 に示した生物共通の祖先コモノートもアミノ酸は L 型に限定されていたはずで，化学進化のどこかの段階で光学活性の選択がなされたことになる．また，タンパク質を構成するアミノ酸が 20 種に限定されることについて，仮説は多いが納得できる説明はない．隕石のアミノ酸分析では 20 種に入らないものも多く検出されているので (表 5.2)，20 種の選択は地球上での化学進化と結びついているのであろう．ちなみに隕石中のアミノ酸には L 型も D 型も存在する．さらに，核酸の塩基がアデニン，シトシン，グアニン，チミンの 4 種に限られ，糖がリボースかデオキシリボースに限られることの説明も難しい．

化学進化が進んで，アミノ酸やヌクレオチドが重合してタンパク質や核酸を作る段階になると化学的にも複雑さが増し，不明なことばかりである．アミノ酸の重合体は水溶液中で微小球体を作ることが実験的に知られており，マリグラヌール (marigranule) とかプロテイノイド・ミクロスフェア (protenoid microsphere) と呼ばれ，細胞構造の起源であると提案されている[20]．そのプロテイノイド・ミクロスフェア中で生まれた原始生命は非核酸複製生物であったかもしれず，それが RNA ゲノム生物を経て DNA ゲノム生物に進化し，3 つのドメインの共通の祖先に至ったという考えも出されている[17]．しかし，実験室の球状の微小体と RNA ワールドとの隔たりは極めて大きく，道程も極めて長いであろう．

5.6　生物進化に伴う O_2 の蓄積と大気海洋環境の変化

地球上で最初の生命は 40 〜 35 億年前に海底熱水孔付近で誕生した原核細胞 (procaryotic cell) からなる化学合成細菌 (chemosynthetic bacteria) で，最初は有機物の生産に H_2S の H が使われ，

$$H_2S \rightarrow S + 2H^+ + 2e^- \tag{5.14}$$

の解離反応からの化学エネルギーが取り出されたと考えられている．その後太陽光が H_2S の分解を容易にするために利用され有機物が合成されたが，これは O_2 の発生を伴わない一種の光合成である[21]．35 億年前の西オーストラリア

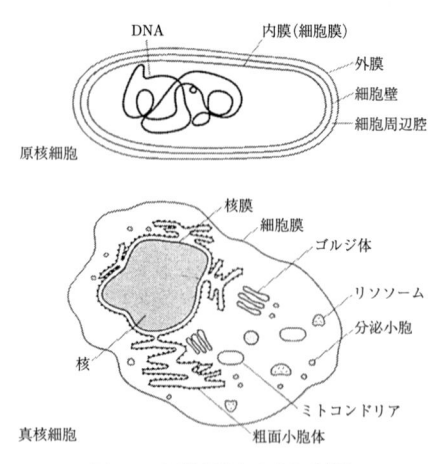

図 5.8 原核細胞と真核細胞[21]
下図には動物の真核細胞が示されており、植物の真核細胞では細胞質内に液泡が発達し葉緑体が存在する。

　北西部 Pilbara 地塊の微化石は、O_2 を発生する光合成を行うシアノバクテリアに形態が似ているとはいえ、古細菌の一種である熱水性化学合成細菌の可能性が高い。生物進化が進んだ結果、O_2 発生型光合成細菌が出現し、真核細胞 (eucaryotic cell) からなる真核生物の出現につながった。図 5.8 に原核細胞と真核細胞のスケッチを示す。真核生物は細胞内に核、ミトコンドリア、色素体、ゴルジ体など細胞小器官をもっており、DNA が核の中に収められていることが最大の特徴である。原核細胞から真核細胞への進化は、細胞内共生説が有力である[21]。真核生物出現後の生物進化は、多細胞生物の出現、無機鉱物骨格の獲得へと進む。

　シアノバクテリアとして確実性の高い体化石は 21 億年前の西オーストラリアの地層から見つかっているが、それより古い地層中には、シアノバクテリアのバイオマーカーが見つかっている。Pilbara 地塊の 27 億年前の頁岩に含まれる炭化水素からは、シアノバクテリアの膜脂質に由来する 2-メチルポパンやコレスタンが検出され、同じ頁岩から真核生物由来のステランも発見された[22]。ちなみに、真核生物の最古の体化石は、アメリカ、ミシガン州の 19 億年前の地層から見つかった *Grypania spiralis* である[22]。シアノバクテリアの分泌物が周囲の鉱物を巻き込んで作る岩石のストロマトライト (stromatolite) も 28～27 億年前から見つかるようになるので、28～27 億年前にはシアノバクテリアや

真核生物が出現し，O_2 発生型の光合成が起きていたと考えられている[22]．しかし，発見されたバイオマーカーの有機物は 27 億年前より若い有機物の汚染であるという主張もされており[23]，シアノバクテリアや真核生物の出現時期についてはまだ結論を得ていない．

シアノバクテリアの出現，さらに葉緑体をもつ真核生物の出現により，式 (5.12) で示される光合成反応が進む．H_2O と CO_2 から有機物ができ O_2 を発生するが，生物の死後有機物が酸化分解されると，式 (5.12) の逆反応が起き O_2 が消費されて CO_2 と H_2O が生成するので，O_2 の蓄積は起こらない．実際には，光合成でできた有機物の一部が堆積物中に埋没して酸化されない環境に置かれたため，30〜25 億年前頃から地球上での O_2 の蓄積が始まった．

光合成起源の O_2 の増加は，大気中の O_2 濃度の上昇に先立って，海水に溶存する O_2 量の増加をもたらし，海水の化学環境を一変させた．当時の海水は還元的で，Fe は Fe^{2+} で，S は SO_3^{2-} で存在しており (5.2 節参照)，まず最初に，O_2 は Fe^{2+} の酸化に使われた．

$$2Fe^{2+} + \frac{1}{2}O_2 + 2H^+ \rightarrow 2Fe^{3+} + H_2O \tag{5.15}$$

の反応が起き，酸化生成した Fe^{3+} は $Fe(OH)_3$ として沈殿し，続成作用 (8.3 節参照) で Fe_2O_3 が生成した．3 価 Fe 由来の Fe_2O_3，Fe_3O_4 などからなる含鉄鉱物層とシリカ鉱物層の互層からなる縞状構造の堆積鉱床は，世界の鉄鉱石の 90%を供給している BIF (banded iron formation：縞状鉄鉱層) で，その大部分は 27 億年前から 18 億年前に生成した．続いて SO_3^{2-} が酸化される

$$SO_3^{2-} + \frac{1}{2}O_2 \rightarrow SO_4^{2-} \tag{5.16}$$

の反応が起き，生成した SO_4^{2-} は $CaSO_4$ として沈殿して海水から除去され，20 億年前あたりから大規模なセッコウ層の形成が始まった．現在の地表に存在する有機炭素の総量は 1×10^{22} g と見積もられており，すべて光合成でできたとすると，有機炭素量に見合う約 3×10^{22} g の O_2 が地表に蓄積した計算になる．このうちの 39%が Fe^{2+} の酸化に，56%が SO_3^{2-} の酸化に使われ，残りの 5%が現在の大気海洋系の中で O_2 として存在しているにすぎない[4]．海洋が還元的環境から酸化的環境に変わったことにより，海水溶存成分は $NaCl + MgSO_4$ 型に変化し，現在に至っている．

生物起源の O_2 はまず海洋中での酸化反応に使われ，反応がある程度進んだ頃から大気中への蓄積を始めた．大気中の O_2 蓄積の様子は，いろいろな地質学的証拠から推定がなされている[7]．古土壌の分析によると，22億年前から19億年前の間に，大気中の O_2 分圧が 10^{-2} PAL以下から0.15 PAL以上へと急激に増加したことが示されている．また，閃ウラン鉱 (UO_2) は O_2 の存在下で酸化分解されるので，その存在は大気中の O_2 濃度の指標となる．閃ウラン鉱の生成が24億年前以降にはほとんど見られないことは，24億年前までは O_2 分圧が 10^{-3} PAL以下であったことを示し，古土壌からの推定と調和的である．一方，真核生物が出現するためには0.01 PAL以上の O_2 が必要であり，0.01 PALの O_2 分圧はパスツール点 (Pasteur point) と呼ばれ，微生物が嫌気発酵代謝から酸素呼吸代謝に変わる分圧に相当する．

大気中の O_2 濃度の急増は，いろいろな元素の同位体比にも現れている．Sには質量数32, 33, 34, 36と4種の安定同位体が存在し，$^{33}S/^{32}S$, $^{34}S/^{32}S$, $^{36}S/^{32}S$は，式 (2.9) で定義される $\delta^{33}S$, $\delta^{34}S$, $\delta^{36}S$ で表示され，S同位体比が質量依存型の同位体分別を起こすときには，$\delta^{33}S = 0.515 \times \delta^{34}S$, $\delta^{36}S = 1.90 \times \delta^{34}S$ の関係が成り立つ．現在から 4×10^9 年前までの硫化物および硫酸塩鉱物のS同位体を測定すると，現在から 2.450×10^9 年前までは質量依存型の同位体分別であったが，2.450×10^9 年前を境に古い時代は非質量依存型に変化していることが示された[24]．$\delta^{33}S$ と $\delta^{34}S$ とを両軸にとる3同位体プロットで質量依存型同位体分別からのずれを示すパラメータ $\Delta^{33}S$ を導入して，その時間変化を図5.9に示す．非質量依存型の同位体分別 (MIF：2.6.1項参照) は，O_2 分圧が極めて低い大気のときに，地球内部から放出されたS化合物が上層大気中で紫外線による光化学反応を起こしたためと考えられている．大気中の O_2 分圧が上昇すると，そのような光化学反応は起きず，図5.9上では $\Delta^{33}S = 0‰$ 上を推移する．

炭酸塩のC同位体からも O_2 分圧の急増を示すデータが得られている[26]．図5.10に示すように，海成の炭酸塩の $\delta^{13}C$ は $(2.22 \sim 2.06) \times 10^9$ 年前の期間に+10‰に達する異常に高い値を示した．この現象は，海水中の $\delta^{13}C$ が大きくプラスに変化するのに見合う $-30‰$ 前後の $\delta^{13}C$ をもつ有機物が大量に蓄積したことを示しており，それに伴って大量の O_2 の放出が起きたので，大気中の O_2 分圧が急増した証拠と考えられる．さらに，Feの硫化物や酸化物のFe

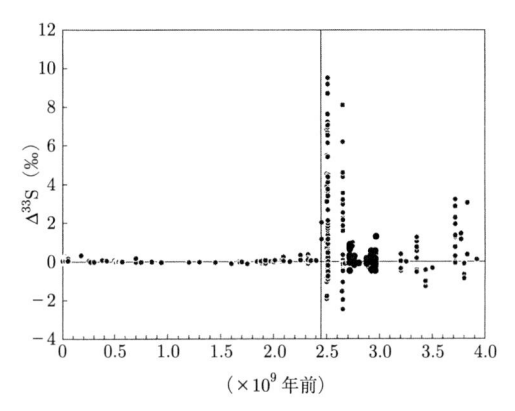

図 5.9 硫化鉱物,硫酸塩鉱物の S 同位体比の時間変化[25]

Δ^{33}S(‰) は δ^{33}S − δ^{34}S ダイヤグラム上で質量依存型同位体分別からのずれを示すパラメータで以下の式で定義される.

Δ^{33}S(‰)$= 1000 \times \{(1 + \delta^{33}S/1000) - (1 + \delta^{34}S/1000)^{0.515}\}$

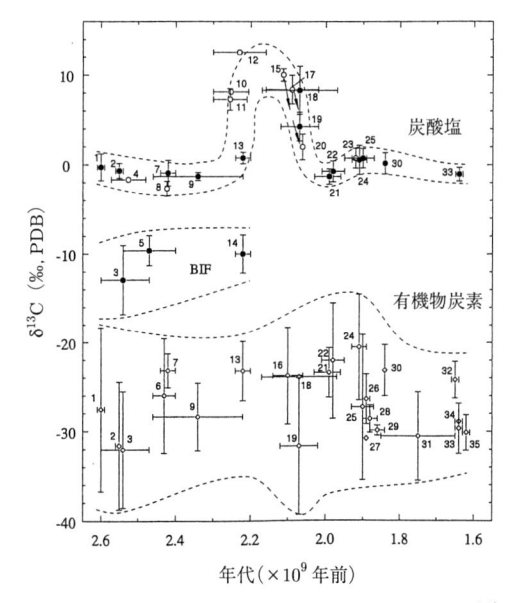

図 5.10 海成炭酸塩と有機物の C 同位体比の時間変化[26]

同位体比 (図 5.11) も大気中の O_2 の急増を示す[27]. Fe の同位体分別は鉱物ができる環境の酸化還元状態に敏感で,海洋や大気に O_2 がない時期 (ステージ I),大気と海洋で O_2 が増えている時期 (ステージ II),O_2 を含む大気ができ地

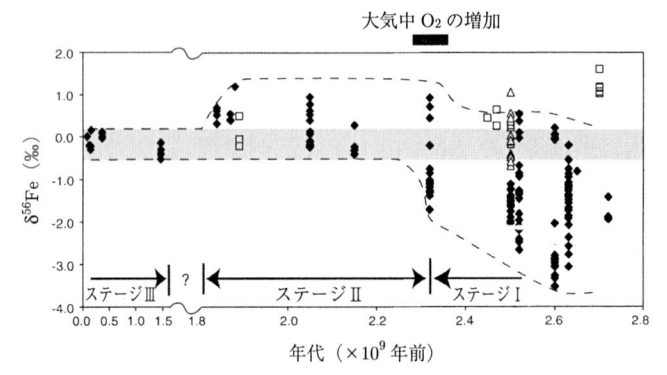

図 5.11 Fe 同位体が示す大気中の O_2 の増加[27)]
◆黄鉄鉱，□△BIFs 中の酸化鉱物．灰色の帯は $+0.1‰$(火山岩) と $-0.5‰$(熱水) に挟まれた大陸地殻物質の範囲を示す．

表で酸化した Fe が海洋に供給される時期 (ステージ III)，を生成鉱物の Fe 同位体比から区分けできる．これらのいろいろな同位体比の結果は，22 億年前頃に大気中で O_2 分圧の急増が起きたことを示している．

大気の O_2 分圧のパスツール点を超えての上昇は，その後の多細胞生物の出現につながった．大気の O_2 分圧が 0.1 PAL を超えると大気中にオゾン層 (11.4.1 項参照) ができ，太陽の紫外線が地表に届かなくなり，4 億年前頃に起きた生物の陸上進出を促したと考えられている．この頃には現在とほぼ同じ O_2 分圧に達したが，約 3 億年前には 1.7 PAL まで増大した時期があった．この時期の CO_2 分圧は現在と同程度まで減少しており，有機炭素の埋没率の増加が原因と考えられている[7)]．

地球大気は，長期的には CO_2 濃度の減少傾向と O_2 濃度の増加傾向を保ちつつ，太陽から受けとるエネルギーは増加してもほぼ安定な気温を維持してきた．一方で，地球は氷河時代と温暖な時代とを繰り返していることが知られており，少なくとも 3 つの時期には低緯度地域でも氷床が確認され，地球全体が凍結した (図 5.12)．全球凍結と生物進化との間には何がしかの関係があるようで，22 億年前の全球凍結を経て真核生物が登場し，大気中の O_2 濃度が急上昇して大規模 Mn 鉱床が生成した．そのときの全球凍結に到る地球の寒冷化は O_2 発生を伴う光合成が始まったことが原因とする考えも出されており，それ以前にメタン生成細菌の働きで蓄積した大気中の CH_4 が酸化され，温室効果ガスを失っ

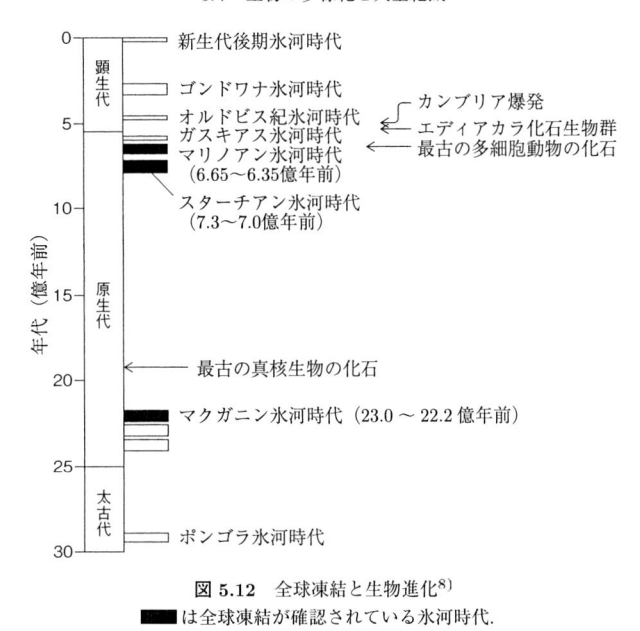

図 5.12 全球凍結と生物進化[8]
■は全球凍結が確認されている氷河時代.

たため寒冷化が進んだとされる[8]. また, 6億年前の全球凍結の直後に多細胞生物が出現し, 最古の大型生物化石として見つかったエディアカラ (Ediacara) 動物群が出現したことは, 全球凍結という破滅的地球環境変化の後の回復過程が生物進化にとって重要であることを示しているだろう[8].

5.7 生物の多様化と大量絶滅

生命の誕生以来, 地球では生物の進化が続き, その結果極めて多様な生物が生まれてきた. 現在地球上に生息すする生物の種類は記載されているものだけで175万種であるが, 記載されていない種を含めた見積もりは360万〜1億1170万種と幅が大きく, 1360万種程度が妥当と考えられている[28]. 記載されている175万種のうち, 動物は132万種 (このうち昆虫類が95万種), 植物が27万種, 残り16万種がウイルス, 細菌, 菌類, 原生動物, 藻類である. 生物の階層分類体系によれば, 主要な分類カテゴリーは下位から上位に向かって, 種 (species), 属 (genus), 科 (family), 目 (order), 綱 (class), 門 (division または phylum), 界 (kingdam または regnum) で, その上にドメイン (domain) をおくこともあ

る．5.4 節で述べたように生物は古細菌，真正細菌，真核生物の 3 つのドメインからなり，ドメイン真核生物は菌界 (Fungi)，原生生物界 (Protista)，植物界 (Plantae)，動物界 (Animalia) から構成される．

地球史を通して生物は，新しい種の出現と滅亡を繰り返しながら，多様化が進み現在に至っている．地質学では生物化石を使って時代区分の体系を作り，化石を含む地層の層序関係から相対的地質年代尺度を作成してきた．地層中に化石が多く見つかる時代を顕生代 (Phanerozoic eons)，それ以前の化石情報が乏しい隠生代 (Cryptozoic eons) と区分すると，その境界は絶対年代では 5.42×10^8 年前にあたる．顕生代の時代区分は海生無脊椎動物の進化に基づいており，この区分は植物進化による区分とは少しずれている．図 5.13 に顕生代および隠生代の時代区分を示す．古生代では三葉虫，腕足類，魚類 (甲冑魚)，中生代では恐竜など爬虫類や頭足類 (アンモナイト)，新生代では哺乳類が，代表的な動物である．古生代最初のカンブリア紀は，一挙に 8000 種以上の生物が出現し，カンブリア紀の生命大爆発 (Cambrian explosion) と呼ばれる．隠生代は，先カンブリア時代 (Precambrian age) と呼ぶことが多く，化石による時代の細分はできないが，古い方から冥生代，始生代，原生代と区分されている．

図 5.14 に生物の属の数の時間変化を示す．最近約 5×10^8 年の間に，属の数が急激に減った事件が 5 回起きており，生物の大量絶滅 (mass extinction) と呼んでいる．このうち 4 回は地質区分における紀の境界時に起きており，中でも 2.51×10^8 年前のペルム紀 (別名，二畳紀) 末に起きた大量絶滅は最も規模が大きく，属のレベルでは 84％の絶滅であったが，種では 96％絶滅したと見積もられている[30]．

大量絶滅は，地球環境が急激に変動し，多くの生物が生息できなくなり死滅した現象であり，その原因としては，海水準変動，気候変動，大規模火山活動，太陽光度の変化など太陽活動の変化，宇宙線強度の増大，太陽系近傍での超新星の爆発，小天体の衝突などが考えられてきた．5 回の生物の大量絶滅の中で原因が比較的はっきり特定されているのは，4.44×10^8 年前オルドビス紀末と 6.6×10^7 年前の白亜紀末の大量絶滅である．前者は氷河が発達した時期に起きており，寒冷化が原因であると考えられているが，寒冷化の原因はよくわかっていない．後者の大量絶滅は，巨大隕石の衝突の可能性が，以下に述べる地球化学的な証拠から提案され，確実視されている．

5.7 生物の多様化と大量絶滅

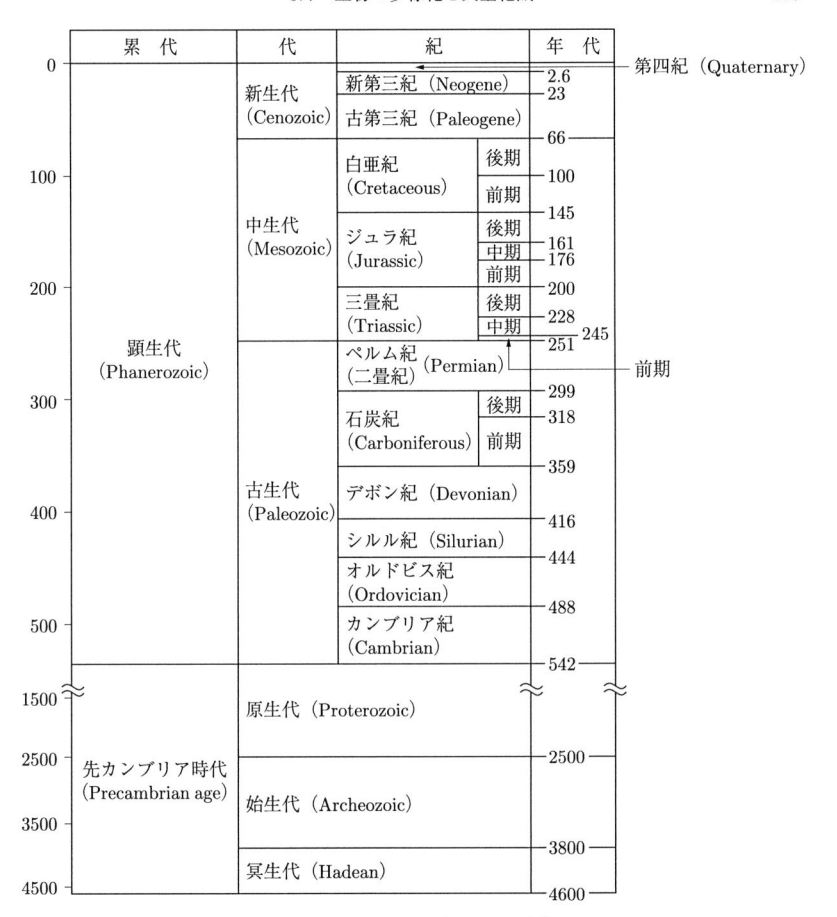

累代	代	紀		年代	
顕生代 (Phanerozoic)	新生代 (Cenozoic)	新第三紀 (Neogene)		2.6 / 23	第四紀 (Quaternary)
		古第三紀 (Paleogene)		66	
	中生代 (Mesozoic)	白亜紀 (Cretaceous)	後期	100	
			前期	145	
		ジュラ紀 (Jurassic)	後期	161	
			中期	176	
			前期	200	
		三畳紀 (Triassic)	後期	228	
			中期	245	
	古生代 (Paleozoic)	ペルム紀 (二畳紀) (Permian)		251	前期
				299	
		石炭紀 (Carboniferous)	後期	318	
			前期	359	
		デボン紀 (Devonian)		416	
		シルル紀 (Silurian)		444	
		オルドビス紀 (Ordovician)		488	
		カンブリア紀 (Cambrian)		542	
先カンブリア時代 (Precambrian age)	原生代 (Proterozoic)			2500	
	始生代 (Archeozoic)			3800	
	冥生代 (Hadean)			4600	

図 5.13 地質年代区分 (年代は $\times 10^6$ 年)(文献[29] p.659 より作成)

層序に関する国際委員会の 2009 年版地質年代表では，第三紀の名称がなくなり，第四紀のはじまりの年代が変更された．しかし，第三紀の名称は一般的にまだ使われているので，本書でも使用している．

1980 年，Alvarez 親子はイタリアの白亜紀と第三紀の境界 (K/T 境界：Kreide Tertiary boundary) の粘土層に図 5.15 に示すような Ir の濃縮を見つけた．Ir は地殻物質にはほとんど含まれず隕石中の濃度が高いので，彼らは直径 10 km 程度の巨大隕石の衝突による Ir 濃集説を提唱した[31]．この説は発表当初受け入れられなかったが，世界中の K/T 境界で Ir の濃縮が見つかり，さらに衝撃を受けてできた高圧鉱物が見つかった．10 年後にはメキシコ，ユカタン半島に直径 150 km を超える巨大隕石クレーターが発見されその年代が K/T 境界の年

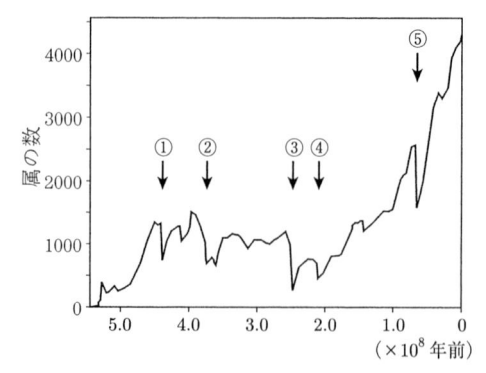

図 5.14 生物の大量絶滅：属レベルの生物数の時間変化[30]
①オルドビス紀–シルル紀境界，②デボン紀後期，③ペルム紀–三畳紀境界，④三畳紀–ジュラ紀境界，⑤白亜紀–第三紀境界．

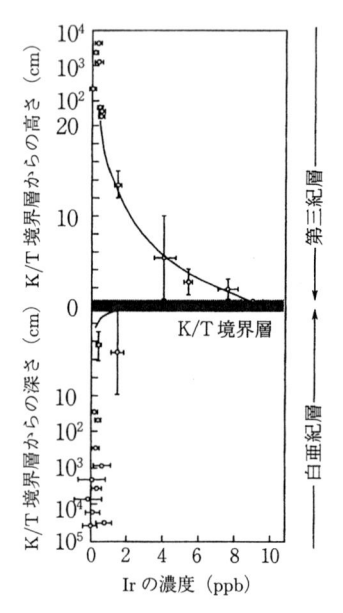

図 5.15 K/T 境界堆積物中の Ir 濃度異常[31]

代と一致したため，今では巨大隕石衝突が K/T 境界で起きた大量絶滅の原因として受け入れられている[30]．巨大隕石の衝突によって地表岩石が大量に飛散し，粉塵が大気を覆って太陽光が遮断されたため，まず急激な寒冷化が起きた．次いで起きた大量の CO_2 の脱ガスに伴う温暖化，酸性雨などが生物の大量絶

滅につながったと考えられている.

文　献

1) D.Porcelli and R.O.Pepin, *Treatise on Geochemistry* 4, *The Atmosphere*, 319–347 (2006)
2) A.N.Halliday, *Treatise on Geochemistry* 1, *Meteorites, Comets, and Planets*, 510–557 (2005)
3) H.D.Holland, *The Chemical Evolution of the Atmosphere and Oceans*, Princeton University Press, 582pp. (1984)
4) 佐野有司, 地球化学講座 3, マントル・地殻の地球化学, 培風館, 141–169 (2003)
5) 野津憲治, 火山とマグマ, 東京大学出版会, 139–157 (1997)
6) C.Sagan and G.Mullen, *Science* 177, 52–56 (1972)
7) 田近英一, 岩波講座地球惑星科学 13, 地球進化論, 岩波書店, 303–366 (1998)
8) 田近英一, 地球環境 46 億年の大変動史, 化学同人, 226pp. (2009)
9) Y.Abe and T.Matsui, *J. Atmos. Sci.* 45, 3081–3101 (1988)
10) 阿部　豊, 岩波講座地球惑星科学 1, 地球惑星科学入門, 岩波書店, 219–280 (1996)
11) 小嶋　稔, 地球史入門, 岩波書店, 174pp.(1987)
12) P.H.Cadogan, *Nature* 268, 38–41 (1977)
13) M.Schidlowski, *Nature* 333, 313–318 (1988)
14) J.W.Schopf, *Phil. Trans. R. Soc.* B 361, 869–885 (2006)
15) Y.Ueno *et al.*, *Geochim. Cosmochim. Acta* 68, 573–589 (2004)
16) M.T.Rosing, *Science* 283, 674–676 (1999)
17) 山岸明彦, シリーズ進化学 3, 化学進化・細胞進化, 岩波書店, 9–54 (2004)
18) 柳川弘志, 岩波講座地球惑星科学 1, 地球惑星科学入門, 岩波書店, 163–217 (1996)
19) I.Gilmour, *Treatise on Geochemistry* 1, *Meteorites, Comets, and Planets*, 269–290 (2003)
20) 大島泰郎, シリーズ進化学 3, 化学進化・細胞進化, 岩波書店, 191–225 (2004)
21) 石川　統, シリーズ進化学 3, 化学進化・細胞進化, 岩波書店, 55–103 (2004)
22) 大野照文, シリーズ進化学 1, マクロ進化と全生物の系統分類, 岩波書店, 93–131 (2004)
23) B.Rasmussen *et al.*, *Nature* 455, 1101–1104 (2008)
24) J.Farquhar *et al.*, *Science* 289, 756–758 (2000)
25) J.Farquhar *et al.*, *Nature* 449, 706–709 (2007)
26) J.A.Karhu and H.D.Holland, *Geology* 24, 867–870 (1996)
27) O.L.Rouxel *et al.*, *Science* 307, 1088–1091 (2005)
28) 佐藤矩行, シリーズ進化学 1, マクロ進化と全生物の系統分類, 岩波書店, 1–18 (2004)
29) 国立天文台 (編), 平成 22 年理科年表, 丸善書店, 1041pp. (2009)
30) 川上伸一, シリーズ進化学 1, マクロ進化と全生物の系統分類, 岩波書店, 163–195 (2004)
31) L.W.Alvarez *et al.*, *Science* 208, 1095–1108 (1980)

6

固体地球に多様性をもたらす現象

6.1 固体地球を作る岩石, 鉱物

地球の固体部分は, 物質的には岩石から構成されている. 岩石は数種の鉱物, 溶融物 (メルト) が急冷してできたガラスなどからなる不均質系で, 鉱物やガラス中には流体が包有されることもあり, 岩石破片や化石, 有機物などを含むこともある. したがって岩石の含有元素の量は, 1つの化学式としては表すことはできず, 化学組成として (主成分元素は酸化物としての重量%, 微量元素は重量 ppm や ppb など) 示される. 岩石は地球ばかりでなく, 水星, 金星, 火星など地球型惑星, 月, 隕石, 惑星間塵の最大の構成要素でもある. 岩石は成因的に火成岩 (igneous rock), 堆積岩 (sedimentary rock), 変成岩 (metamorphic rock) に分類され, それぞれ 6.2 節, 8.3 節, 8.4 節で詳細に述べるが, 厳密にはこの分類にあわない岩石も存在する. 火成岩は既存の岩石が溶融してできたマグマが冷却固化した岩石で, 地殻全体積の 80% を占めている. 地球初期に起きたマグマオーシャンの冷却でできたマントル岩はすべて火成岩である. 堆積岩は堆積物が累積して圧密作用 (compaction) と膠結作用 (cementation) を受け固結した岩石で, 地殻全体積の 5% を占めるにすぎないが, 陸地表面の 75% を覆っている. また, 変成岩は既存の岩石が固体を保ったまま高温や高圧による変成作用 (metamorphism) を受けた岩石で, 地殻全体積の 15% を占めている. なお, 隕石の中には溶融作用や変成作用を受けた形跡のない, 凝縮でできた鉱物が機械的に固結した始源的な隕石も存在している (1.3 節参照).

鉱物は天然に産するほぼ均質な無機物質で, 規則的原子配列をもち, ほぼ一定の化学組成をもつので, 1つの化学式で表すことができる. ただし, ほとんどすべての鉱物で, 基本骨格は変わらず格子点を占める元素が別元素で置換された固溶体 (solid solution) を作る. 現在までに 4000 種くらいの鉱物が知られ

6.1 固体地球を作る岩石, 鉱物

表 6.1 鉱物の結晶化学的分類[1]

分類	陰イオン	鉱物の例
元素鉱物	—	ダイヤモンド C, 石墨 C, 自然金 Au
酸化鉱物	O^{2-}	コランダム Al_2O_3, 磁鉄鉱 Fe_3O_4
硫化鉱物	S^{2-}	黄鉄鉱 FeS_2, 黄銅鉱 $CuFeS_2$
ハロゲン化鉱物	Cl^-, F^-, Br^-, I^-	岩塩 NaCl, 螢石 CaF_2
ケイ酸塩鉱物	$(SiO_4)^{4-}$	カンラン石 $(Mg,Fe)_2SiO_4$
炭酸塩鉱物	$(CO_3)^{2-}$	方解石 $CaCO_3$, 菱マンガン鉱 $MnCO_3$
硫酸塩鉱物	$(SO_4)^{2-}$	セッコウ $CaSO_4\cdot 2H_2O$, 重晶石 $BaSO_4$
硝酸塩鉱物	$(NO_3)^-$	硝石 KNO_3
ホウ酸塩鉱物	$(BO_3)^{3-}$	小藤石 $Mg_3(BO_3)_2$
リン酸塩鉱物	$(PO_4)^{3-}$	リン灰ウラン石 $Ca(UO_2)_2(PO_4)_2\cdot 10\sim 12H_2O$
ヒ酸塩鉱物	$(AsO_4)^{3-}$	スコロダイト $Fe^{3+}(AsO_4)\cdot 2H_2O$

ているが, 地殻の大部分を作っているのは 300 種程度で, 通常の岩石を構成する造岩鉱物 (rock-forming mineral) は数十種類である. 鉱物は陽イオンと陰イオンが作る規則的な構造をもっており, 陰イオンの種類と結合様式に基づいて結晶化学的な分類が行われる (表 6.1).

イオン結晶は, 固有の大きさの半径をもつ剛体球のイオンが 3 次元的に充填して結晶構造ができていると見なすことができる. 結晶中の陽イオンと陰イオンの中心間距離を X 線回折などで精密に求め, それぞれのイオンに割りふった長さがイオン半径 (ionic radius) であり, 元素ごとに特定のイオン価数や配位数に対して求められている. 図 6.1 にイオンの電荷とイオン半径の関係を示す. 一般的には陽イオンの電荷が増えるほどイオン半径が小さくなり, 同族の元素では原子番号が大きいほど電子軌道の数が増えるためイオン半径も大きくなる. ただし, La から Lu の希土類 15 元素では, 原子番号の増加に伴って内殻の 4f 電子が充填していくのでイオン半径は小さくなる (ランタノイド収縮: lanthanoid contraction). O, S, ハロゲン元素の陰イオン半径は大きく, 各種のオキソ酸陰イオンの大きさはそれよりさらに大きいので, 鉱物中では陰イオンが作る結晶構造の中に金属陽イオンのサイトが作られる. 天然の鉱物で O を含むオキソ酸陰イオンが多く存在するのは, O が太陽系の元素存在度 (表 2.2, 図 2.5) で H と He に次いで 3 番目に多く存在し, 地球の化学組成 (表 3.6, 図 3.8) では最も多いため, 酸化物やオキソ酸陰イオンができやすい環境であることによっている. また, Si が O と同様に太陽系や地球に多く存在する元素であることは, 岩石を構成する鉱物の大部分がケイ酸塩鉱物であることに反映されている.

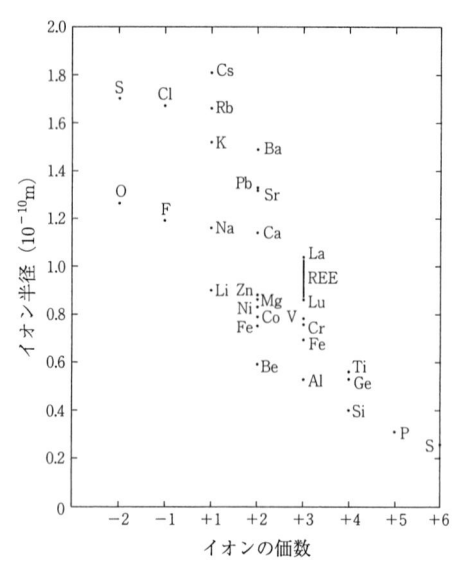

図 6.1 イオンの電荷とイオン半径の関係[2]
REE は希土類元素 (rare earth element).

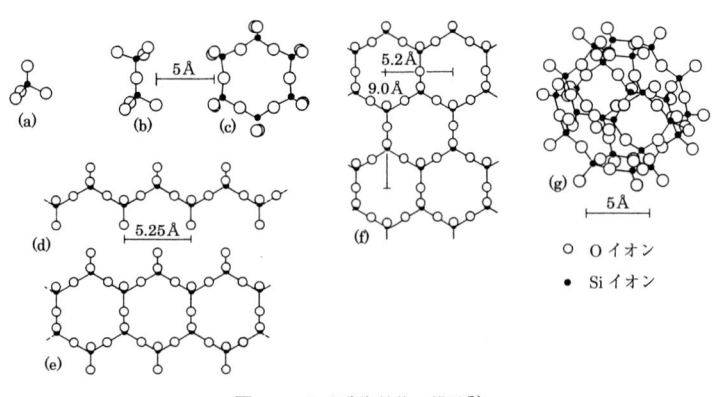

図 6.2 ケイ酸塩鉱物の構造[2]
$1\text{Å} = 10^{-10}$ m $= 10^{-1}$ nm. (a)〜(g) の名称と特徴は表 6.2 にまとめて示す.

ケイ酸塩鉱物では,中心の Si^{4+} を四面体状の 4 つの頂点を占める O^{2-} が囲んだ $[SiO_4]^{4-}$ を基本構造として,隣り合う $[SiO_4]^{4-}$ が頂点 O^{2-} を共有して連結する.その連結の様式に従って図 6.2 に示すように 7 種の構造のケイ酸塩鉱物ができる.それぞれの構造の特徴と鉱物の実例を表 6.2 にまとめる.陽イオンは, $[SiO_4]^{4-}$ が作る負電荷とバランスをとるように O^{2-} が充填した隙間のサ

6.1 固体地球を作る岩石，鉱物

表 6.2 SiO_4 四面体の連結様式に基づくケイ酸塩鉱物の分類

名称	共有頂点	ケイ酸塩陰イオン	Si : O	例
(a) ネソ	0	$(SiO_4)^{4-}$	1 : 4	カンラン石 $(Mg,Fe)_2SiO_4$
(b) ソロ	1	$(Si_2O_7)^{6-}$	2 : 7	オケルマナイト $Ca_2MgSi_2O_7$
(c) サイクロ	2	$(Si_6O_{18})^{12-}$	1 : 3	緑柱石 $Be_3Al_2Si_6O_{18}$
(d) イノ (単鎖)	2	$(SiO_3)^{2-}$	1 : 3	輝石 $(Ca,Mg,Fe)SiO_3$
(e) イノ (複鎖)	2.5	$(Si_4O_{11})^{6-}$	4 : 11	緑閃石 $Ca_2(Mg,Fe)_5Si_8O_{22}(OH)_2$
(f) フィロ	3	$(Si_2O_5)^{2-}$	2 : 5	カオリナイト $Al_2Si_2O_5(OH)_4$
				白雲母 $KAl_2(AlSi_3O_{10})(OH,F)_2$
(g) テクト	4	SiO_2	1 : 2	石英 SiO_2
				長石 $(K,Na,Ca)(Al,Si)_4O_8$

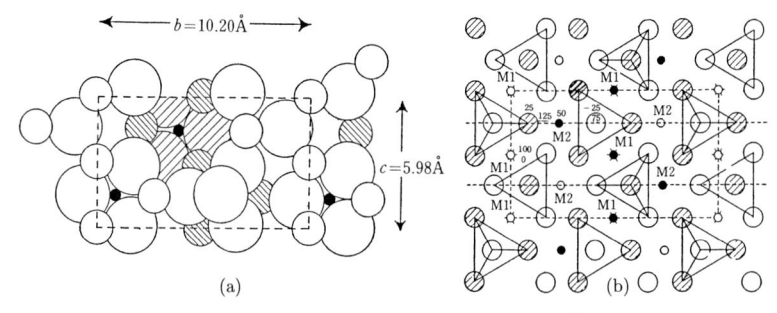

図 6.3 カンラン石 (Mg_2SiO_4) の結晶構造[3]
(a) SiO_4 四面体と Mg のパッキング．大きい白丸：O，小さい黒丸：Si，中間の丸：Mg．
(b) (a) のパッキング投影図．SiO_4 四面体の中心の Si は示していない．Mg は M1, M2 サイトを占める．M1, M2 の白丸は単位格子の a の長さ (4.76 Å) を 100 として 0 と 100, 黒丸は 50 の高さを示す．

イトに配置される．図 6.3 に Mg_2SiO_4 の組成をもつカンラン石 (olivine) の結晶構造を示す．カンラン石には結晶学的に等価でない M1 と M2 の 2 つの +2 価陽イオンサイトが存在し，Mg^{2+} も Fe^{2+} も入ることができる．すなわち，2 つの端成分，Mg_2SiO_4 (フォルステライト (forsterite)：Fo) と Fe_2SiO_4 (ファヤライト (fayarite)：Fa) の間で固溶体を作っており，化学組成は $(Mg,Fe)_2SiO_4$ と表記する．個別のカンラン石の化学組成は，Mg と Fe の量比が分かるように，$(Mg_x,Fe_{1-x})_2SiO_4$ (x はモル分率)，または Fo_n, Fa_{100-n} (n はモル%) と表記する．このような結晶内の特定サイトを複数イオンが置換し合う置換型固溶体 (substitutional solid solution) では，イオン半径の違いが 15% 以内であることが必要である．

$[SiO_4]^{4-}$ 四面体が 3 次元的に重合したテクトケイ酸塩の代表は石英 (quartz:

SiO_2) で電荷は 0 である．石英中の Si^{4+} はイオン半径が近い Al^{3+} と置換することができ，その際生じる電荷の不足は他の原子の陽イオンでバランスされる．Si と Al が作る 3 次元構造をもっているのが長石であり，4 個の Si^{4+} の中の 1 個が Al^{3+} と置換し，+1 価の陽イオンサイトで電荷をバランスさせるのが $KAlSi_3O_8$ (正長石 (orthoclase)：Or) や $NaAlSi_3O_8$ (アルバイト (albite)：Ab) で，4 個の Si^{4+} の中の 2 個が Al^{3+} と置換し，+2 価の陽イオンサイトで電荷をバランスさせるのが $CaAl_2Si_2O_8$ (アノーサイト (anorthite)：An) である．アルカリ長石 (alkali feldspar) は Or と Ab を端成分とする固溶体を作り，斜長石 (plagioclase) は Ab と An を端成分とする固溶体を作る．

鉱物では同一化学組成でも主に温度圧力条件によって安定な結晶構造が異なるため，異なる結晶構造の多形 (polymorph) が見られ，温度圧力条件の変化で異なる結晶形へ変化することを相転移 (phase transition) と呼ぶ．その例としてカンラン石の端成分であるフォルステライト (Mg_2SiO_4) の相図を図 6.4 に示す．1000°C 温度一定の条件でフォルステライト (α 相) に圧力をかけると，密度の大きい変形スピネル相 (β 相)，次いでスピネル相 (γ 相) に転移し，$[SiO_4]^{4-}$ 四面体はなくなり，Si に O が 6 配位する構造をとる．さらに圧力を上げるとペロブスカイト相 ($MgSiO_3$) とマグネシオウスタイト相 (MgO) に分解する．

相 1 と相 2 とが平衡にあるとすると，それぞれの相のギブス自由エネルギー (Gibbs free energy) 変化 dG は等しいので，

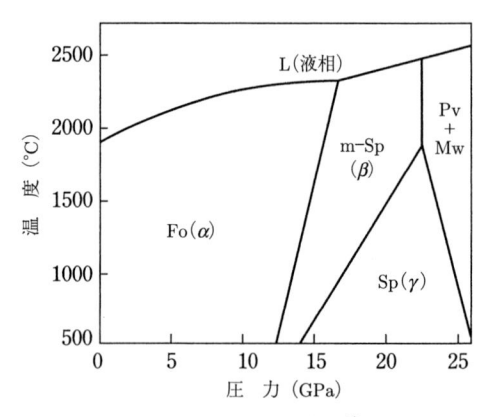

図 6.4 Mg_2SiO_4 の相図[4]
Fo：フォルステライト，m–Sp：変型スピネル，Sp：スピネル，Pv：ペロブスカイト，Mw：マグネシオウスタイト．

$$dG_1 = -S_1 dT + V_1 dP = -S_2 dT + V_2 dP = dG_2 \tag{6.1}$$

と書ける．ここで S, T, V, P はそれぞれエントロピー，温度，体積，圧力である．式 (6.1) は書き換えると

$$\frac{dP}{dT} = \frac{\Delta S}{\Delta V} \tag{6.2}$$

となり，この式はクラウジウス–クラペイロンの式 (Clausius–Clapeyron equation) と呼ばれる．一般的には高密度相への相転移は $\Delta V < 0$, $\Delta S < 0$ であるので，相転移曲線の dP/dT は正の勾配をもつ．しかし，図 6.4 のスピネル相とペロブスカイト相＋マグネシオウスタイト相の相境界は負の勾配をもち，$\Delta S > 0$ となる．相転移に伴うエントロピーの増大は，ペロブスカイト相を構成する SiO_6 八面体の配列の対称性の低下に起因している．ここで例として示したカンラン石 (α 相) の変形スピネル (β 相) への相転移，スピネル (γ 相) のペロブスカイトとマグネシオウスタイトへの分解は，マントル内の 410 km 不連続面と，660 km 不連続面に対応すると考えられている (1.4 節参照)．

6.2 マグマの発生・分化と火成岩の多様性

地球の大部分を占めるマントルや地殻など固体部分は，岩石が溶融してできたマグマが再び固化した火成岩から構成されている．ケイ酸塩以外のマグマもまれに存在し，S が溶融したサルファーマグマ (sulfur magma) や，炭酸塩が溶融したカーボナタイトマグマ (carbonatite magma) などが知られている．本章では，これらのマグマの詳細には立ち入らず，ケイ酸塩マグマとそれが固化した火成岩のみを扱う．

6.2.1 火成岩の分類

自然界には，原岩の違い，溶融・固化条件やその過程の違いを反映して，多様な火成岩が存在し，化学組成，鉱物組成，色，組織などをもとに分類が行われる．岩石の組織 (texture) とは，構成鉱物の粒径や形，配列などが作る特徴を指す．鉱物結晶が粗粒で自形 (euhedral) の岩石は，マグマが地下深部でゆっくり冷却した場合に多く見られ，深成岩 (plutonic rock) と呼ばれる．比較的

粗粒な結晶 (斑晶：phenocryst) が細粒な結晶やガラス (石基：groundmass) の中に存在する組織の岩石は，マグマ溜まり内で結晶が晶出しているマグマが急冷固化した場合に見られ，火山岩 (volcanic rock) と呼ばれる．地表に噴出した火成岩は噴出岩 (effusive rock) と呼ばれるが，貫入岩 (intrusive rock) でも冷却速度が速いと火山岩の組織をもつので，火山岩がすべて噴出岩とは限らない．

　火成岩の細かい分類は鉱物の量比や化学組成をもとに行われる．火成岩を構成する主なケイ酸塩鉱物をシリカ鉱物 (silica mineral)，アルカリ長石，斜長石，準長石 (feldspathoid) など無色鉱物 (または珪長質鉱物：felsic mineral) とカンラン石，単斜輝石 (clinopyroxene)，斜方輝石 (orthopyroxene)，角閃石 (amphibole)，黒雲母 (biotite) などの有色鉱物 (または苦鉄質鉱物：mafic mineral) に分け，有色鉱物の体積％を色指数 (color index) と定義する．色指数によって 0～30 を優白質岩 (leucocratic rock)，30～60 を中色質岩 (mesocratic rock)，60～100 優黒質岩 (melanocratic rock) と分類することもある．一方，0～20 を珪長質岩 (felsic rock)，20～40 を中間質岩 (intermediate rock)，40～70 を苦鉄質岩 (mafic rock)，70以上を超苦鉄質岩 (ultramafic rock) に分ける 4 分類は，SiO_2 重量％による分類に基づく．66％以上の酸性岩 (acidic rock)，52～66％の中性岩 (intermediate rock)，45～52％の塩基性岩 (basic rock)，45％以下の超塩基性岩 (ultrabasic rock) とほぼ対応している．鉱物の量比による詳細な分類では，色指数 90 以下の場合はシリカ鉱物，アルカリ長石，斜長石，準長石の量比に基づき，色指数 90 以上のカンラン岩 (peridotite) など超苦鉄質岩の場合はカンラン石，単斜輝石，斜方輝石，角閃石の量比に基づき分類がなされ，岩石が命名されている[5]．

　化学組成に基づく分類は，着目する成分によっていくつかの方法がある．その中で，最大成分である SiO_2 とアルカリ全量 ($Na_2O + K_2O$) に基づく分類法が最も多く使われている．図 6.5 に化学組成に基づく火成岩の分類を火山岩，深成岩に分けて示す．このような分類とは別に，マグマの分化に伴う連続的な組成変化が一連の岩石系列 (rock series) を作ることに基づいて火山岩が分類される．まず，SiO_2 とアルカリ元素の量で，図 6.5 に示した境界によってアルカリ系列 (alkalic series) と非アルカリ系列 (sub-alkalic series) の岩石に分けられる．各系列内の結晶分化作用でマグマの SiO_2 量が増加するとき，境界をまたいで分化することはまれである．非アルカリ系列の岩石は，分化に伴って SiO_2 が

図 6.5 火成岩の分類[6]

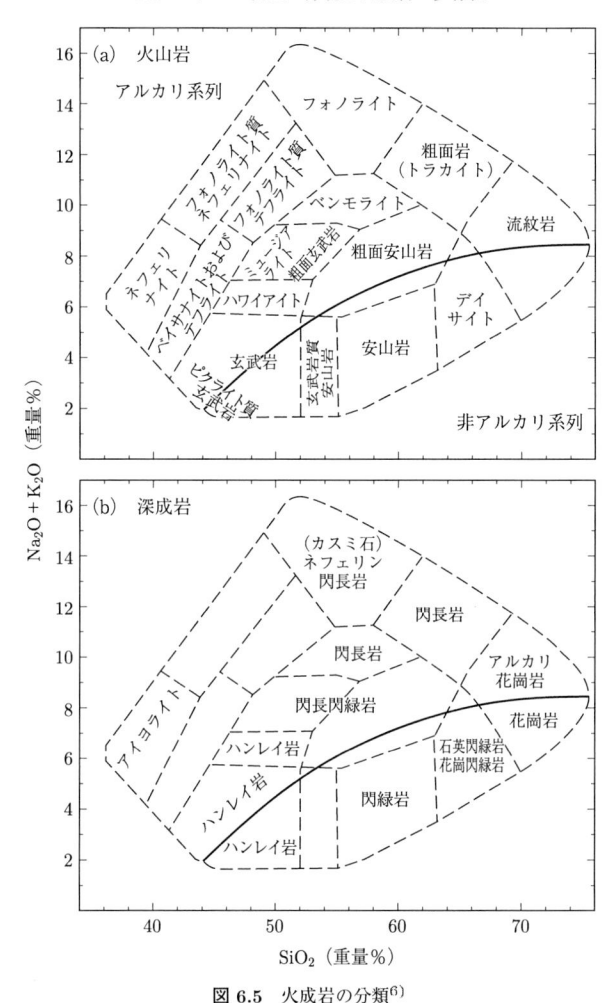

(a) 火山岩, (b) 深成岩. 図中の太い曲線は, アルカリ系列と非アルカリ系列の境界を示す.

あまり増加せず FeO が増加するソレアイト系列 (tholeiitic series) と, SiO_2 が急増するが FeO は増加しないか増加が少ないカルクアルカリ系列 (calc-alkalic series) に分けられる (図 6.6).

6.2.2 マグマ発生の場

現在, 地球上でマグマが発生する場所は限られており, プレート運動と密接に関わっている. 図 6.7 に世界の活火山の分布を示す. プレート発散境界 (divergent

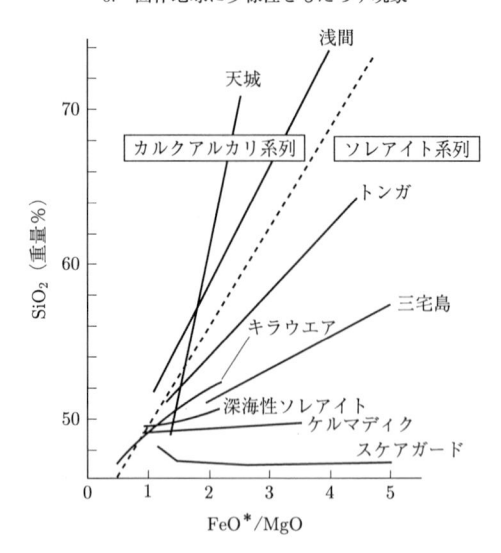

図 6.6 ソレアイト系列とカルクアルカリ系列 (FeO^* は全 Fe を FeO として計算した値)[7] 実線は個別の火山や火山地域で見られる火山岩化学組成変化のトレンド. 破線によってカルクアルカリ系列とソレアイト系列が区分される.

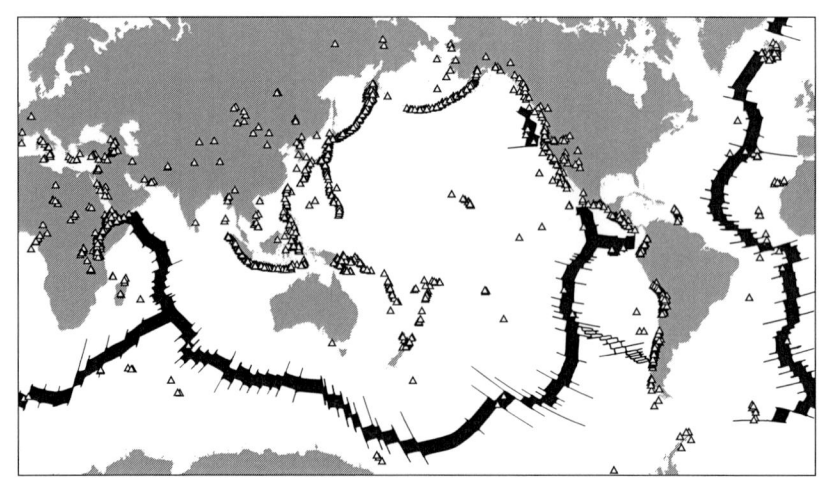

図 6.7 世界の火山分布[8]

plate boundary) である中央海嶺 (mid-oceanic ridge：海底に噴出ないし貫入したマグマが連続したリッジを形成しているので，図では帯状に示してある) やリフトバレー (rift valley)，プレート収束境界 (convergent plate boundary) で

表 6.3 マグマ発生の場ごとのマグマ年間生産量[6)]

マグマ発生の場	マグマ年間生産量 (km^3/y)	
	噴出岩	貫入岩
プレート発散境界	3	18
プレート収束境界	0.4〜0.6	2.5〜8.0
大陸プレート内	0.03〜0.1	0.1〜1.5
海洋プレート内	0.3〜0.4	1.5〜2.0
全地球合計	3.7〜4.1	22.1〜29.5

ある沈み込み帯 (subduction zone) や衝突帯 (collision zone)，プレートを突き抜けてマグマが上昇するホットスポット (hot spot) の3つの場でマグマは発生し，それぞれ特徴的な火成岩が噴出する．中央海嶺ではソレアイト系列の玄武岩が多く噴出し，MORB (mid-oceanic ridge basalt) と呼ばれ，リフトバレーではアルカリ岩の火山活動が起きている．海洋のホットスポットではソレアイト系列やアルカリ系列の玄武岩が多く噴出し，OIB (oceanic island basalt) と呼ばれる．一方，沈み込み帯ではソレアイト系列，カルクアルカリ系列，アルカリ系列の玄武岩から流紋岩に至る多様な岩石が産出するが，中でもカルクアルカリ安山岩が特徴的な岩石である．

表6.3に現在のマグマ年間生産量の推定値をマグマ発生の場ごとにまとめる．最大の生産量はプレート発散境界で得られており，中央海嶺の火山活動で海洋底を構成する海洋地殻が作られる．ここでは噴出岩，貫入岩をあわせると年間約 $20\,km^3$ のマグマが発生しており，現在の海洋地殻の総体積 $2.5 \times 10^9\,km^3$ (海洋地殻の平均厚さを $7\,km$ として) は，おおよそ 1.3×10^8 年間の火成活動でまかなえる計算になる．現に 2×10^8 年より古い海洋底は見つかっておらず，それより古い時代に中央海嶺で生成した火成岩はプレート収束境界で沈み込みマントルへ戻っている．このような海洋地殻のリサイクルが初期地球の頃から繰り返されてきており，固体地球における物質循環の最も重要な部分を担っている．

プレート収束境界での火成活動は大陸地殻の生成につながる．マグマの生産量を年間 $5\,km^3$ とすると，大陸地殻の総体積 $5 \times 10^9\,km^3$ (大陸地殻の平均厚さを $35\,km$ として) は 10^9 年分の生産量に相当する．最古の大陸地殻の存在を示す年代 4.4×10^9 年 (4.4節参照) に比べ小さい値であるのは，大陸地殻の生成が地球史を通して同じ速度で起きておらず，時代とともに大きく変化している

ことに対応している．なお，大陸地殻の形成と進化については，7.4節で扱う．

過去に遡ると，溶岩台地 (lava plateau) や海台 (plateau) など巨大火成岩岩石区 (LIP: large igneous province) を形成した規模の大きい火成活動が知られており，その成因は巨大なマントルプルームの上昇に求められているが，否定する考えもある[9]．代表的な例はインド，デカン (Deccan) 高原を作った洪水玄武岩 (flood basalt) の噴出で，6.5×10^7 年前の約 10^6 年間に 2.5×10^6 km^3 のマグマを噴出した．年間 2.5 km^3 のマグマ噴出率は，地球の深海底に広がる中央海嶺で現在起きているマグマの発生をすべて合算した値に匹敵し，LIP は局所的に極めて大量のマグマを供給した火成活動であったことが分かる．LIP は，大陸地域ではデカン高原のほかにもシベリア (2.48×10^8 年前) や米国，コロンビアリバー (Columbia River：$(16 \sim 9) \times 10^6$ 年前) などで知られている[10]．海洋地域の LIP は大陸地域より体積がはるかに大きく，過去最大の活動は西太平洋のオントンジャワ (Ontong Java) 海台で 1.20×10^8 年前および 9.0×10^7 年前に起き，5.068×10^7 km^3 のマグマが噴出した[9]．

さらに地球の初期の頃まで遡ると，MgO に極端に富むコマチアイト (komatiite) と呼ばれる火山岩が生成する火成活動が起きていた．無水カンラン岩の断熱溶融で生成したとすると 1600°C の高温が必要とされるので，当時のマントルは現在より高温だった証拠とされている[10]．表 6.4 に，これまで述べた地球上のいろいろな火成岩の代表的な主成分化学組成を示す．

6.2.3　マグマ発生のメカニズム

マグマが発生するには何らかのプロセスが働いて，もともと存在した岩石が溶融しなければならない．岩石は通常複数の鉱物からなり，それぞれの鉱物が固溶体を作っているので，単一元素金属などの溶融の場合とは異なり，圧力一定で温度を上げてもある温度を境に固体が液体に一挙に相転移する訳ではない．ある温度を境にもとの岩石とは異なる組成の少量の液体が発生して，部分溶融 (partial melting) が始まり，温度上昇とともに液体と固体の量比が変化し，ある温度で 100% 液体になる．最初の液体が生じる温度をソリダス (solidus) 温度，完全に液体になる温度をリキダス (liquidus) 温度と呼び，ソリダスとリキダスの間の (固体 + 液体) の状態は，通常数十 °C から数百 °C の温度範囲をもつ．

図 6.8 にマントルを構成するカンラン岩 (peridotite：ペリドタイト) のソリ

表 6.4 火成岩の代表的な主成分化学組成[10]

成分 (重量%)	N タイプ中央海嶺 玄武岩***	海洋島ソレアイト玄武岩 キラウェア火山	海洋島アルカリ岩 ホノルル火山岩	島弧玄武岩 スンダ弧
SiO_2	49.93	49.94	37.47	50.8
TiO_2	1.51	2.71	2.58	1.27
Al_2O_3	15.90	13.80	10.93	18.7
FeO^*	10.43	11.01	13.28	9.7
MnO	0.17	0.17	0.25	0.12
MgO	7.56	7.23	13.54	5.0
CaO	11.62	11.40	12.71	9.5
Na_2O	2.61	2.26	4.82	3.3
K_2O	0.17	0.52	1.29	1.44
P_2O_5	0.08	0.273	1.24	0.32
H_2O(LOI)	n. a.	n. a.	0.89	n. a.
CO_2	n. a.	n. a.	0.13	n. a.
全量	99.98	99.31	99.31	100.15

成分 (重量%)	島弧安山岩 スンダ弧	島弧デイサイト スンダ弧	コマチアイト	洪水玄武岩 コロンビアリバー
SiO_2	59.0	65.6	48.07	53.49
TiO_2	0.74	0.64	0.40	1.86
Al_2O_3	18.1	16.1	4.31	14.49
FeO^*	6.8	5.3	11.36	11.41
MnO	0.10	0.09	0.21	0.21
MgO	2.9	1.6	27.07	5.10
CaO	6.7	4.1	7.23	9.22
Na_2O	3.5	4.2	0.03	2.95
K_2O	1.84	2.47	0.0	0.97
P_2O_5	0.22	0.17	0.05	0.30
H_2O(LOI)	n. a.	n. a.	([6.6])	n. a.
CO_2	n. a.	n. a.	n. a.	n. a.
全量	99.90	100.27	98.73**	100.00

* 全 Fe 量を FeO として表示.
** 全量は強熱減量 (LOI : loss of ignition) を含んでいない.
*** N-MORB については 7.2 節で説明.
n. a.: not analyzed (分析値なし)

ダス (S) とリキダス (L) を示す．同じ図に地球内部温度の深度分布 (G) を示すが，ソリダスとは交差しないので，地下深くなり地中温度が上昇してもマグマは発生しない．マグマが発生するためには，マントル岩石が何らかの加熱を受けてソリダス温度を超えればよいが，地球内部で局所的に温度を大きく上げる機構は考えにくい．しかし現実にマグマは発生しており，その機構として減圧溶融と水の付加による融点降下が考えられている．図 6.8 の矢印 D で示されて

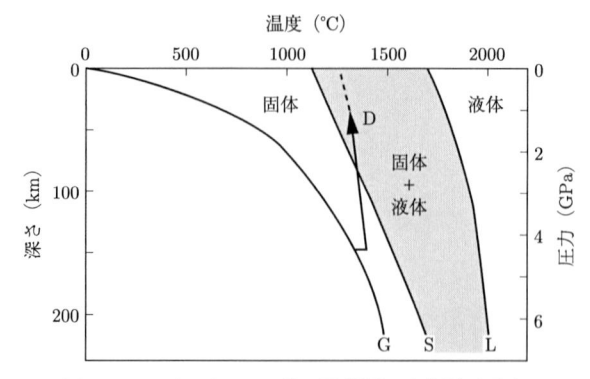

図 6.8 マントルカンラン岩の減圧溶融 (文献[11] を改変)
G：地球内部の温度分布, S：カンラン岩のソリダス, L：カンラン岩のリキダス, D：ダイアピルの上昇に伴うダイアピル内の温度変化.

いるように, 上部マントルで周囲より少し温度が高い部分が生じると, 密度も周囲より小さくなり上昇を始める. この上昇する部分がダイアピル (diapir) で, 上昇に伴い高温状態が保たれ圧力だけ下がるとソリダスを超え部分溶融が起きる. ホットスポットではマントル物質がダイアピルとなり温度一定で急激に上昇し減圧が起きるのでマグマが発生する. また, マントル対流の上昇流部分でも減圧溶融が起きて中央海嶺のマグマができる. 一方, 岩石に H_2O などの揮発性物質が加わるとソリダスが著しく下がる (図 6.9). 水が加わったマントルカンラン岩のソリダスは地温分布と交差し, 部分溶融を起こす. プレートが沈み込む島弧 (island arc) では, プレートそのものや一緒に沈み込む堆積物から放出される H_2O が, 沈み込んだプレートの上側にあたる楔形のマントル (マントルウェッジ：mantle wedge) に供給されマグマが発生する (7.5 節参照).

マントル物質が部分溶融を起こしてできたマグマを初生マグマ (primary magma) とか本源マグマ (parental magma) と呼ぶ. 実験岩石学の結果に基づけば, マントルを構成する無水のカンラン岩をいろいろな温度圧力条件下で部分溶融すると, 図 6.10 に示すように多様なマグマが形成される. 中央海嶺玄武岩 (MORB) を作るマグマは圧力 1.0 GPa, 部分溶融度 (液相の量) 15～20%で生じ, アルカリ玄武岩マグマは圧力が 2.0 GPa と高く, 部分溶融度が 10% と小さくなると生じる. 温度も圧力も高くなるとメルト中の MgO は増加し, より原岩の組成に近づき, 部分溶融度が 20% を超えるとピクライト質のマグマがで

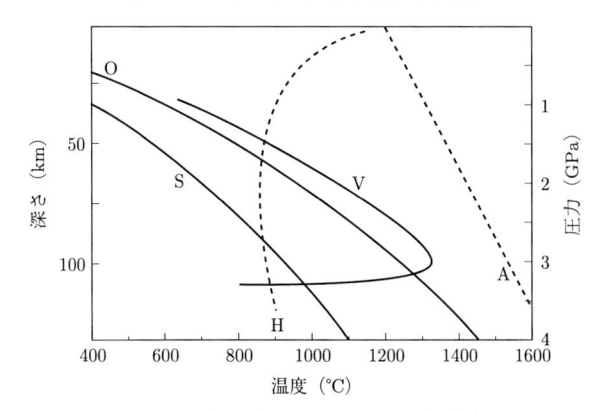

6.2 マグマの発生・分化と火成岩の多様性

図 6.9 水に飽和したカンラン岩の溶融[11]
A：揮発性物質を含まないカンラン岩のソリダス，H：H_2O に飽和したカンラン岩のソリダス．S：大陸地域の地球内部温度分布．O：海洋地域の地球内部温度分布．V：沈み込み帯の火山フロント直下の温度分布．沈み込み帯では，沈み込む冷たい海洋プレートの存在のために鉛直方向で温度の極大値が見られる．

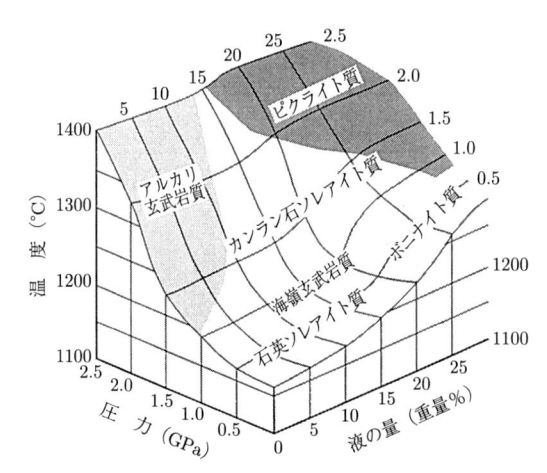

図 6.10 カンラン岩の部分溶融による初生マグマの生成[12]
溶融時の温度，圧力，部分溶融度と初生マグマの違い．

きる．しかし，島弧で多く見られる安山岩質マグマや流紋岩質マグマ (ゆっくり固化すると花崗岩になる) は，無水のカンラン岩や H_2O の加わったカンラン岩の部分溶融によって発生させることはできない．それらは，H_2O に飽和した玄武岩の部分溶融で直接的に生じることが溶融実験から示されている (図 6.11)．安山岩質マグマや流紋岩質マグマは，6.2.4 項で説明する玄武岩マグマの結晶

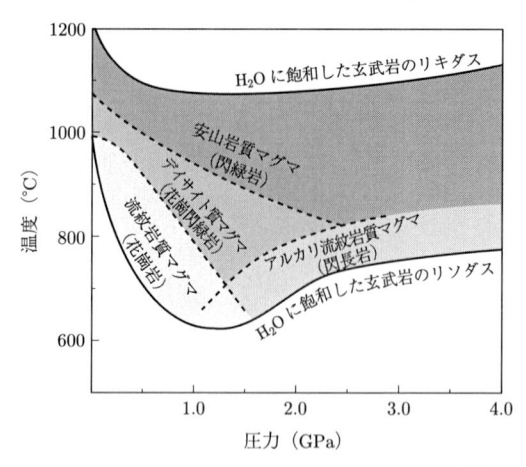

図 6.11 H_2O に飽和した玄武岩マグマの溶融関係[13]
( ) 内は各火山岩マグマに対応する深成岩.

分化作用や,玄武岩マグマとデイサイトマグマのマグマ混合などでも生じる.

6.2.4 マグマの分化と多様性

地下でマグマが生成したのち,そのまま変化を受けずに地表に上昇し火山岩として噴出したり,地下で深成岩として固化することはほとんどない.マグマは,通常はいろいろなプロセスを経て組成が変化した後に,火成岩として固化に至る.その中で最も普遍的に起きている現象は,結晶分化作用 (crystallization differentiation) である.結晶分化作用は,歴史的には 1920 年代の Bowen の研究によって明らかにされ,Bowen の反応系列 (reaction series) とか反応原理 (reaction principle) と呼ばれる[14].

マグマが冷却し結晶が析出するとき,結晶の組成は最初のマグマの組成とは異なり,残ったマグマの組成も変化する.天然ケイ酸塩マグマのモデルとして,MgO–SiO_2 2 成分系 (図 6.12) で SiO_2 50%の液体 (マグマ) が冷却する場合を考える.マグマの温度がリキダスを超えて下がると,カンラン石 (Mg_2SiO_4) が晶出を始め,マグマ組成はリキダスに沿って SiO_2 に富むようになる.1557°C に達すると晶出したカンラン石と X1 組成の液とが反応を始め輝石 ($MgSiO_3$) が晶出し,液がなくなるまで反応が続き,カンラン石と輝石からなる岩石ができる.しかし,現実には晶出したカンラン石はマグマより密度が高く,重力沈

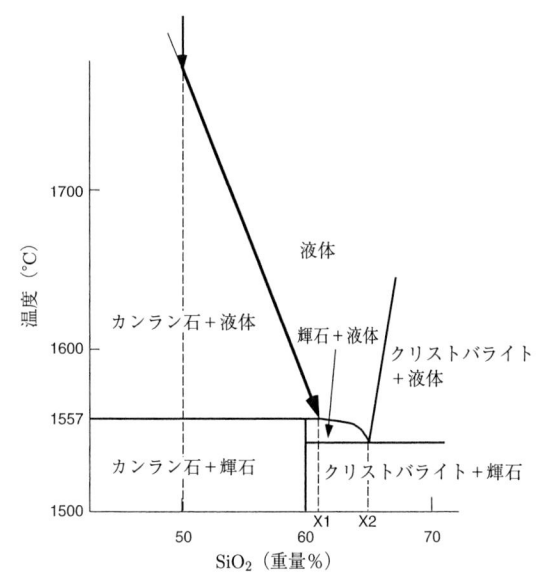

6.2 マグマの発生・分化と火成岩の多様性

図 6.12 MgO–SiO$_2$ 2 成分系の相平衡図[15]

降し反応の系から除去される．カンラン石と反応できないマグマは，輝石を晶出しつつ SiO$_2$ が増加し，SiO$_2$ が 65% の X2 組成の液になる．

初生の玄武岩マグマが冷却するとまず，カンラン石，輝石，Ca に富む斜長石が晶出して沈積し，ハンレイ岩 (gabbro：ガブロ) を作る．残ったマグマは Si に富み，Mg や Fe に乏しくなるので，安山岩 (andesite) 組成になる．安山岩質マグマが冷却すると，閃緑岩 (diorite) や花崗閃緑岩 (granodiorite) を作る鉱物が沈積し，マグマ中の Si はさらに増えデイサイト (dacite) 質から流紋岩 (rhyorite) 質マグマに変化する．流紋岩質マグマがゆっくり結晶化すると花崗岩 (granite) になり，地上に噴出すると流紋岩になる．このように結晶分化作用で火成岩の多様性を系統的に説明できる．しかし，島弧で最も多く見られる安山岩質マグマの成因を玄武岩マグマの結晶分化で説明しようとすると，大量の玄武岩マグマが必要になり，現実的ではないと考えられている．玄武岩マグマの結晶分化作用に代わるプロセスとしては，H$_2$O に飽和した玄武岩の部分溶融 (図 6.11) やマグマ混合が考えられている．

マグマ混合 (magma mixing) は，マグマに多様性をもたらす重要なプロセスの 1 つである[11]．マントル中で生成した玄武岩マグマが高温のまま地殻下部ま

で上昇すると，玄武岩質から安山岩質の岩石からなる下部地殻物質を部分溶融し，デイサイト質から流紋岩質のマグマが生じる．こうしてできたマグマと玄武岩マグマとが混合すれば，その中間的な組成の安山岩質マグマが生じる．マグマ混合の証拠として，平衡では共存できない斑晶鉱物の組合せが見られること，同一種類の鉱物斑晶が起源の異なる2種類に分けられること，マフィック鉱物が逆累帯構造 (reverse zoning) をもつことなどが指摘されている．マグマ混合による安山岩マグマ生成に基づく，火山の発達史も提案されている[11]．

マグマの多様性は地殻物質の同化作用 (assimilation) によってもひき起こされる．マントル内でできたマグマはマントル内を浮力で上昇し，一旦マントル最上部に滞留すると考えられている．さらに地表下数kmまで上昇してマグマ溜まり (magma reservoir または magma chamber) を作る．マグマ溜まりに蓄積したマグマが噴火によって地表に現れると火山岩になり，そのまま冷却固化すると深成岩になる．上昇中のマグマやマグマ溜まりに蓄積したマグマは，周囲の岩石を取り込み，火山岩中に外来岩片 (accidental xenolith) として見つかる場合もあるが，完全に溶融してマグマの組成を変化させる場合もある．このような現象を同化作用とか混成作用 (contamination) と呼んでいる．同化作用が起きるとマグマは熱を奪われ冷却するので，結晶分化作用を伴うことが多い．この現象を同化分別結晶作用 (AFC: assimilation fractional crystallization) と呼び，マグマの組成や量が変化する重要なプロセスの1つである[16]．

6.3 火成作用に伴う元素の挙動

火成岩は岩石が溶融したマグマが再度固化してできた岩石であり，化学組成の多様性は原岩の多様性のほかには，溶融過程，固化過程における元素の挙動に起因する．岩石は多成分系であるため，溶融，固化は特定の温度圧力で一挙に起きず，リキダス温度とソリダス温度との間の固相液相が共存する状態を経由する．固相と液相が平衡条件下で共存するとき，特定の元素の固相中での濃度を C_S，液相中での濃度を C_L として，分配係数 (partition coefficient または distribution coefficient) k を，

$$k = \frac{C_S}{C_L} \tag{6.3}$$

と定義すると，溶融や固化に伴う固相，液相中の元素濃度変化を以下のように定式化できる．その場合，①閉じた系において溶融や固化が進み，液相や固相の分離がない場合と，②溶融や固化がそれぞれ液相や固相を分離しながら進む場合とがあり，前者を平衡溶融(固化)，後者を分別溶融(固化)と呼ぶ．

① 平衡溶融(固化)(equilibrium melting (crystallization))

初期濃度が C_{S0} の元素を含む固相が部分溶融を起こし，液相の重量分率が F の時の固相中の濃度を C_S，液相中の濃度を C_L とすると，質量保存則から，

$$FC_L + (1-F)C_S = C_{S0} \tag{6.4}$$

が成り立つ．式 (6.3) と式 (6.4) とを組み合わせると，

$$\frac{C_L}{C_{S0}} = \frac{1}{F(1-k)+k} \tag{6.5}$$

$$\frac{C_S}{C_{S0}} = \frac{k}{F(1-k)+k} \tag{6.6}$$

が得られ，液相分率 F のときの C_L，C_S が求まる．平衡固化は平衡溶融の全く逆の過程であるので，式 (6.4) の固相中の初期濃度 C_{S0} を液相中の初期濃度 C_{L0} に置き換えて，次のように平衡固化の式が得られる．

$$\frac{C_L}{C_{L0}} = \frac{1}{F(1-k)+k} \tag{6.7}$$

$$\frac{C_S}{C_{L0}} = \frac{k}{F(1-k)+k} \tag{6.8}$$

② 分別溶融(固化)(fractional melting (crystallization))

ある元素を初期濃度 C_{S0} 含む重量 S_0 の固相が分別溶融を始め，できた液相はすぐに系から除かれる場合，重量 S になったときの固相(その中の元素濃度は C_S)から微小重量 dS の液相(濃度は C_L)ができると，液相として固相から除かれたある元素の量は

$$C_L dS = d(C_S S) = C_S dS + S dC_S \tag{6.9}$$

と表すことができる．この式を式 (6.3) を使って変形すると，

$$(C_L - C_S)dS = C_S\left(\frac{1}{k} - 1\right)dS = S dC_S$$

$$\frac{(1-k)}{k}\frac{dS}{S} = \frac{dC_S}{C_S} \tag{6.10}$$

が得られる．両辺を S_0 から S，C_{S0} から C_S まで積分して，次式となる．

$$\ln\frac{S}{S_0} = \frac{k}{1-k}\ln\frac{C_S}{C_{S0}} \tag{6.11}$$

ここで，S/S_0 は，ある段階の固相の重量の初期重量に対する割合であり，液相の重量分率 F で表すと，$S/S_0 = 1-F$ となる．したがって，式 (6.11) は，

$$\ln(1-F) = \frac{k}{1-k}\ln\frac{C_S}{C_{S0}} \tag{6.12}$$

となり，C_L/C_{S0} や C_S/C_{S0} は，

$$\frac{C_L}{C_{S0}} = \frac{1}{k}(1-F)^{\frac{1-k}{k}} \tag{6.13}$$

$$\frac{C_S}{C_{S0}} = (1-F)^{\frac{1-k}{k}} \tag{6.14}$$

となる．ここで求まる液相中の濃度 C_L は，時々刻々除去される液相中の濃度で，固相重量が S になるまでに溶融してできた液相を全部集めたときのある元素の液相中の平均濃度 C_{LA} は，次式となる．

$$\frac{C_{LA}}{C_{S0}} = \frac{1-(1-F)^{\frac{1}{k}}}{F} \tag{6.15}$$

分別固化の場合も同様な定式化を行うことができ，最初の液相中の濃度を C_{L0} として，液相の重量分率 F のときの液相，析出固相，平均固相中の濃度 C_L，C_S，C_{SA} はそれぞれ，次式となる．

$$\frac{C_L}{C_{L0}} = F^{(k-1)} \tag{6.16}$$

$$\frac{C_S}{C_{L0}} = k\,F^{(k-1)} \tag{6.17}$$

$$\frac{C_{SA}}{C_{L0}} = \frac{1-F^k}{1-F} \tag{6.18}$$

これらの式をもとに，平衡固化 (溶融)，分別固化，分別溶融の進行に伴う，液相濃縮元素 (分別係数 $k=0.1$ に設定) と固相濃縮元素 ($k=2$) の液相中，固相中の濃度変化を図 6.13 に示す．ここで，分別固化の場合の対象元素の固相濃

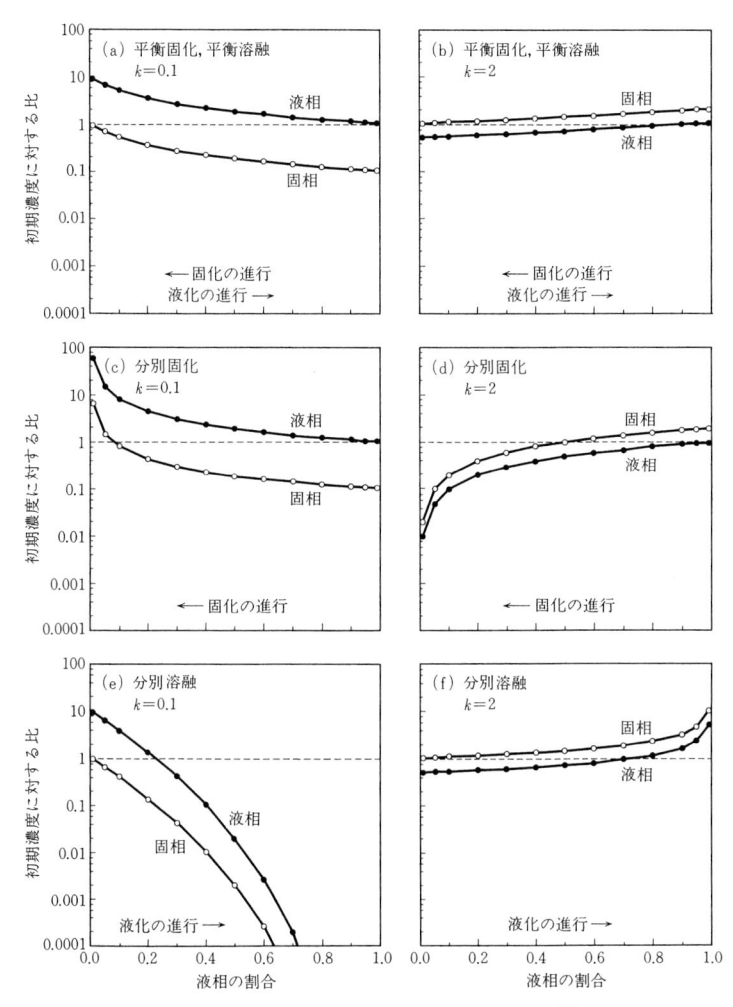

図 6.13 部分溶融, 固化に伴う元素濃度の変化[17]
(a)(b) は平衡固化, 平衡溶融, (c)(d) は分別固化, (e)(f) は分別溶融.
(a)(c)(e) は分配係数 $k = 0.1$, (b)(d)(f) は $k = 2$.

度と分別溶融の場合の対象元素の液相濃度は, 式 (6.13) や式 (6.17) で示される瞬間瞬間の析出固相中や溶融液相中の値である. 平衡固化や平衡溶融に比べて, 分別固化や分別溶融では濃度変化の幅が著しく大きくなる. 図 6.14 は, 平衡固化 (溶融) や分別固化において液相分率を一定 ($F = 0.15$) にしたときの, 分配係数と液相・固相中の濃度との関係を示す. 元素ごとに分配係数は異なる

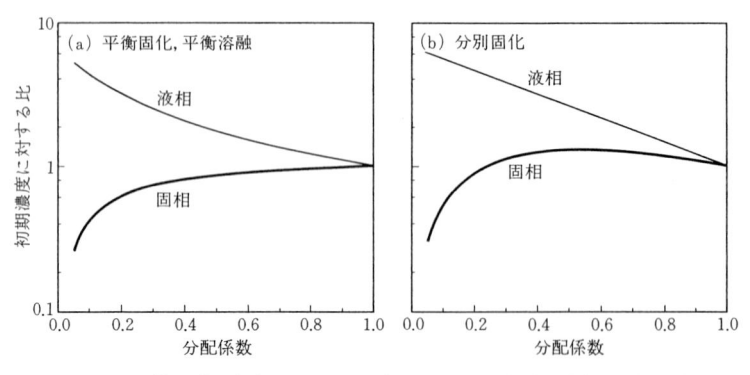

図 6.14 (a) 平衡固化 (溶融), (b) 分別固化における分配係数と液相, 固相中濃度との関係[17] (液相の割合 $F = 0.15$)

ので, 多くの元素の濃度比を分配係数の関数として図示するとき (6.5 節参照) の基本となる表示である.

6.4 マグマと固相間の元素の分配

固体地球は主に火成岩からできており, そこで起きている主要な現象である岩石の溶融, 固化に伴う元素の挙動は, 固相中の濃度 C_S と液相中の濃度 C_L との比である分配係数 k を導入すると, 定式化できることを前節で示した. 岩石は鉱物の集合体であるので, 岩石が部分溶融してマグマができる場合の固相と液相との間の分配係数 k は, 岩石が n 種の鉱物から構成されている場合, 重量分率 α_i の鉱物 i と液相との間のある元素の分配係数を k_i とすると

$$k = \sum_{i=1}^{n} \alpha_i k_i \tag{6.19}$$

で表すことができる. ここで, $\sum_{i=1}^{n} \alpha_i = 1$ であり, k_i は鉱物 i 中のある元素の濃度を C_{Si} として $k_i = C_{Si}/C_L$ である. なお, k は, 鉱物–メルト (ケイ酸塩溶融体) 間の分配係数 k_i と混同しないために, 全岩分配係数 (bulk partition coefficient) と呼ばれる.

分配係数は熱力学的には, 元素が分配されている固液間での自由エネルギー差 ΔG_0, 気体定数 R を使って,

$$k = k_0 \exp\left(-\frac{\Delta G_0}{RT}\right) \tag{6.20}$$

と表現され，温度，圧力，化学組成の関数であることが知られている．鉱物斑晶中と石基部分の濃度比として求める鉱物–メルト間の分配係数は，天然の系や室内合成実験の系で多くの鉱物の多くの元素について測定されており，1977年までのデータはIrving[18]によって，その後1994年までのデータはGreen[19]によってまとめられている．生成条件や共存成分の影響などを反映して，同一鉱物でも火山岩試料が異なると分配係数の絶対値が1〜2桁くらい異なることは珍しくなく，分配係数を使って定量的な議論を行うときには注意が必要である．

しかし，同一の鉱物であれば元素ごとの分配係数の相対的な傾向は同じで，分配係数が結晶構造と関連しているためで，「元素分配の結晶構造支配則 (crystal structure control)」と呼ばれる．この重要な法則は1960年代に日本で行われた一連の研究で明らかになった[20]．分配係数の対数をイオン半径に対してプロットするPC–IR図 (partition coefficient–ionic radius diagram：発案者に敬意を評してOnuma diagramと呼ばれている) 上で，分配係数はイオン価ごとに，鉱物結晶の陽イオンサイトの大きさに相当するイオン半径で最大値をとる放物線を描く[21]．図6.15に単斜輝石と斜長石の例を示す．前者の単斜輝石では大きさの異なるM1サイトとM2サイトに対応して2つのピークが見られる．斜長石では2価の陽イオンサイトの大きさに最も近い元素は主成分のCaではなくSrであることを示している．分配係数とイオン半径との関係の定式化は，Nagasawaによる弾性体モデルが最初である[22]．結晶固有のサイトの大きさと異なる大きさのイオンが置換する際には，サイトの拡大や収縮に応じて力が働き，式(6.20)のΔG_0が変化する．結晶格子の歪みの理論的な取り扱いの改良によって，実験値との整合性がはかられている[23]．

6.5　元素の地球化学的分類と元素存在度パターン

地球形成直後に地球規模で起きた分別現象について，地球化学の祖であるGoldschmidtは，コンドライト隕石が金属，硫化鉄，ケイ酸塩の互いに溶け合わない3つの相から構成されているのと同じように，地球も誕生直後の溶融状態から，Feのコアを中心に，その周りを硫化物層，ケイ酸塩層が取り囲む球対象の構造に分化したと考えた．そこでこれらの金属，硫化物，ケイ酸塩の3つの相と大気への親和度をもとに元素を分類することを試み，親鉄元素 (siderophile

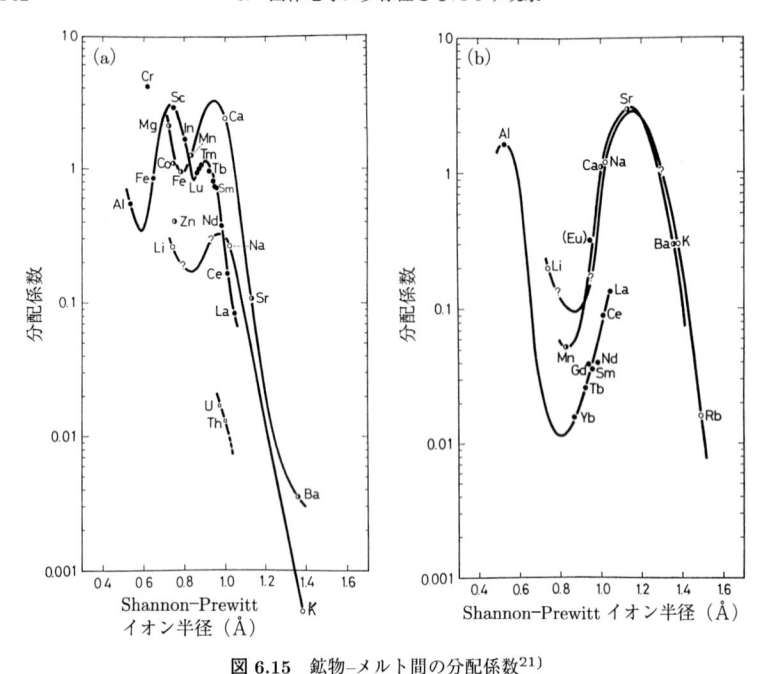

図 6.15 鉱物-メルト間の分配係数[21]
(a) 単斜輝石 (オージャイト)-石基 (高島産アルカリ玄武岩), (b) 斜長石-石基 (高島産アルカリ玄武岩)

element), 親銅元素 (chalcophile element), 親石元素 (lithophile element), 親気元素 (atmosphile element) の概念を 1923 年に提案した. この分類を元素の地球化学的分類 (geochemical classification of the elements) と呼ぶ. 溶融状態で生成した不混和な液相間の元素の挙動に基づく分類であり, M が対象となる元素を表すとすると,

$$M + xFeO \rightleftharpoons xFe + MO_x \tag{6.21}$$

$$MS_x + xFeO \rightleftharpoons xFeS + MO_x \tag{6.22}$$

$$M + xFeS \rightleftharpoons xFe + MS_x \tag{6.23}$$

などの化学反応で, MO_x を含む側が安定な元素が親石元素, MS_x を含む側が安定な元素が親銅元素, M を含む側が安定な元素が親鉄元素である. 元素の地球化学的分類にはかなりの曖昧さがあり, ある種の元素は複数のグループに親和性を示し, 系の温度, 圧力, 酸化還元状態の違いによって異なるグループへの親和性をもつ元素も存在する. 元素の地球化学的分類では, これら 4 グループ

6.5 元素の地球化学的分類と元素存在度パターン

のほかに生物体を構成する元素を親生元素 (biophile element) として加えることもある．

固体地球で見られる固相液相分配における元素の挙動からも，元素を分類することができる．鉱物結晶とメルト間の元素分配において，式 (6.3) で定義される分配係数 k が 1 より大きい元素は，イオン半径が結晶格子中で主成分元素が占める特定のサイトの大きさに合って置換しやすいという意味で，適合元素 (compatible element) と呼ばれる．斜長石に対する Sr やカンラン石に対する Ni はその例である．一方，分配係数 k が 1 よりはるかに小さい元素は，結晶中の陽イオンサイトの大きさには合わずに置換しにくいという意味で，不適合元素 (incompatible element) と呼ばれる．不適合元素はマグマの結晶分化作用の進行に伴い，マグマ中に濃縮していくので，液相濃集元素と呼ばれることもある．不適合元素は，イオン半径が結晶中の陽イオンサイトの大きさに比べかなり大きい親石性の LIL (large ion lithophile) 元素と，大きな電荷をもつ小さなイオンのため強い静電場をもつ HFS (high field strength) 元素に分類される．図 6.16 では，周期表上に元素の地球化学的分類とケイ酸塩の固液分配による元素の分類とを重ねて示す．

固相液相分配における元素の不適合度 (incompatibility) の大きさは，マントルを構成するカンラン岩とメルトとの間の全岩分配係数から求められる．カン

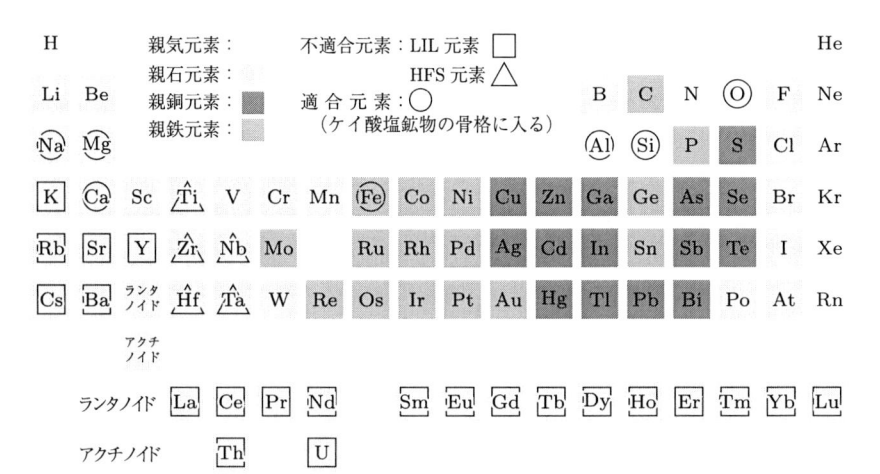

図 6.16 元素の地球化学的分類と固相液相分配係数による分類
天然に存在しない Tc と Pm はこの周期表から除いてある．

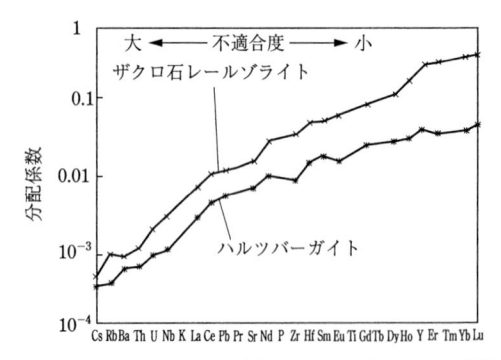

図 6.17 カンラン岩とケイ酸塩メルト間の全岩分配係数[10]

ザクロ石レールゾライト (garnet lherzolite) とハルツバーガイト (harzburgite) はともにカンラン岩の一種で鉱物組成が異なる．全岩分配係数を求める計算では，ザクロ石レールゾライトはカンラン石 (60%)，斜方輝石 (20%)，単斜輝石 (15%)，ザクロ石 (5%)．ハルツバーガイトはカンラン石 (80%)，斜方輝石 (15%)，単斜輝石 (5%) とした．

ラン岩の構成鉱物ごとの各元素の分配係数[10]と鉱物の重量分率をもとに，式 (6.19) にしたがって計算したカンラン岩–メルト間の全岩分配係数を図 6.17 に示す．この図では，右から左に向かって全岩分配係数が小さくなり，不適合度は大きくなるように元素を並べてある．地球化学では，横軸には元素を不適合度が小さくなる順番に並べ，縦軸には対象物質の元素存在度を特定の物質の元素存在度で規格化した濃度比で示す，元素存在度パターンをしばしば使う (たとえば図 7.4 や図 7.9)．このような図は溶融や固化が関係した地球上で起きる現象の解析に有用で，スパイダー図 (spider diagram または spidergram) と呼ばれている．1960 年代から使われている希土類元素存在度パターン (最初の提唱者の名前を冠して Masuda–Coryell プロットと呼ばれる) は，スパイダー図の中の希土類元素の部分のみ取り出したダイヤグラムともいえるが，はるかに古い歴史をもっている (12.5 節参照)．

希土類元素 (REE: rare earth element) は化学的性質が似ている La から Lu まで 15 個の元素群で 3 価のイオン半径が La^{3+} の 104.5 pm から Lu^{3+} の 86.1 pm までほぼ等間隔に減少している．REE パターンの横軸はイオン半径の減少 (不適合度も小さくなる) を刻む軸となっており，結晶の溶融固化などイオン半径が関係する現象を定量的に扱え，イオン半径が関係しない現象との区分けを可能にする[24]．REE の中には Eu や Ce など天然で 3 価以外の価数をとる元素もあり，パターンからのずれは地質現象の酸化還元状態の指標となる (7.4

節参照).REE の固相-水溶液相分配には REE パターンが原子番号の順に 4 元素ごとに滑らかな曲線をもつテトラド効果 (tetrado effect:四組効果) が見られ,水圏の現象解明の新しい指標になっている[25].

文　　献

1) 西村祐二郎ほか, 基礎地球科学, 朝倉書店, 232pp. (2002)
2) 松久幸敬, 地球化学講座 1, 地球化学概説, 培風館, 60-80 (2005)
3) 森本信男, 造岩鉱物学, 東京大学出版会, 239pp. (1989)
4) 鍵　裕之, 地球化学講座 3, マントル・地殻の地球化学, 培風館, 23-49 (2003)
5) 地学団体研究会 (編), 新版地学事典付図表・索引, 平凡社, 29-31 (1996)
6) M.Wilson, *Igneous Petrogenesis*, Unwin Hyman, 466pp. (1989)
7) 青木謙一郎, 久城育夫, 岩波地球科学 3, 地球の物質科学 II―火成岩とその生成―, 岩波書店, 153-182 (1978)
8) 中村一明, 図説地球科学, 岩波書店, 38-47 (1988)
9) 玉木賢策, 岩波講座地球惑星科学 10, 地球内部ダイナミクス, 岩波書店, 1-38 (1997)
10) 岩森　光, 地球化学講座 3, マントル・地殻の地球化学, 培風館, 171-247 (2003)
11) 藤井敏嗣, 火山とマグマ, 東京大学出版会, 47-69 (1997)
12) 久城育夫, 火山 42, S51-59 (1997)
13) 高橋栄一, 岩波講座地球惑星科学 1, 地球惑星科学入門, 岩波書店, 111-161 (1996)
14) N.L.Bowen, *The Evolution of Volcanic Rocks*, Princeton University Press, 332pp. (1928); reprinted by Dover Publications (1956)
15) 藤井敏嗣, マグマダイナミクスと火山噴火, 朝倉書店, 42-66 (2003)
16) 巽　好幸, 高橋正樹, 岩波講座地球惑星科学 8, 地殻の形成, 岩波書店, 49-119 (1997)
17) 清水　洋, 岩波講座地球惑星科学 5, 地球惑星物質科学, 岩波書店, 233-278 (1996)
18) A.J.Irving, *Geochim. Cosmochim. Acta* 42, 743-770 (1978)
19) T.H.Green, *Chem. Geol.* 117, 1-36 (1994)
20) 小沼直樹, 宇宙化学・地球化学に魅せられて, サイエンスハウス, 1-26 (1987)
21) Y.Matsui *et al.*, *Bull. Soc. fr. Mineral. Cristallogr.* 100, 315-324 (1977)
22) H.Nagasawa, *Science* 152, 767-769 (1966)
23) B.W.Wood and J.D.Blundy, *Treatise on Geochemistry 2, The mantle and core*, 395-424 (2005)
24) 増田彰正, 岩波地球科学 4, 地球の物質科学 III―岩石・鉱物の地球化学―, 岩波書店, 241-264 (1978)
25) 川邊岩夫, 地球化学講座 3, マントル・地殻の地球化学, 培風館, 51-100 (2003)

7

固体地球の分化と物質循環

7.1 マントルとコアの分離，固体コア (内核) の誕生

　地球が集積して最初に起きた大規模なイベントはマントルとコアの分離である．^{182}Hf–^{182}W 系を用いる解析からは，原始太陽系星雲内で最初に Ca–Al に富む包有物 (CAI) が凝縮生成した 4.567×10^9 年前を起点にとって，3×10^7 年後までにはコア–マントル分離が終わり現在の姿になったと考えられるので，月が分裂誕生した巨大衝突とコア–マントル分離との関連性が示唆されている (4.4 節参照)．原始太陽系星雲中で微惑星の衝突によって原始地球が成長する際，衝突エネルギーの解放によって原始地球表面の融解が起き，衝突に際して放出された水蒸気 (H_2O) 大気による温室効果で原始地球表面はさらに高温になり，全地球を覆うマグマオーシャン (magma ocean) が形成したのであろう (5.2 節参照)[1]．原始地球の大きさが小さいときはケイ酸塩相と金属相は機械的に混じり合った状態を保っていたが，火星サイズの大きさになると，重力が大きくなり，金属相が中心に沈んでコアを形成する．金属相の沈降に伴い解放された重力エネルギーは 10^{31} J 程度で，地球形成時に解放される重力エネルギーの 1/10 程度にすぎないが，効率よく地球内部の加熱に使われ，内部温度の上昇によって，コアの形成が加速された[2]．

　図 1.7 に示した地球の地震波速度分布および密度分布から，コアは密度が大きい金属から構成されており，外核は液体であるが内核は固体であることが知られている．太陽系に普遍的に多く存在する金属となると，鉄隕石を作っている Fe–Ni 合金以外に考えられない．しかし，実際に観測される密度は純 Fe に比べ 5% 程度低く，地震波速度は 10% 程度高い．このためコアには軽元素が含まれていると考えられており，候補として H，C，O，Si，S などが検討され，多くの高温高圧実験がなされているが候補の特定には至っていない[3]．内核の

7.1 マントルとコアの分離，固体コア (内核) の誕生

表 7.1 コアの化学組成の推定値 (重量%)

	Allègre ら (1995)[4]	McDonough (2005)[5]
Fe	79.4	85.5
Ni	4.9	5.20
H	0	0.06
C	0	0.20
O	4.1	0
Si	7.4	6.0
P	0.4	0.20
S	2.3	1.90
Cr	0.6	0.90
Mn	0.6	0.03
Co	0.3	0
	100.0	99.99

密度が外核より5%高く，相転移で期待される密度上昇 (約3%) よりやや高密度であることは，内核が純粋な固体Fe–Ni合金である可能性を示すが，必ずしも自明ではない[3]．コアの化学組成は地球化学的なモデルからも計算されている．全地球の化学組成をもとに，各元素の金属–ケイ酸塩間の分配係数や密度が合うように求められており，表7.1に2つの計算例を示す．

コアが誕生したときすでに内核と外核の構造をもっていたかについて明確な証拠はないが，原始地球でコアが誕生したときは高温の金属液体で，地球の冷却に伴い，固体の内核が発生したと考えられている．地球内部のU, Th, Kなどの放射性元素存在量はコンドライト隕石と同じと仮定すると，放射壊変による発熱量は現在が 9.5×10^{20} J/y であるのに対し，地球が形成した 4.5×10^{9} 年前は 7.19×10^{21} J/y と1桁近く高く[6]，地球は形成以来一方的に冷えている．熱史の計算や岩石学的証拠から地球史を通してのマントルの冷却温度が $100 \sim 300°C$ と推定されており，コアも同程度冷却したとすると，コアからマントルへの熱流量は $(3 \sim 8) \times 10^{12}$ W と見積もられる．コアから持ち去られる熱流量が 4×10^{12} W とすると，内核が現在の大きさに成長するためには，約 2×10^{9} 年前に固相の析出が始まり年間約 0.1 mm の増加率で成長したと計算されている[7]．内核析出開始年代の見積もりは熱流量値の不確かさに依存し，2×10^{9} 年に対して $\pm 0.5 \times 10^{9}$ 年程度の不確かさは十分考えられる．固相の析出がコア–マントル境界 (CMB: core–mantle boundary) から中心に向かうのではなく，地球中心から始まり現在は内核外核境界 (ICB: inner core boundary)

からCMBに向かって進んでいるのは，Feの融点の圧力依存性がコア内部の温度勾配より大きいことと固体の方が密度が高いことによっている[7]．

内核の固化成長は，相転移で潜熱を出し，液体コアを構成する軽元素を外核に排除しながら進むため，外核を構成する金属液体の中に組成対流 (compositional convection) を起こす．現在の外核では $0.1\,\mathrm{cm/s}$ 程度の速さの対流が起き，ダイナモ作用 (dynamo action) で地球磁場を維持している．内核の発生や拡大はダイナモ作用への影響を及ぼすことが指摘されている[7]．

CMBを通して，熱の移動ばかりでなく，物質の交換も起きているらしい．ハワイのピクライト溶岩では，半減期 6.5×10^{11} 年の $^{190}\mathrm{Pt}$ および 4.35×10^{10} 年の $^{187}\mathrm{Re}$ の放射壊変の影響が現れる $^{186}\mathrm{Os}/^{188}\mathrm{Os}$, $^{187}\mathrm{Os}/^{188}\mathrm{Os}$ (表2.5参照) が連動して正の変動を示しており，CMBを通して供給された外核物質がマントル内の巨大な上昇流であるプルーム (plume) の動きにのって地表に出現したことを示しているとされる (7.6節参照)[8]．

7.2 地球化学的に不均質なマントル：同位体リザーバー

現在のマントルは，地震波速度構造から上部マントル，マントル遷移層，下部マントルという全地球的な球対称層構造が示されており (1.4節参照)，物質的な不均質性が示唆される．マントルの化学的な不均質性は，マントルに直接由来するカンラン岩そのものや，マントル岩が溶融固化して生成した中央海嶺玄武岩 (MORB) や海洋島玄武岩 (OIB) など (6.2.2項参照) 火山岩の化学組成や同位体組成から調べることができる．火山岩の化学組成からその火山岩の起源となるマントルの化学組成を求めるためには，原岩の溶融固化の際に元素分別が起き元素濃度が変化するので (6.3節参照)，あらかじめ各元素の固相液相分配係数と溶融固化の条件が分かっていることが必要である．一方，同位体組成については，岩石の部分溶融作用や結晶分化作用の際に液相と固相との間で起きる同位体分別は検出できないほど小さく，実質的にはこれらの作用では変化しないので，火山岩の同位体比の値が原岩のマントルの値となる．

一次放射性核種の娘核種の元素の同位体比 (表2.5) は，原始太陽系星雲では一定値をとっていたが，地球が誕生し，現在までに地球内部で起きた様々な分化現象の結果，現在では地球のいろいろな物質の間で変動が見られる．Sr同位体を例

7.2 地球化学的に不均質なマントル：同位体リザーバー

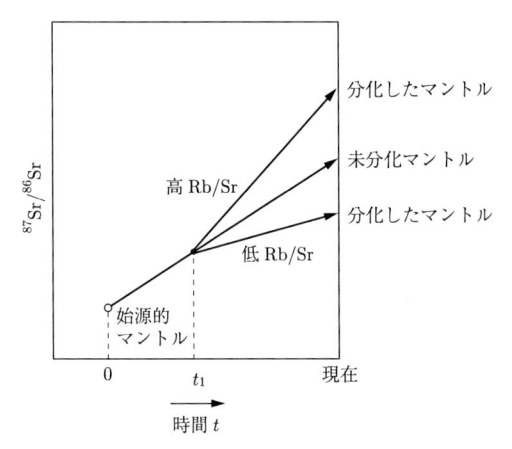

図 7.1 マントルの分化と $^{87}\text{Sr}/^{86}\text{Sr}$ 進化直線

にあげると，時刻 0 から時間 t 経過した時点でのマントル物質の $(^{87}\text{Sr}/^{86}\text{Sr})(t)$ は，時刻 0 のマントルの値 $(^{87}\text{Sr}/^{86}\text{Sr})(0)$ に，経過時間 t の間の ^{87}Rb の放射性壊変による蓄積分が加わるので，式 (2.11) で示したように

$$\frac{^{87}\text{Sr}}{^{86}\text{Sr}}(t) = \frac{^{87}\text{Sr}}{^{86}\text{Sr}}(0) + \frac{^{87}\text{Rb}}{^{86}\text{Sr}}(t)\{\exp(\lambda_{87}t) - 1\} \qquad (7.1)$$

と表せる．この式は，式 (4.6) で示した Rb–Sr 年代測定法の基本式と全く同じである．なお，右辺第 2 項の $\{\exp(\lambda_{87}t) - 1\}$ は扱う年代範囲では $\lambda_{87}t \ll 1$ であるので $\lambda_{87}t$ と近似することができる．$^{87}\text{Sr}/^{86}\text{Sr}$ と年代 t とは直線関係 (厳密には曲線関係) を示し (図 7.1)，この直線は Sr 同位体進化直線 (Sr isotopic evolution line) と呼ばれる．年代 0 から，始源的マントルの Rb/Sr に従って Sr 同位体比が進化してきたマントルが，ある年代 t_1 で分化を起こし Rb/Sr が始源的マントルの値から変わると，分化したマントルの Sr 同位体進化直線の傾きは変化する．Rb/Sr が低くなると進化直線の傾きが小さくなり，現在の $^{87}\text{Sr}/^{86}\text{Sr}$ はマントルが分化せず現在に至った場合より低くなる．逆に分化の結果 Rb/Sr が高くなると，現在の $^{87}\text{Sr}/^{86}\text{Sr}$ は高くなる．このようにして，マントルの異なった部分の現在の $^{87}\text{Sr}/^{86}\text{Sr}$ に変動が生じる．

現在中央海嶺や火山島で噴出している玄武岩の同位体比から，これらの火山岩の起源物質であるマントル岩の同位体比が分かる．図 7.2 に各地の MORB の $^{87}\text{Sr}/^{86}\text{Sr}$ と $^{143}\text{Nd}/^{144}\text{Nd}$ との関係を示す．なお，$^{143}\text{Nd}/^{144}\text{Nd}$ は変動が

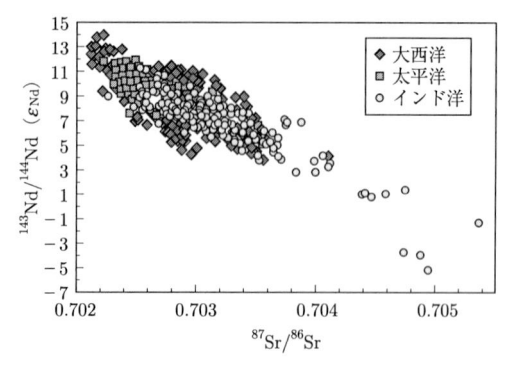

図 7.2 中央海嶺玄武岩 (MORB) の ^{87}Sr/^{86}Sr–^{143}Nd/^{144}Nd[9]

大変小さいので,以下の式で定義される.コンドライト隕石を作った物質 (リザーバー)(CHUR: chondritic uniform reservoir) の現在の値,^{143}Nd/^{144}Nd = 0.512638 に対する 1 万分率偏差を示す ϵ_{Nd} 表示が使われる.

$$\epsilon_{Nd} = \left(\frac{(^{143}Nd/^{144}Nd)_{試料}}{(^{143}Nd/^{144}Nd)_{CHUR}} - 1 \right) \times 10^4 \tag{7.2}$$

大部分の MORB の ^{87}Sr/^{86}Sr は 0.7021 から 0.7037 で,^{143}Nd/^{144}Nd は ϵ_{Nd} 表示で 4 から 14 であり,中央海嶺の場所による系統的な違いがみられる.このことは MORB を生み出したマントルですら地域的にわずかながら不均質のあることを示している.MORB はホットスポットの影響のない N (normal)–MORB と影響を受けて不適合元素に富む E (enriched)–MORB とに分類されるが,N–MORB に限れば同位体比の変動幅はかなり小さくなり,^{87}Sr/^{86}Sr が 0.7021 〜 0.7028,ϵ_{Nd} が 9 〜 14 となる.

図 7.3 には OIB の ^{87}Sr/^{86}Sr と ^{143}Nd/^{144}Nd との関係を示す.図 7.2 の MORB に比べ両同位体比ともに分布領域が広くなっており,大雑把には四角形の領域の中に分布している.四角形の左上の頂点の部分 (ϵ_{Nd} が高く,^{87}Sr/^{86}Sr が低い) がちょうど N–MORB の分布域に相当する.図 7.3 は,現在のマントルには ^{87}Sr/^{86}Sr と ^{143}Nd/^{144}Nd が異なる領域 (あるいは物質) が少なくとも 4 つあることを示しており,これらは同位体リザーバー (isotope reservoir) とか同位体端成分 (isotope end member) と呼ばれている.その 4 つは DMM (depleted MORB mantle),EM (enriched mantle)–1,EM–2,HIMU (high–μ) と名前がつけられており,このほかに未分化 (あるいは始源的) マント

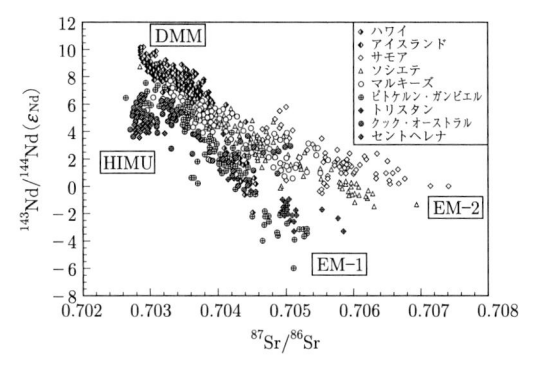

図 7.3 海洋島玄武岩 (OIB) の $^{87}Sr/^{86}Sr$–$^{143}Nd/^{144}Nd$[9]

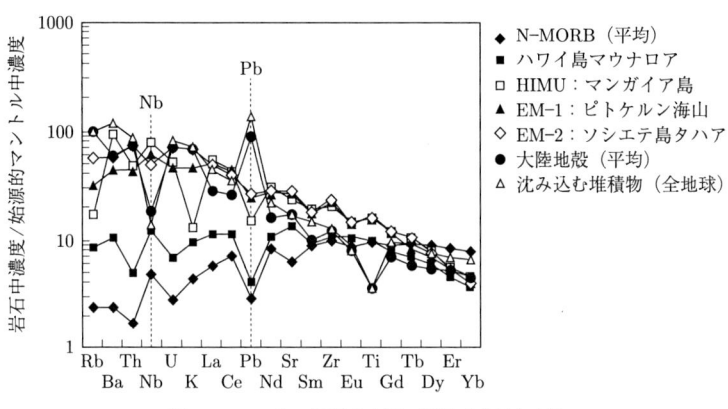

図 7.4 マントル起源玄武岩の微量元素存在度[9]
始源的なマントルの値[10] に規格化して表示.

ル (PM: primitive mantle) とか地球岩石圏全体 (BSE: bulk silicate earth) と呼ばれる始源的な組成をもつリザーバーを加えることもある．PM や BSE は，同位体的には CHUR と同一 ($^{87}Sr/^{86}Sr = 0.7045$, $\epsilon_{Nd} = 0$) で，図 7.3 の四角形の分布域のちょうど真ん中あたりに位置する．

DMM, EM-1, EM-2, HIMU の名前はリザーバーの化学組成の特徴に対応して付けられている．図 7.4 に，マントル起源玄武岩の微量元素存在度を，始源的マントルの値[10] で規格化したスパイダー図 (6.5 節参照) に示す．N-MORB の元素組成は，不適合度の大きい元素ほど相対存在度が低くなっており，不適合元素に乏しいマントル (DM: depleted mantle) が部分溶融し，固化したことを示している．一方，OIB の元素組成は不適合度の大きい元素ほど相対存在度

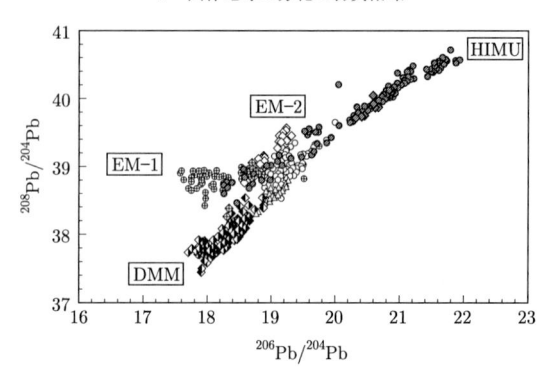

図 7.5 海洋島玄武岩 (OIB) の $^{208}\text{Pb}/^{204}\text{Pb}$–$^{206}\text{Pb}/^{204}\text{Pb}$[9]
記号は図 7.3 と同じ.

が高くなっており，OIB を構成する 3 つのリザーバーはどれも不適合元素に富むマントル (EM: enriched mantle) に由来している．これら 3 種のリザーバーは，もとをただせば始源的なマントル (PM に対応) が分化あるいは変質してできたと考えられているが，その形成メカニズムは必ずしも明らかでない．EM–1 は大陸地殻がデラミネーション (delamination)(7.5 節参照) を起こしてマントルに沈降した成分の混入が考えられている一方，EM–2 は大陸地殻起源物質の海洋地殻沈み込みに伴うマントルへの再循環が考えられている．HIMU (図 4.2 で示された μ 値 (= $^{238}\text{U}/^{204}\text{Pb}$) が高いの意味) は放射壊変起源の Pb 同位体に富む成分で，OIB を $^{208}\text{Pb}/^{204}\text{Pb}$ と $^{206}\text{Pb}/^{204}\text{Pb}$ を両軸にとる図上に示すと (図 7.5) 明瞭に区分けできる．海洋地殻が沈み込み帯で脱水変質を受け Pb が減少し U が濃縮してマントルへ再循環したと考えられている．多くの研究者は，MORB を作る DMM が上部マントルに対応し，OIB を作るマントル成分は下部マントルに位置すると考えてきた．これまで述べたマントルの化学的な不均質性とマントルの 3 次元構造との関係は，7.6 節で検討する．

　マントルの同位体不均質性は，希ガス元素の同位体からも示されている．He には ^3He と ^4He の 2 つの安定同位体が存在し，^3He が地球形成時に取り込まれた始源的成分であるのに対し，^4He はほとんどが ^{238}U, ^{235}U, ^{232}Th の壊変系列の途中で放出する α 粒子起源である．自然界では，化学的な環境の違い，壊変生成 α 粒子の蓄積期間の違いを反映して $^4\text{He}/^3\text{He}$ が著しく変動している．図 7.6 に天然における He 同位体比の変動を示す．この図では He 同位体比を，

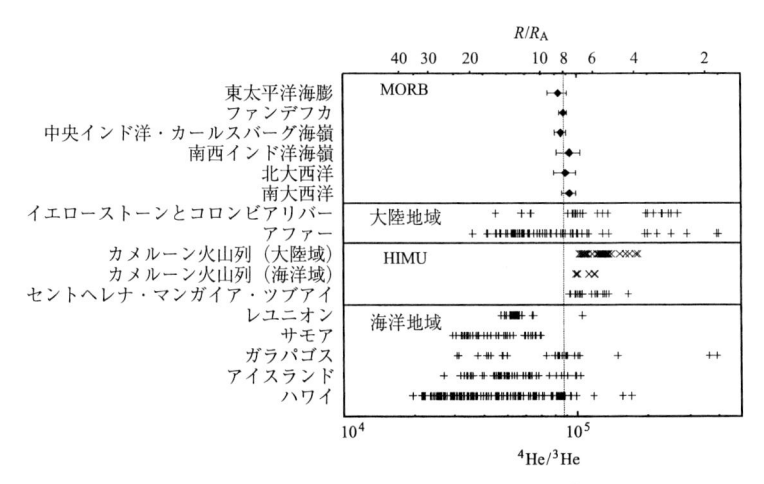

図 7.6 マントル起源玄武岩の He 同位体比[11)]
R/R_A は，大気の $^3He/^4He$ 値 ($R_A = 1.40 \times 10^{-6}$) に規格化した値．

$^4He/^3He$ の絶対値 (下側の軸) と，$^3He/^4He$ を大気の値 1.40×10^{-6} (R_A) に規格化した相対値 (上側の軸) で示してある．マントル成分の中でMORBは一定で大部分が $8 \pm 1 R_A$ に収まるのに対し，OIB は $2 \sim 38 R_A$ と大きな幅をもつ．その大部分は $8 R_A$ より高く，始源的な He 成分を多く含むことを示している．OIB の1つのリザーバーである HIMU の $^3He/^4He$ が $8 R_A$ 以下であることは，海洋地殻成分が下部マントルへもたらされたとするモデルと調和的である．Ar には安定同位体が ^{36}Ar，^{38}Ar，^{40}Ar と存在し，このうち ^{40}Ar は半減期 1.28×10^9 年の ^{40}K の壊変生成物であるので，天然では $^{40}Ar/^{36}Ar$ に変動が見られる．岩石中の $^{40}Ar/^{36}Ar$ には大気成分 ($^{40}Ar/^{36}Ar = 295.5$) の混入が必ずあるので，MORB や OIB 試料の $^{40}Ar/^{36}Ar$ 測定値の最大値は，それらの起源となるマントル成分の $^{40}Ar/^{36}Ar$ の最小値となる．その値はそれぞれ 4.4×10^4，8×10^3 であるので，MORB と OIB とは Ar 同位体からもリザーバーが異なることが示される[11)]．

7.3 マントルの分化と進化

地球史の中でマントルの分化が起き，分化した成分がもとのマントルとは異なる同位体進化をしたため，現在見られるマントルの同位体不均質構造が形成

された. コア–マントル分離が起きた直後の始源的マントル (PM) がいつ分化し, 不適合元素に乏しいマントル (DM) や不適合元素に富んだマントル (EM) などができたかは, 図 7.1 に示した同位体進化線を作って, この線が折れ曲がる年代 (放射壊変の親核種の元素と娘核種の元素の存在比が変化する元素分別の起きた年代) から知ることができる. マントルの同位体進化を求めるためには, 年代の分かっているマントル由来の岩石試料の同位体分析から, 特定時刻のマントルの同位体比を求めることが必要で, アイソクロンプロットを行うときに年代値とともに得られる初生同位体比 (4.1.2 項参照) は岩石形成時の起源マントルの同位体比を示しているので, 重要な情報源となる.

マントルの同位体進化の研究には ^{143}Nd/^{144}Nd, ^{176}Hf/^{177}Hf, ^{187}Os/^{188}Os, ^{87}Sr/^{86}Sr などが多く用いられる. 図 7.7 に ^{143}Nd/^{144}Nd 進化の様子を示す. この図では, 年代の異なる試料の ϵ_{Nd} を, 以下に定義するように, その年代 t における $(^{143}Nd/^{144}Nd)_{CHUR}$ の値との 1 万分率偏差で示している.

$$\epsilon_{Nd}(t) = \left\{ \frac{(^{143}Nd/^{144}Nd)_{試料}(t)}{(^{143}Nd/^{144}Nd)_{CHUR}(t)} - 1 \right\} \times 10^4 \quad (7.3)$$

ここで, 年代 t の CHUR の ^{143}Nd/^{144}Nd は,

$$\left(\frac{^{143}Nd}{^{144}Nd}\right)_{CHUR}(t) = \left(\frac{^{143}Nd}{^{144}Nd}\right)_{CHUR}(0) + \left(\frac{^{147}Sm}{^{144}Nd}\right)_{CHUR} \lambda_{147} t \quad (7.4)$$

から求めるが, $(^{147}Sm/^{144}Nd)_{CHUR} = 0.1966$, $(^{143}Nd/^{144}Nd)_{CHUR}$(現在) =

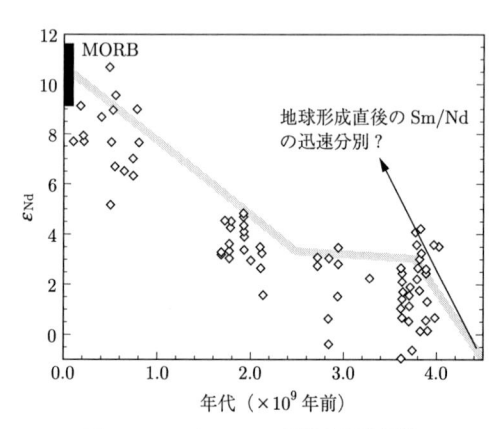

図 7.7 マントルの Nd 同位体比進化[12]

0.512638 が使われる.この図で始源的マントルが全く分別を受けずに現在まで残っているなら,$\epsilon_{\mathrm{Nd}}=0$ の線上を地球形成時から現在まで進むので,進化直線は横軸そのものになる.しかし,MORB の起源物質になった DM 成分の ϵ_{Nd} は 3.8×10^9 年前には +2 を超えて $+3\sim +4$ に達しており,地球形成から数千万年以内に Sm/Nd が高くなる (固相への不適合度は Sm より Nd が少し大きいので,液相濃縮元素に欠損した相ができることを意味する) 元素分別が起き,DM 成分ができたことを示している.同じ結論は ^{176}Hf/^{177}Hf からも導かれる.図 7.8 には,

$$\epsilon_{\mathrm{Hf}}(t) = \left\{ \frac{(^{176}\mathrm{Hf}/^{177}\mathrm{Hf})_{試料}(t)}{(^{176}\mathrm{Hf}/^{177}\mathrm{Hf})_{\mathrm{CHUR}}(t)} - 1 \right\} \times 10^4 \tag{7.5}$$

の進化が示されており,時刻 t の CHUR の ^{176}Hf/^{177}Hf は,

$$\left(\frac{^{176}\mathrm{Hf}}{^{177}\mathrm{Hf}}\right)_{\mathrm{CHUR}}(t) = \left(\frac{^{176}\mathrm{Hf}}{^{177}\mathrm{Hf}}\right)_{\mathrm{CHUR}}(0) + \left(\frac{^{176}\mathrm{Lu}}{^{177}\mathrm{Hf}}\right)_{\mathrm{CHUR}} \lambda_{176} t \tag{7.6}$$

で計算される.その際,$(^{176}\mathrm{Lu}/^{177}\mathrm{Hf})_{\mathrm{CHUR}} = 0.0332$,$(^{176}\mathrm{Hf}/^{177}\mathrm{Hf})_{\mathrm{CHUR}}$ (現在) $= 0.282772$ が使われる.

消滅放射性核種 ^{146}Sm を用いる研究からは,マントルの分化が CAI 生成後 $(0.5\sim 2)\times 10^8$ 年頃に起きたことが示され (4.4 節参照),同じときに Nd や Hf の同位体進化から示された DM 成分の分化が起きたと考えられる.しかし,同じタイミングで EM 成分が分化してできたかは不明である.EM 成分に由来

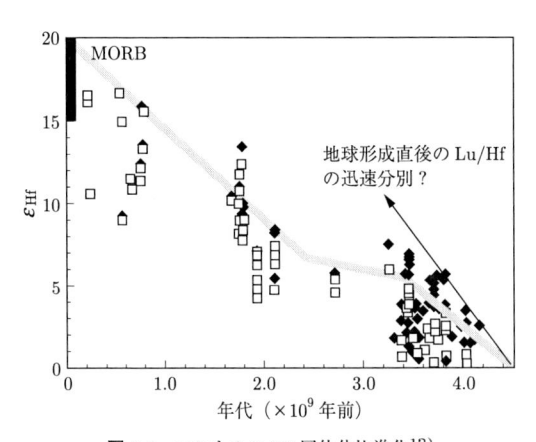

図 7.8 マントルの Hf 同位体比進化[12]

する3つのリザーバーは，固体地球内での物質循環の結果いろいろな成分を取り込んで形成したことを示しており，地球初期から存在した成分とは考えられない．

7.4 大陸地殻の形成と進化

中央海嶺で生まれて海溝からマントルへもどる海洋地殻 (oceanic crust) とは異なり，大陸地殻 (continental crust) はマントル物質から一旦作られると大部分はそのまま現在まで残る．大陸地殻は，SiO_2 重量％が平均60％の安山岩組成で，マントル岩より密度が低くマントル中へ沈むことができないからである．大陸地殻の50％以上はクラトン (craton) と呼ばれる始生代に安定化した地塊で，花崗岩，変麻岩，堆積岩類などからなる．大陸地殻は現在でも作られつつあり，地殻下部にマグマや固化した火成岩が付加したり，大陸周縁部に堆積物，海洋島弧，海山などが付加して作られている[13]．大陸地殻の平均的な元素組成を N–MORB 組成に規格化したスパイダー図上に示す (図7.9)．比較のために，沈み込み帯玄武岩，海洋島玄武岩 (OIB) の元素組成も示す．大陸地殻の元素組成は LIL 元素 (6.5節参照) や Pb に富み，HFS 元素 (6.5節参照) が欠乏しているなど，沈み込み帯玄武岩と似た特徴をもっている．

大陸地殻の化学組成は，図7.10に示すように，2.5×10^9 年前を境に変化したことが指摘されており，2.5×10^9 年前以降は，主成分組成では MgO が減少

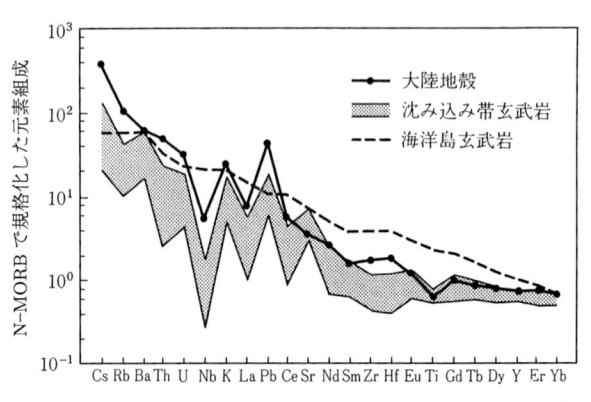

図7.9 大陸地殻，沈み込み帯玄武岩，海洋島玄武岩の元素組成[13]

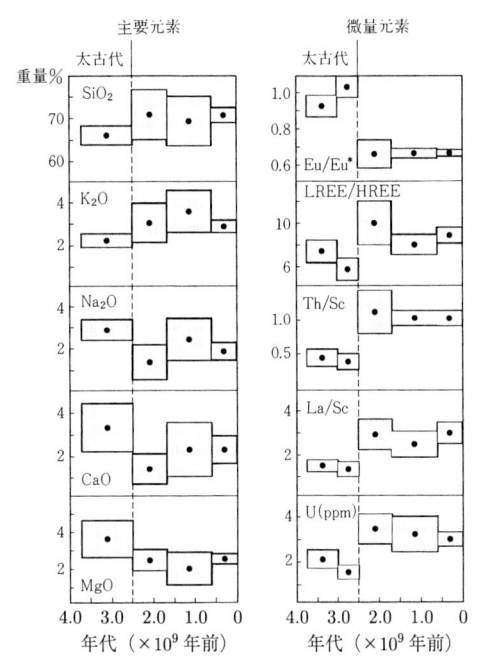

図 7.10 大陸地殻の化学組成の時代変化[14]

Eu/Eu* は Eu 異常の大きさのパラメータ (本文参照). LREE は軽希土類元素. HREE は重希土類元素.

し，K_2O/Na_2O が増加した．微量元素の中でも希土類元素は，LREE (軽希土類元素)/HREE (重希土類元素) が高くなり，負の Eu 異常 (希土類元素パターンにおいて，隣接する Sm と Gd 存在度から内挿した Eu 存在度の Eu* が実測値より高く，Eu/Eu* < 1 となること) が顕著に見られる[14]．図 7.10 に示した成分以外にも Cr や Ni 濃度の減少が見られ，このような時間変化は，2.5×10^9 年前あたりを境に大陸地殻を形成した火成活動の性質が変化したことを示している．地球形成初期にはマントルが高温だったために，MgO が 18 重量％以上のコマチアイト (komatiite) を産するなど部分溶融度が大きい火成活動が起きたと考えられている．マントルの温度低下とともに，大陸地殻の形成に寄与する沈み込み帯の火成活動の様式が，沈み込む海洋地殻そのものの溶融から，海洋地殻起源の流体の付加による溶融に変化したのではないかとの指摘もされている[15]．

月では 45 億年前の斜長岩 (anorthosite) が見つかっており (4.4 節参照)，マ

グマオーシャンが冷却固化する際に比重が小さい斜長岩が浮かんで集まり地殻ができたと考えられている．しかし地球ではこのような古い斜長岩は見つかっておらず，マグマオーシャンが冷え固まったマントルから最初にできた地殻の証拠は，地球表層が激しい隕石衝突で破壊され，さらに激しいマントル対流で入れ替わったため，現在まで残っていないとの考えもある．もっとも地球に月と似た斜長岩質の地殻があったと考える根拠も薄い．地球で見つかった最古の大陸地殻由来の鉱物は西オーストラリアの 4.4×10^9 年前のジルコンで，最古の岩石はカナダの 4.0×10^9 年前の変麻岩である (4.4 節参照)．地球形成初期にはマントルの発熱が現在より大きく，マントルの部分溶融度が高くなり，玄武岩質の地殻ができたはずで，報告されている最古の岩石鉱物は最初の玄武岩地殻からできた二次的な地殻に由来する可能性が大きい．

地球上で 3.5×10^9 年より古い大陸地殻は，西オーストラリアやカナダに加えて，西グリーンランド，アメリカ，ブラジル，ロシア，中国，アフリカ大陸南部など，主要な大陸に分布している[15]．大陸地殻物質の $^{143}Nd/^{144}Nd$ と Sm/Nd の測定値から，この試料の同位体成長線を，$^{143}Nd/^{144}Nd$ (ϵ_{Nd})–年代ダイヤグラム (図 7.7 参照) 上に描くことができる．この成長線を過去にのばして，マントルの Nd 同位体進化線と交わる年代を，Sm–Nd モデル年代 (Sm–Nd model age) と呼び，マントルからこの大陸地殻物質の起源となるマグマが生成分離した年代を示す．オーストラリア，北米，スカンジナビアの大陸地殻を構成する岩石の Sm–Nd モデル年代をまとめ，2×10^8 年ごとのヒストグラムを作成すると，大陸地殻形成速度の時間変化を示す図 7.11 が得られる．この図では $(3.8 \sim 3.6) \times 10^9$ 年前，$(2.8 \sim 2.6) \times 10^9$ 年前，$(2.0 \sim 1.8) \times 10^9$ 年前にピークが見られる[16]．これらのピークは，下部マントルから上部マントルへの大規模なプルームの上昇が間欠的に起き，火山活動が活発になり大陸地殻生成も活発になった時期に対応することが指摘されている[17]．間欠的なプルーム発生は，上部マントルと下部マントルの間に滞留していた海洋プレートが間欠的に CMB (コア–マントル境界) まで落下し，その結果生じる反流であると考えられている (7.6 節参照)．

図 7.11 の右図にはこの年代分布に基づく大陸地殻成長の様子を示す．大陸地殻は 4.0×10^9 年前までには現在の 8% しか生成されていなかったが，2.6×10^9 年前までには現在の量の $50 \sim 60$% に達した[16]．この図にはこれまでの代表的

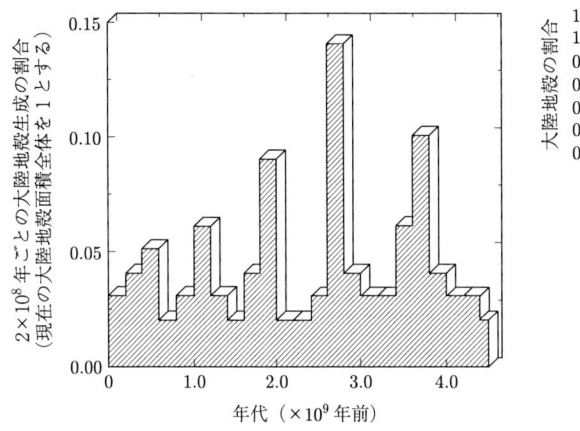

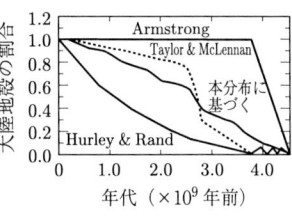

図 7.11 大陸地殻形成速度の時間変化と大陸地殻成長モデル (右上)[16]

な大陸成長モデルも示してある．地球形成直後に現在量に届くくらい生成した大陸地殻は，現在までその総量の時間変化はなく，新たに生成して付加する量と堆積物としてマントルへリサイクルする量とが釣り合っているとするモデル (Armstring) や，初期地球の頃からほぼ同じ割合で大陸地殻ができ続けてきたとするモデル (Hurley and Rand) もあり，どのモデルが現実的かは結論が出ていない．

7.5 プレートテクトニクスの地球化学：発散境界と収束境界

大局的には球対称の密度成層構造をもつ地球において，最表層の地殻は平面的に不均質な構造をもち，大陸地殻と海洋地殻とが入り乱れて分布する．このような構造ができたのは，地球では内部熱源によってマントル対流 (mantle convection) が生じ，プレート運動 (plate motion) に伴って多様なマグマ形成が起きたからである．

プレートが発散する中央海嶺では，不適合元素に乏しいマントル (DM) 成分がマントル対流に沿って上昇し減圧溶融によってマグマができ，海洋地殻を構成する MORB ができる．MORB の主成分化学組成は表 6.4 に，微量元素存在度は図 7.4 に，Sr–Nd 同位体組成は図 7.2 に示してある．世界中どこの MORB でも化学組成や同位体組成が比較的均一であることは，同じような熱的条件の

上昇流で作られたことを示しており，生産されるマグマ量や海洋地殻の厚さも世界中ほぼ同じになっている．

海洋地殻と最上部マントルからなる厚さ 100 km 程度の海洋プレートは，マントル対流に沿ってアセノスフェアの上を水平に移動し，大陸プレートや別の海洋プレートと接するところでマントルへ沈み込んで海溝 (trench) を作る．沈み込むことができないと衝突境界 (collision boundary) となり，アルプスやヒマラヤのように標高の高い山岳地帯を形成する．沈み込み帯 (subduction zone) では図 7.12 に示すように加水溶融によってマグマが生成する (6.2.3 項参照)．沈み込むプレートの上側にはマントルがくさび形に存在し，マントルウェッジ (mantle wedge) と呼ばれる．スラブ (slab) と呼ばれる沈み込んだプレート中には角閃石 (amphibole)，ローソナイト (lawsonite)，緑泥石 (chlorite) など含水鉱物が存在し深部へ H_2O を運ぶ．角閃石が脱水分解する深さ 80 km までに H_2O はマントルウェッジのカンラン岩中に供給され (図 7.12 の A→B)，蛇紋石 (serpentine) や緑泥石を作ってさらに深部に移動する (B→C)．これらの鉱物も深さ 200 km までには脱水分解し，遊離した液相は上昇して (C→D) カンラン岩に加わると (ソリダス温度が下がって)，部分溶融が始まり D から E への間でマグマが生成する．沈み込み帯では地下の温度分布を反映してほぼ同じ深さでマグマが発生し，火成岩で形成される島が海溝に平行に大陸側で弧を連

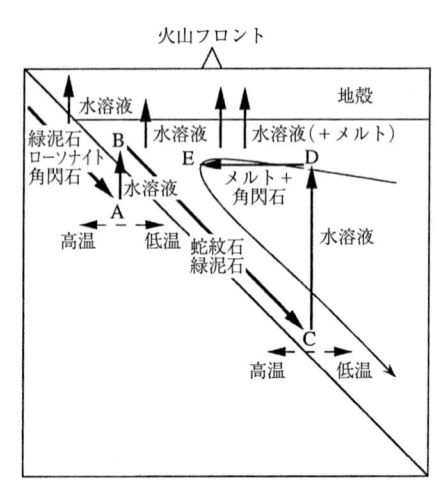

図 7.12　沈み込み帯におけるマグマ生成[18]
(説明は本文参照)

7.5 プレートテクトニクスの地球化学：発散境界と収束境界

ねて分布するので，この地形を島弧とか弧状列島 (island arc) と呼んでいる．

沈み込み帯の玄武岩の主成分化学組成は表 6.4 に，微量元素存在度は図 7.9 に示してある．MORB に比べて，不適合元素の中でも，Cs, Rb のような LIL 元素や Pb に富み，Nb など HFS 元素に欠乏している．このような特徴は，含水鉱物の脱水反応でできた流体相への元素の溶解実験で得られた結果とよくあっており，島弧マグマの生成にはスラブ起源の流体相が関与していることを示している．図 7.13 には沈み込み帯火山岩の Sr–Nd 同位体組成を示す[19]．マリアナ弧など海洋プレートに海洋プレートが沈み込むタイプの海洋島弧の火山岩は低い Ce/Yb を有し，図 7.3 で示したマントルの 4 つのリザーバーで作る領域内に分布する．一方，中部アンデス火山帯など大陸プレートへの沈み込みでできる火山岩は高い Ce/Yb を有し，$^{87}Sr/^{86}Sr$ が高く $^{143}Nd/^{144}Nd$ が低い領域

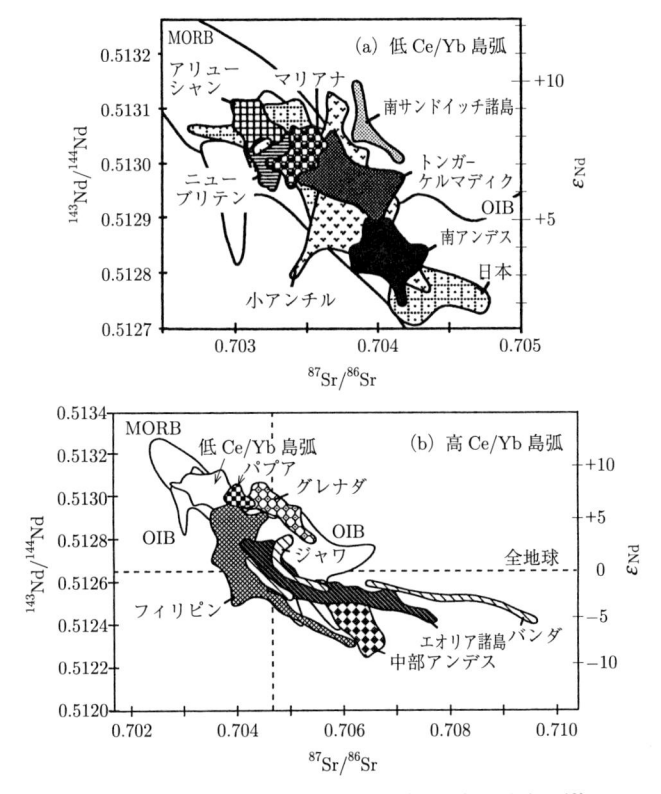

図 7.13 沈み込み帯の火山岩の $^{87}Sr/^{86}Sr$–$^{143}Nd/^{144}Nd$ [19]

に広がって分布する．この分布は大陸地殻成分の寄与を示しており，マグマが地表へ噴出する直前のマグマ溜まりで大陸地殻物質の同化作用 (6.2.4 項参照) があったか，あるいは海洋プレートと一緒に沈み込んだ大陸起源の堆積物がマントルウェッジを汚染したかが考えられている．

固体地球の物質循環において，地表物質をマントルへ供給するプロセスとしては，海洋プレートの沈み込み (subduction) と大陸地殻のデラミネーション (delamination) とが考えられている．デラミネーションは，厚くなった大陸地殻の最下部が相転移し，マントルカンラン岩より高密度の岩石ができ，剥離してマントル内に沈下するプロセスで，本当に起きている物質的な証拠は乏しい．一方，海洋プレートの沈み込みは間違いなく起きており，マントルへ供給された物質の一部は島弧火山活動 (arc volcanism) で再び地表へ戻される．その証拠として，海底堆積物に含まれている半減期 1.5×10^6 年の ^{10}Be が島弧火山岩中に見つかる．^{10}Be は大気中の O や N に対する宇宙線核破砕反応でできる放射性核種で，降雨を経由して海水に入り海底堆積物に濃縮する (4.1 節参照)．海底堆積物の表面では ^{10}Be/^{9}Be が 5×10^{-8} であるのに対し，マントル起源の MORB や OIB では検出限界以下の $< 5 \times 10^{-11}$ である．一方，世界各地の沈み込み帯の火山岩では ^{10}Be/^{9}Be が $(1 \sim 50) \times 10^{-11}$ であり，海底堆積物に含まれていた ^{10}Be が海洋プレートとともに沈み込み，含水鉱物の分解でできた流体相を経て島弧マグマに取り込まれたとされている[20]．

大陸地殻や海洋地殻の形成にプレート運動は欠かせないが，地球史の中でプレート運動がいつから始まったかは重要である．現在地球上ではプレートがそれぞれ独立の運動をしている (図 1.10) ことは，人工衛星を用いる GPS (global positioning system：汎地球測位システム) による測地からも実証されており，現在のプレート運動を過去へ戻すと，$(2 \sim 3) \times 10^8$ 年前に超大陸 (supercontinent) パンゲア (Pangaea) が存在していたことになる．超大陸の下からのプルームの上昇が超大陸の分裂を促し，分裂の間に海嶺 (ridge) ができ，海洋底が広がって現在の地形になったのである．パンゲア自身は 6×10^8 年前に存在したゴンドワナ (Gondwana) 超大陸が分裂して再結合して形成されたと考えられており，地球上では超大陸ができては分裂して，新たに衝突結合して超大陸ができることを繰り返したようである．分かっているだけで，1.9×10^9 年前，1.5×10^9 年前，1.0×10^9 年前 (ロディニア (Rodinia) 大陸)，6×10^8 年前

(ゴンドワナ大陸), $(2 \sim 3) \times 10^8$ 年前 (パンゲア大陸) に超大陸は存在し, 地球で最初の超大陸は 2.7×10^9 億年前に形成されたとの見方が有力である[21]. この年代は大陸地殻の化学組成が変化した年代と極めて近く, 偶然とは思えない. 2.7×10^9 年前以前にも地球上でプレート運動はあったらしく, 3.8×10^9 年前にプレート運動が存在していた証拠がグリーンランドで見つかっている[22]. 恐らく最初の大陸地殻ができて間もないときからマントル対流は存在し, プレート運動も起きていたのだろう.

現在のプレート運動では年間約 $3.0\,\mathrm{km}^2$ の面積の地表が沈み込んでおり, プレートの厚さを $100\,\mathrm{km}$ とすると, 年間約 $300\,\mathrm{km}^3$ の物質が地球深部に供給される. プレートの沈み込みが地球形成以来 4.5×10^9 年間現在と同じ割合で続いていたとすると, その総量は $1.4 \times 10^{12}\,\mathrm{km}^3$ ($4.7 \times 10^{24}\,\mathrm{kg}$) となり, マントル全質量の 110% に相当する[23]. 沈み込む海洋プレートは, 表面 $6 \sim 7\,\mathrm{km}$ 程度の海洋地殻とその下深さ約 $100\,\mathrm{km}$ までのマントルカンラン岩層からなり, 海洋地殻は, 中央海嶺の火成活動でできた MORB 層やハンレイ岩層などからなり最上部には深海性堆積物の層を伴う. 海洋地殻部分だけをとると 4.5×10^9 年間の総沈み込み量は $2.7 \times 10^{23}\,\mathrm{kg}$ (マントル全質量の 7%) になり, マントルに見られる化学的な不均質構造形成に大きな寄与をしている.

7.6　固体地球の構造モデル

地震波速度の変化は物質 (化学組成) の違いを反映する可能性もあるが, 同じ物質でも温度が低いと地震波速度が速くなり温度が高いと遅くなるので, 熱的な構造を反映している可能性も大きい. 例えば, マントル対流の上昇流と下降流の場所では温度が異なり, 地震波速度の差となって現れる. 地震波の 3 次元速度構造をインバージョンの手法で求める全地球トモグラフィー (global tomography) によると, 図 7.14 に示されるように地震波の P 波速度に ±1% の違いが存在し, 海洋プレートの沈み込む様子は高速度域として現れる[23]. 日本付近では沈み込んだ海洋プレートが $660\,\mathrm{km}$ 不連続面の上に横たわって滞留している様子が見える (スタグネーション: stagnation). その下のコアとマントルの境界 (CMB) にも高速度域が現れており, 沈みこんだ海洋プレートが溜まっているためと考えられている. 逆に西太平洋には CMB にまで届く巨大な低速度域が見える.

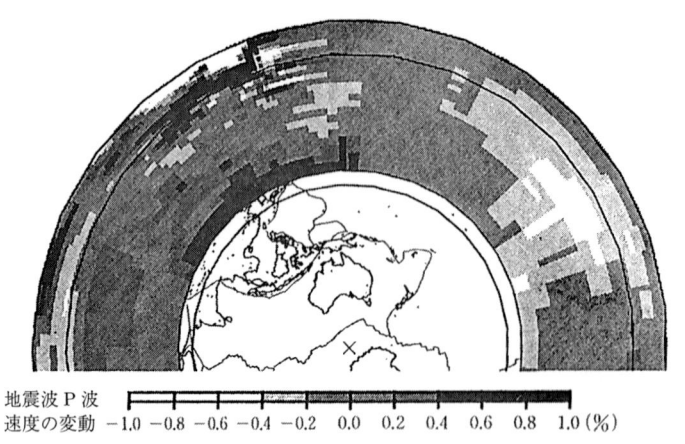

図 7.14 全地球トモグラフィーによる固体地球の内部構造[23]

島弧によっては，沈み込んだ海洋プレートが 660 km には滞留せず下部マントルまで到達している様子 (スラブペネトレーション：slab penetration) が見える[24]．

　全地球トモグラフィーから推定されるマントルの 3 次元構造と 7.2 節で述べた地球化学的なマントル像との整合性をはかる努力がなされている．地球化学的に要請される同位体リザーバーは，閉鎖された系としてのマントル成分の存在を暗示し，上部マントルと下部マントルで独立した物質循環を行う 2 層マントル対流モデルを支持した．希ガス元素，中でも Ar の同位体比変動を説明するためには，マントルのある部分が脱ガスした状態で長期間安定に存在する必要があり，上部マントルと下部マントルが独立の系であることが必要となる．その場合，MORB の全地球的な均質性を考えるとその源物質となる DMM 成分が上部マントルを構成し，OIB は下部マントル起源で，同位体的な不均質性に基づく EM–1, EM–2, HIMU など複数の端成分は下部マントルにもともとあったか，下部マントルへの地殻からの物質供給でできたと考えられていた．しかしながら，全地球トモグラフィーからは，スラブが場合によっては 660 km 不連続面を通過して CMB まで近づいていること，CMB を覆う D″ 層 (1.4 節参照) にスラブ起源と思われる物質の蓄積がみえること，下部マントル上部マントルを貫く大規模な低速度域があることなどは，2 層マントル対流モデルとは相容れず，全マントル 1 層対流モデルを示唆する．

7.6 固体地球の構造モデル

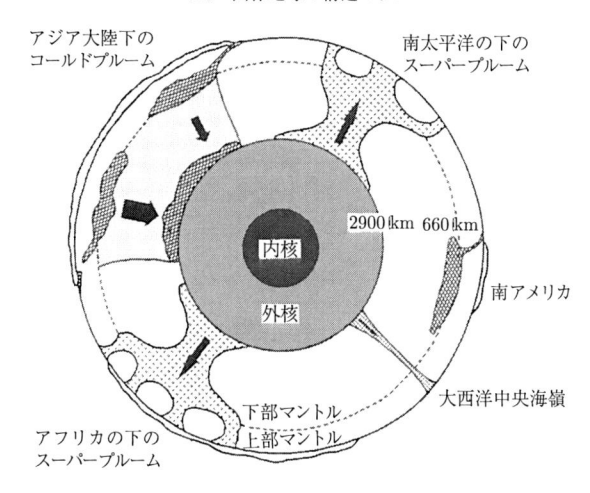

図 7.15 全地球トモグラフィーに基づく地球内部構造モデル (プルームテクトニクスモデル)[25]

Maruyama[25] は，西太平洋の大規模な低速度域は大規模な上昇流 (プルーム) であるとして，図 7.15 に示すモデルを提案し，プルームテクトニクス (plume tectonics) モデルと呼んだ．660 km にメガリス (megalith) として滞留したスラブが間欠的 (1～4 億年に 1 回) に崩落を起こし，反流として大規模な上昇流 (super plume) を励起するので，地球史の中で火成活動の盛んな時期が間欠的に繰り返されることの説明ができる．現在は全マントル 1 層対流であるが，地球初期は 2 層対流で，2.7×10^9 年前頃マントルの冷却に伴って 2 層対流が維持できなくなり，1 層対流に変化したとされる．一方，van del Hirst のグループは同位体リザーバーとの整合性を重視した図 7.16 のモデルを提案した[26]．全マントルの 2/3 を占めるモホ面から深さ 2000 km あたりまでのマントルは，不適合元素に乏しく脱ガスしている．マントル遷移層を境に組成は同じだが力学的に異なる 2 つの部分に分かれ，浅部は対流による十分な混合が起き，全地球的に均質な MORB が作られる．残りの 1/3 の深部マントルは組成的には不均質で，脱ガスしていない始源物質からなる．スラブの深部貫入や深部マントル内の対流，CMB を通る熱流量を反映して，浅部マントルと深部マントルとの境界深度は空間的な変動が大きく，CMB 直上のところもあれば CMB から 1600 km 以上浅いところまでと著しく異なる．OIB は深部マントルが浮力で盛り上がった最上部に起源があり，深部マントルの組成不均質を反映した成分のマグマが

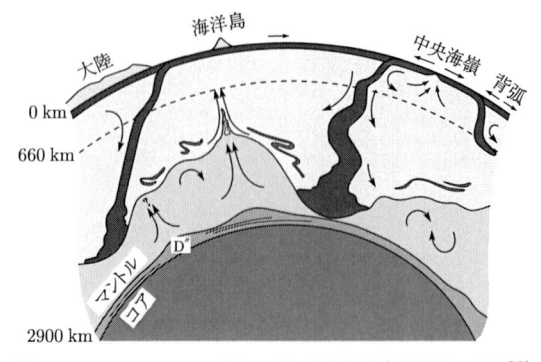

図 7.16 van del Hirst グループによる地球内部構造モデル[26]

できる．

文　献

1) T.Matsui and Y.Abe, *Nature* 319, 303–305 (1986)
2) 阿部　豊, 岩波講座地球惑星科学 13, 地球進化論, 岩波書店, 1–54 (1998)
3) 入舩徹男, 地球化学講座 3, マントル・地殻の地球化学, 培風館, 1–22 (2003)
4) C.J.Allègre *et al.*, *Earth Planet. Sci. Lett.* 134, 515–526 (1995)
5) W.F.McDonough, *Treatise on Geochemistry* 2, *The Mantle and Core*, 547–568 (2005)
6) 松井孝典, 岩波講座地球惑星科学 1, 地球惑星科学入門, 岩波書店, 101–110 (1996)
7) 隅田育郎, 吉田茂生, 全地球史解読, 東京大学出版会, 333–345 (2002)
8) A.D.Brandon *et al.*, *Science* 280, 1570–1573 (1998)
9) A.W.Hoffman, *Treatise on Geochemistry* 2, *The Mantle and Core*, 61–101 (2005)
10) W.F.McDonough and S.-S.Sun, *Chem. Geol.* 120, 223–253 (1995)
11) D.R.Hilton and D.Porcelli, *Treatise on Geochemistry* 2, *The Mantle and Core*, 277–318 (2005)
12) V.C.Bennett, *Treatise on Geochemistry* 2, *The Mantle and Core*, 493–519 (2005)
13) 巽　好幸, 高橋正樹, 岩波講座地球惑星科学 8, 地殻の形成, 岩波書店, 49–119 (1997)
14) 末広　潔, 廣井美邦, 岩波講座地球惑星科学 8, 地殻の形成, 岩波書店, 1–48 (1997)
15) 中井俊一, 地球化学講座 3, マントル・地殻の地球化学, 培風館, 123–140 (2003)
16) M.T.McCulloch and V.C.Bernett, *Geochim. Cosmochim.Acta* 58, 4717–4738 (1994)
17) M.Stein and A.W.Hoffman, *Nature* 372, 63–68 (1994)
18) H.Iwamori, *Earth Planet. Sci. Lett.* 160, 65–80 (1998)
19) C.J.Hawkesworth *et al.*, *Ann. Rev. Earth Planet. Sci.* 21, 175–204 (1993)
20) J.D.Morris *et al.*, *Nature* 344, 31–36 (1990)
21) 木村　学, 岩波講座地球惑星科学 9, 地殻の進化, 岩波書店, 187–276 (1997)
22) K.Komiya *et al.*, *J. Geol.* 107, 515–554 (1999)

23) 高橋栄一, 岩波講座地球惑星科学 10, 地球内部ダイナミクス, 岩波書店, 123-199 (1997)
24) Y.Fukao *et al.*, *Rev. Geophys.* 39, 291-323 (2001)
25) S.Maruyama, *J. Geol. Soc. Japan* 100, 24-49 (1994)
26) L.H.Kellog *et al.*, *Scence* 283, 1881-1884 (1999)

8

固体地球表層で起きる諸現象

8.1 風化作用に伴う元素の挙動

　地球表層の岩石が，接している大気，水圏，生物圏との相互作用で変化する過程を，風化作用 (weathering) と呼ぶ．風化作用は，温度変化による鉱物ごとの膨張特性の違いや，岩石の割れ目に滲み込んだ水の凍結膨張で岩石の砕屑化が起きる物理的風化作用 (mechanical weathering) と，多くは水が関与する反応で岩石を構成する鉱物が分解，変化する化学的風化作用 (chemical weathering) に分けることができる．両者はどちらかが単独で起きるのではなく，通常は両者が互いに関連しつつ起きており，気候や母岩の種類の違いによって多様な風化作用が見られる．寒冷地や乾燥地では主として物理的風化作用が起き，湿潤な熱帯地では化学的風化作用が強く進行し，温帯気候のもとでは両方の風化作用が同時に進行する．また，生物活動の関与する風化作用を生物的風化作用 (biological weathering) と呼び，独立した分類として扱うこともある．生物的風化作用では，植物の根の成長による岩石の砕屑化 (物理的風化) や各種の植物酸による岩石の溶解 (化学的風化) などが一緒に起きている．

　化学的風化作用には，酸化作用，炭酸化作用，水和作用，溶解作用などがある．大気中の CO_2 が雨水に溶けてできた炭酸は，造岩鉱物から溶脱した金属イオンと反応して方解石 ($CaCO_3$) などの炭酸塩鉱物を作る (5.3 節参照)．また，水和作用の例として，カンラン石の蛇紋石化，カリ長石の粘土鉱物化を以下の化学反応式で示す．

$$2\,Mg_2SiO_4 + 3H_2O \rightarrow \underset{(蛇紋石)}{Mg_3Si_2O_5(OH)_4} + Mg(OH)_2 \quad (8.1)$$
$$\underset{(カンラン石)}{}$$

$$\underset{(カリ長石)}{2\,KAlSi_3O_8} + 2H_2O + CO_2 \rightarrow \underset{(カオリナイト)}{Al_2Si_2O_5(OH)_4} + K_2CO_3 + 4SiO_2 \quad (8.2)$$

造岩鉱物の風化ではまず無定形の水和酸化物の粘土鉱物 (clay mineral) ができ，結晶化がおきて，ハロイサイト (halloysite: $Al_2Si_2O_5(OH)_4 \cdot H_2O$)，モンモリロナイト (montmorillonite: $Al_4Si_8O_{20}(OH)_4 \cdot nH_2O$)，カオリナイト (kaolinite: $Al_2Si_2O_5(OH)_4$) などの $[SiO_4]^{4-}$ 四面体が平面的に結合して層を作るフィロケイ酸塩 (表 6.2, 図 6.2) の粘土鉱物に変化する．ただし，雲母鉱物は層状構造を保ったまま，イライト (illite) やバーミキュライト (vermiculite) に変化する．高温多雨の熱帯気候のもとでは造岩鉱物が分解溶脱され，Fe, Al の酸化物や水酸化物を主成分とするラテライト (laterite) と呼ばれる土壌ができる．さらに還元状態で Fe が溶出すると，高純度の $Al(OH)_3$ が残り，Al 鉱物の混合体である Al 鉱石のボーキサイト (bauxite) ができる．

ケイ酸塩鉱物の風化に対する抵抗性 (weathering resistivity) は，$[SiO_4]^{4-}$ 四面体の基本構造の重合の大きさによっており，単独四面体からなるカンラン石が最も風化しやすく，単鎖を作る輝石，複鎖を作る角閃石，層状の雲母属の順に抵抗性が大きくなり，3 次元網目構造の石英やカリ長石が最も風化されにくい (表 6.2, 図 6.2)．このことは地表条件下で Si–O 結合が切れにくいことを示しており，同じ 3 次元網目構造でも Si が部分的に Al で置換されたカリ長石は，石英に比べると風化されやすい．岩石の風化に対する抵抗性は，削剥速度 (denudation rate) で定量的に示すことができ，セッコウ (gypsum) など特殊な蒸発岩 ($0.2 \sim 0.5\,\mathrm{mm/y}$)，石灰岩類 ($0.05 \sim 0.1\,\mathrm{mm/y}$) を除くと多くの岩石は $0.005\,\mathrm{mm/y}$ 以下で，玄武岩，泥岩および頁岩，変成岩類，花崗岩，ケイ質岩の順番に低くなり，風化されにくい[1]．

化学的風化作用で原岩からイオンが溶脱して残った風化生成物や機械的に砕屑してできた成分は，風化が起きた場所から別の場所へ運ばれるので (運搬作用：transportation)，巨視的には運搬に伴って地形が変わる．この現象を浸食作用 (erosion) と呼ぶ．浸食をひき起こす原因となる自然現象としては，風，降雨，河川水や地下水の流れ，氷河の動き，波浪などがある．溶存成分は河川水や地下水の流れに乗って運ばれるが，浸食された砕屑物質など固体，粉体成分は河川水や地下水によって運ばれるだけでなく，風や氷によっても最終的に堆積するところまで運搬される．

化学的風化作用で溶脱したイオンは河川水や地下水に溶け出して流出する．河川水の平均化学組成は次章の表 9.2 にまとめてあるように，HCO_3^- が数十

mg/lと最も高濃度で，Ca^{2+}，SiO_2，SO_4^{2-} がそれぞれ $10 \sim 20$ mg/l くらい，Cl^-，Na^+，Mg^{2+} がそれぞれ数 mg/l 程度と続く．世界の河川水の平均的な総溶存量 (TDS: total dissolved solids) の 115 mg/l から計算される化学的風化速度は大陸 1 km^2 あたり約 40 t/y で，大陸全体の削剥速度は約 0.016 mm/y となる[1]．一方，物理的風化作用でできた固体粒子は河川水中では浮遊状態で運搬される．世界の河川水の総浮遊量 (TSS: total suspension solids) は河川ごとの変動が大きいが，地球全体の平均河川運搬速度は年間 $100 \sim 120$ t/km^2 で機械的風化速度に相当する．地球全体では総浮遊量 13.5×10^9 t/y と総溶存量 3.9×10^9 t/y と求められており，その比 3.5 が，物理的風化速度と化学的風化速度の比と考えられ，物理的風化作用の寄与の方が大きいことを示している[1]．

8.2 土壌の生成

地表岩石の風化が進み粘土鉱物化し，さらに生物の作用が加わると，生物起源の有機物質が微生物の働きで腐植物質 (humic substance) に変わる．これらが蓄積し土壌層位 (soil horizon) の分化が進むと，図 8.1 に示す断面の土壌 (soil)

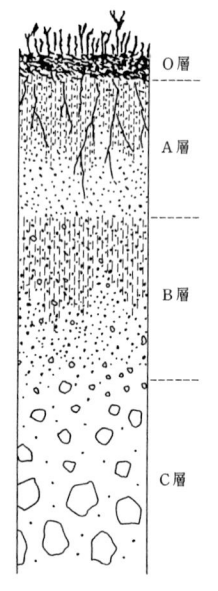

図 8.1 土壌断面の模式図[2]

が生成する．土壌は地表から 0.6 m 程度までの極めて浅いところに発達しており，通常は O 層，A 層，B 層，C 層に分かれる．最上部 O 層は落葉，落枝など植物の遺骸 (リター：litter) からなり，有機物が多く，黒色か暗褐色を呈す．A 層は母材の風化生成物に O 層からの有機物が混じった層で，雨水の浸透作用で強く溶脱 (leaching) を受けている．その下の B 層は粘土鉱物に富み，鉄の酸化物で赤色を呈している層で，A 層から溶出した成分が濃集している．C 層は未分解の母材を含む層で深くなると未風化の岩石に移行する．

　土壌は，固体の無機物と有機物のほかに，孔隙 (pore space) をうめている気体と水溶液から構成される．体積百分率では固相と孔隙がそれぞれ 50％で，固相は無機物 45％と有機物 5％からなり，孔隙は気相 (土壌空気：soil air) 20～30％と液相 (土壌溶液：soil solution) 20～30％とからなる[3]．このような土壌の構成要素は，通気性，透水性，保水性，保肥性という土壌の 4 大特性と結びついており，植物の生育にとって欠かせない性質である[2]．土壌固相の中で無機物は岩石起源の物質からなり，母岩を構成する一次鉱物 (primary mineral) と母材の風化作用でできた二次鉱物 (secondary mineral) に分けられる．二次鉱物のほとんどを占めるハロイサイト，モンモリロナイト，カオリナイトの粘土鉱物では，$[SiO_4]^{4-}$ 四面体が平面的に結合して作る層の間にイオンや水が入るため，イオン交換性を示し，植物に必須な K^+ をはじめとする陽イオンの貯蔵庫の役割を果たしている．

　土壌には，動植物や微生物の遺体としてたえず新鮮な有機物の供給があり，それらが分解して生成する腐植物質は，アルカリ性溶液に溶けないヒューミン (humin) またはケロジェン (kerogen)，アルカリ性溶液に溶けるが酸性溶液に溶けないフミン酸 (humic acid)，どちらにも溶けるフルボ酸 (fulvic acid) に分類されている[4]．これらの有機物は分子量が数百～数十万の化学的にも比較的安定な高分子化合物で，ヒドロキシル基やカルボキシル基をもち錯体を作る働きがある．土壌溶液は土壌粒子内の細孔や接触粒子間に毛管現象で保持され，栄養成分などを溶存し，それらは植物の生育に使われる．土壌空気は一般的には大気とつながっているが，大気に比べて O_2 が少なく，CO_2 に富み，H_2O (水蒸気) で飽和している[5]．

　土壌の生成には生物活動が不可欠であるので，生物が陸上進出する前の地球や，地球以外の地球型惑星，月には土壌は存在しない．地球上では氷に覆われ

ていない陸地全体に土壌が発達しているが，表層岩石の種類，気候条件，植生などの違いに応じて色々な種類の土壌が発達している[3]．

8.3 堆積作用と堆積岩

風化生成物が河川水や風，氷河などで運搬された場所で堆積し，固化する一連の過程を堆積作用 (sedimentation) と呼ぶ．まだ未固結の風化生成物は堆積物 (sediment) と呼び，続成作用 (diagenesis) の結果，固結した堆積物が堆積岩 (sedimentary rock) である．自然界では，風化生成した陸源性砕屑物の堆積作用のほかにも，火山噴火に伴って放出した火山砕屑物，生物遺骸からなる生物源砕屑物，蒸発や熱水噴出で化学的に沈殿した化学沈殿岩などの堆積作用が見られる[6]．

堆積作用が起きる場所は，陸源性砕屑粒子が河川水中を移動してきた場合，流れが急変し運搬力が衰えるところで，河川が山地から平野に出る所に扇状地 (alluvial fan)，河川が海や湖に流入する河口に三角州 (delta) を作る．このような河川堆積物 (fluvial sediment) は，広範な流域に分布する岩石や堆積物などが削剥，混合されて生成し，その河川の上流域の地質を代表しているので，地球化学図 (geochemical atlas) 作成に最も多く用いられる (11.4.3項参照)．また，湖では水生生物の遺骸が堆積して泥炭層 (peat layer) を形成するし，乾燥地域で蒸発により塩分濃度が上昇すると塩湖 (salt lake) になり，蒸発岩 (evaporite) が形成される．海洋は，河口以外でも沿岸，浅海，深海すべてが堆積の場で，深海には風で運ばれた細粒粒子や生物源粒子，化学的沈殿物が堆積し，宇宙塵など地球外粒子も堆積物中に含まれている．風で運ばれた粒子は陸上では砂漠 (desert) や火山灰層 (volcanic ash deposit) のような風成層 (aeolian deposit) を作り，氷河で運ばれた堆積物も分級の悪い堆積層を作る．さらに地下水も堆積の場となり，溶解成分の多い水が地表に湧出するところで $CaCO_3$ からなる石灰華 (calcareous sinter) が見られることもある．

堆積したばかりの堆積物は空隙が多く，ほとんどは水で充満しているが，堆積物の厚さが増すと，加重による圧密作用 (compaction) を受けて，空隙はつぶれ間隙水 (pore water) は絞り出される．同時に，間隙に新たな鉱物ができたり，水に溶解していた SiO_2 や $CaCO_3$ が堆積物間に沈着してセメント化作用

(cementation) を行うなど，間隙が減少して堆積物の固結が促され，堆積岩になる．このような過程を続成作用と呼んでおり，地表条件に近いところで起きると低温低圧下の過程であるが，地下深部の温度圧力が高いところで起きると再結晶を伴う変成作用 (8.4 節参照) へと移行する．

表 8.1 に堆積岩の分類を示す．堆積岩は堆積物の種類に対応して 4 種類の分類が行われる．砕屑粒子からなる砕屑岩 (clastic rock) は，鉱物組成的には石英，長石など風化に対する抵抗性が大きい鉱物と，風化されてできた粘土鉱物とからなる．粒度によって礫岩，砂岩，泥岩 (縞模様がない) あるいは頁岩 (縞模様がある) と細分され，泥岩は粒度 $1/256 \sim 1/16$ mm のシルト岩 (siltstone) と $1/256$ mm 以下の粘土岩 (claystone) に分けることもある．生物源粒子からなる生物岩 (biogenic rock) は生物の遺骸から作られた堆積岩で，主に $CaCO_3$ からなる石灰岩，SiO_2 からなるケイ質岩，C からなる石炭が含まれる．生物岩中

表 8.1 堆積岩の分類 (文献[7] p.655 をもとに作成)

主要構成物質	岩石名	細分
砕屑粒子 　石英，長石，岩片， 　粘土鉱物など	砕屑岩 (clastic rock)	(粒度による分類) 礫岩 (conglomerate)(>2 mm) 砂岩 (sandstone)(1/16〜2 mm) 泥岩 (mudstone) または頁岩 (shale) (<1/16 mm)
生物源粒子 　石灰質化石 　　サンゴ，貝，有孔 　　虫など	生物岩 (biogenic rock) 石灰岩 (limestone)	礁性石灰岩，石灰質砕屑岩， ドロマイト (dolomite)
ケイ質化石 　　ケイソウ，放散虫， 　　海綿など	ケイ質岩 (siliceous rock)	ケイ質軟泥 (siliceous ooze)→ ポーセラナイト (porcellanite)→ チャート (chert)(続成変化)
炭化植物片	石炭 (coal)	泥炭 (peat)→ 亜炭 (brown coal)→ 瀝青炭 (bituminous coal)→ 無煙炭 (anthracite)(続成変化)
化学的沈殿物 　炭酸塩，ケイ酸 　その他の塩類	化学的沈殿岩 (chemical-sedimentary rock) 蒸発岩 (evaporite) リン酸塩岩 (phosphate rock)	岩塩 (halite)，セッコウ (gypsum) など
鉄マンガン酸化物	鉄マンガン鉱石 (iron-manganese ore)	縞状鉄鉱 (先カンブリア時代に限る)，魚卵状鉄鉱 (顕生代)，マンガン団塊
火山砕屑物 　火山岩塊 (>64 mm)	火山砕屑岩 (volcaniclastic rock)	(粒度による分類) 火山角礫岩 (volcanic breccia) または凝灰角礫岩 (tuff breccia)(>64 mm)
火山礫 (2〜64 mm)		火山礫凝灰岩 (lapilli tuff)(2〜64 mm)
火山灰 (<2 mm)		凝灰岩 (tuff)(<2 mm)

に含まれる Ca や Si, 微量金属元素は, もともとは水中に溶解していて生体内に取り込まれ殻や骨格に固定されたので, 微量元素組成や Sr, Nd 同位体比から生息当時の環境を推定することが行われている[8]. 化学的沈殿岩 (chemical-sedimentary rock) の中で蒸発岩は海水や湖水の蒸発の結果生ずる堆積岩で, 岩塩 (NaCl) や硬セッコウ ($CaSO_4$), セッコウ ($CaSO_4 \cdot 2H_2O$) などが含まれる. 火山噴火で放出された火山砕屑物 (volcaniclastic material) からなる火山砕屑岩 (volcaniclastic rock) は, 砕屑物の粒度で分類された火山岩塊, 火山礫, 火山灰に対応して細分されている.

図 8.2 に代表的な堆積岩の主成分元素および希土類元素 (REE) の存在度を上部大陸地殻 (UCC: upper continental crust) の平均化学組成で規格化して示す. チャートと石灰岩はそれぞれ SiO_2, $CaCO_3$ を主成分とする堆積岩で, 主成分元素の Si または Ca 以外の化学成分は UCC よりかなり低いが, REE 相互間の分別が少なく, わずかな重 REE 濃縮が見られる. 頁岩, モレーン (morain：氷河堆積物), 黄土 (loess：更新世の風成細粒堆積物で, 中国の黄土は北西部の砂漠地帯を給源とし, 欧州北米の黄土は氷河堆積物起源), 砂漠堆積物などの砕屑性堆積岩 (堆積物) では, UCC に比べ共通して Na_2O の欠如がみられ, REE

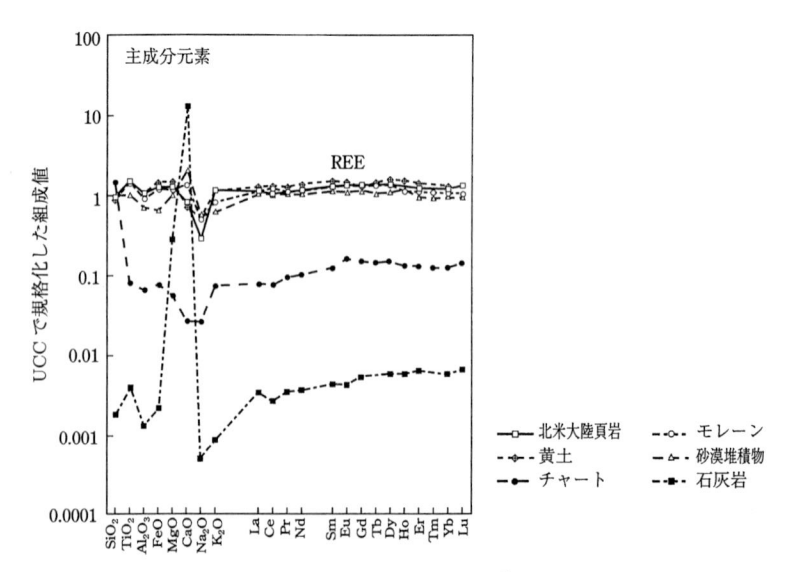

図 8.2 堆積岩の化学組成[8]
上部大陸地殻 (UCC) の平均化学組成で規格化した値.

の相互分別はほとんど見られない．細粒の砕屑性堆積岩はある時代の広範囲な地殻物質の平均的な組成を示しており，地殻物質の地球規模での化学組成の時間変化を読みとることに使われる (7.4 節参照).

8.4 変成作用と変成岩

変成作用 (metamorphism) とは，既存の岩石が新たな温度，圧力，そのほかの条件下におかれ，固体状態を保って，鉱物組成，組織，化学組成が変化する現象をいう．温度条件が高くなりすぎると溶融が起き，火成作用に連続的に移行するが，その境界温度は地殻上部では経験的に 600〜700°C である．低温側では堆積物が固結する続成作用に連続的に移行し，その温度境界は経験的に 150〜200°C である．変成作用の熱力学的解析は閉鎖系であることを前提としているが，実際に変成作用が起きるときには，H_2O や CO_2 などの流体の出入りがあったり，原岩の主要成分が移動して総化学組成を大きく変える．このような現象は変成作用と区分けするため，交代作用 (metasomatism) と呼んでいる．

変成作用は，原岩は動かず周囲環境が変化してその影響で起きるか，原岩が地下深部へ移動して高温高圧環境下におかれて起きる．前者の例はマグマや高温岩体の貫入による接触変成作用 (contact metamorphism) であり，せいぜい 1km 以下の狭い領域に変成岩が生成する．海嶺で生まれた火山岩が海嶺近傍の高い熱流量と熱水循環によってその場で再結晶するのが海洋底変成作用 (ocean floor metamorphism) である．生成した変成岩は海洋プレートの移動に合わせて海洋底に広く分布している．一方，プレート収束境界では地下深部へ岩石や堆積物が持ち込まれ，高温高圧環境になるため再結晶化が進む．このような変成作用では通常数百 km 以上の帯状に変成岩が分布するので，広域変成作用 (regional metamorphism) と呼び，変成岩の分布域を変成帯 (metamorphic belt) と呼ぶ．

岩石が変成作用を受けると，再結晶作用 (recrystallization) による特徴的な組織が見られるようになる．再結晶作用で生じた比較的大きな斑状の結晶は斑状変晶 (porphyroblast) と呼ばれ，周りの細粒部分は基質 (matrix) と呼ばれる．板状，柱状，針状結晶の平行配置は片理 (schistosity) または葉状構造 (foliation)

と呼ばれ，へき開 (cleavage) の原因となっている．明瞭な片理はないが異なる鉱物の縞状構造 (banding) が発達している組織は片麻状組織 (gneissosity) と呼ばれる．接触変成作用では片理も片麻状組織も見られないホルンフェルス状組織 (hornfelsic texture) をもつ変成岩が生成する．

　変成岩の分類や命名は，火成岩や堆積岩に比べ，まだよく統一されていない．原岩は火成岩，堆積岩，変成岩と多様であるが，変成岩の鉱物の組合せは，温度，圧力，総化学組成に依存して決まるので，総化学組成の特徴をもとに分類が行われる．通常，泥質 (pelitic) 変成岩，塩基性 (basic) 変成岩，石灰質 (calcic) 変成岩，超塩基性 (ultrabasic) 変成岩，石英長石質 (quartzo-feldspathic) 変成岩の5種類に分けられ[9]，原岩の性質を反映した分類にもなっている．変成岩の名前は，上記の5分類，岩石組織，特徴的な鉱物などを組み合わせて付けられることが多い．例えば，泥質岩起源で片理の発達している変成岩は泥質片岩 (pelitic schist) と呼ばれ，さらに特徴的な鉱物名をつけてザクロ石泥質片岩と詳しく命名したりする．また，片麻岩 (gneiss)，ホルンヘルス (hornfels) とだけ呼ぶこともある．このほか，次に述べる変成相を岩石の名前に付けることも多い．

　変成作用では，熱力学的平衡が成り立つなら，総化学組成，温度，圧力が与えられると鉱物の組合せが一意的に決まる．変成相 (metamorphic facies) とは，ある温度圧力範囲で安定に存在する鉱物の組合せのことで，主な変成相を図8.3に示し，変成相を決める指標となる代表的な変成反応の相平衡曲線も一緒に示す．この中でも Al_2SiO_5 の3つの多形 (紅柱石，ケイ線石，藍晶石) 間の相平衡反応曲線 (図8.3の点線 e, f, g) は，変成相を決めるのに重要である．各変成相に特徴的な鉱物の組合せは，変成岩の総化学組成に依存するため，同じ変成相でも鉱物の組合せが異なる場合がある[10]．個々の変成帯ではいくつかの変成相が連なって出現しており，変成相系列 (metamorphic facies series) と呼ばれる．それらは図8.3の温度圧力空間で勾配の異なる線上に並び，その傾きをもとに高圧型，中圧型，低圧型の3つの型に分類されている．環太平洋地域の変成帯では低圧型と高圧型変成帯が対になって並んで分布する特徴をもっており，西日本から中部日本にかけて東西方向に，領家変成帯 (低圧型) と三波川変成帯 (高圧型) が並んで分布している．近年，世界の大陸衝突型造山帯でコーサイトやダイヤモンドができる 2.5 GPa を超える超高圧型変成岩や，1000°C を

図 8.3 変成相および変成相系列，代表的な変成反応の温度圧力条件[10]

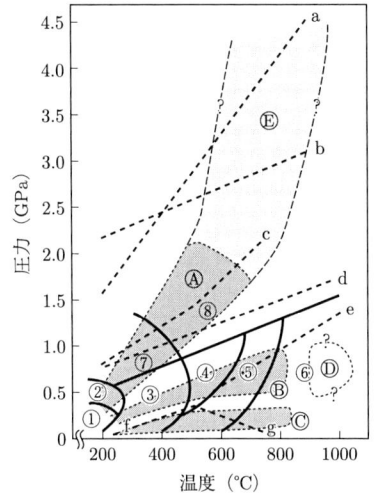

〔変成相〕①沸石相，②プレーナイト・パンペリアイト相，③緑色片岩相，④緑廉石角閃岩相，⑤角閃岩相，⑥グラニュライト相，⑦藍閃石片岩相（青色片岩相），⑧エクロガイト相．
〔変成相系列〕Ⓐ高圧型，Ⓑ中圧型，Ⓒ低圧型，Ⓓ超高温型，Ⓔ超高圧型
〔代表的な変成反応〕a：ダイヤモンド－石墨，b：コーサイト－石英，c：ヒスイ輝石＋石英－アルバイト，d：アラゴナイト－方解石，e：藍晶石－ケイ線石，f：藍晶石－紅柱石，g：ケイ線石－紅柱石

超える超高温型変成岩も見つかっており[10]，その温度圧力領域を図 8.3 に加えて示す．

8.5 浅部マグマ活動が関与する諸現象

火山活動は，マグマの発生・上昇・噴出を通して，地球の物質循環の中でマントルなどに由来する地球深部物質を地表や大気へ運ぶ役割を担っている．マグマの発生と分化，火山岩の多様性についてはすでに 6.2 節で述べたので，本節ではマグマが地表近くまで上昇したときに起きる様々な現象について述べる．図 8.4 に活火山の地下で起きている現象の概念図を示す[11]．マントルで発生したマグマには，H_2O，CO_2，S，Cl など揮発性成分がイオンや分子の形で溶解している．図 8.5 に示すように揮発性成分の溶解度は圧力の関数になっており[12]，マグマの上昇に伴う圧力低下やマグマの結晶化によるマグマ中の濃度上昇で，マグマ中に溶解していた揮発性成分が発泡 (bubble formation) を起こす．気泡が発生したマグマが上昇し圧力がさらに下がると，気泡は膨張しマグマを分断するようになり，この過程が連鎖的に進行すると爆発的な噴火 (explosive eruption) に至り，破砕されたマグマ片が飛び散る．一方，マグマの上昇過程で気泡はマグマの破砕を起こすほど成長せず，ガスが効率よく火道外へ散逸する機構が働

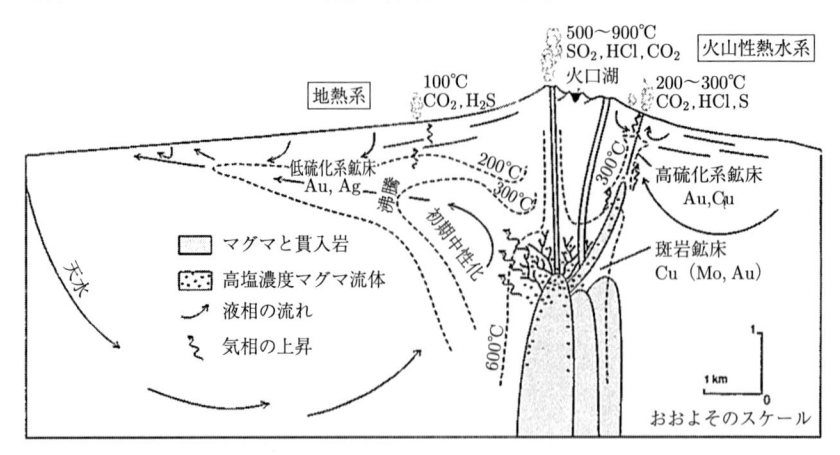

図 8.4 マグマ上昇に伴う地表近くの諸現象[11]

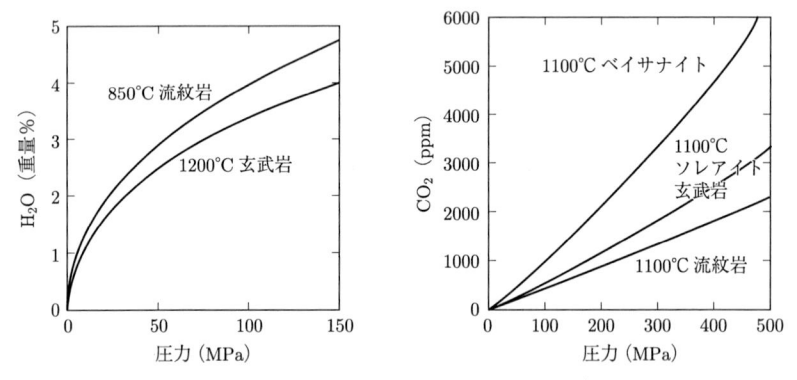

図 8.5 マグマへの H_2O と CO_2 の溶解度[12]

くと,マグマは地表に達して溶岩流 (lava flow) や溶岩ドーム (lava dome) として放出され,その場で固化する[13].このように上昇するマグマの発泡現象の発生条件や火道周囲の物理条件の違いが,噴火の形態を決めると考えられている.

火山ガスは,マグマに溶解していた揮発性成分を起源とし,山頂火口 (summit crater) や山腹の噴気孔 (fumarole) から大気中へ放出する気体で,噴火時に大量に放出されるばかりでなく,火山によっては静穏時に長期にわたって放出が続く.表 8.2 に火山ガスの化学組成,温度を放出形態で分けて示す.火山ガスは,ホットスポットやリフトなどで見られる玄武岩質火山の溶岩湖や溶岩流から放出される火山ガスと,沈み込み帯に特徴的な安山岩やデイサイトの火山の

表 8.2　火山ガスの化学組成 (文献[14] より抜粋)

	火　山	(採取年)	温度 (°C)	濃度 (mol%)						
				H_2O	CO_2	SO_2	H_2S	HCl	H_2	CO
(a)	溶岩湖ガス，溶岩流ガス									
1	キラウエア (ハワイ)	1918〜19	1200	37.1	48.9	11.9	—	0.08	0.49	1.50
2	キラウエア (ハワイ)	1983	1120	83.4	2.78	11.1	1.02	0.1	1.54	0.09
3	マウナロア (ハワイ)		1100	73.4	4.15	21.0	0.56	0.16	0.48	0.16
4	ニイラゴンゴ (ザイール)	1959	1020	42.5	41.5	4.5	—	—	0.75	2.4
5	スルツェイ (アイスランド)	1965	1127	86.2	6.47	1.8	—	0.40	4.70	0.36
6	エルタアレ (エチオピア)	1974	1134	79.4	10.4	6.5	—	0.42	1.49	0.46
7	エトナ (イタリア)	1976	1000	81.0	1.9	15.1	—	—	4.1	<0.05
8	トルバチク (ロシア)	1976	1135	97.4	0.3	0.5	0.3	0.5	1.0	
(b)	噴気孔ガス									
9	モモトンボ (ニカラグア)	1978	800	93.0	4.7	1.2	0.02	0.4	0.6	<0.02
10	メラピ (インドネシア)	1978	900	94.0	4.3	0.5	0.5	0.2	0.5	<0.01
11	クラカトア (インドネシア)	1980	700	99.0	0.25	0.7	0.0006	—	0.02	0.0003
12	セントヘレンズ (アメリカ)	1981	660	98.9	0.9	0.07	0.10	0.4	0.03	<0.002
13	ホワイトアイランド (ニュージーランド)	1971	650	79.6	13.9	4.82	1.51	0.11	0.16	—
14	薩摩硫黄島 (日本)	1961	745	97.8	0.34	0.92	0.06	0.57	<0.24	—
15	薩摩硫黄島 (日本)	1967	570	98.1	0.47	0.82	0.05	0.49	0.07	0.0001
16	那須 (日本)	1964	365	99.7	0.11	0.03	0.12	0.03	0.02	—
17	昭和新山 (日本)	1954	800	98.0	1.2	0.043	0.0004	0.05	0.63	0.003
18	有珠 (日本)	1979	663	96.0	2.64	0.22	0.54	0.16	0.34	0.005

噴気孔ガスとに大別される．前者はマグマから分離した溶解ガスそのもので温度が 1000〜1200°C であるのに対し，後者はマグマから分離したあと地表へ達するまでに冷却されており温度は 900°C を超えない．したがって，温度低下による化学平衡の変化，移動途中での反応や別起源のガスの混入などで，噴気孔での化学組成はマグマから発泡時の組成を保持している訳ではない．2 種類の火山ガスとも水蒸気 (H_2O) の存在度が最も多いが，溶岩湖ガス，溶岩流ガスでは 40〜90% であるのに対し，噴気孔ガスではおおむね 90% 以上である．どちらの火山ガスも水蒸気を除くと CO_2 が最大成分で，次いで SO_2 か H_2S の S を含むガスで，火山ガスは H–C–O–S 系の気体として扱うことができる．このほか，火山ガスには少量成分，微量成分として HCl, H_2, CO, N_2, HF, COS, CH_4, 希ガス元素などが含まれる．

高温の火山ガスの化学組成は，多くの場合大気圧下で化学平衡に達しており，温度の低下に伴い，

$$SO_2 + 3H_2 \rightleftharpoons H_2S + 2H_2O \tag{8.3}$$

$$CO + H_2O \rightleftharpoons CO_2 + H_2 \tag{8.4}$$

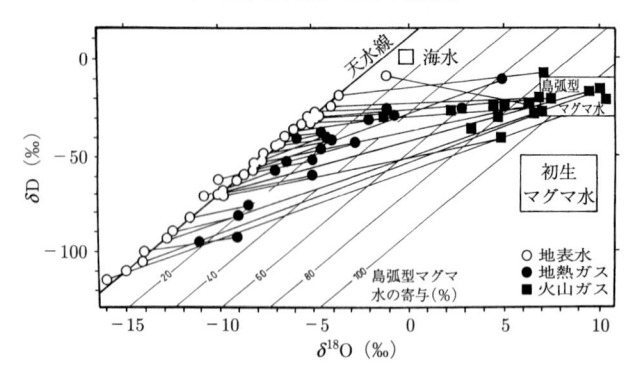

図 8.6 沈み込み帯火山の地熱ガス，火山ガス中の H_2O の H, O 同位体比[16)]
天水線は $\delta D = 8\delta^{18}O + 10$ で示される．

の反応が右に進むので，H_2/H_2O, SO_2/H_2S, CO/CO_2 は小さくなる[15)]．

火山ガスに含まれる化学成分の起源は，各成分分子を構成する H, C, O, S の同位体組成から調べることができる．図 8.6 に火山ガス中の水蒸気 (H_2O) の δD, $\delta^{18}O$ を示す．ホットスポット・リフトの火山ガスは，この図では初生マグマ水の領域に入るのに対して，沈み込み帯の火山ガスは，島弧型マグマ水の領域と火山周辺の地表水の値との間に分布し，前者の領域に収斂する．島弧型マグマ水は安山岩水 (andesitic water) とも呼ばれ，マントルに沈み込む海洋プレート上の海底堆積物中の水を起源とし，マントルウェッジに供給されるとその融点を下げ島弧マグマ生成に寄与した水 (7.5 節参照) と考えられている[16)]．

ホットスポット・リフトの火山ガス中の CO_2 の $^{13}C/^{12}C$ や，含 S 化合物の $^{34}S/^{32}S$ は，マントル物質の値を示し，マントル物質起源の C や S が火山ガスとして放出されている．一方，島弧の火山ガスの C 同位体組成はマントル起源の C と海成炭酸塩や有機物起源の C との混合を示し，S 同位体組成はマントル成分に海水中硫酸イオン起源の成分の混入を示している[14)]．このことは，島弧マグマ中の揮発性物質には沈み込むスラブに起因する成分が混入して取り込まれているためと考えられている．火山ガス中に微量に含まれる He の $^3He/^4He$ は大気の値に規格化した R_A 単位で示すと，ハワイやアイスランドの火山ガスではそれぞれ $15R_A$, $25R_A$ と，下部マントル起源と思われる OIB の値を示した (図 7.6 参照)．一方，島弧地域の火山ガスでは $5 \sim 8R_A$ と，上部マントル起源の MORB に地殻成分が混入した値を示した[14)]．

8.5 浅部マグマ活動が関与する諸現象

　火山ガスはいろいろなタイムスケールで時間変化をしており，地表近くでのマグマの動きと連動した変化がこれまでに報告されている．その変化は，SO_2/H_2S，Cl/S，H_2 濃度，SO_2 放出量 (flux)，$^3He/^4He$ など多岐にわたる[14]．なかでも紫外分光で観測される SO_2 放出量の時間変化は，マグマの脱ガス量の時間変化を反映しており，世界各地の火山で，地震や測地，熱観測とともに火山活動監視の目的で測定されている[17]．2000 年 6 月に始まった三宅島の火山活動は，山頂部に陥没カルデラを形成した後，世界の火山観測史上最大の 1 日あたり数 10^4 t 以上の SO_2 放出が 1 年ほど継続し，その後は減少しつつ推移している (図 8.7)．2003 年末までの積算 SO_2 放出量は 1.8×10^7 t に達し，フィリピン，ピナツボ火山の 1991 年巨大噴火時に放出した SO_2 量に匹敵する[19]．最近では，火山ガスを現地で採取し化学分析するのではなく，赤外分光による遠隔観測で化学組成を測定する方法が開発され[20]，爆発に至るまでの分単位の化学組成変化も捉えられるようになった[21]．

　火山ガスは火口や噴気孔から目に見えて放出するだけではなく，火山体の表面を覆う土壌を通して面的に滲み出して放出していることが多くの火山で見つかっており，この現象を火山ガスの拡散放出 (diffuse degassing) と呼ぶ．火山ガスの拡散放出は火山体全体を積算すると，火口からの放出量に匹敵する場合もあり，マグマの上昇，下降に対応した変化も観測されている．2000 年の有珠火山噴火の前後に行った CO_2 の拡散放出測定からは，噴火に至る直前の火山

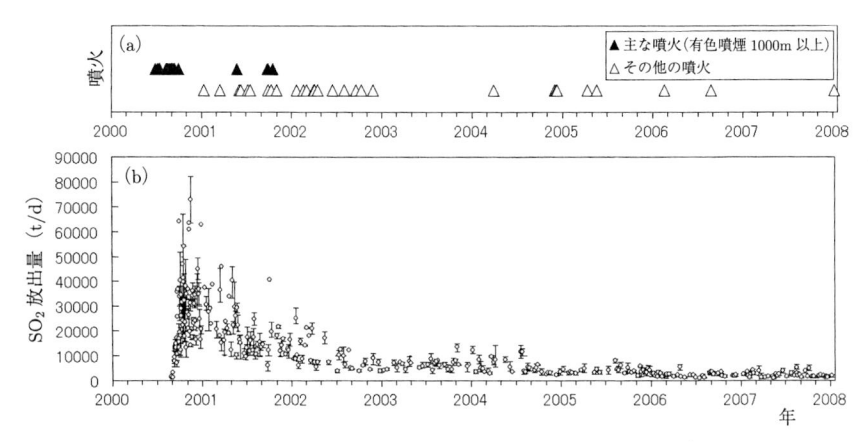

図 8.7　(a) 三宅島火山の噴火活動と (b) SO_2 放出量の推移[18]

体内部のガス圧の高まりを捉えることができ，火山活動監視の重要な観測項目であることが示された[22]．

火山ガスが，火口の窪地に天水がたまってできる火口湖 (crater lake. 図8.4参照) に供給されると，強酸性で温度の高い湖水が形成される．また，火山ガスが地下水に溶け込みマグマの熱で暖められると地熱流体 (geothermal fluid) ができ，温泉水 (hot spring water) として地表に現れる．なお，日本の温泉法では，温泉は泉度 (25°C 以上) と溶存成分量とで定義されているので，熱源がマグマである必要はなく，地中温度が高い地下深部 (例えば 1000 m 以深) から採取できる 25°C 以上の地下水は温泉水である．温泉水や地熱水の H_2O の起源は，火山ガス同様に $\delta^{18}O$，δD，$^3H(T)$ から推定されているが，ほとんどが天水起源で，図 8.6 の天水線上に分布する．周囲の岩石との間の同位体交換や，蒸発の同位体効果が現れる場合もあるが，いわゆるマントル物質起源の水 (初生マグマ水) との混合を示す温泉水は少ない[23]．

地熱水は温度圧力条件によって，気体，液体，超臨界流体 (supercritical fluid) の相をとる．臨界点 (critical point：H_2O では 374.1°C，21.85 MPa) 以上では気相と液相の区別がなくなり (臨界密度 $0.324\,\mathrm{g/cm^3}$)[7]，超臨界流体の水には様々なイオン種が溶けやすくなる．また，水溶液の塩濃度が上がると臨界点も高温高圧側にシフトする．超臨界流体が臨界点以下の温度圧力になると，気相と液相に分離 (沸騰) し，元素の分別が起きる．

地熱水の化学組成は，火山ガスの組成，岩石との反応，鉱物の沈殿，沸騰現象で変化し，1つの温泉地でも多様な組成の温泉水が得られる．地熱水の主要な溶存陰イオン 3 成分 (Cl^-，SO_4^{2-}，HCO_3^-) は火山ガス中の HCl，SO_2，CO_2 起源であるので，図 8.8 に示す 3 種の陰イオン濃度を頂点にとる 3 成分ダイヤグラムが，地熱水の分類や起源，進化の議論に使われる．地熱水，温泉水の化学組成は，表 8.3 に示すように酸性硫酸塩–塩化物泉 (acid sulfate–chloride water)，中性塩化物泉 (neutral chloride water)，重炭酸塩泉 (bicarbonate water)，酸性硫酸塩泉 (acid sulfate water) の 4 種類に分類でき，図 8.8 で示す熱水の化学進化で説明される．マグマから遊離した火山ガスの平均的組成はⓐあたりで，$SO_4^{2-}/Cl^- = 5 \sim 20$ の酸性硫酸塩–塩化物泉ができる．熱水が周囲の岩石と反応して硫化鉱物や硫酸塩鉱物として S が除かれると深部熱水によく見られるⓑの中性塩化物泉の組成に近づく．深部熱水では CO_2 が溶解したままである

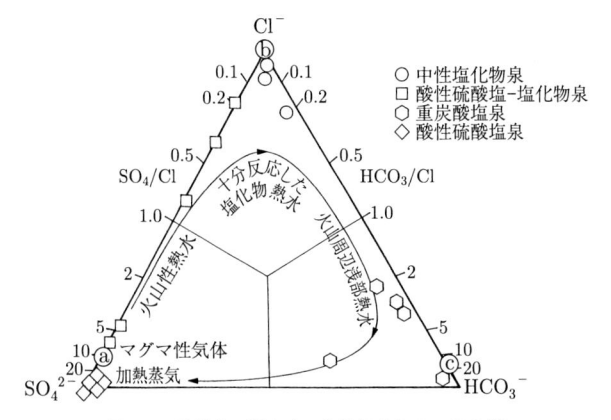

図 8.8 地熱水, 温泉水の化学組成とその進化[16]

表 8.3 地熱水・温泉水の化学組成 (mg/kg)(文献[16] より抜粋)

場所	pH	Na	K	Mg	Ca	Al	Fe	HCO_3	SO_4	Cl
酸性硫酸塩–塩化物泉										
Miravalles	1.9	56	2	48	99	480	73	<1	2830	685
Ruapehu	1.2	1250	130	2000	1310	1200	330	<1	10250	12600
White Island	1.1	8630	960	3200	2010	1440	6100	<1	6600	7300
中性塩化物泉										
Mahagnao	5.8	20340	4840	95	2900	<0.1	<0.1	20	138	46235
Miravalles	7.6	1540	190	<1	50	0.1	—	27	36	2550
Wairakei	8.5	1170	167	<1	20	0.4	<0.1	<5	35	1970
重炭酸塩泉										
Amatitlan	6.9	309	39	41	41	<0.1	<0.1	815	37	266
Miravalles	8.5	144	25	29	56	<0.1	<0.1	423	21	155
Rotorua	6.8	147	20	1	8	<0.1	<0.1	560	<5	13
酸性硫酸塩泉										
Miravalles	2.3	21	8	18	35	23	—	<1	861	10
Ketetahi	2.8	36	9	79	112	110	29	<1	3300	5
Whale Island	1.8	25	11	22	34	198	51	<1	4620	12

が, 冷却, 減圧で溶液中に HCO_3^- 濃度が増加しⓒの重炭酸塩泉ができ, 最後に H_2S を含む蒸気が沸騰して地表付近の地下水に吸収されると H_2S の空気酸化が起き H_2SO_4 が高く Cl^- が著しく低い酸性硫酸塩泉ができる.

地熱水は岩石と反応して熱水変質作用 (hydrothermal alteration) を起こし, 地表に変質帯 (alteration zone) を形成し, さらに熱水鉱床の形成を促す. この反応は岩石の側からは, 閉鎖系ではなく付加溶脱がおき元素組成が変わるので, 交代作用 (8.4 節参照) と呼ばれる. 高温から低温へ流れる酸性熱水–岩石

反応で，溶脱ケイ化作用 (silicification) が起きて石英 (SiO_2) からなるケイ化帯 (silicified zone) ができる．さらにその周りを囲んでカリ変質帯 (potassic alteration zone)，フィリック変質帯 (phylic alteration zone)，粘土変質帯 (argillic alteration zone) が高温熱水供給源を中心に順次分布する．熱水系の外縁部では Ca, Mg, Na の付加が起き，緑泥石 (chlorite)，緑簾石 (epidote)，方解石 (calcite) ができるプロピライト変質帯 (propylite alteration zone) ができる[15]．

中央海嶺や沈み込み帯の背弧域でマグマが発生しているところでは，大規模な熱水系 (hydrothermal system) が発達している．周辺から滲み込んだ海水がマグマの熱で加熱され，岩石中から溶脱した Fe, Mn, Zn, Cu などを含む熱水が形成され，鉱化作用の場となっている (8.7.2 項参照)．

8.6　地震活動が関与する諸現象

地震は地球内部を構成している岩石に急激な破壊が起き弾性波が発生するきわめて物理的な現象であり，化学的な研究対象とはなじまない現象のように思われがちである．しかし地下の流体 (液体と気体) が地震発生過程に何らかの形で関わっており，破壊に伴って化学反応が起きたり，物質の移動が起きていると考えられている．

現在の地球表面は 10 数枚のプレートで覆われており，相互に $1 \sim 10\,\mathrm{cm/y}$ で運動している (図 1.10)．そのため，プレートの境界には歪みが蓄積しやすく，海洋プレートが大陸プレートの下に沈み込む場所では境界面がずれる低角逆断層型地震 (low-angle thrust-fault earthquake) や，プレートの屈曲に起因するプレート内の正断層型地震 (normal fault earthquake) が発生する．プレート境界面で起きる海溝型の巨大地震の再来周期は，日本周辺では場所ごとに 100 年程度である．プレートは均質な剛体ではなく不均質な岩石から構成されているため，プレート内部でも局所的に歪みが蓄積し，限界に達して地震が起きると，横ずれ断層 (lateral fault) や逆断層 (reverse fault) を作って歪みを解消する．1 回の大地震での変位量は最大でも 10 m 程度だが，同じ断層が何度も大地震で動いた結果 (この種の内陸地震の再来周期はおおよそ $1000 \sim 1$ 万年)，数千 m の食い違いが地形に現れることもある．

第四紀後半 (最近 100 万年間) に活動し，将来も動く可能性が高い断層を活断層 (active fault) と呼ぶ．活断層は地球内部から大気への揮発性物質の通路になっており，深部微小地震活動はあるが断層は全く動かない静穏な期間の放出と，断層が動く地震の前後に見られる放出とに分けられる．静穏時に活断層から放出する揮発性成分としては，H_2, H_2O, ^3He, ^4He, Rn の報告例がある[24]．このうち放射性の希ガス元素である Rn が最も古くから知られており，活断層探査にも使われてきた．活断層から放出する H_2 は，断層下部の深部微小地震活動で岩石に微小割れ目 (micro crack) が発生するとき，ケイ酸塩鉱物の–Si–O–Si–結合が切れ，生成したラジカルと水との反応で作られると考えられており，活断層がメカノケミカル (mechanochemical) な反応の場となっている[25]．アメリカのサンアンドレアス (San Andreas) 断層では $^3He/^4He$ が高いマントル起源の He の放出が活断層沿いに点々と見られ，妥当な仮定のもとに求められた ^3He 放出量は断層全体から約 $6\,mol/y$ で，島弧火山からの放出量に匹敵する[26]．活断層を通してのマントルヘリウムの上昇・放出現象は普遍的で，日本の中央構造線[27]やトルコのアナトリア (Anatolia) 断層[28]でも見つかっている．

 活断層からの地震前後での揮発性物質の放出は，世界的にも報告が多い．地震発生に関連した土壌ガスや湧水遊離ガスの異常報告 156 例のうち 128 例が Rn の異常変化である[29]．変位を起こした活断層の直上で観測していると変化が捉えられ，1995 年兵庫県南部地震 (マグニチュード 7.3) では，図 8.9 に示すように，六甲高雄で地震の 3 カ月前から湧水量の上昇が見られ，西宮の地下水の溶存 Rn 濃度が 2 カ月前から著しく増加した．六甲の地下水中の Cl^- 濃度は数カ月前から上昇し一旦下がった後に，2〜3 カ月前に再度上がり出した．Rn 濃度変化は，地震に先立って震源域で微小破壊が進み，岩石中の Rn の放出が進んだことで説明される．この地域の岩石は花崗岩質で U が濃集し，Rn も多く蓄積しているため，微小破壊に伴う増加が明瞭に検出できたと考えられている．Cl^- 濃度の増加のメカニズムは明瞭でないが，破断面からの Cl^- の溶出，あるいは透水性の増加による Cl^- 濃度の高い地下水との混合の促進が考えられている．また，地下水圧の増加が湧水量増加につながったのであろう．

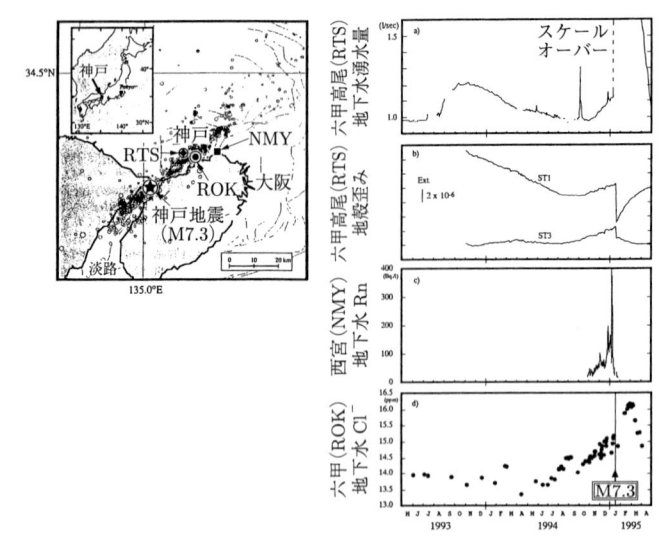

図 8.9　1995 年兵庫県南部地震前に見られた湧水量，地殻歪み，Rn 濃度，Cl⁻ 濃度変化[30]

8.7　鉱化作用：著しい元素の濃縮

　地球表層ではいろいろな自然現象を通して元素組成の分別が起き，特定元素の濃縮や欠損が起きる．特定の元素が濃縮している岩石で，採掘によって経済的な利益が得られる場合，その岩石を鉱石 (ore) と呼び，地殻の中で鉱石が集まっている部分を鉱床 (ore deposit) と呼ぶ．この定義からして，同じ品位の岩石でも，採掘技術や製錬技術の進歩で鉱業として採算が取れるようになったり，産業構造の変化で需要が高まると，鉱床として採掘の対象となる．表 8.4 に元素ごとに代表的な鉱床のタイプと平均品位を示し，地殻の平均元素存在度からの濃縮率をまとめる．

　鉱化作用 (mineralization) とは鉱床が形成される過程のことで，特定元素が数千倍にも及んで濃縮する天然でも特別な条件下で起きる現象である．鉱床は，その成因から，火成鉱床 (igneous ore deposit)，熱水鉱床 (hydrothermal ore deposit)，堆積鉱床 (sedimentary ore deposit) に大別される[32]．

8.7 鉱化作用:著しい元素の濃縮

表 8.4 鉱床の平均品位と元素濃縮率[31]

元素	酸化状態	鉱床のタイプ	平均品位 (重量濃度)	大陸地殻の平均元素 存在度 (重量濃度)	濃縮率
Cu	1	斑岩鉱床	0.54%	27 ppm	200
Na	1	岩塩鉱床	40%	2.3%	17
Zn	2	堆積性噴気鉱床	5.6%	72 ppm	780
As	3	硫化堆積物鉱床	~0.1%	2.5 ppm	~400
Rb	1	リシア雲母鉱床	3%以下	49 ppm	~610
Mo	4	斑岩鉱床	0.19%	0.8 ppm	2400
W	4 (6)	スカルン鉱床	0.66%WO_3	1 ppm	6600
Pb	2	堆積性噴気鉱床	2.8%	11 ppm	2500
V	3	層状マフィック貫入岩体	~0.6%	138 ppm	~43
Au	0 (1)	鉱脈	~10 ppm	1.3 ppb	~7700
Ag	0 (1)	鉱脈	125 ppm	56 ppb	2200
Ni	2	コマチアイト鉱床	1.5%	59 ppm	250

8.7.1 火成鉱床

火成鉱床はマグマの結晶分化作用 (6.2.4 項参照) の過程で,特定の元素が濃縮してできた鉱石からなる鉱床で,マグマから分離した熱水が関与する熱水鉱床との区別を明確にするため,正マグマ鉱床 (orthomagmatic ore deposit) と呼ぶ場合もある.結晶分化の最初にカンラン石や輝石が晶出してマグマ溜まりの下部に集まって超マフィック岩体ができるとき,Ni, Cr, 白金属元素, Fe の鉱床が伴われることがある.またマグマ中で,ケイ酸塩メルトと金属硫化物メルトとが液相不混和 (liquid immiscibility) を起こすと,黄銅鉱 (chalcopyrite: $CuFeS_2$), ペントランド鉱 (pentlandite: $(Fe, Ni)_9S_8$) など Cu や Ni の硫化物鉱床ができる.フェルシックマグマの結晶分化が進み,マグマ中の SiO_2 含有量の増加に伴い不適合元素は濃縮し, H_2O も飽和限界にまで達すると,花崗岩とほぼ同じ組成で造岩鉱物の巨晶 (数~数十 cm の大きさ) からなる岩石,ペグマタイト (pegmatite) が生成する.マグマ中に濃集していたアルカリ元素,ハロゲン元素,希土類元素などは鉱石となって晶出し,ペグマタイト鉱床 (表 8.5) を作る.また,アルカリマグマに関連した希土類元素や Nb, Zr に富むカーボナタイト鉱床 (carbonatite deposit) やキンバーライト (kimberlite) に取り込まれたダイヤモンド鉱床 (diamond deposit) も特殊な火成鉱床である.

8.7.2 熱水鉱床

熱水鉱床は,地熱活動 (8.5 節参照) によって水-岩石相互作用 (water-rock

表 8.5　ペグマタイト鉱床で見られる鉱物[32]

鉱物	組成
石英 (quartz)	SiO_2
カリ長石 (potash feldspar)	$KAlSi_3O_8$
螢石 (fluorite)	CaF_2
緑柱石 (beryl)	$Be_3Al_2Si_6O_{18}$
鉄マンガン重石 (wolframite)	$(Fe, Mn)WO_4$
灰重石 (scheelite)	$CaWO_4$
錫石 (cassiterite)	SnO_2
輝水鉛鉱 (molybdenite)	MoS_2
リシア雲母 (lepidolite)	$K(Li_{1.5}Al_{1.5})Si_3AlO_{10}(OH)_2$
スポデュメン (spodumene)	$LiAlSi_2O_6$
コロンブ石 (cloumbite)	$(Fe, Mn)(Nb, Ta)_2O_6$
サマルスキー石 (samarskite)	$(Y, Ce, U, Ca, Pb)(Nb, Ta, Ti, Sn)_2O_6$
フェルグソン石 (fergusonite)	$Y(Nb, Ta)O_4$
モナズ石 (monazite)	$(Ce, La, Y, Th)PO_4$

表 8.6　熱水鉱床の分類[11]

鉱床のタイプ	マグマとの関係	温度・深度	熱水*	濃集金属	実際の例
斑岩 (ポルフィリー : porphyry) 鉱床	貫入岩に隣接か貫入岩中	>600°C から300°C 2~5 km	超高濃度塩水と不混和蒸気	$Cu \pm Mo \pm Au$, Mo, W or Sn	成層火山下の浅部マグマ貫入体
スカルン (skarn) 鉱床	貫入岩に隣接する炭酸塩岩の中	400~600°C 1~5 km	中~高濃度塩水	Fe, Cu, Sn, W, Mo, Au, Ag, Pb-Zn	成層火山下の浅部マグマ貫入体
鉱脈型鉱床	貫入岩中および近くの割れ目	300~450°C 深度不定	低~中濃度塩水	$Sn, W, Mo \pm$ Pb-Zn, Cu, Au	成層火山下の浅部マグマ貫入体
浅熱水性鉱床 (高硫化系)	貫入岩直上	<300°C 地表直下から >1.5 km	低~中濃度塩水初期酸性凝縮水	Au-Cu Ag-Pb	火口近くの高温噴気と酸性温泉
浅熱水性鉱床 (低硫化系)	マグマ熱源から遠方 (?)	150~300°C 地表直下から 1~2 km	超低濃度塩水気体に富む, 中性pH	Au (Ag, Pb-Zn)	中性pH温泉と泥火山を伴う地熱帯
	マグマ熱源から遠方 (?)	150~300°C 地表直下から 1~2 km	中濃度塩水	Ag-Pb-Zn (Au)	未発見過渡的な鹹水?
塊状硫化物鉱床	噴出ドーム近く	<300°C 海底上か近く	海水に近い塩濃度, 気体に富む	Zn-Pb-Ag (Cu or Au)	背弧海底熱水孔, ブラックスモーカー

* 熱水は塩分量 (Na と K の塩化物濃度) で, 超高濃度 (> 50 重量%), 中濃度 (10~20 重量%), 低濃度 (< 5 重量%), 超低濃度 (0.2~0.5 重量%) に分類される.

8.7 鉱化作用：著しい元素の濃縮

表 8.7 海嶺および背弧海盆の海底熱水の化学組成[33]

	標準海水	海嶺の熱水 東太平洋海膨 (北緯 13～21 度)	背弧海盆の熱水 ラウ海盆
温度 (°C)	2	273～354	334
pH	7.8	3.1～3.8	2
SiO_2 (mM)	0.16	15.6～22	14
Cl (mM)	541	489～760	650～800
SO_4 (mM)	28	0	0
B (μM)	419	—	770～870
Na (mM)	465	432～596	520～615
Li (μM)	28	591～1448	580～745
K (mM)	9.8	23.2～29.8	55～80
Rb (μM)	1.3	14.1～33	60～75
Mg (mM)	53	0	0
Ca (mM)	10.2	11.6～55	28～41
Sr (μM)	87	62～182	105～135
Ba (μM)	0.14	—	20～60
Cs (mM)	2.2	—	280～370
Fe (μM)	<0.001	600～10170	1200～2900
Mn (μM)	<0.001	361～2932	5800～7100
Cu (μM)	0.007	2～44	15～35
Zn (μM)	<0.01	2～106	1200～3100
Cd (nM)	1	17～180	700～1500
Pb (nM)	0.01	14～359	3800～7000
As (nM)	27	—	60000～11000

interaction) が起きたとき，熱水溶液中に溶け込んだ特定元素が，物理・化学環境の変化で濃縮，沈殿を起こして生成する鉱床である．熱水の種類，生成環境 (温度や深さ，地質環境) によって細分されており，表 8.6 にまとめる．このうち斑岩鉱床や浅熱水性鉱床の生成機構は，図 8.4 にも示してある．

海水が熱水となって循環して海底から放出する現象は，1970 年代後半以降，中央海嶺や背弧海盆 (back-arc basin) の多くの地点で見つかった．海底から噴出する熱水は，pH が低く，H_2S に富み，周囲の岩石から溶かし込んだ Fe, Mn, Zn, Pb など重金属元素を多く含んでいるので，通常の海水の化学組成とは著しく異なる (表 8.7)．この熱水が冷たく中性の海水中に噴出すると硫化鉱物や硫酸塩鉱物ほかの微粒子ができ，噴出孔の周りに煙突状に成長するのでチムニー (chimney) と呼ばれる．チムニーからは硫化物微粒子を含む黒色の熱水 (ブラックスモーカー：black smoker) やシリカ (SiO_2) や重晶石 ($BaSO_4$) の微粒子を含む白色熱水 (ホワイトスモーカー：white smoker) が噴出し，数百 m 上昇し

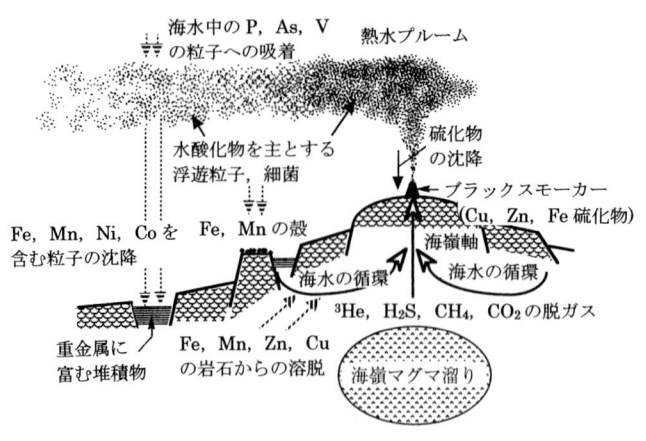

図 8.10 中央海嶺熱水系の模式図[34)]

た後，熱水プルームとなって水平方向にたなびく．図 8.10 に中央海嶺熱水系の模式図を示す．

日本列島の東北地方を中心とした日本海側には，$(2.0 \sim 1.5) \times 10^7$ 年前頃に起きた背弧海盆の海底火山活動で作られた凝灰岩 (tuff) を主とする地層が分布しており，グリーンタフ (green tuff) と呼ばれている．そのときの海底熱水活動で Cu, Pb, Zn ほかの多金属塊状硫化物，硫酸塩鉱床ができ，その鉱石は黒鉱 (kuroko, black ore) と呼ばれる[32)]．

8.7.3 堆積鉱床

堆積鉱床は，堆積作用 (8.3 節参照) に伴い特定元素が濃集しできた鉱床で，風化残留鉱床 (residual ore deposit)，機械的堆積鉱床 (detrital ore deposit)，化学的堆積鉱床 (chemical-sedimentary ore deposit)，有機堆積鉱床 (organic-sedimentary ore deposit) に細分されている．機械的堆積鉱床は，風化作用で砕屑された岩石から，化学的に安定で比重が比較的大きい鉱物が選択的に濃集して形成した鉱床で，漂砂鉱床とも砂鉱床 (placer ore deposit) とも呼ばれ，砂金 (Au)，錫石 (SnO_2)，ダイヤモンド (C) などの鉱床がその例である．

風化残留鉱床は岩石の化学的風化作用で，可溶性の Na, K, Ca, Mg などが溶出したあと残った Al, Fe, Mn に富む成分から生成した鉱床で，ボーキサイト鉱床 (Al_2O_3 相当で $50 \sim 60\%$) が代表例である (8.1 節参照)．溶出した成分

が，河川水，湖沼水，海水の中での pH や Eh (酸化還元ポテンシャル) の変化により，水酸化物，酸化物，炭酸塩として沈殿し鉱床が生成するのが化学的堆積鉱床である．例としては，縞状鉄鉱鉱床 (banded iron deposit)，層状マンガン鉱床，ウラン鉱床が挙げられ，このうち縞状鉄鉱鉱床は，27〜18億年前に地球規模で起きた海洋環境の変化に対応して生成し (5.6節参照)，世界の鉄鉱石の90%を供給している．世界の深海底堆積物中には Mn や Fe の水酸化物，酸化物を主成分とする直径1〜20 cm くらいの黒い団塊が見つかっており，マンガン団塊 (manganese nodule) と呼ばれている (表8.1参照)．

有機堆積鉱床は化石燃料鉱床とも呼ばれ，石炭 (coal)，石油 (petroleum, oil) が該当する．セルロースなど有機物からなる植物は，死後に沼地や湿地で空気との接触が断たれると不完全に分解し，泥炭 (peat) として堆積する．泥炭層が堆積すると下部は加圧され含有水が抜け収縮固化し亜炭 (brown coal：C 含有量30%) になり，さらに加圧されると瀝青炭 (bituminous coal：C 含有量50〜75%)，無煙炭 (anthracite：C 含有量95%) になる (表8.1)．一方，動植物の遺体が土壌中で微生物の働きで分解すると腐植物質が生成し (8.2節参照)，ケロジェン (kerogen) と呼ばれるアルカリ溶液や有機溶媒に溶けない有機高分子化合物が蓄積する．ケロジェンが堆積すると，温度圧力の増加に伴い熱分解が進んでメタンなどが発生し (天然ガスの起源の1つと考えられている)，芳香族化が進み熱分解を受けると最終的には炭化水素の集合体である石油ができると考えられている．石油の起源については古くから無機起源説も唱えられてきたが，石油中にバイオマーカーが多数存在すること，$\delta^{13}C$ が -20‰以下であることは，生物起源説でないと説明がつかない[35]．

文　献

1) 徐　垣, 岩波講座地球惑星科学 9, 地殻の進化, 岩波書店, 1-38 (1997)
2) 小倉紀雄, 一國雅巳, 環境化学, 裳華房, 151pp. (2001)
3) 岡崎正規, 地球環境ハンドブック (第2版), 朝倉書店, 55-61 (2002)
4) 赤木　右, 地球化学講座 1, 地球化学概説, 219-235 (2005)
5) 高井康雄, 三好　洋, 土壌通論, 朝倉書店, 229pp. (1977)
6) 徐　垣, 岩波講座地球惑星科学 9, 地殻の進化, 岩波書店, 89-113 (1997)
7) 国立天文台 (編), 理科年表 (平成22年), 丸善, 1041pp. (2009)
8) 清水　洋, 地球化学講座 3, マントル・地殻の地球化学, 培風館, 249-270 (2003)

9) 廣井美邦, 岩波講座地球惑星科学 9, 地殻の進化, 岩波書店, 141–185 (1997)
10) 岩森 光, 地球化学講座 3, マントル・地殻の地球化学, 171–247 (2003)
11) J.W.Hedenquist and J.B.Lowenstern, *Nature* 370, 519–527 (1994)
12) J.R.Holloway and J.G.Blank, *Rev. Mineral.* 30, 187–230 (1994)
13) 井田喜明, 火山とマグマ, 東京大学出版会, 70–90 (1997)
14) 野津憲治, 火山とマグマ, 東京大学出版会, 139–157 (1997)
15) 篠原宏志, 地球化学講座 3, マントル・地殻の地球化学, 271–285 (2003)
16) W.F.Giggenbach, *Geochemistry of Hydrothermal Ore Deposits* (3rd ed.), John Wiley & Sons, 737–796 (1997)
17) R.B.Symonds *et al.*, *Rev. Mineral.* 30, 1–66 (1994)
18) 気象庁地震火山部火山課, 火山噴火予知連絡会会報 99, 59–67 (2009)
19) K.Kazahaya *et al.*, *Geology* 32, 425–428 (2004)
20) 野津憲治, 化学測定の事典—— 確度・精度・感度——, 朝倉書店, 236–248 (2005)
21) M.Burton *et al.*, *Science* 317, 227–230 (2007)
22) P.A.Hernández *et al.*, *Science* 292, 83–86 (2001)
23) 酒井 均, 松久幸敬, 安定同位体地球化学, 東京大学出版会, 403pp. (1996)
24) 野津憲治, 月刊地球 27, 461–466 (2005)
25) I.Kita *et al.*, *J. Geophys. Res.* 87, 10789–10795 (1982)
26) B.M.Kenndy *et al.*, *Science* 278, 1278–1281 (1997)
27) T.Doğan *et al.*, *Chem. Geol.* 233, 235–248 (2006)
28) T.Doğan *et al.*, *Geochem. Geophys. Geosyst.* 10, Q11009, doi:10, 1029/2009 GC002745 (2009)
29) J.P.Toutain and J.C.Baubron, *Tectonophysics* 304, 1–27 (1999)
30) U.Tsunogai and H.Wakita, *J. Phys. Earth* 44, 381–390 (1996)
31) P.A.Candela, *Treatise on Geochemistry* 3, *The Crust*, 411–431 (2005)
32) 飯山敏道, 地球鉱物資源入門, 東京大学出版会, 195pp. (1998)
33) 鹿園直建, 岩波講座地球惑星科学 9, 地殻の進化, 岩波書店, 113–140 (1997)
34) 浦辺徹郎, 科学 66, 470–477 (1996)
35) 坂田 将, 地球科学講座 4, 有機地球化学, 培風館, 159–200 (2004)

9

水惑星地球の水圏，生物圏での物質循環

9.1 地球上での水循環：海水と陸水

　地球で40億年前頃に生命が誕生し現在まで進化し続けてこられたのは，地球に液体の水の海ができ，一時的な全球凍結はあったが，地表温度がほぼ40°C以下で推移し，液体の水が今日まで存在していることによっている(5章参照)．水は1atm下で沸点100°C，融点0°Cで，生体には重量で75％程度含まれている．水は多くの物質を溶解でき，溶解された成分は栄養として生物に吸収されるし，大きな蒸発熱と融解熱のため生物の温度調節ができるなど，水は生命を維持するための必須成分である．

　表9.1に地球上での水の分布を，貯留量，循環量と平均滞留時間とともに示す．地球上の水の97.4％は海水 (seawater) が占めており，河川水 (river water)，湖沼水 (lake water)，地下水 (groundwater)，氷河 (glacier) など陸水 (inland

表 9.1　地球上の水の分布 (貯留量，循環量，平均滞留時間)
(文献[1]の p.940, p.941 より作成)

	貯留量 ($\times 10^3$ km^3)	循環量 ($\times 10^3$ km^3/y)	平均滞留時間 (y)
天水 (大気中の水)	13	496	0.03
海水	1348850	425	3200
陸水合計	35987		
(内訳) 氷河	27500	3.02	9100
地下水	8200	14*	590*
塩水湖	107	7.59	14.1
淡水湖	103	24	4.3
土壌水	74	84	0.88
河川水	1.7	24	0.07
動植物	1.3	—	—
合計	1384850		

* 地域，存在状態でばらつきが大きい．

water) を構成する水は 2.6% にすぎない. 地球上の水はほとんどが液体の水として存在するが, 氷河は固体の氷として, 大気中の水の一部は気体の水蒸気として存在する. 淡水の約 70% は氷河が占めており, 人類が水資源として使用できる淡水は, 地下水, 湖沼水の一部, 河川水に限られ, その量は地球に存在する水の全量に比べ極めて少量である.

表 9.1 で示した平均滞留時間 (mean residence time) とは, ボックスモデル (box model) を使って対象とする特定空間 (ボックスとかリザーバー (reservoir) と呼ばれる) の物質収支を記述する際に, 物質循環の速さを示すパラメータである. 海洋とか大気というボックスの中に存在する特定成分の全量を N とすると, その成分全量の時間変化は, ボックス内部での生成や消滅がない最も単純な場合に,

$$\frac{dN}{dt} = J_{\mathrm{in}} - J_{\mathrm{out}} \tag{9.1}$$

と記述できる. ここで, J_{in}, J_{out} は, 対象となる成分の単位時間あたりのボックスへの流入量とボックスからの流出量である. ここで J_{in} と J_{out} とが等しく釣り合っている定常状態では, $dN/dt = 0$ となり, N は時間に対して一定となる. このとき,

$$\tau = \frac{N}{J_{\mathrm{in}}} = \frac{N}{J_{\mathrm{out}}} \tag{9.2}$$

で, 定義される時間 τ を平均滞留時間と呼び, 対象成分がボックス中に滞留する平均的な時間を示す. 海水や氷河の水の平均滞留時間はそれぞれ 3200 年, 9100 年と長く, 地下水は地域, 存在状態で 1 年以内から 1 万年以上とばらつきが大きい. 生物中に含まれている水は地球上の全量の 10^{-6} に過ぎないが, 生物中の水の平均滞留時間は大変短く, ヒトの場合約 20 日である[2].

地球表層での水の循環を図 9.1 に示す. 地球全体としては蒸発量と降水量とが釣り合っていて, 大気中の水蒸気量は一定に保たれているが, 海洋では蒸発量に比べ降水量が少なく, 陸上では逆に蒸発量より降水量が多い. 海洋で蒸発した水蒸気のうち約 $40 \times 10^3 \mathrm{~km}^3/\mathrm{y}$ が陸域へ輸送され, 同じ量の水が河川水や地下水として陸から海へ戻される.

表 9.2 に天水 (meteoric water. 降水ともいい, 雨や雪で降下する水) の化学組成をまとめる. 天水は大気中の水蒸気が凝縮した純水であるはずだが, 凝結核や氷晶核の周りに成長した水滴が, 雲の内部や落下中に大気中の気体成分や

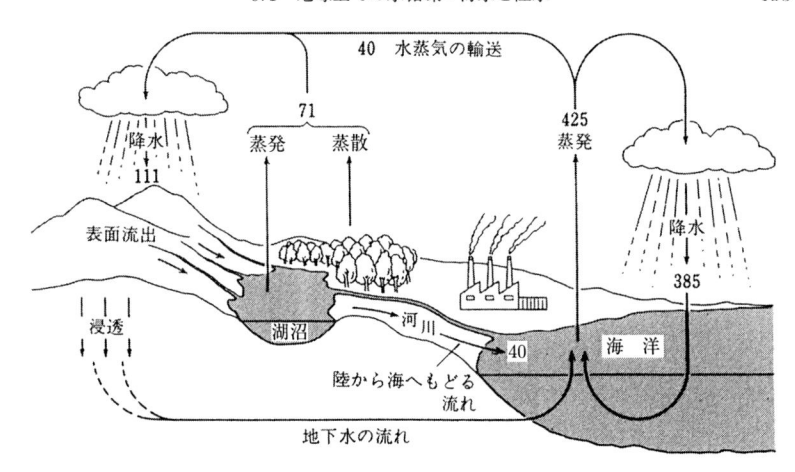

図 9.1 地球表層における水の循環[3]
単位は $10^3 \text{ km}^3/\text{y} = 10^{15} \text{ kg/y}$.

エアロゾルを溶解して地表に降下するので (10.1 節参照), 天水の化学組成に反映される. 天水の化学組成は降水量, 風向・風速の影響を受け, 海岸に近いと海塩成分 (Na^+ や Cl^- はほとんど海塩起源) を含むし, 大気汚染物質を含むことも多い. NO_3^- には自動車の排ガス起源, 非海塩起源の SO_4^{2-} には化石燃料燃焼起源の成分が含まれている. 表 9.2 は, 内陸のミシガンやアンカラに比べ, 日本の全国平均値は海塩成分を多く含むことを示している. 日本 29 地点の天水の 1986 ~ 1987 年度の pH の平均値は 4.7 であり, これは酸性雨 (11.4.4 項参照) に分類される値である.

表 9.2 天水の化学組成 (mg/l) と pH 値[4]

成分	日本 全国 29 か所平均 1986~1987 年度		アメリカ ミシガン 1993 年	トルコ アンカラ 1992~1994 年
	平均値	濃度範囲	平均値 ($n=20$)	平均値 ($n=76$)
SO_4^{2-}	2.64	1.43~5.85	0.57	2.50
NO_3^-	0.96	0.40~2.81	—	2.20
Cl^-	3.82	0.84~12.14	1.10	1.46
NH_4^+	0.39	0.14~1.12	0.35	1.20
Ca^{2+}	0.52	0.14~1.75	0.10	2.30
Mg^{2+}	0.26	0.05~0.77	0.057	0.087
K^+	0.18	0.04~1.16	0.132	0.10
Na^+	1.97	0.37~5.27	—	0.35
pH	4.7	4.1 ~7.0	—	—

表 9.3 河川水・地下水・湖沼水の化学組成 (mg/l) と pH 値

	河川水[5]		地下水[6]		湖沼水[1]	
	日本平均[a]	世界平均	浅層平均[b]	深層平均[c]	琵琶湖	山中湖
pH	—	—	6.6	8.1	7.4	7.3
蒸発残留物	—	—	201	312	47.6	51.2
溶存 SiO_2	19.0	10.4	29	33	1.6	9.3
Ca^{2+}	8.8	13.4	11.5	1.6	8.5	8.3
Mg^{2+}	1.9	3.35	2.3	0.2	2.7	3.4
Na^+	6.7	5.15	32	99	5.1	3.3
K^+	1.19	1.3	3.1	0.98	0.8	1.2
Cl^-	5.8	5.75	23	9.2	3.8	0.8
SO_4^{2-}	10.6	8.25	23	14	3.3	1.6
HCO_3^-	31.0	52.0	63	264	15.4[d]	23.5[d]

[a] 225 河川 (1942～1959 年), [b] 兵庫県三田盆地の 38 試料, [c] 兵庫県三田盆地の 15 試料, [d] アルカリ度を HCO_3^- に換算.

表 9.3 に河川水, 地下水, 湖沼水の化学組成を示す. 天水が集まって流れる河川水では, 天水に比べ溶存イオンの濃度が増える. この増加は, 流域の土壌, 底質, 基盤岩などからの溶出によっており (化学的風化作用. 8.1 節参照), 河川水中の生物活動も河川水の化学組成を変える. 日本の河川は急流で, 水の循環速度が大きく, 降水量に対する蒸発量が少ないため, 大陸の河川に比べ溶存イオン濃度は低い. 河川水には有機成分も溶存しており, 通常 DOC (dissolved organic carbon:溶存有機炭素) は 10 mg/l 以下であるが, 湿地を流れる河川では 100 mg/l を超えることもある[7]. 地下水と河川水の化学組成は似ているが, 地下水は帯水層 (aquifer) の中を流れるので, 岩石などとの接触時間が長くなり, 一般的には岩石からの溶出成分起源のイオン濃度が河川水より高くなる. 地表近くの帯水層を重力の作用で流れている浅層地下水と不透水層にはさまれた深い帯水層を加圧されて流れている深層地下水とでは化学的性質が異なる. 浅層地下水は有機成分に富み酸性で酸化的であるが, 深層地下水は酸素の供給がわずかで還元的になり, 有機物は少なく, pH も高くなりがちである. 地熱水や温泉水も地下水の一種であるが, マグマの熱で暖められて, マグマ起源の揮発性物質も付加されているので, 8.5 節の浅部マグマ活動で扱う.

湖沼は成因が多様であり, 海岸地帯に位置して海水が侵入している汽水湖 (brackish lake), 内陸乾燥地帯で溶存塩濃度が極めて高くなった塩湖 (salt lake), 火山の火口に溜まった水にマグマ起源の揮発性物質が供給されている火口湖 (crater lake) などは, それぞれ特有の化学組成をもっている. 天水を集めた河

川水や地下水が窪地に溜まり，そこから河川で排水されるタイプの湖沼の化学組成は，基本的には河川水と同じである．しかし，湖水の平均滞留時間は河川水よりかなり長く，生物活動による組成変化が見られたり，人為汚染の影響が組成変化に現れることも多い．

9.2 固体地球の中の水循環

地球の海洋には海水が $1.35 \times 10^9 \,\mathrm{km}^3$ 存在しており，地球表層の水循環によると年間 $4.25 \times 10^5 \,\mathrm{km}^3$ の海水が蒸発し，雨水として戻るので，海水はほぼ3200年で入れ替わる勘定になる (表9.1)．海水には大気を介在する表層循環のほかに，固体地球の中を経由するもう1つの循環が存在する．それは，海洋プレートの沈み込みに伴って海水がマントルへ運ばれ，一旦含水鉱物などに固定された後で，最終的には火山活動で水蒸気として大気に放出される循環で，その概念図を図9.2に示す．プレートの沈み込みに伴うマントルへの水供給量は $1.1 \times 10^{15} \,\mathrm{g/y}$ [9] あるいは $(0.4 \sim 1.3) \times 10^{15} \,\mathrm{g/y}$ [10] と推定されており，年間ほぼ $10^{15} \,\mathrm{g}$ ($\approx 1\,\mathrm{km}^3$) である．海水の全量に比べ無視できるほど少ない量だが，仮にリサイクルせず地球形成以来45億年間地球内部に蓄積したとすると，現在の海水量のほぼ3倍強になる．火山活動を通じての地球内部から大気への水の放出量の推定値は $8.6 \times 10^{13} \,\mathrm{g/y}$ [9] または $1.1 \times 10^{15} \,\mathrm{g/y}$ [10] とばらつきが大き

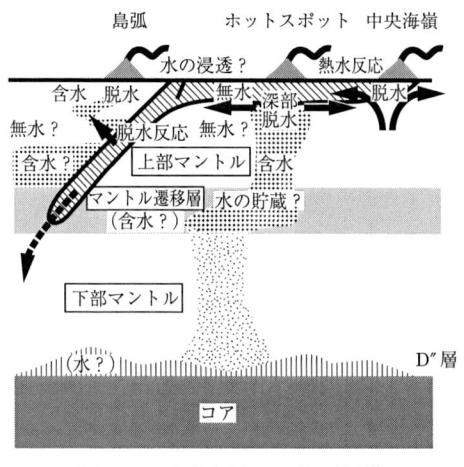

図 9.2　固体地球内部での水の循環[8]

く，今後の研究を待たねばならないが，地球進化のモデルを構築するにあたって鍵となる数値である．前者の推定値なら地球内部にかなりの水が貯蔵されていることになり，後者の推定値なら収支バランスがとれていることになる．

沈み込むプレートを介してのマントルへの水の供給は，海洋地殻玄武岩のカンラン石が海水と反応してできた蛇紋石族鉱物など高密度含水マグネシウムケイ酸塩 (DHMS: dense hydrous magnesium silicate) や海水成分を含む堆積物の沈み込みで行われる (7.5 節参照)．沈み込んだ DHMS は，ある深さで脱水反応を起こし水を放出する．上部マントルと下部マントルの境界のマントル遷移層を構成するカンラン石のスピネル相 (γ 相) や変形スピネル相 (β 相) には水が結晶構造中にそれぞれ 2.2 重量%，3.2 重量% 入ることが高圧実験で示されており[11]，DHMS から分離した水を固定する鉱物相となりうる．また，無水鉱物 (NAM: nominally anhydrous mineral) でも高圧〜超高圧下で微量の H や OH を構造内部に取り込むことが知られており，下部マントルには安定な含水鉱物は存在しないが，0.2 重量% 程度の水は溶解できると考えられている．マントル各層での最大含水量が見積もられており，上部マントル 5.8×10^{21} kg (0.9 重量% に相当)，マントル遷移層 6.2×10^{21} kg (1.5 重量%)，下部マントル 5.9×10^{21} kg (0.2 重量%) は，いずれも現在の海水量を超える量である[9]．

コアにも水が存在している可能性がある．コアの密度を説明するためには，純 Fe に軽元素が付加していることが要請され (7.1 節参照)．軽元素の候補として H も検討されている．溶融 Fe 中では H_2O は還元されて H となり，最大 0.07 重量% (総量では最大 1.3×10^{21} kg) の H が液体の外核に溶け込めるとされている[9]．コア中の H_2O あるいは H の起源として，図 9.2 で示した固体地球内を循環している海水が，コア–マントル境界 (CMB) まで沈み込んで，さらにコアに入ることは難しい．むしろ，地球形成時にコアに溶け込んだ始源的な H が CMB で酸化され，H_2O としてマントルに供給されているのかもしれない[9]．

9.3　海水の化学組成とその鉛直分布

地球上の水の 97.4% を占める海水は，地球表面の 70.8% を覆う海洋を満たしている．外洋域の海洋では塩分，水温，密度に鉛直方向の変化が見られ (図 9.3)，水温が深度とともに急激に低下する水深 100〜1000 m の温度躍層 (thermocline)

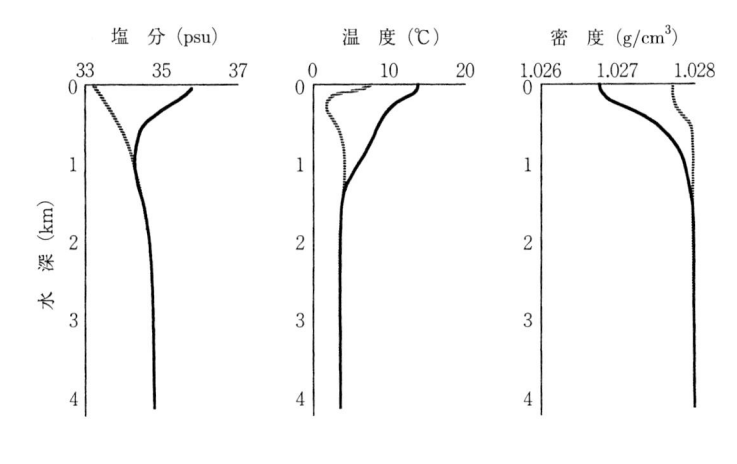

図 9.3 海水の塩分，水温，密度の鉛直分布[12]

psu (practical salinity unit)：海水の電気伝導度が 15°C，1 atm において 32.4356 g の KCl を含む 1 kg の水溶液の電気伝導度に等しいとき，psu=35.000 と定義する．全無機塩類 3.5% の海水はほぼ 35 psu に相当．

は，密度躍層 (picnocline)，塩分躍層 (salinocline) ともほぼ一致することが多い．深部の高密度の海水の上に低密度の海水が成層する構造では，対流が起こりにくく，上下方向の水の混合が起こりにくい．温度躍層を境に浅い部分は，表層 (混合層)(surface mixed layer) と呼ばれ，海水は風波や海流でよく混合されている．温度躍層は中層 (intermediate layer) とも呼ばれ，それより深い部分は海底まですべて深層 (deep layer) に分類される．

海水にはすべての元素が遊離イオン (金属イオン，オキソ酸イオン，錯イオンほか)，イオン対，分子，無機錯体，有機錯体，コロイド，粒子状などの化学種，化学形態で存在している．標準的な海水には総量で 3.5 重量% の塩類が溶け込んでおり，密度は $1.025\,\mathrm{g/cm^3}$ (20°C)，$1.028\,\mathrm{g/cm^3}$ (0°C) と低温ほど大きく (純水は 3.98°C で密度が最大になるのとは異なる)，氷点は $-1.91°\mathrm{C}$ である．

図 9.4 に海水の化学組成を決める要因を示す．化学組成はボックスモデルで記述でき，海洋に流入する成分 (source) の時間あたりの流入量と，海洋から除去される成分 (sink) の時間あたりの除去量で決まる．主な流入物質は，河川を通じて運ばれる地殻物質の風化生成物，中央海嶺や海底火山から放出される熱水や火山性物質，海水表面から溶解する大気成分である．一方，海洋からの除

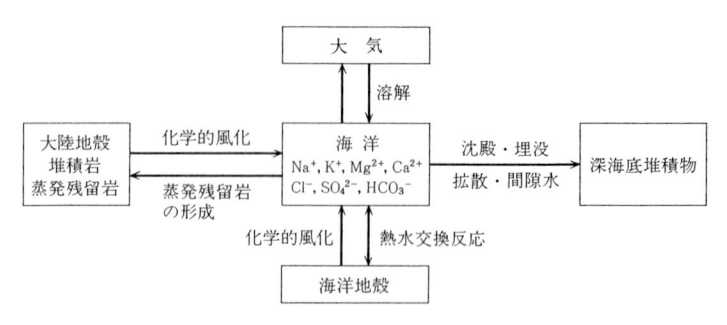

```
                    ┌─────────┐
                    │  大 気  │
                    └─────────┘
                     ↑↓ 溶解
┌─────────┐ 化学的風化 ┌─────────────────┐ 沈殿・埋没  ┌─────────┐
│大陸地殻 │ ────────→ │     海 洋       │ ─────────→ │深海底堆積物│
│堆積岩   │           │Na⁺, K⁺, Mg²⁺, Ca²⁺│ 拡散・間隙水 │         │
│蒸発残留岩│ 蒸発残留岩 │Cl⁻, SO₄²⁻, HCO₃⁻│           │         │
└─────────┘ の形成    └─────────────────┘           └─────────┘
                   化学的風化 ↑↓ 熱水交換反応
                    ┌─────────┐
                    │ 海洋地殻 │
                    └─────────┘
```

図 9.4 海水の化学組成を決める要因[13]

去は，表層海水中で生成した生物起源物質の堆積，海底堆積物への拡散や間隙水としての取り込み，熱水域での海底への海水の滲み込み，海底での鉱物生成，蒸発残留岩の生成，海塩粒子の大気への放出，などの過程で起きている．外洋において海水の全塩濃度は，海水の蒸発や河川水の流入，海水の凍結・解凍で，10%程度変動するが，主要成分同士の濃度比は一定で，海水の主要成分化学組成が全地球で均一であることを示している．海水の主要成分元素は海洋全体を1つのボックスとしてモデル化できるが，主要成分元素以外では，表層海水と深層海水とで濃度が著しく異なる元素もあり，海洋をいくつかの深度の異なるボックスに分けて，それぞれ流入，除去を考える必要がある．9.6節で述べるように，表層海水中では大気中のCO_2を使って植物プランクトンが有機物を作る際，金属元素の取り込みが起き(除去過程)，深層海水では生物死骸からの金属元素の再溶解が起きる(流入過程)など，海水組成の深さによる変化は生物活動と密接に関わっている．

表9.4に平均的な海水中の元素濃度を，海水中に溶存する主な化学種とともに示す．濃度が最も高い元素はClで，2番目のNaと合わせると総塩重量の85%を超える．海水中濃度が1mg/kg以上の主要成分元素は，Cl, Naに続いてMg, S, Ca, K, Br, C, N, Sr, O, B, Si, Fであるが，生物体を構成するN, Si，生物の呼吸や分解に使われて変動の大きいOは主要成分に含めない[15]．元素ごとの鉛直濃度分布を図9.5に，各元素の平均滞留時間を図9.6に示す．海水に溶存する元素は，図9.5の鉛直分布のパターンをもとに，保存成分型 (conservative-type)，栄養塩型 (nutrient-type)，除去型 (scavenged-type) の分類がなされており，表9.4の4列目にはその分類が示されている．なお，

9.3 海水の化学組成とその鉛直分布

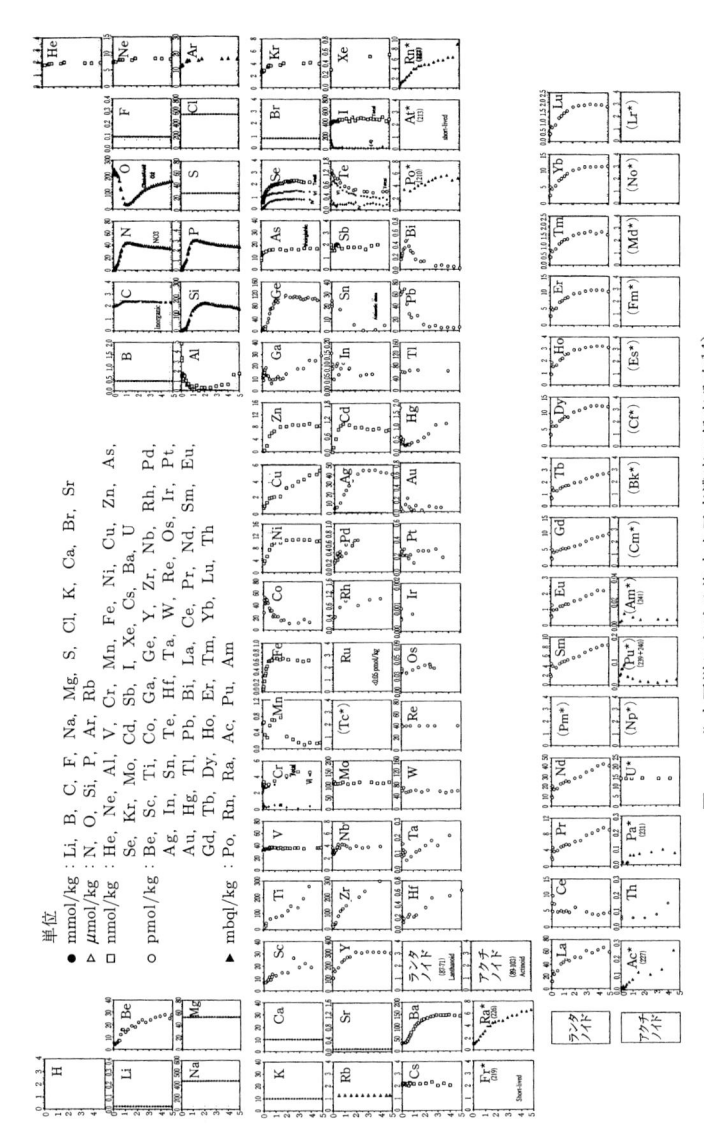

図 9.5 北太平洋における海水中元素濃度の鉛直分布[14]
各元素ごとに、縦軸は深さ（0〜5km）、横軸は濃度（単位は中央上の表参照）.

表 9.4 海水中の平均元素濃度と溶存形態[14]

原子番号	元素	溶存化学種	分布のタイプ	平均濃度 (ng/kg)	原子番号	元素	溶存化学種	分布のタイプ	平均濃度 (ng/kg)
1	H	H_2O			41	Nb	$Nb(OH)_6^0$	?	< 5
2	He	溶存ガス	c	7.6	42	Mo	MoO_4^{2-}	c	10×10^3
3	Li	Li^+	c	180×10^3	43	Tc	TcO_4^-	—	—
4	Be	$BeOH^+$	s + n	0.21	44	Ru	RuO_4^-	?	< 0.005
5	B	$B(OH)_3$	c	4.5×10^6	45	Rh	$Rh(OH)_3^0$?	n	0.08
6	C	無機的 ΣCO_2	n	27.0×10^6	46	Pd	$PdCl_4^{2-}$?	n	0.06
7	N	溶存 N_2	c	8.3×10^6	47	Ag	$AgCl_2^-$	n	2
		NO_3^-	n	0.42×10^6	48	Cd	$CdCl_2^0$	n	70
8	O	溶存 O_2	反転 n	2.8×10^6	49	In	$In(OH)_3^0$	s	0.01
9	F	F^-	c	1.3×10^6	50	Sn	$SnO(OH)_3^-$	s	0.5
10	Ne	溶存ガス	c	160	51	Sb	$Sb(OH)_6^-$	s?	200
11	Na	Na^+	c	10.78×10^9	52	Te	$Te(OH)_6^0$	r + s	0.05
12	Mg	Mg^{2+}	c	1.28×10^9			$TeO(OH)_3^-$	r + s	0.02
13	Al	$Al(OH)_3^0$	s	30	53	I	IO_3^-	c 類似	85×10^3
14	Si	$H_4SiO_4^0$	n	2.8×10^6			I^-	r + s	4.4
15	P	$NaHPO_4^-$	n	62×10^3	54	Xe	溶存ガス	c	66
16	S	SO_4^{2-}	c	898×10^6	55	Cs	Cs^+	c	306
17	Cl	Cl^-	c	19.35×10^9	56	Ba	Ba^{2+}	n	15×10^3
18	Ar	溶存ガス	c	0.62×10^6	57	La	$LaCO_3^+$	n	5.6
19	K	K^+	c	399×10^6	58	Ce	$Ce(OH)_4^0$	s	0.7
20	Ca	Ca^{2+}	c 類似	412×10^6	59	Pr	$PrCO_3^+$	n	0.7
21	Sc	$Sc(OH)_3^0$	s + n	0.7	60	Nd	$NdCO_3^+$	n	3.3
22	Ti	$Ti(OH)_4^0$	s + n	6.5	61	Pm	—	—	—
23	V	$NaHVO_4^-$	c 類似	2.0×10^3	62	Sm	$SmCO_3^+$	n	0.57
24	Cr	CrO_4^{2-} (VI)		210	63	Eu	$EuCO_3^+$	n	0.17
		$Cr(OH)_3^0$ (III)	r + s	2	64	Gd	$GdCO_3^+$	n	0.9
25	Mn	Mn^{2+}	s	20	65	Tb	$TbCO_3^+$	n	0.17
26	Fe	$Fe(OH)_3^0$	s + n	30	66	Dy	$DyCO_3^+$	n	1.1
27	Co	$Co(OH)_2^0$?	s	1.2	67	Ho	$HoCO_3^+$	n	0.36
28	Ni	Ni^{2+}	n	480	68	Er	$ErCO_3^+$	n	1.2
29	Cu	$CuCO_3^0$	s + n	150	69	Tm	$TmCO_3^+$	n	0.2
30	Zn	Zn^{2+}	n	350	70	Yb	$YbCO_3^+$	n	1.2
31	Ga	$Ga(OH)_4^-$	s + n	1.2	71	Lu	$LuCO_3^+$	n	0.23
32	Ge	$H_4GeO_4^0$	n	5.5	72	Hf	$Hf(OH)_5^-$	s + n	0.07
33	As	$HAsO_4^{2-}$ (V)	r + n	1.2×10^3	73	Ta	$Ta(OH)_5^0$	s + n	0.03
		$As(OH)_3^0$ (III)	r + s	5.2	74	W	WO_4^{2-}	c	10
34	Se	SeO_4^{2-} (VI)	r + n	100	75	Re	ReO_4^-	c	7.8
		SeO_3^{2-} (IV)	r + n	55	76	Os	OsO_4^0	c 類似	0.009
35	Br	Br^-	c	67×10^6	77	Ir	$Ir(OH)_3^0$	s?	0.00013
36	Kr	溶存ガス	c	310	78	Pt	$PtCl_4^{2-}$	c	0.05
37	Rb	Rb^+	c	0.12×10^6	79	Au	$AuOH(H_2O)^0$	c	0.02
38	Sr	Sr^{2+}	c 類似	7.8×10^6	80	Hg	$HgCl_4^{2-}$	s + n	0.14
39	Y	YCO_3^+	n	17	81	Tl	Tl^+	n	13
40	Zr	$Zr(OH)_5^-$	s + n	15	82	Pb	$PbCO_3^0$	s + a	2.7

9.3 海水の化学組成とその鉛直分布

表 9.4 つづき

原子番号	元素	溶存化学種	分布のタイプ	平均濃度 (ng/kg)	原子番号	元素	溶存化学種	分布のタイプ	平均濃度 (ng/kg)
83	Bi	$Bi(OH)_3^0$	s	0.03	90	Th	$Th(OH)_4^0$	s	0.02
84	Po	$PoO(OH)_3^-$	s	—	91	Pa	$PaO_2(OH)^0$	s	—
85	At	—	—	—	92	U	$UO_2(CO_3)_2^{2-}$	c	3.2×10^3
86	Rn	溶存ガス	c	—	93	Np	NpO_2^+	—	—
87	Fr	Fr^+	—	—	94	Pu	$PuO_2(CO_3)(OH)^-$	r + s	—
88	Ra	Ra^{2+}	n	0.00013	95	Am	$AmCO_3^+$	s + n	—
89	Ac	$AcCO_3^+$	n	—					

c：保存成分型, n：栄養塩型, s：除去型, r：酸化状態支配型, a：人為起源の影響あり

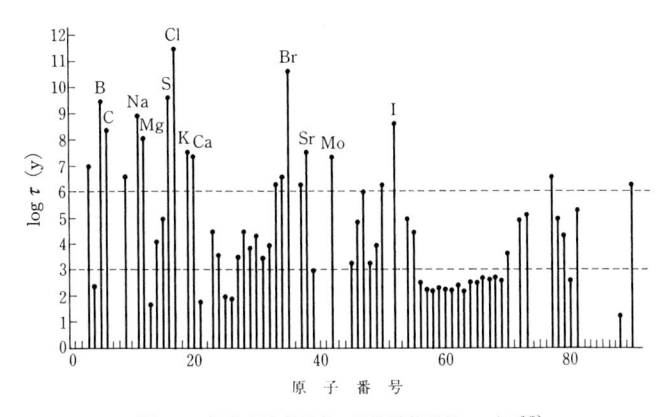

図 9.6 海水中溶存元素の平均滞留時間 τ (年)[16]

表 9.4 では，上記 3 つの型のほかに，2 つの補足的な型も加えてある．

保存成分型は，海水中で濃度の鉛直方向の変化がほとんどない元素で，主要成分元素のほか，アルカリ元素，U，W，Re，Tl などが含まれる．量が変化しない成分のことを保存成分 (conservative constituent) と呼ぶことに由来する命名である．海水中では，Na^+，Cl^-，Tl^+ など遊離イオンのほか，安定な錯イオン ($UO_2(CO_3)_2^{2-}$ など) やオキソ酸イオン (WO_4^{2-}，ReO_4^- など) として存在する．生物活動の影響を受けず，平均滞留時間もほとんどが 10^7 年以上と長く，海洋の中でよく混合されている元素である．

栄養塩型は，海水中の濃度が表層で極端に低く，深層に向かって増加し，そのまま増え続けるか途中でほぼ一定になるパターンをもつ元素で，Cd，Zn，Cu，Ni，Ge，Ba などの元素が属する．海水中の化学種は，中性分子，遊離イオン，錯イオン，炭酸イオンなど様々で，平均滞留時間は $10^3 \sim 10^5$ 年程度である．

図 9.5 の N，P，Si の鉛直分布で示される硝酸イオン，リン酸イオン，溶存ケイ素など生物の生育に必要な栄養塩 (nutrient) の鉛直分布に似ており，名前の由来となった．表層海水でプランクトンに取り込まれた後，プランクトンの死骸の沈降に伴う分解で海水に再溶解するので，深層海水中ほど濃度が高くなる．分解には海水中の溶存酸素 (DO: dissolved oxygen) を使うため，その鉛直分布 (図 9.5 の O) が深度 1000 m あたりで最低値をとることと符合している．

除去型は，海水表層で濃度が高く，深くなるに従って低くなる元素で，Al，Co，Mn，Bi，Ce などがその代表である．海水に極めて難溶で，溶存形も不安定であるため，粒子に速やかに吸着して除去され，平均滞留時間も一般的には 10^2 年程度で短い．

大部分の元素はこれら 3 つの型のどれかにあてはまるが，2 つの型の性質を併せもつ元素も存在し，表 9.4 ではそれらを併記してある．表 9.4 には，3 つの型のほかにも，酸化状態支配型 (r: redox-controlled type．Cr，As，Se，Te などで海水中での異なった酸化状態が鉛直分布に敏感に反映する) と人工起源擾乱型 (a: anthropogenic and transient type．Pb が該当し，人間活動由来成分が海洋中の鉛直分布を変えている) の 2 つの型も加えて示してある．

9.4　海水の化学組成，同位体組成の経時変化

海洋の化学的な環境は，光合成を行う生物の出現によって $(3.0 \sim 2.5) \times 10^9$ 年前から始まった O_2 の海水への蓄積をきっかけに大きく変化した．$(2.7 \sim 1.8) \times 10^9$ 年前の BIF の生成，2.0×10^9 年前から始まる大規模セッコウ層の形成で，海洋は還元的環境から酸化的環境に変化し，海水の化学組成も現在の組成に引き継がれる $NaCl+MgSO_4$ 型になった (5.6 節参照)．

カンブリア紀以降の現在まで 5.4×10^8 年間の海水の組成変化は，海水が蒸発してできた岩塩 (halite: NaCl) 中の流体包有物の化学組成から推定されている[17]．海水の Mg^{2+}/Ca^{2+} モル比は，図 9.7 に示すように，現在の値 (5.16) よりはるかに低い $1 \sim 1.5$ の時期が $(5.0 \sim 3.5) \times 10^8$ 年前と $(2.0 \sim 1.5) \times 10^8$ 年前の 2 回あった．海成石灰岩の $CaCO_3$ 結晶形は，海水中の Mg/Ca 変化に対応してカルサイト (方解石：calcite) とアラゴナイト (霰石：aragonite) の多形間で変化する．地球史の中で海成炭酸塩の結晶形は時代ごとに変化しており，

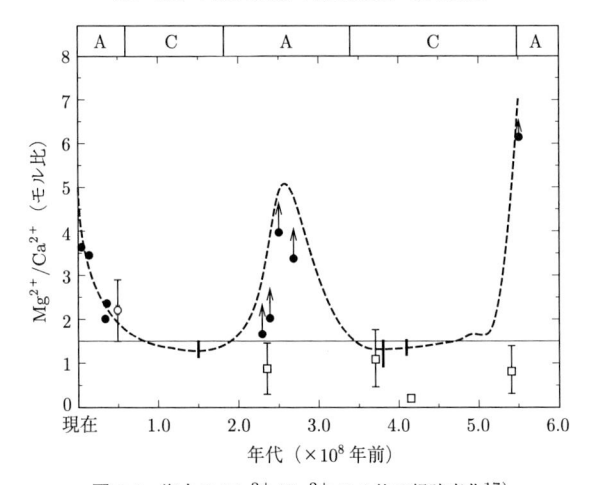

図 9.7 海水の Mg^{2+}/Ca^{2+} モル比の経時変化[17].
●岩塩中の流体包有物, ○有孔虫, □非生物起源炭酸塩沈殿物.
A, C は「カルサイトの海」「アラゴナイトの海」(本文参照) を示す.

カルサイトを産する時代をカルサイトの海 (calcite sea), アラゴナイトを産する時代をアラゴナイトの海 (aragonite sea) と呼ぶが, 流体包有物から求められた海水の Mg^{2+}/Ca^{2+} 時間変化はこの時代区分とよく合っている. このような大規模な海水組成の変化は, 中央海嶺の活動による物質供給に起因しており, マントル循環に関わる超大規模な現象が顕生代に 2 回起きたことを示している.

海成の炭酸塩や蒸発岩の $\delta^{18}O$, $\delta^{13}C$, $\delta^{34}S$, $^{87}Sr/^{86}Sr$, $^{187}Os/^{188}Os$ などの時間変化から, 過去の海水の同位体組成変化とその原因が調べられている[18]. 図 9.8 に 5.4×10^8 年前以降の $\delta^{18}O$, $\delta^{13}C$, $\delta^{34}S$ の変化をまとめる. 炭酸塩の $\delta^{18}O$ は過去に向かうほど低くなる一般的な傾向が見られ, この傾向は 5.4×10^8 年前以前も続き, 3.5×10^9 年前では $-15‰$ まで下がる[20]. この減少傾向が海水の $\delta^{18}O$ の経時変化をそのまま反映しているかはまだ異論があるが, 海水の $\delta^{18}O$ の経時変化であるとするなら, 海水と海洋地殻が反応する高温変質作用と低温変質作用の起きる割合の変化によると考えられている[20]. 炭酸塩の $\delta^{13}C$ は, 3.5×10^9 年前以降 $0 \pm 3‰$ の範囲で推移し, 時として $+10‰$ を超える炭酸塩が生成する期間があった. 1 回は大気中の O_2 濃度が急増した $(2.2 \sim 2.1) \times 10^9$ 年前頃に起き (図 5.10), もう 1 回は先カンブリア時代が終わる直前の $(7 \sim 6) \times 10^8$ 年前頃に起きた[18]. 海成炭酸塩の $\delta^{13}C$ は地殻に蓄積する有機炭素量の指標と

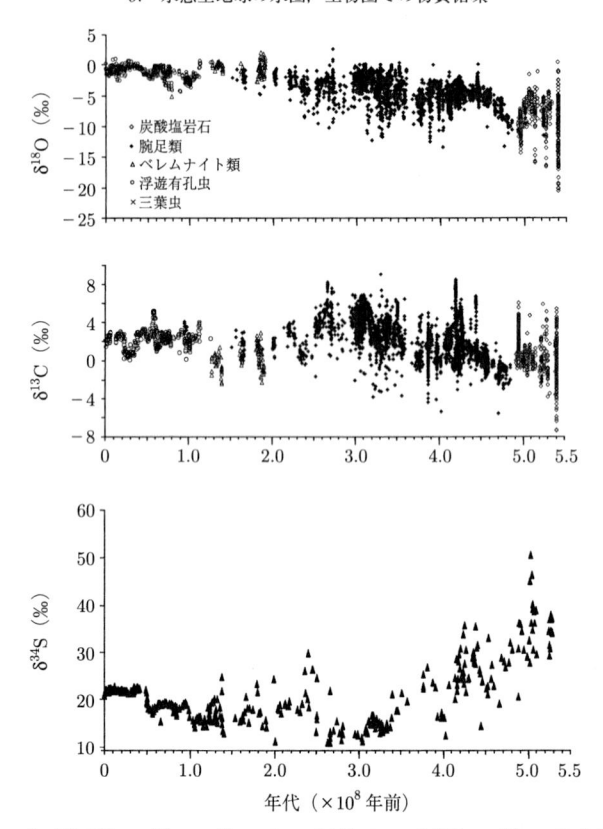

図 9.8 海成炭酸塩の $\delta^{18}O$, $\delta^{13}C$, および重晶石ほか硫酸塩の $\delta^{34}S$ の経時変化[19]

なっており,図 9.8 では 3.0×10^8 年前前後に $\delta^{13}C$ が高くなっており,大量の石炭が堆積した時期に対応している. $\delta^{34}S$ の経年変化は,現在から過去に向かって低くなり,$(3.0 \sim 2.5) \times 10^8$ 年前に最低値+10‰に達した後,上昇して 5.4×10^8 年前には+35‰に至った.海水の $\delta^{34}S$ の経時変化は,時代ごとの硫酸還元菌による硫化物生成と関係している.

炭酸塩試料の $^{87}Sr/^{86}Sr$ データから,海水溶存 Sr の $^{87}Sr/^{86}Sr$ の経時変動が調べられている (図 9.9). $^{87}Sr/^{86}Sr$ は細かい変動を伴いながら,現在から 1.5×10^8 年前まで低下し,それ以前は再び上昇している.海水への Sr の供給源は,マントル起源のマグマが関与する火山活動起源の低い $^{87}Sr/^{86}Sr$ の成分と,大陸地殻の風化生成物起源の高い $^{87}Sr/^{86}Sr$ の成分である.海水中の $^{87}Sr/^{86}Sr$ 精密経時変化は,これら 2 成分それぞれの供給量の時間変化,さらに除去過程

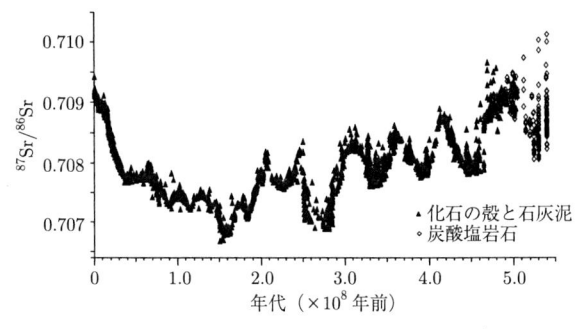

図 9.9 海成炭酸塩の $^{87}Sr/^{86}Sr$ の経時変化[19]

とのバランスを反映している．図9.9は，1.5×10^8 年前を境に，海底火山活動によるマントル起源物質からのSrの供給より大陸地殻起源物質からのSrの供給が勝ってきたことを示している．

9.5 海洋の循環

海洋の表層では，海水は常に大気との間で気体を交換しながら，海流 (ocean current) を作って循環している．表層海流は偏西風 (westerlies)，貿易風 (trade wind)，季節風 (モンスーン：monsoon) など風の影響を受け，東西方向の流れを作る (10.3節参照)．また地球が自転しているため，コリオリ力 (Coriolis force) を受け，北半球では風の運動方向に対し右に曲げる作用をし，南半球では左に曲げるので，北半球の亜熱帯では時計回り，南半球の亜熱帯では半時計回りの環状の海流が形成される．その流速は，日本列島の東岸を北上する黒潮 (Kuroshio) を例にとると $1 \sim 1.5 \, \mathrm{m/s}$ ($3.6 \sim 5.4 \, \mathrm{km/h}$) である[1]．

一方，海水の塩分と温度によって決まる密度差を駆動力とする循環 (熱塩循環：thermohaline circulation) が海洋の表層と深層を巻き込んで地球規模で起きており，海洋大循環 (oceanic general circulation) と呼ばれている．図9.10にBroeckerが描いたベルトコンベアのような大循環の概観を図示する．海洋は密度による層構造を作っており，表層海水と深層海水が混じることはないが，表層海水が深層に沈み込む場所が2カ所存在する．それらは，北極域 (グリーンランド東方の北大西洋) と南極域 (ウェッデル海) で，中緯度海域での蒸発で高塩濃度になった表層海水が高緯度海域に運ばれ冷され高密度になると，深層に

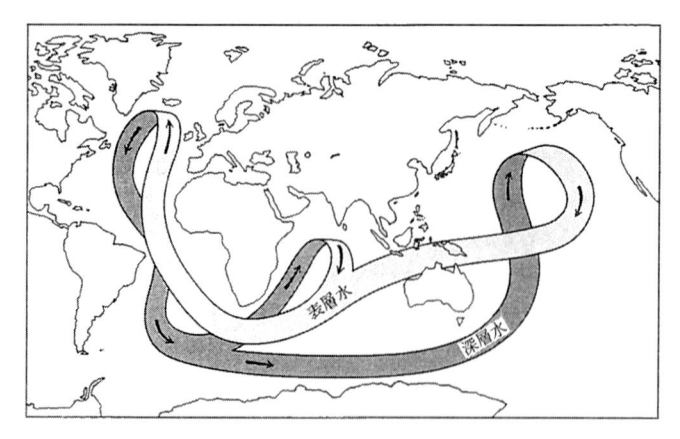

図 9.10 海洋大循環の概観図[21]

潜り込む．北極域で沈み込んだ北大西洋深層水 (NADW: North Atlantic deep water) は，大西洋を南下し，南極域で沈み込んだ南極底層水 (AABW: Antarctic bottom water) と合流し，インド洋や太平洋の深層全体に広がる．ベンガル湾やアリューシャン列島で陸にぶつかり上昇して，表層の海流に合流して，最終的には北大西洋に戻る．北太平洋の上昇流が見られる場所も冷えた表層海流が潜り込む条件を備えていそうであるが，北太平洋は降水と河川の流入で高密度の海水ができないため深層への沈み込みが起きないと説明されている[22]．

このような海洋循環の時間スケールは，放射性同位体など各種の化学トレーサーで測定されている．深層海水と表面海水の年代を半減期 5730 年の放射性炭素 (^{14}C) で測定し，解析すると，海洋大循環は約 2000 年かかって地球を 1 周していることが示された[22]．この値は，海水の主要成分元素の平均滞留時間，10^7 年以上に比べて，桁違いに短い時間で，主要成分元素は十分に混合均一化されていることを保証している．海水中の平均滞留時間が 3.6×10^7 年の Sr の $^{87}Sr/^{86}Sr$ は，異なる $^{87}Sr/^{86}Sr$ をもつ地殻物質が海洋に流入しているにも関わらず，現在の海水の値は 0.709234 ± 0.000009 (1σ) と極めて一定で，地域による変動は検出されていない[23]．一方で，海水中の平均滞留時間が 250 年の Nd の $^{143}Nd/^{144}Nd(\epsilon_{Nd})$ は，海洋の地域の違いによる変動が $-15 \sim -1$ の幅で存在する．太平洋，インド洋，大西洋の順で ϵ_{Nd} 値が小さくなるので，Nd 同位体比は水塊のトレーサーとなりうる[24]．地殻岩石の現在の $^{143}Nd/^{144}Nd(\epsilon_{Nd})$ は，地球形成以来の固体地球内での分化を反映した変化が認められており，大陸

9.5 海洋の循環

地殻は < -20 と低いのに対し，海洋島弧の火山岩は $0 \sim +10$ である (7.5 節参照)．Nd は海水中での平均滞留時間が短いため，海水の ϵ_{Nd} は近傍から供給される風化物が決めることになり，大西洋の海水は古い大陸地殻の，太平洋では島弧火山岩の影響を受けた値になる．図 9.11 には深層海水の $^{143}Nd/^{144}Nd(\epsilon_{Nd})$ と塩分，溶存 SiO_2 量との関係を示す．北大西洋で沈み込んだ高塩分，溶存 SiO_2 に乏しい深層海水が，インド洋，太平洋と循環する間に，その場所の Nd を獲得しては除去を繰り返し，塩分は減少，溶存 SiO_2 量は増加して北太平洋に至る．

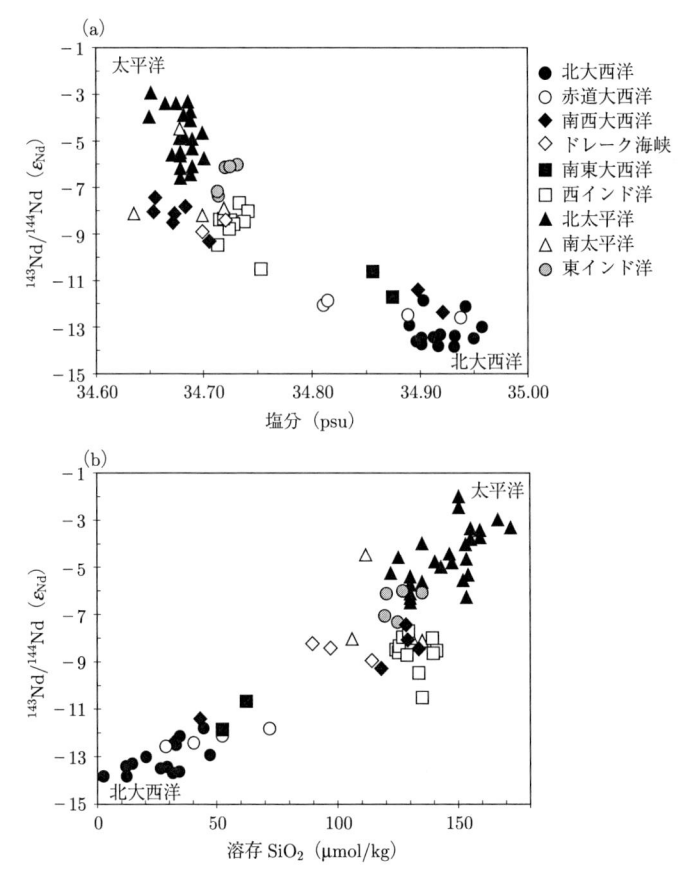

図 9.11 深層海水中の $^{143}Nd/^{144}Nd(\epsilon_{Nd})$ と塩分，溶存 SiO_2 との関係[24]

9.6 海洋での生物地球化学サイクル

海洋での物質循環は，海水の動きに伴う大循環や表層の環状循環のほかに，生物活動が関与する鉛直方向での輸送が重要であり，生物地球化学サイクル (biogeochemical cycle) と呼ばれている．海洋表層で植物プランクトンが光合成によって有機物を合成する際，硝酸，リン酸などの栄養塩が必要で，植物プランクトンと海水中の栄養塩との間には，

$$106CO_2 + 16HNO_3 + H_3PO_4 + 122H_2O \rightleftharpoons (CH_2O)_{106}(NH_3)_{16}H_3PO_4 + 138O_2 \tag{9.3}$$

なる関係が成り立っている．光合成は右方向に進む反応で，左辺は光合成に必要な栄養塩の成分比を表している．右辺は生産された有機物 (植物プランクトン) の平均元素組成を表し，できた有機物の分解は左方向に進む．すなわち，P が 1 原子に対して N が 16 原子，C が 106 原子からプランクトンの有機物が合成され，それを酸化分解するには O が 276 原子必要であることを示している．これらの原子比は，最初にこの関係を提唱した Redfield の名前をとってレッドフィールド比 (Redfield ratio) と呼ばれる[22]．

植物プランクトンで生産された有機物の約 90%は動物プランクトンや魚類の捕食 (predation)(9.7 節で説明する食物連鎖の最初の段階) やバクテリアによる酸化で分解され，無機炭酸物質として海洋表層に戻り，さらに CO_2 となって大気に戻る．しかし，植物プランクトンの死後，一部の有機物は粒子状物質として重力沈降すると，その途中で分解溶解が起きる (9.3 節参照)．この分解反応には海水中に溶存している O_2 が使われるため，図 9.5 の O の鉛直分布には特徴的な減少が見られ，逆に H_3PO_4，HNO_3 濃度を示す P や N の鉛直分布には増加が現れる．Si で示した H_4SiO_4 濃度の鉛直分布も，プランクトン起源の SiO_2 が深海で溶解する様子が示されている．海洋表層のプランクトンには SiO_2 殻をもつケイ藻 (diatom) や $CaCO_3$ 殻をもつ円石藻 (coccolithophorid) も多く，それらの遺骸は粒子となって海洋中を沈降することがセディメントトラップ (sediment trap) の実験から確かめられている．有機物や $CaCO_3$ は深海底に到達するまでにほとんど溶解してしまうが，SiO_2 は一部しか溶解できな

いので，結果として深海底堆積物はケイ質軟泥 (siliceous ooze) が多く，石灰質軟泥 (calcareous ooze) は浅い海底にしか見られない[12]．プランクトンの有機物や硬組織ができるときに取り込まれた多くの元素は，深層海水中でのプランクトンの死骸の溶解に際して海水中に再溶解するので，P，N，Si で代表される栄養塩型元素と類似した海水中濃度の鉛直分布 (9.3 節参照) をもつことになる．

海洋表層のプランクトンを介しての CO_2，HNO_3，H_3PO_4 や栄養塩型元素の垂直方向の移送により，深層水がこれらの成分に富むようになり，生物生産性の高い海水となる．その結果，このような深層水が海洋大循環にのって表層に現れたとき，光合成を効率よく行うことができる．海洋表層において植物プランクトンの光合成で大気中の CO_2 を固定し，できた有機物を海洋深層で分解して CO_2 を深海に貯蔵するサイクルは生物ポンプ (biological pump) と呼ばれる．一方，海洋表層で生成した円石藻や有孔虫の $CaCO_3$ 殻が深層に運ばれると，

$$CaCO_3 \rightleftharpoons Ca^{2+} + CO_3^{2-} \tag{9.4}$$

の反応で深層水に溶解する．生成した CO_3^{2-} は，循環して表層へ戻ると大気の CO_2 を吸収し，

$$CO_3^{2-} + CO_2 + H_2O \rightleftharpoons 2HCO_3^- \tag{9.5}$$

の反応が起きるので，全体としては，式 (9.4)，(9.5) を合わせて，

$$CaCO_3 + CO_2 + H_2O \rightleftharpoons Ca^{2+} + 2HCO_3^- \tag{9.6}$$

の反応が右へ進む．その結果，大気中の CO_2 が深海へもたらされるので，このサイクルをアルカリポンプ (alkaline pump) と呼ぶ．生物ポンプとアルカリポンプで運ばれている深海の過剰 CO_2 は大気中の存在量の 2 倍に相当する[22]．

9.7　生物圏の元素組成，元素の挙動

生物圏は，地球上のすべての生物とそれらが生息する地球表面を指しており，岩石圏，水圏，気圏の境界に位置する化学的活性が大きい領域である．現在の生

物の全量はバイオマス (biomass) と呼ばれ，乾燥重量 (dry weight．水分を除いた重量) か新鮮物重量 (fresh weight．水分も含めた重量) で表される．多くの生物で，新鮮物重量は乾燥重量の約4倍である．乾燥重量換算で 1.843×10^{15} kg のバイオマスが地球上に存在し，その中の99.9%を占める 1.841×10^{15} kg が植物で (動物は 2×10^{12} kg)，さらに 1.837×10^{15} kg は陸上植物である[25]．なお，現在地球上に生息している生物の種類は，植物約30万に対して動物約1000万(中でも昆虫が800万)と推定されている[26]．現在の年間のバイオマス生産量は 1.725×10^{14} kg と見積もられているので[25]，顕生代に入って 5.4×10^{8} 年間この生産量が維持されていたとすると，この間出現した生物の総重量は 9×10^{22} kg となり，地球全体の質量の1.5%にあたる．現在の生物圏の総重量は地球全体からは無視できるほど少ないが，地球上での生命の誕生以降，生物圏を経由した物質量は非常に多い．生物は誕生，成長，増殖，死後の分解を短時間のうちに繰り返しているので，生体を構成する元素は極めて短い時間に入れ替わる．

　生体を構成する元素は，その元素の機能をもとにして，必須元素 (essential element) と非必須元素 (non-essential element) に分類されている．必須元素とは，不足すると生育できず，ほかの元素で代替が効かず，生物の代謝系に直接関与する元素である．必須元素でも過剰に摂取すると毒性 (toxicity) が現れ死に至るが，非必須元素の場合は，欠乏による障害は現れず，過剰に摂取すると毒性が現れ死に至る．必須元素には生体に存在できる濃度の上限と下限が決まっているが，非必須元素では上限のみ存在している．

　必須元素はその生理学的機能から3つのグループに分けられる[27]．第1グループの構造性元素は生物体を構成する元素で，軟体部 (soft tissue) の有機化合物を構成する C，H，O，N，P，S と，硬組織 (hard tissue) を構成する炭酸塩鉱物，リン酸塩鉱物，ケイ酸鉱物などの主要元素の Ca，Si などが含まれる．第2グループの電解質性元素はイオンの輸送や浸透圧のバランスを調整する元素で，K，Na，Ca，Cl，Mg が含まれる．第3グループの酵素性元素は金属タンパク質を作る金属酵素 (metalloenzyme) として生体内の触媒反応に関与する元素で，Cr，Mo，Mn，Fe，Co，Cu，Zn，Mg は動物，植物共通で，V，Ni，Sn，Se，F，I は動物のみに，B は植物のみに必須性が証明されている．現在のところ27元素が必須元素とされている (植物は21元素，動物は26元素) が，このほかに Li，As，Br，Cd，Pb の5元素については必須性が議論されてい

9.7 生物圏の元素組成，元素の挙動

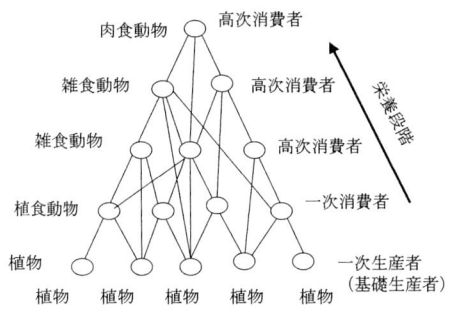

図 9.12 生態系の食物連鎖を示す食物網[28]

る[27].

生物界では，食物連鎖 (food chain) が見られ，独立栄養生物 (autotrophic organism) である植物や一部の菌類は，CO_2 と H_2O と栄養塩があれば生存できる一次生産者 (primary producer) である．それらを食べて H_2O と O_2 は環境から供給を受けて生存するのが一次消費者 (primary consumer) の植食動物 (herbivore) で，植食動物を食べる肉食動物 (carnivore) がその上位に存在する．実際の生態系では，図 9.12 に示すように，植食動物の上位に雑食動物 (omnivore)，肉食動物が位置し，「食う–食われる」の被食者と捕食者 (prey and predator) との関係が何段階にもわたって網目のように連なり，物質とエネルギーの移動が行われるので，食物網 (food web) と呼ばれる[28]．1 つの栄養段階 (trophic level) では捕食者の生体量の 10 〜 20 倍以上の餌が必要であるので，実際に発達している栄養段階はせいぜい 4 〜 5 段階である．光合成で生産された有機物が，食物連鎖に沿って生態系を移動していくとき，動物の生体を構成する C と N の同位体比 $\delta^{13}C$，$\delta^{15}N$ が，餌に比べてそれぞれ 0 〜 1‰，3 〜 4‰高くなる[29]．食物摂取による C や N の同位体分別は動物の種類，生息環境，性別，年齢によらず一定であるという性質があり，動物の栄養段階の推定に利用でき，食物連鎖，生態系の解析，食性分析に応用されている．

表 9.5 に主要な生物種の平均的な主成分元素濃度と灰分濃度を示す．海洋プランクトンや褐藻で灰分が多いのは $CaCO_3$ や SiO_2 からなる硬組織の存在によっている．動物は植物よりタンパク質が多いことを反映して，C/N 比に違いが見られ，植物では 10 を超えるが動物では 5 前後である．表 9.6 に植物とヒトの元素組成 (乾燥重量を基準) を平均地殻組成とともに示す．標準人間 (reference

表 9.5　生物の平均 C, H, N, O, S および灰分濃度[25]
(乾燥重量基準の%濃度)

群	C	H	N	O	S	灰分
種子植物	45.4	5.5	3.3	41.0	0.44	4.4
褐藻	34.5	4.1	1.5	37.7	1.2	22.0
海洋プランクトン	22.5	4.6	3.8	44.0	0.6	24.5
生産者の平均	45	5	3	40	0.5	6.5
細菌類	48.5	7.4	10.7	24.8	0.61	8
菌類	49.4	7	5.1	33.1	0.4	5
分解者の平均	49	7	8	29	0.5	6.5
腔腸動物	43.6	4.5	6.3	27.1	1.9	16.6
環形動物	40.2	5.9	9.9	34	1.4	8.6
線形動物	40	6	11	35.4	1.3	6.3
軟体動物	40	6	8.5	39.1	1.5	4.9
棘皮動物	40	4.5	4.4	45.6	0.5	5.0
節足動物	44.6	7.3	12.3	32.3	0.44	3.1
魚類	47.5	6.8	11.4	29.0	1.0	4.3
哺乳類	48.4	6.6	12.8	18.6	1.6	12.0
捕食者の平均	45	6.5	10	30	1.3	7.2

man) とは ICRP (International Commission on Radiological Protection：国際放射線防御委員会) が 1975 年に提案した平均的な組成をもつヒトのことで，20～30 歳，身長 170 cm，体重 70 kg の温暖域の欧米で生活している男性を想定している．標準植物 (reference plant) はコケ類，シダ類，高等植物の元素組成の一次近似として提案された組成である[27]．

一次生産者である植物では，光合成で作られる有機物と，根から吸収される土壌溶液中に溶けていた成分とから植物体が作られている．根を通しての土壌溶液の吸収では，植物種によって元素ごとの選択性が知られており，特定の元素を濃縮する植物のことを集積植物と呼ぶ．特定の元素が特定の生物に濃縮する現象は動物にも見られ集積動物と呼ばれる．シダ類への Mn の濃縮，ホヤ類への V の濃縮などは集積生物 (accumulator) の例である[27]．

元素や化学種の生体中の濃度と生体に養分を供給する物質 (植物なら土壌，海洋生物や藻類なら海水) 中の濃度との比は濃縮係数 (CF: concentration factor) と呼ばれる．軟体動物の貝類には海水から重金属が濃縮することが知られており，ムラサキイガイ中には重金属が海水中と比べて $10^4 \sim 10^6$ 倍濃縮する (図 9.13)．陸上植物では土壌中に含まれる多くの元素が根から供給されるので，図 9.14 に陸上植物の元素組成と土壌の平均化学組成との関係を示す．植物には光

表 9.6 生物 (植物と人間), 平均地殻の元素組成[27] (生物は乾燥重量基準の組成)

原子番号	元素	平均地殻組成 (ppm)	標準植物組成 (ppm)	標準人間組成 (ppm)	原子番号	元素	平均地殻組成 (ppm)	標準植物組成 (ppm)	標準人間組成 (ppm)
1	H		65000		46	Pd	0.0006		
3	Li	20	0.2	0.024	47	Ag	0.07	0.2	
4	Be	2.6	0.001	0.0013	48	Cd	0.11	0.5	1.8
5	B	10	40		49	In	0.049	0.001	
6	C	480	445000	571000	50	Sn	2.2	0.2	
7	N	25	25000	64000	51	Sb	0.2	0.1	
8	O	474000	425000		52	Te	0.005	0.05	
9	F	950	2	93	53	I	0.14	3	
11	Na	23000	150	3600	55	Cs	3	0.2	
12	Mg	23000	2000	680	56	Ba	500	40	0.79
13	Al	82000	80	2.2	57	La	32	0.2	
14	Si	277000	1000		58	Ce	68	0.5	
15	P	1000	2000	27900	59	Pr	9.5	0.05	
16	S	260	3000	5000	60	Nd	38	0.2	
17	Cl	130	2000	3400	62	Sm	7.9	0.04	
19	K	21000	19000	5000	63	Eu	2.1	0.008	
20	Ca	41000	10000	35700	64	Gd	7.7	0.04	
21	Sc	16	0.02		65	Tb	1.1	0.008	
22	Ti	5600	5		66	Dy	6	0.03	
23	V	160	0.5	0.0039	67	Ho	1.4	0.008	
24	Cr	100	1.5		68	Er	3.8	0.02	
25	Mn	950	200	0.43	69	Tm	0.48	0.004	
26	Fe	41000	150	150	70	Yb	3.3	0.02	
27	Co	20	0.2		71	Lu	0.51	0.003	
28	Ni	80	1.5	0.036	72	Hf	5.3	0.05	
29	Cu	50	10	2.6	73	Ta	2	0.001	
30	Zn	75	50	82	74	W	1	0.2	
31	Ga	18	0.1		75	Re	0.0004		
32	Ge	1.8	0.01		76	Os	0.0001		
33	As	1.5	0.1	0.64	77	Ir	0.000003		
34	Se	0.05	0.02		78	Pt	0.001		
35	Br	0.37	4	9.3	79	Au	0.0011	0.001	
37	Rb	90	50	24	80	Hg	0.05	0.1	
38	Sr	370	50	11.4	81	Tl	0.6	0.05	
39	Y	30	0.2		82	Pb	14	1	4.3
40	Zr	190	0.1	0.0036	83	Bi	0.048	0.01	
41	Nb	20	0.005		88	Ra	6.00×10^{-7}		
42	Mo	1.5	0.5		90	Th	12	0.005	
44	Ru	0.001			92	U	2.4	0.01	0.0032
45	Rh	0.0002							

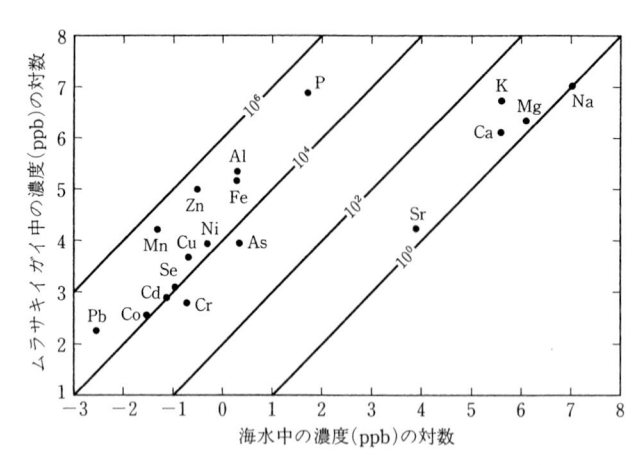

図 9.13 ムラサキイガイと海水中の元素濃度の関係[5]
図中の直線は $10^0 \sim 10^6$ の濃度比を示す.

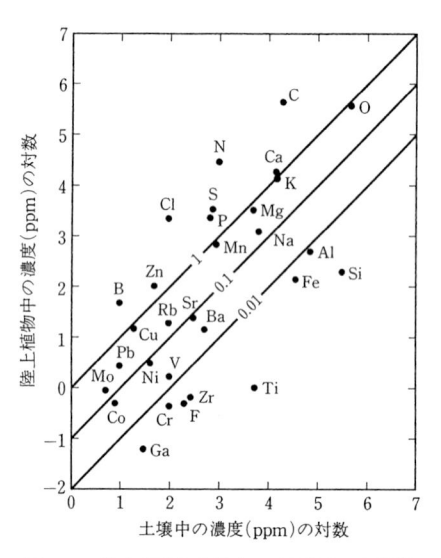

図 9.14 陸上植物と土壌中の元素濃度の関係[5]
図中の直線は $1 \sim 0.01$ の濃度比を示す.

合成で作られた有機物を構成する C, O, N が高濃度で含まれ, 植物に必須な元素は土壌中では低濃度でも効率よく濃縮している[5]. このような性質を生かして, 集積生物は特定元素の環境のモニタリングに使うことができ, 鉱床の地球化学探鉱 (geochemical prospecting) にも使われている. また, ある元素や化合物が生態系の中での食物連鎖を通して生物体内に蓄積する現象は生物濃縮 (bioconcentration) と呼ばれている.

生物の硬組織は生体鉱物 (biomineral) とよばれ, 炭酸塩, リン酸塩, ケイ酸, 酸化鉄, シュウ酸塩などが存在し[27], 60 種以上の鉱物種が知られている. 代表的な例としては, $CaCO_3$ からなる軟体動物の殻, $SiO_2 \cdot nH_2O$ のケイ藻の殻, $Ca_{10}(PO_4)_6(OH)_2$ の脊椎動物の骨格や歯, などが挙げられる. その役割は, 骨, 殻が生物体の支柱・保護, 歯や歯舌は消化のため, そのほか, 生体反応に必要なイオンの貯蔵, 不要物の排泄, 重力や磁力のセンサーなど様々である. また, 海洋での物質循環においては, 表層で生成した円石藻や有孔虫の $CaCO_3$ 殻がアルカリポンプとして CO_2 の垂直輸送を担っている (9.6 節参照). 生物が鉱物を作ることをバイオミネラリゼーション (biomineralization) と呼び, タンパク質代謝などで生じた特殊な有機物が関与して起きる細胞内外での結晶成長を指している. 生体鉱物に取り込まれる特定元素の量比は, 生物が生息している環境によって支配されており, サンゴの骨格 $CaCO_3$ 中の Mg/Ca や Sr/Ca は海水温の指標とされている[30].

文　　献

1) 国立天文台 (編), 理科年表 (平成 22 年), 丸善, 1041pp. (2009)
2) 小倉紀雄, 地球化学講座 6, 大気・水圏の地球化学, 培風館, 156–175 (2005)
3) 小倉紀雄, 地球環境ハンドブック (第 2 版), 朝倉書店, 45–50 (2002)
4) 西川雅高, 地球環境ハンドブック (第 2 版), 朝倉書店, 364–369 (2002)
5) 小倉紀雄, 一國雅巳, 化学新シリーズ「環境化学」, 裳華房, 151pp. (2001)
6) 堀内清司, 季刊化学総説 14, 陸水の化学, 79–89 (1992)
7) 赤木　右, 地球化学講座 1, 地球化学概説, 培風館, 219–235 (2005)
8) S.Karato, *Geophys. Monogr.* 138, Inside the Subduction Factory, AGU, 135–152 (2003)
9) 丸山茂徳, 大森聡一, 地震発生と水, 東京大学出版会, 297–342 (2003)
10) T.P.Fischer, *Geochem. J.* 42, 21–38 (2008)
11) 鍵　裕之, 地球化学講座 3, 地殻・マントルの地球化学, 培風館, 23–49 (2003)
12) 赤木　右, 地球化学講座 1, 地球化学概説, 培風館, 182–200 (2005)

13) 田近英一, 岩波講座地球惑星科学 13, 地球進化論, 岩波書店, 303-366 (1998)
14) Y.Nozaki, *Encyclopedia of Ocean Sciences*, Vol.2, Academic Press, 840-845 (2002)
15) 野崎義行ほか, 地球化学講座 6, 大気・水圏の地球化学, 培風館, 176-209 (2005)
16) 角皆静男, 地球化学, 講談社サイエンティフィク, 107-128 (1989)
17) J.Horita *et al.*, *Geochim. Cosmochhim. Acta* 66, 3733-3767 (2002)
18) H.D.Holland, *Treatise on Geochemistry* 6, *The Oceans and Marine Geochemistry*, Elsevier, 583-625 (2006)
19) A.Prokogh *et al.*, *Earth Sci. Rev.* 87, 113-133 (2008)
20) J.B.D.Jaffres *et al.*, *Earth Sci. Rev.* 83, 83-122 (2007)
21) 田近英一, 岩波講座地球惑星科学 1, 地球惑星科学入門, 岩波書店, 47-100 (1996)
22) 野崎義行, 地球化学講座 6, 大気・水圏の地球化学, 培風館, 210-248 (2005)
23) D.J.DePaolo and B.L.Ingram, *Science* 227, 938-941 (1985)
24) S.L.Goldstein and S.R.Hemming, *Treatise on Geochemistry* 6, *The Oceans and Marine Geochemistry*, Elsevier, 453-489 (2006)
25) H.J.M.Bowen (著), 浅見輝男, 茅野充男 (訳), 環境無機化学—元素の循環と生化学—, 博友社, 369pp. (1983)
26) 佐藤矩行, シリーズ進化学 1, マクロ進化と全生物の系統分類, 岩波書店, 1-18 (2004)
27) 増澤敏行, 地球化学講座 5, 生物地球化学, 培風館, 32-67 (2006)
28) 南川雅男, 地球化学講座 5, 生物地球化学, 培風館, 68-92 (2006)
29) M.Minagawa and E.Wada, *Geochim. Cosmochim. Acta* 48, 549-555 (1984)
30) T.Mitsuguchi *et al.*, *Science* 274, 961-963 (1996)

10
地球大気圏の化学

10.1 大気の構造と化学組成

　地球を取り巻く大気には，温度の鉛直構造が存在し，高温度領域は地表付近，高度 50 km 付近，高度 100 km 以上で見られる (図 10.1)．大気の領域区分は温度構造をもとになされ，地表から上空に向かって対流圏 (troposphere)，成層圏 (stratosphere)，中間圏 (mesosphere)，熱圏 (thermosphere) と区分される．

　地表付近の高温度領域は，太陽輻射によって加熱された地表からの赤外放射が大気中の CO_2 や H_2O(水蒸気) に吸収されて形成されており，地表から上空に向かって平均 $-6.5\,\mathrm{K/km}$ の負の温度勾配をもち，温度が極小値に達するまでが対流圏である．対流圏の上端にあたる対流圏界面 (tropopause) の高度と

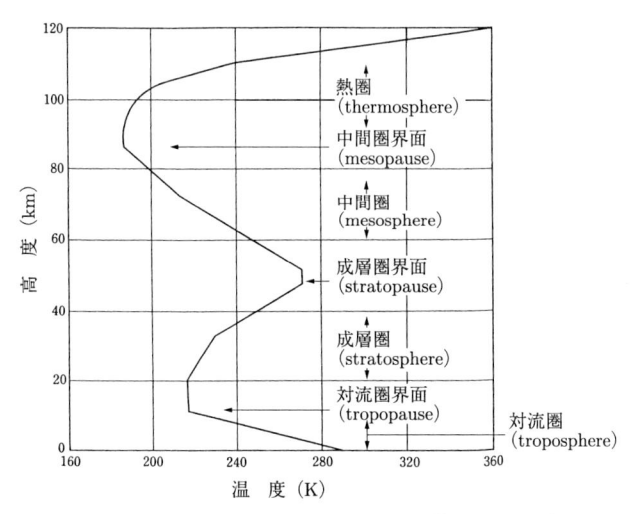

図 10.1　地球大気温度の鉛直構造 (文献[1]) の p.318)

温度は赤道域と極域とで異なり，赤道域では高度 17 km で極小温度 190 K に達し，極域では高度 8 km で極小温度 230 K に達する[2]．対流圏では大気が不安定で対流が起き，水蒸気や潜熱が輸送されて雲，雨，風といった気象現象が現れ，熱収支にエアロゾル (aerosol) も無視できない．対流圏界面から上空に向かっての大気温度は高度に対して正の勾配をもち，高度 50 km あたりで O_3 による太陽からの紫外線吸収に起因する約 270 K の温度極大に達する．この領域では対流は起きず上下方向で混合しにくいので，成層圏と呼び，その上端が成層圏界面 (stratopause) である．大気温度は O_3 濃度の急激な減少により成層圏界面より再び低下し，高度 90 km あたりで 180 K かそれ以下の最低温度に達する．温度が低下する領域を中間圏と呼び，最低温度の上端を中間圏界面 (mesopause) と呼ぶ．

図 10.2 に高度 40 km から 1000 km の大気の平均的な物性量 (温度，密度，圧力，平均分子量，スケールハイト) と化学組成の高さ分布とを示す．高度 90 km あたりの中間圏界面より上空では，太陽からの極端紫外光放射による大気主成分分子の電離・解離による加熱のため，高度 500 km 付近まで温度上昇が続く．この領域は熱圏と呼ばれ，等温になる高度 500 km あたりの熱圏界面 (thermopause) の温度は，太陽活動の変化に対応して 700 K から 2500 K まで変化する[2]．熱圏では，主成分分子の解離でできた原子の電離が促進され，プラズマ状態で存在するため，電離圏 (ionosphere) とも呼ばれる．ただし電離度は高度 100 km で 10^{-6} 程度，電子密度が極大になる高度 300 km あたりでも 1/100 程度で，高度 1000 km で 0.5 程度になる[2]．

大気の化学組成は中間圏まではほぼ均一で，平均分子量 28.97 が保たれているが，熱圏に入ると分子の解離が始まり，重力場での拡散によって組成分布が決まるため，熱圏上部では解離 O 原子が主成分となり平均分子量も 16 前後になる．さらに上空では He や H が主成分となり平均分子量は高度とともに小さくなる．高度が約 500 km を超えると，大気粒子の平均自由行程 (mean free path) が長くなり，無衝突に近い H や He は弾道軌道をとって運動する外気圏 (exsosphere) となる．高度が 1000 km を超えると，中性大気密度は小さくなり H^+ や He^+ が主成分となる．地球磁場の影響が大きくなるため磁気圏 (magnetosphere) と呼ばれ，地球の大気圏が惑星間空間と接する最も外側の部分に相当する (図 1.3 参照)．

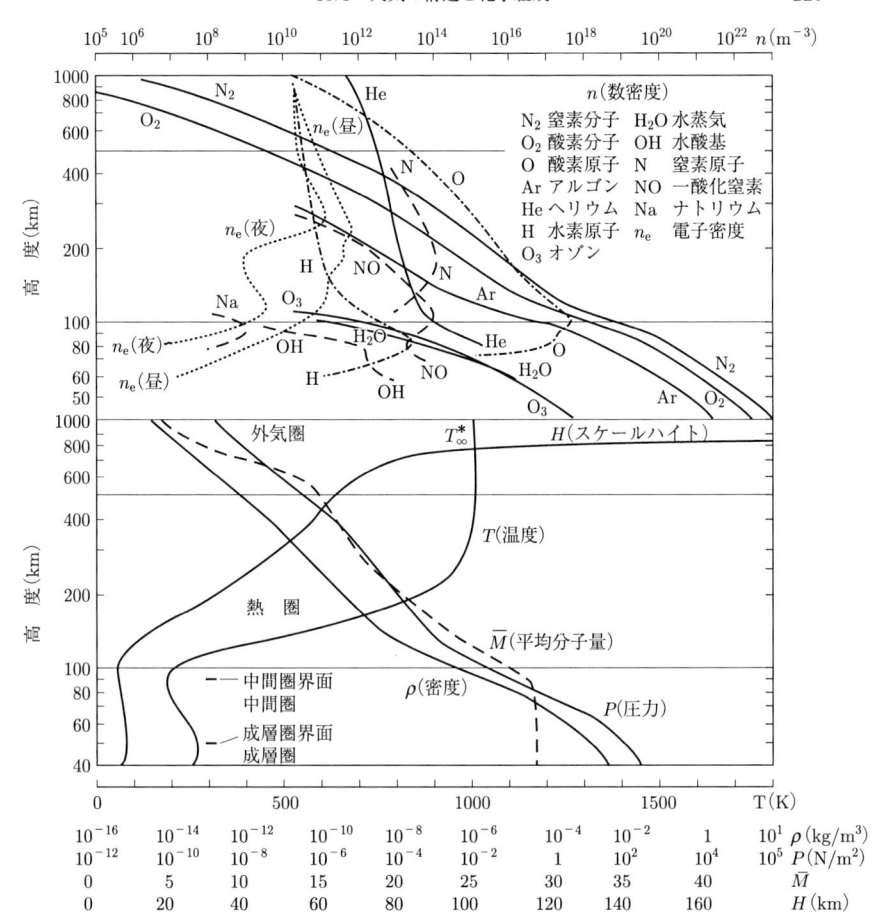

図 10.2 地球高層大気の平均的な物性,化学組成の高さ分布 (文献[1]) の p.795) 中程度の太陽活動のときの緯度 30 度での平均. *T_∞ (外気圏温度) は変動が大きい.

表 10.1 に,対流圏に存在する主要気体成分の濃度,平均滞留時間,主な発生源 (ソース:source)・消失源 (シンク:sink) を,濃度 (体積混合比) の順番に示す.大気成分の平均滞留時間は,その成分の反応性を反映して,10^7 年以上から数日以下まで幅広い.大気中の希ガス元素は固体地球からの脱ガス起源で,地球生成時に取り込まれた成分と放射壊変起源同位体 (^{4}He と ^{40}Ar) とが固体地球から大気へ供給されている.He だけは地球引力から逃れて大気圏外へ脱出消失されるが,ほかの希ガス元素には消失過程がないので,He 以外は平均滞留時間が求まらない.希ガス元素を除くと平均滞留時間が最も長い大気成分は

表 10.1 対流圏大気中の主要成分の濃度,平均滞留時間,主な発生源と消失源 (文献[3] より抜粋,希ガス元素データ[4] を加筆)

成分	濃度 (ppbv)	平均滞留時間	主な発生源 (ソース)	主な消失源 (シンク)
N_2	780.84×10^6	2×10^6 年	微生物 (脱窒)	生物,燃焼過程,雷放電
O_2	209×10^6	2200 年	植物 (光合成)	生物 (呼吸),有機物分解,燃焼過程
Ar	9.34×10^6	∞	地球内部 (放射壊変)	なし
CO_2	365×10^3	4 年	生物 (呼吸),燃焼,火山	植物 (光合成),海洋による吸収
Ne	18.18×10^3	∞	地球内部	なし
He	5.24×10^3	3×10^7 年	地球内部 (放射壊変)	地球引力圏外脱出
CH_4	1750	12 年	微生物,燃焼	光化学反応 (OH)
Kr	1140	∞	地球内部	なし
H_2	550	2 年	生物過程,燃焼,光化学	光化学反応 (OH),土壌微生物
N_2O	310	114 年	微生物 (脱窒,土壌,海洋)	成層圏への輸送,光酸化
CO	100	0.1 年	燃焼,光化学反応	光化学反応
Xe	87	∞	地球内部	なし
O_3	$10\sim100$	数日〜数週間	光化学反応	光分解
NH_3	1	5 日	生物 (動物,土壌)	降水,沈着

*H_2O (水蒸気) は地域的にも時間的にも変動が大きいため表からは除いてある.

濃度最大の N_2 で,発生と消失に生物活動が関係しているが,平均滞留時間が長いため,空間的な濃度変化は認められない (10.2.1 項参照).次に平均滞留時間が長い (2200 年) の O_2 は,精密濃度測定が可能になると,10^{-5} オーダーでの時間,空間変化が検出されている (10.2.2 項参照).

平均滞留時間が $1\sim1000$ 年の大気成分は,CO_2,CH_4,N_2O など温室効果ガス (greenhouse gas) と H_2 で,いずれも主な発生源は生物活動であり,季節変化や地域変化が顕著である.人為起源で濃度が 1 ppbv 以下の CFC–11 (CCl_3F),CFC–12 (CCl_2F_2) などクロロフルオロカーボン類 (CFCs: chlorofluorocarbons) も対流圏では安定で,それぞれ 45 年,100 年の平均滞留時間をもち[3],成層圏へ輸送されて光分解を受ける.平均滞留時間が 1 年に満たない大気成分は,水に溶けやすいか,反応性に富む成分で,濃度の時間的空間的変動が大きい.表 10.1 では割愛した大気中濃度が 1 ppbv 以下の成分で,平均滞留時間が比較的長い成分は,OCS (2 年),CH_3Cl (1.8 年),CH_3Br (1.5 年),$COCl_2$ (70 日),CS_2 (40 日) である.同じく大気中濃度 1 ppbv 以下の H_2O_2,HCHO,HCOOH,NO,NO_2,SO_2,H_2S,$(CH_3)_2S$ (DMS),HCl などは,いずれも平均滞留時間が数日以下である[3].

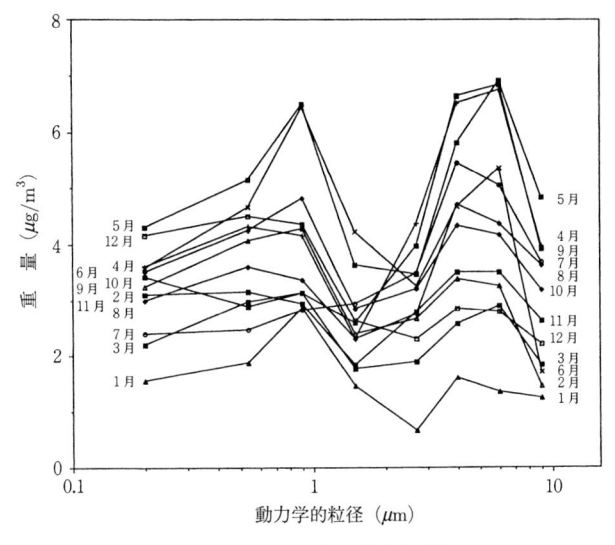

図 10.3 エアロゾルの粒径分布[5)]
茨城県東海村で測定 (2002 年 8 月〜2003 年 7 月).

大気は気体分子だけで構成されてはおらず,液体や固体の微粒子が浮遊し,大気の移動と一緒に輸送される.気相に微小粒子が分散するこのような系はエアロゾル (aerosol) と呼ばれる.エアロゾルは太陽光を散乱あるいは吸収して地球の気候に影響を及ぼし,凝結核 (condensation nucleus) や氷晶核 (ice nucleus) として雲の生成や降雨現象に関与するばかりでなく,気圏を通した物質移動の媒体となっている.図 10.3 に示す粒径分布からは,1 μm あたりを境に 2 種類のエアロゾルの存在が示され,粗大粒子,微小粒子と分けられる.一方,エアロゾルの起源からは,最初から固体粒子として大気に供給された一次粒子 (primary particle) と前駆気体から粒子化した二次粒子 (secondary particle) に分けられる.粗大粒子は多くが一次粒子で,土壌の舞い上がり,火山噴火,海水飛沫,生物活動,産業活動などで発生する鉱物粒子,生物粒子,石油石炭の灰殻,NaCl や $CaCO_3$ 粒子などからなり,大気中の寿命は数分から数日で輸送距離も数十 km である[3)].これに対して,微小粒子は二次粒子からなる硫酸塩,硝酸塩,アンモニウム塩,化石燃料燃焼や森林火災起源の元素状炭素,一次,二次粒子双方が存在する有機エアロゾルなどからなり,大気中の寿命は数日から数週間で,輸送距離も数百〜数千 km と長い[3)].表 10.2 にエアロゾルの発生量を示す.鉱物粒

表 10.2　エアロゾルの発生量[6] (10^{12} g/y)

	地球全体	北半球	南半球
海塩粒子	3340	440	1900
D (粒径) $<1\,\mu$m	54	23	31
$1<D<16\,\mu$m	3290	1420	1870
鉱物粒子	2150	1800	349
$D<1\,\mu$m	110	90	17
$1<D<2\,\mu$m	290	240	50
$2<D<20\,\mu$m	1750	1470	282
非海塩性 SO_4^{2-}	200	145	55
人為起源	122	106	15
生物起源	57	25	32
火山起源	21	14	7
炭素質粒子	167	—	—
生物起源 VOC*	16	8.2	7.4
NO_3^-	18.1	14.6	3.5
人為起源	14.2	12.4	1.8
自然起源	3.9	2.2	1.7

* 生物起源揮発性有機炭素 (VOC: volatile organic carbon) からの二次生成粒子

子,海塩粒子など一次粒子は二次粒子に比べて1桁以上多く発生し,二次粒子では硫酸塩と炭素質 (有機) エアロゾルが多く発生している.エアロゾルが大気中から除去されるメカニズムには,降水で除去される湿式沈着 (wet deposition) と降水以外の現象で除去される乾式沈着 (dry deposition) とがあり,最終的には地表に落下して除去される[6].

10.2　大気構成元素の地球化学的循環

10.2.1　窒素循環

地球大気で最大成分の N_2 は,固体地球からの脱ガスにより初期地球の頃の大気にも存在していたと考えられている (5.1 節参照).現在の N の地球化学的循環 (geochemical cycle) では固体地球からの脱ガスは無視できる程度で,生物活動がほとんどを支配している.図 10.4 に窒素循環のボックスモデルを示す.大気中の N_2 は,窒素固定細菌 (マメ科植物と共生する根粒菌など) や藍藻の中で還元され NH_3 となり有機物に取り込まれる.この過程は窒素固定 (nitrogen fixation) と呼ばれ,固定された N_2 はバクテリアやその寄生植物に有機 N として蓄えられる.その後動物によって消費され,死後分解すると最終的には NH_4^+

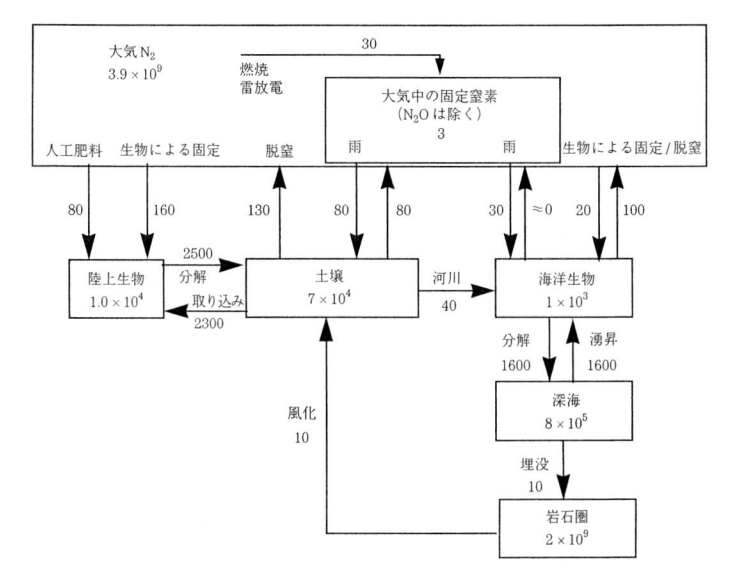

図 10.4 窒素循環のボックスモデル[7)]
ボックス中の存在量は 10^{12} gN,ボックス間の流量は 10^{12} gN/y.

として無機化する.土壌バクテリアは好気的な環境で NH_4^+ をエネルギー源として用い,NO_2^- さらには NO_3^- に酸化する硝化 (nitrification) を行う.窒素固定は雷による放電,化石燃料やバイオマスの燃焼でも起き,生成したNOは直ちに NO_2 に酸化され,さらに HNO_3 に酸化される.さらに,ハーバー–ボッシュ法 (Haber–Bosch process) による工業的な窒素固定で合成された NH_3 を原料にする $(NH_4)_2SO_4$ などの窒素肥料は,植物に取り込まれる.

一方,大気への N_2 の供給は,嫌気性条件下での硝酸呼吸バクテリアによる NO_3^- の脱窒 (denitrification) 過程によっており,その反応は,

$$5C_6H_{12}O_6 + 24NO_3^- \rightarrow 30CO_2 + 18H_2O + 24OH^- + 12N_2 \qquad (10.1)$$

で示される.地球上で窒素固定や脱窒が起きる速度はどちらも 3×10^{14} gN/y 程度であり,大気中の N_2 の総量 (3.9×10^{21} g) に比べると桁違いに小さく,総量は長期的に安定している.

10.2.2 酸 素 循 環

地球大気で第2成分の O_2 は,植物の光合成によって作られ,動植物の呼吸や

分解によって消費される.この反応は次式で表される.

$$CO_2 + H_2O \rightleftharpoons CH_2O(\text{有機物}) + O_2 \qquad (10.2)$$

右方向が光合成で,左方向が呼吸や分解である.O_2 の消費は自然界における酸化反応,人間活動による化石燃料やバイオマスの燃焼でも起きる.現在の大気中の O_2 量 1.2×10^{21} g に比べて,光合成で作られる量と消費される量はどちらも 10^{18} gO/y 程度[8]で,しかもその差は極めて小さいため,大気中の濃度がほぼ一定に保たれている.また風化作用による O_2 の消費は 4×10^{14} gO_2/y と推定され[7],短期的には大気中の濃度に影響しない.成層圏では太陽の紫外線で O_2 から O_3 が生成する光化学反応が起き,オゾン層ができている (10.4 節参照).

大気中の O_2 濃度の精密な測定が可能になると,北半球では大気の O_2/N_2 に主として生物活動に起因する振幅 120×10^{-6} 程度の季節変動 (春に低く秋に高い) が存在することが示された[9].さらに経年的にも,人類による化石燃料の燃焼効果で,O_2/N_2 は年率 $(14 \pm 3) \times 10^{-6}$ の割合で減少している[10].図 10.5 に北海道根室近くの落石岬で測定された CO_2 濃度と O_2/N_2 との連動した経年

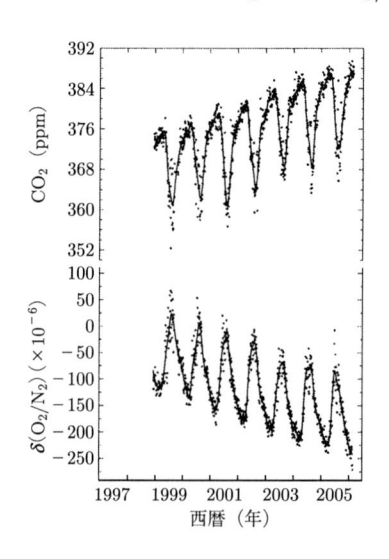

図 10.5 大気中の CO_2 濃度と O_2/N_2 に見られる微小な季節変化と経年変化 (北海道,落石岬のデータ)[11]

$$\delta(O_2/N_2) = \left(\frac{(O_2/N_2)_{\text{試料}}}{(O_2/N_2)_{\text{標準}}} - 1\right) \text{ は } 10^{-6} \text{ の単位で示されている.}$$

標準ガスは高圧容器に封じた圧縮空気を使用.

10.2.3 炭素循環

大気中に C は CO_2, CH_4, CO, CS_2, COS, そのほかの有機物質として存在し，濃度的には CO_2 (379 ppmv：2005 年), CH_4 (1.774 ppmv：2005 年), CO (100 ppbv) 以外は 1 ppbv 以下と少ない．図 10.6 に C の循環を示す．地球表層部に C は 10^{23} g 存在するがほとんどが炭酸塩やケロジェンの形で地球内部に貯蔵され，現在大気中に気体として存在する C は 7.8×10^{17} g にすぎない．大気と陸上植物および植物遺体のリターとの間では，式 (10.2) で示した光合成と呼吸，分解によって C の循環が起きている．また，大気–海洋間では，CO_2 の海洋への溶解と大気への放出とが起きている．18 ～ 19 世紀の産業革命以前は化石燃料の燃焼による大気中への過剰な CO_2 の供給がないため，海洋への溶解と大気への放出のバランスがとれていたが，現在は海洋への溶解が 2％ほ

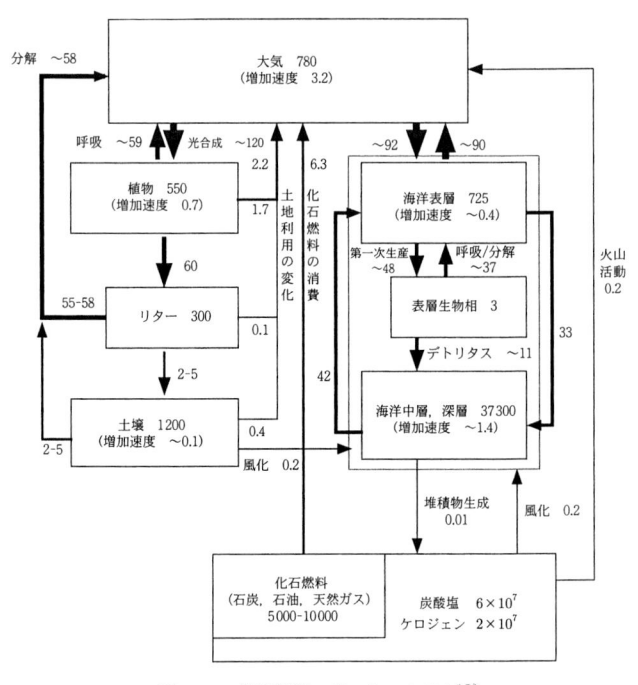

図 10.6 炭素循環のボックスモデル[12]
ボックス内の存在量は 10^{15} gC，増加速度は 10^{15} gC/y，ボックス間の流量は 10^{15} gC/y．

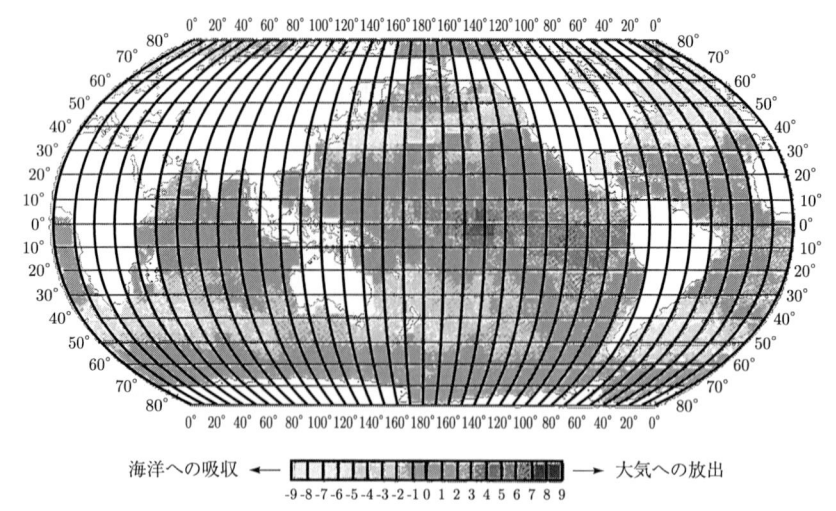

図 10.7 大気–海洋間の CO_2 の収支[14]

ど多い．大気–海洋間の気体交換過程には様々なモデルが提案されているが[13]，実際の海洋表面では海水の動きや生物過程も加わり単純な無機過程として扱いきれない．観測から示された大気–海洋間の CO_2 の収支 (図 10.7) によれば，赤道域の海洋で CO_2 を放出し，温帯域や極域の海洋で CO_2 を吸収している．海洋に溶解した CO_2 は 1% が CO_2 として溶けているが，大部分は HCO_3^- で溶解し，pH は 8 程度である．CO_2 は表層海水中で起きる光合成で海洋プランクトンの生体有機物に変化し，またバイオミネラリゼーションで生体硬組織の炭酸塩になり，生物ポンプやアルカリポンプ (9.6 節参照) で深海に運ばれ，一部は海洋底に堆積する．大気中 CO_2 濃度の増加は，大気と海洋との間に成り立っている CO_2 交換のバランスを崩し，海洋への溶解量の増加は海水の pH 低下につながる (海洋酸性化：ocean acidification)．その結果として海洋生物が作る炭酸塩の溶解をひき起こし，海洋生態系を変えることが懸念されている[15]．現在は，化石燃料燃焼で大気へ放出される CO_2 の約半分が海洋と陸上植物に吸収され，残りの半分が大気中の濃度増加に寄与している (11.3 節参照)．

CH_4 の循環は，図 10.6 で示した C の循環とは独立に扱える．CH_4 の最大の天然発生源は，湖沼湿地や海洋堆積物中など還元的環境下でのメタン生成細菌 (methanogen，または methanogenic bacteria) による生成である．CH_4 と

H_2O の包摂化合物であるメタンハイドレート (methane hydrate) が大陸周辺の海洋堆積物中に存在し，CH_4 発生源の1つであるが，エネルギー資源としても注目されている．また人為的発生源は，石炭採掘や天然ガス採取での放出，家畜の反芻，ゴミの埋めたてなどである．CH_4 の除去は，対流圏での OH ラジカルによる酸化，成層圏への輸送と分解，土壌への吸収などでなされる．年間の総発生量は 6.0×10^{14} gCH_4，総除去量は 5.8×10^{14} gCH_4 で，その差し引き分が大気中に蓄積し，大気中 CH_4 濃度の経年増加 (図 11.12) をひき起こしている[3]．

10.2.4 硫 黄 循 環

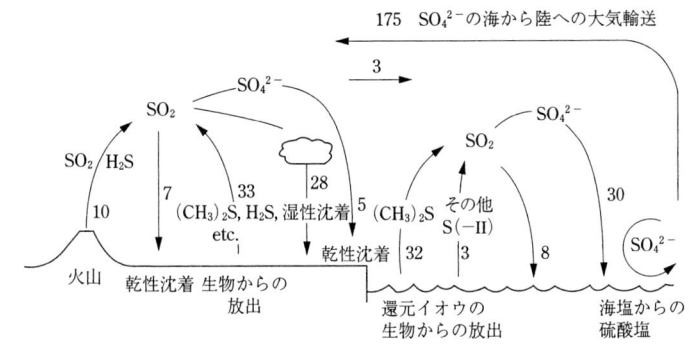

地球上では S の大部分は，岩石圏 (2×10^{22} g)，海洋 (1.3×10^{21} g)，海洋堆積物 (3×10^{20} g) の中に存在しており，大気中にはわずか 4.8×10^{12} g しか存在していない[3]．大気中に気体として存在する S 化合物 SO_2, H_2S, CS_2, OCS, $(CH_3)_2S$ (DMS: dimethylsulfide) の平均滞留時間は，OCS (2年), CS_2 (40日) を除くといずれも1日程度で，大気中には蓄積されない．しかし，これらの化合物は火山，海洋，生物などが関わる自然現象や化石燃料の燃焼など人間活動で大気へ排出されると，すぐに酸化されて硫酸エアロゾルとなり，地球環境や気候システムに影響を及ぼす．図 10.8 に大気中での S の循環を示す．S の最大の放出源は海水起源の海塩 (sea salt) で，硫酸塩として放出量 175×10^{12} gS/y で大気に供給されるが，大部分は沈着で海面へ戻る．2番目に多い S の放出源が化石燃

図 10.8 地球上の S の循環[3]
移動量の数字の単位は 10^{12} gS/y．

料の燃焼と工業活動で (図 10.8 には書かれていない), 年間 $(71 \sim 77) \times 10^{12}$ g の S が大部分 SO_2 として大気に供給される[3]. 人為起源 SO_2 は, 生物活動で放出される DMS ともども酸化を受け硫酸エアロゾルとなり, 降水や乾性沈着で除去される.

対流圏に存在する S 化合物の中で OCS だけは比較的安定であり, 成層圏へ輸送され, 紫外線で分解酸化され H_2SO_4 となり, 成層圏エアロゾルを作る. 火山活動による S 化合物の放出は通常は対流圏に留まっているが, 巨大噴火では成層圏にまで直接 SO_2 が供給され, 成層圏に硫酸エアロゾルができると数年間滞留することがある[3].

10.3 大気の運動と大気による物質輸送

対流圏や成層圏での物質輸送は, 大気の運動と密接に関係している. 地球規模での大気の大循環は, 太陽から受けるエネルギーの緯度による違いと地球の自

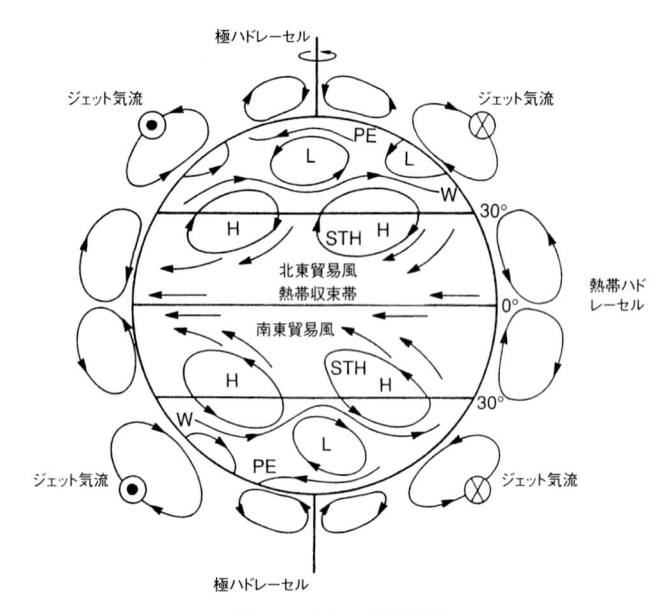

図 10.9 大気の大循環[16]
H：高気圧圏, L：低気圧圏, STH：亜熱帯高気圧, W：偏西風, PE：極偏東風. ジェット気流の ⊙ は紙面から手前に向う流れ, ⊗ は逆に紙面に向う流れ.

転によるコリオリ力 (Coriolis force) とで説明でき,その概要を図 10.9 に示す.赤道上では加熱が最も大きく,強い上昇気流ができ雷雲が生じ多量の降雨をもたらすが,高緯度の大気塊の流入を促し,上昇気流も極方向に移動し緯度 30 度あたりで下降し高気圧を作る.このような低緯度域での大気循環は,18 世紀に Hadley によって最初に提案されたので,その名を冠してハドレー循環 (Hadley circulation) と呼ばれ,循環する大気塊はハドレーセル (Hadley cell) と呼ばれる.また,上昇気流の発生域は熱帯収束帯 (ITCZ: intertropical convergence zone) と呼ばれる.コリオリ力は熱帯域の地表に強い東風 (貿易風:trade wind) を生み出す.コリオリ力は高緯度ほど強くなり,中高緯度域では地表も高層も西風 (偏西風:westerlies) が卓越し,高度 $10\sim12\,\mathrm{km}$ のジェット気流は冬季には $100\,\mathrm{m/s}$ を超えることもあり,エアロゾルの長距離輸送に関与している.

陸源物質が大気の運動によって長距離輸送 (long-range transport) する現象は,中国大陸奥地で発生した砂塵 (黄砂:yellow sand) の太平洋に向かっての移動や,アフリカ,サハラ砂漠の砂塵が大西洋に向かう移動で起きており,深海堆積物中の大陸起源石英の濃度分布にも反映されている[17].火山の巨大噴火の際にも長距離輸送が起きており,図 10.10 に 1980 年 5 月 18 日のアメリカ西海岸,セントヘレンズ (St.Helens) 火山の噴火に際しての火山灰の移動を示す.この噴火では大量の火山灰と火山ガスが成層圏下部にまで供給された.火山灰

図 10.10 セントヘレンズ火山噴火で放出した火山灰の移動[16]
高さ約 12 km での軌跡を示し,数字は 1980 年 5 月 18 日の噴火からの日数.中央の + が北極点.

は水平速度約 25 km/s の大気の動きにのって東方向に運ばれ，15～16日あまりで地球を1周し，各地で降下した．大気による長距離輸送は，1986年4月26日の旧ソ連，チェルノブイリ (Chernobyl) 原子力発電所の事故の際にも起き，事故で放出された放射性物質が大気の動きで運ばれ，地球上の各地に降下した (11.4.5 項参照)．

大気の運動は，地形や，海陸の温度差，気圧の移動などによって支配される局所的な風もあり，その中でも規模が大きいのがモンスーン (季節風：monsoon) である．黄砂の発生，輸送はモンスーンとも関係しているが，日本の酸性雨の原因物質がアジア大陸から日本海を越えてモンスーンとともに運ばれている可能性が示唆されている[18]．

10.4　成層圏，対流圏における光化学反応

成層圏における最も重要な光化学反応は，O_2 から O_3 の生成である．以下の反応式で示すように，太陽の紫外線 (240 nm 以下の波長) を吸収して O_2 の光解離が起き，できた O 原子と O_2 とが反応して O_3 ができる．

$$O_2 + h\nu \rightarrow O + O \tag{10.3}$$

$$O + O_2 + M \rightarrow O_3 + M \tag{10.4}$$

ここで M は第三体と呼ばれ，式 (10.4) の反応で生じる余分なエネルギーをとる役目を果たす成分で，大気中の N_2 や O_2 がその働きをしている．成層圏では高度 25 km あたりで O_3 濃度が最大になるが，そこでも O_3/O_2 分子比は 10^{-5} 程度で，O_3 が O_2 に戻る反応も同時に起きている．O_3 は以下のように，紫外から近赤外の太陽光 (波長 1120 nm 以下) を吸収して光分解し，生成した O 原子も O_3 の分解に寄与する．

$$O_3 + h\nu \rightarrow O + O_2 \tag{10.5}$$

$$O + O_3 \rightarrow 2O_2 \tag{10.6}$$

ここで示した生成と解離の一連の反応メカニズムは 1930 年に英国の Chapman によって最初に提案された[19]．

成層圏 O_3 濃度の鉛直分布が精密に測られるようになると，Chapman のモデルに基づく O_3 濃度の計算値は実測値の 2 倍程度高いことが明らかになり，O_3 の分解にはラジカル触媒 ($X\cdot$) が寄与する以下の反応がさらに必要であることが示された．

$$X\cdot + O_3 \rightarrow XO\cdot + O_2 \tag{10.7}$$

$$O_3 + h\nu \rightarrow O + O_2 \tag{10.8}$$

$$O + XO\cdot \rightarrow X\cdot + O_2 \tag{10.9}$$

式 (10.7)〜(10.9) をまとめると，正味の反応として

$$2O_3 + h\nu \rightarrow 3O_2 \tag{10.10}$$

が得られる．成層圏では，太陽紫外線照射で生じるエネルギーの高い励起状態 (^1D) の O 原子と H_2O や N_2O とが反応してヒドロキシラジカル ($OH\cdot$) や，一酸化窒素ラジカル ($NO\cdot$) が生成し，式 (10.7)〜(10.10) の反応のラジカル触媒に使われている．これらのラジカル触媒は，成層圏 O_3 の濃度をある濃度に保つのに寄与しているが，別のラジカル触媒が成層圏に供給されると，生成と分解のバランスが崩れ分解が進む．そのようなラジカルの候補は，人工的に作られた CFCs (10.1 節参照) が成層圏にもたらされると生成するラジカルであり，CFCs による O_3 層の破壊の可能性は 1974 年に Molina と Rowland によって提唱された[20]．例えば，CFC–11 (CCl_3F) が成層圏にもたらされると紫外線により分解して，

$$CCl_3F + h\nu \rightarrow CCl_2F\cdot + Cl\cdot \tag{10.11}$$

の反応により $Cl\cdot$ が生成し，式 (10.7)〜(10.10) の一連の反応に $X\cdot$ として使われ O_3 が分解する．CFCs による成層圏 O_3 の分解促進の影響は，南極においてオゾンホール (ozone hole) として実際に見つかった．そこでは，図 10.11 に示すように O_3 の減少とともに，式 (10.7) でできる $ClO\cdot$ の増加が観測されている[21]．CFCs による成層圏 O_3 の破壊はオゾンホールの拡大をもたらし，人類生存に関わる環境問題であるため，国際社会は CFCs の規制を行った (11.4.1 項参照)．F.S.Rowland, M.J.Molina と P.Cruzen は 1995 年に「オゾンの生成と分解に関する大気化学的研究」でノーベル化学賞を受賞した．

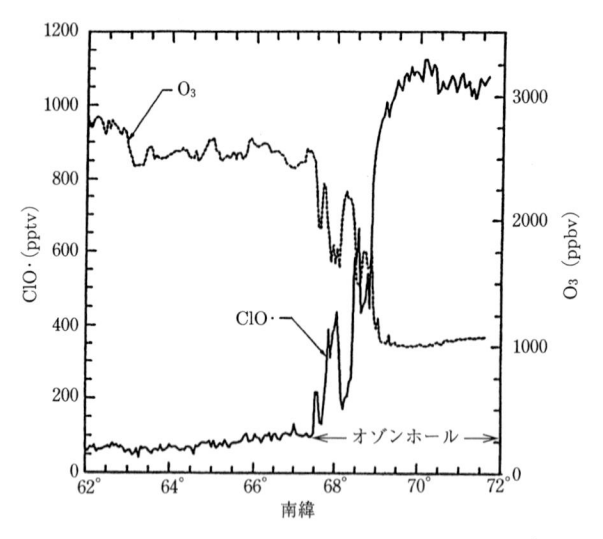

図 10.11 オゾンホールでの O_3 の減少と ClO· の増加[21] 南極域の高度 18 km 大気中の O_3 と ClO· 濃度の緯度変化.

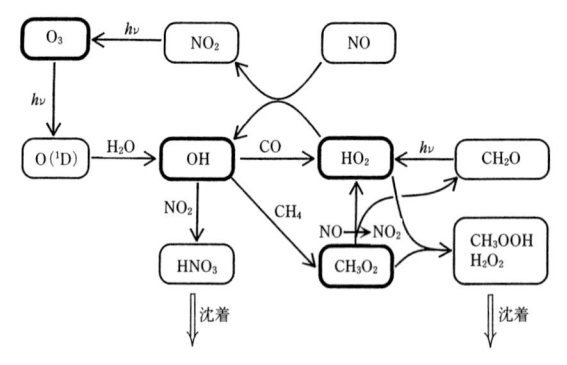

図 10.12 対流圏における光化学反応経路図[22]

太陽紫外線は成層圏で O_3 による吸収を強く受けるため，可視光に近い長波長成分 (290 nm 以上) が対流圏に届き，光化学反応を起こす．図 10.12 に対流圏での光化学反応経路図を示す．対流圏での重要な反応は，OH ラジカルに関わる反応である．OH ラジカルは反応性に富み，CH_4 や CO の除去ばかりでなく，NO_x ($= NO + NO_2$) を HNO_3 に酸化して雨水に溶かして対流圏から除去する役割をもつ．OH ラジカルは，対流圏 O_3 の光化学分解でできた励起状態 (^1D) の O 原子と H_2O (水蒸気) との反応で作られ，対流圏 O_3 は，以下の光化

学反応で NO_2 から作られる.

$$NO_2 + h\nu \rightarrow NO + O \tag{10.12}$$

$$O + O_2 + M \rightarrow O_3 + M \tag{10.13}$$

対流圏 O_3 は光化学スモッグ (photochemical smog) 現象の原因となる光化学オキシダント (photochemical oxidant) の主成分をなしており[4], 都市大気中の O_3 濃度上昇は健康被害を出す環境問題になっている.

対流圏はまた, エアロゾルを生成する場にもなっている. SO_2 は OH ラジカルで酸化された後, 硫酸エアロゾルや硫酸塩エアロゾル (大部分はアンモニウム塩) を作り, 不飽和炭化水素は O_3 の付加反応などで有機酸ができ, 有機エアロゾルを作る[19].

文　献

1) 国立天文台 (編), 理科年表 (平成 22 年), 丸善, 1041pp. (2009)
2) 岩上直幹, 地球化学講座 6, 気圏・水圏の地球化学, 培風館, 1–20 (2005)
3) 植松光夫, 河村公隆, 地球化学講座 6, 気圏・水圏の地球化学, 培風館, 21–82 (2005)
4) 小倉紀雄, 一國雅巳, 化学新シリーズ「環境化学」, 裳華房, 151pp. (2001)
5) F.Fu et al., J. Geophys. Res. 109, D20212 (2004)
6) 沼口　敦, 地球化学講座 6, 気圏・水圏の地球化学, 培風館, 131–155 (2005)
7) D.J.Jacob (著), 近藤　豊 (訳), 大気化学入門, 東京大学出版会, 278pp. (2002)
8) B.Luz et al., Nature 400, 547–550 (1999)
9) F.J.Keeling and S.R.Shertz, Nature 358, 723–727 (1992)
10) F.J.Keeling et al., Nature 381, 218–221 (1996)
11) Y.Tohjima et al., Tellus 60B, 213–225 (2008)
12) 赤木　右, 地球化学講座 1, 地球化学概説, 培風館, 201–218 (2005)
13) P.D.Nightingale and P.S.Liss, Treatize on Geochemistry 6, The Oseans and Marine Geochemistry, Elsevier, 49–81 (2003)
14) T.Takahashi et al., Proc. Natl. Acad. Sci. USA 94, 8292–8299 (1997)
15) J.C.Orr et al., Nature 437, 681–686 (2005)
16) T.E.Graedel and P.J.Crutzen (著), 河村公隆, 和田直子 (訳), 地球システム科学の基礎, 学会出版センター, 400pp. (2004)
17) M.Leinen et al., Geology 14, 199 (1986)
18) 矢吹貞代ほか, 地球化学講座 7, 環境の地球化学, 培風館, 202–229 (2007)
19) 今村隆史, 地球化学講座 6, 気圏・水圏の地球化学, 培風館, 83–106 (2005)
20) M.J.Molina and F.S.Rowland, Nature 249, 810–812 (1974)
21) J.G.Anderson et al., Science 251, 39–46 (1991)
22) 梶井克純, 地球化学講座 6, 気圏・水圏の地球化学, 培風館, 107–130 (2005)

11
人間活動が変えた地球環境とその将来

11.1 人間活動が作り出す環境変化

　生物が誕生して以来,生物活動は地球の大気圏,水圏,さらには岩石圏と相互作用を行ってきたので,地球化学では生物圏を独立の物質ユニットとして扱っている.現在の生物圏の総重量(乾燥重量 1.843×10^{15} kg)は地球の総重量 (5.975×10^{24} kg) に比べて極めて小さい (3×10^{-8}%) が (表1.4),生物は増殖と死滅を極めて短い時間で繰り返すので,地球形成以来存在した生物の総重量を見積もることは難しいが,地球の総重量と比べて無視できない量になるであろう (9.7節参照).植物の光合成は O_2 を海洋や大気に供給し続けた結果,現在の N_2–O_2 型大気ができ,動物は食物連鎖の中で大気圏や水圏と調和をとった物質循環を行ってきた.生物の死骸は分解(酸化)されない部分が岩石圏にケロジェンや石炭,石油として固定され,海洋生物の硬組織もまた炭酸塩などで岩石圏に固定された.しかし,生物が進化して辿り着いた人類の出現により,生物圏と大気圏,水圏との相互作用の様相が一変した.

　化石データに基づけばヒトとチンパンジーとの分岐は700〜500万年前のアフリカとされる[1].直立二足歩行していた猿人 (*Australopithecus*) の多くの種は絶滅したが,その中から250万年前頃ホモ (*Homo*) 属がアフリカに出現した.石器と火を使うホモ・エレクトス (*Homo erectus*) は,180万年前頃出現し,100万年程前から世界各地へ拡散し進化したが,多くは絶滅した.ミトコンドリア DNA を用いる研究結果からは,現生人類,ホモ・サピエンス (*Homo sapience*) は 20〜15万年前にアフリカに出現し,世界各地に拡散したとされる[2].中近東から東アジアへ拡散した現生人類は当時陸橋 (land bridge) になっていたベーリング海を渡りアメリカ大陸へ拡散し,日本列島へは5万年ほど前に到達したと推定されている.その当時のヒトは高度な石器を使い集団で狩猟と

採集を行っており，ヒトと環境との関わりはまだほかの動物と違いはなかった．

最終氷期が終わり温暖化し始めた1万年前頃から人口が爆発的に増加し (紀元前8000年頃の世界人口は800万人と推定されている[3])，狩猟による食料確保は危機に陥ったため，イネ科の植物の農耕が始まった．狩猟採集から農耕牧畜への転換はヒトの生活の定住化を促し，人口が増えたヒトの共同体生活では，言語，文字，技術，宗教など高度な文明をもつに至った．紀元前4000年頃に青銅器文明の時代に入り，地下資源の利用が始まると，人間と環境との関わりにも変化が出始めたが，地球全体への影響はまだ極めて微々たるものであった．地球上の各地に独自の文明をもつ国家社会ができ，紀元元年頃の世界人口は2億5000万人と推定されている[3]．

紀元後1800年代の産業革命を機に，人類社会はより快適で文化的な生活を求めて，自然環境に自ら手を加え始めた．人口増加を維持するための食料増産要請は，土地利用の変化を促し，農耕牧畜地の開墾拡大を通じて生態系や大気水圏環境に変化をもたらした．多くのエネルギーを獲得するため，莫大な量の化石燃料が燃され，大気汚染のみならず，大気中CO_2濃度の増加を招いた．その結果生じる地球温暖化 (global warming) は地球の気候システムや生態系に影響を及ぼすこととなり，人類社会の持続的発展を阻害し，人類生存すら危機にさらす危険をはらんでいる．産業技術の発展に必要な鉱物資源 (mineral resource) の採取は，局地的な重金属環境汚染ばかりか，将来の資源枯渇の問題をも抱えている．また，天然には存在しなかった化学物質の製造は新たな環境問題を誘起し，原子エネルギー使用につきまとう放射能汚染も人類生存には深刻な問題となりうる．このように人間活動の社会的な要素が，地球環境にこれまでにない種類の負荷を与え，岩石圏・大気水圏・生物圏との相互作用にも変化をもたらしている．このような背景のもとに，社会地球化学 (sociogeochemistry) と呼ばれる新たな地球化学の分野が提唱された[4]．

11.2 古環境の復元

人間活動が地球環境に変化を与えていることを評価するためには，人間活動がなかった時代から現代までの地球環境を同じ基準で解析して，人間活動が存在しないバックグラウンド状態の特徴を理解するところから始めなければなら

表 11.1 古環境解析に用いられる試料と情報[5]

試料	時間分解能	解析できる時間の長さ (年)	得られる情報の種類
歴史的記録	日／時	$\sim 10^3$	T, H, B, V, M, L, S
年輪	年／季節	$\sim 10^4$	T, H, B, V, M, S
花粉	10～100 年	$\sim 10^6$	T, H, B
レス	100 年	$\sim 10^6$	H, B, M
古土壌	100 年	$\sim 10^6$	T, H, B
鍾乳石	100 年	$\sim 5\times 10^5$	T, H, C
氷床コア	年	$\sim 10^5$	T, H, B, V, M, S, C
湖沼堆積物	年 (年縞)～10 年	$\sim 10^4 \sim 10^{6+}$	T, H, B, V, M, C
海洋堆積物	10～100 年	$\sim 10^{7+}$	T, H, B, M, L, C
珊瑚	年	$\sim 10^4$	T, H, L, C

T：温度 (気温・水温), H：湿度・降水・水収支, B：植物量・植生・生産性, V：火山活動, M：地球磁場, L：海水準変動, S：太陽活動, C：大気・水・土壌の化学成分.

ない.そのため,過去 (特に最近 100 万年とか 10 万年) の環境要素を記録しているいろいろな天然試料を分析することにより,古環境の復元がはかられている.表 11.1 に古環境解析に用いられる試料と得られる情報をまとめる.それぞれの研究試料は環境復元の時間分解能と復元期間の長さとが異なっており,目的に応じて使い分けられている.最も身近な気象情報では,機器による気象観測が始まった 17 世紀初頭以前については,世界各地に残されている古文書の気象の記述をもとに,日々の変化まで追跡できる.年輪や氷床コアのように季節変化を反映する試料では 1 年ごとの環境情報が得られ,堆積速度が遅い海洋堆積物では時間分解能は長くなるが,擾乱のない堆積期間が長いと 10^7 以上の情報が得られることもある.過去の気温や大気環境を保存している天然試料でも,その試料がカバーする年代が特定できないと,環境復元には使えない.したがって,試料の正確な年代測定を行うこと自体も重要な研究となっている.

極域では降雪が堆積した氷床 (ice sheet) が長期にわたって保存されており,雪として降った H_2O と氷の中に気泡として閉じ込められた大気は,降雪時の環境を記録している.南極やグリーンランドで氷床のボーリング掘削が数多く行われ,採取したコア試料の分析から古環境の復元がなされている.その中でも南極のロシア基地,ボストーク (Vostok) で 1970 年から 1998 年まで掘削された 3623 m 氷床コア (ice core) は 42 万年分の環境を保存しており,ロシア,アメリカ,フランスの共同研究のもと,詳細な研究がなされた[6].図 11.1 と図 11.2 にその結果を示す.

11.2 古環境の復元

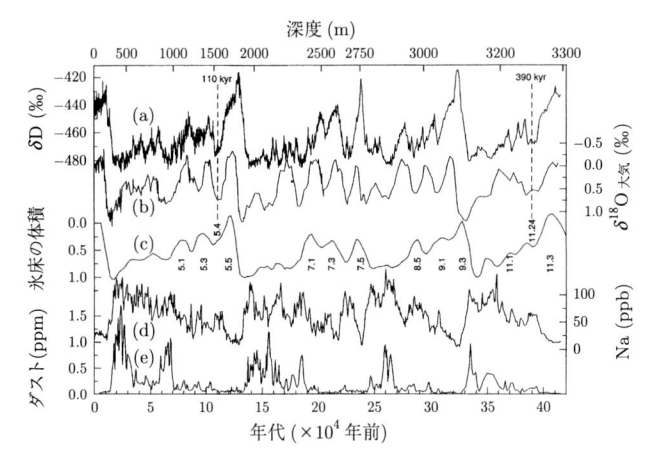

図 11.1 南極ボストーク氷床コアに記録されている古環境データ[6]
(a) 氷 (H_2O) の δD, (b) 気泡中の O_2 の $\delta^{18}O$, (c) 有孔虫の $CaCO_3$ を使って求めた海水の $\delta^{18}O$ から見積もる氷床の体積 (数字は海洋同位体ステージ (MIS)), (d) 氷を溶かした H_2O 中の Na 濃度, (e) 氷中のダスト (塵) の濃度.

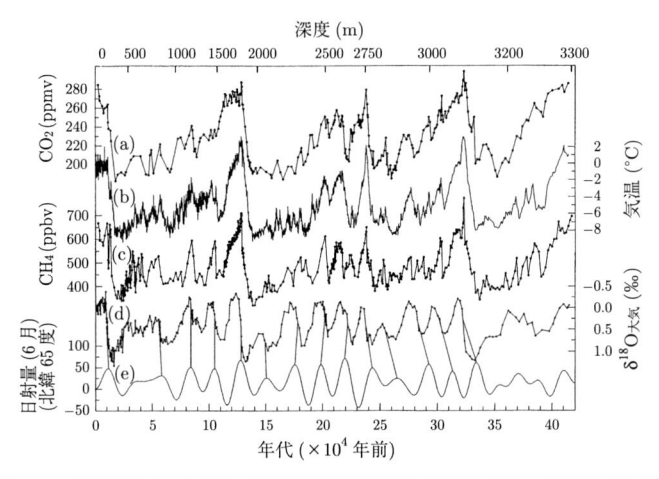

図 11.2 南極ボストーク氷床コア気泡中の温室効果ガス量と気温, 日射量の変動[6]
(a) CO_2 濃度, (b) 氷の δD から求めた気温, (c) CH_4 濃度, (d) O_2 の $\delta^{18}O$, (e) 北緯 65 度における日射量 (6 月) の計算値.

氷 (H_2O) の δD (図 11.1(a)) と雪の結晶ができる場所の気温との間には直線関係が成り立ち，その温度と地表気温との関係も使って，氷の δD から気温が計算された (図 11.2(b))．その結果過去 42 万年の間，温度幅が約 8°C で寒い時期 (氷期：glacial period) と温暖な時期 (間氷期：interglacial period) とをほぼ 10 万年周期で繰り返していたことが明瞭に示された．温度変化を詳しくみると，氷期から間氷期へは急激に温度上昇するが，間氷期を過ぎて氷期に入るとゆっくり寒冷化する鋸歯状の温度変化を繰り返していた．11 万年前から始まった最終氷期 (ヨーロッパアルプスの氷河区分ではヴュルム (Würm) 氷期) の気温低下は最低温度に達した 1 万 8000 年前を過ぎると温度上昇に転じ，1 万 5000 年前頃から間氷期が始まった．間氷期の期間は氷期に比べればはるかに短く，最高温度の時期 (8000 ～ 4000 年前で地球全体の平均気温が現在より 1°C 高かった) はすでに過ぎており，現在は徐々に氷期へ向かいつつある時期に相当する[7]．この最高温度の時期は降水量も多く，現在の乾燥地も植生に恵まれ，古代の 4 大文明が栄えた時期と重なる．日本は縄文時代前期で，海面が上昇し，縄文海進 (Jomon transgression) と呼ばれる海岸線の内陸への侵入が起きた．

このように 10 万年周期で氷期–間氷期を繰り返す周期的な気温変化は，80 ～ 70 万年前に始まる．そのメカニズムは，太陽からの日射量が地球軌道の形と地軸方向の永年変化によって周期的に変化することを示した Milankovitch の理論で説明されている[8]．ボストーク氷床コア中に保存されている気泡中の酸素の $\delta^{18}O$(図 11.1(b) と図 11.2(d)) は，温暖期には低く，寒冷期には高くなるが，ミランコビッチ周期 (Milankovitch cycle) に基づいて計算された日射量変化 (図 11.2(e)) と極めてよく対応している．氷床コア中の Na(図 11.1(d)) は海塩由来で氷期に濃度が高く，ダスト濃度 (図 11.1(e)) は氷期末ほど大陸起源物質の長距離輸送が多くなったことを示している．さらに氷床気泡中の CO_2，CH_4 など温室効果ガスの濃度 (図 11.2(a)，(c)) は，気温変動とよく対応しており，温室効果ガス濃度が地球軌道による気候強制力を増幅することにより，氷期–間氷期の気候変化に大きく貢献している[9]．

図 11.3 には過去 350 万年の古気候の指標を示す．この図では左から右に向かって現在に向かっており，左端が現在を示す図 11.1 や図 11.2 とは時間の方向が逆であることに気をつけてほしい．図 11.3(a) は中国のレス (loess：黄土)

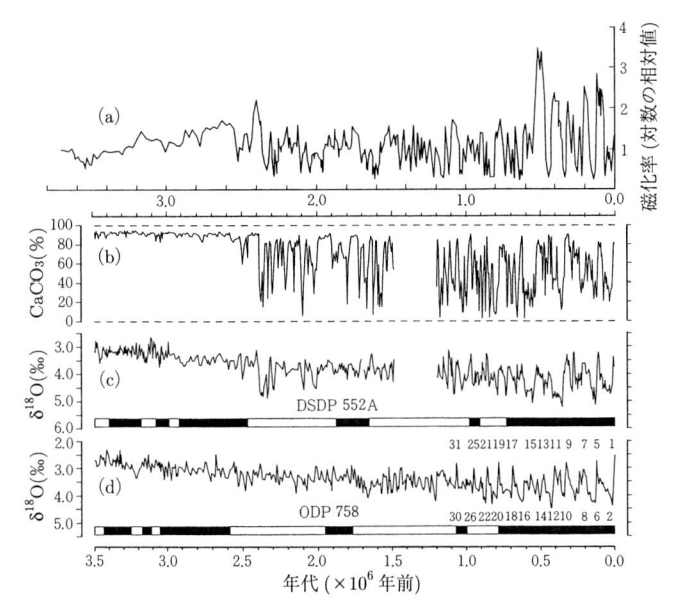

図 11.3 過去 350 万年の古環境指標[8]

(a) 中国の西峰 (Xifeng, 36°N, 107°E) のレスの磁化率 (常用対数の相対値). (b) 深海底掘削孔 DSDP552A (56°N, 23°W) の堆積物中の炭酸塩の比率 (%). (c) DSDP552A の底生有孔虫の $\delta^{18}O$ (‰). (d) 深海底掘削孔 ODP758(5°N, 90°E) の底生有孔虫の $\delta^{18}O$ (‰). (c) と (d) の下の帯は, 地磁気の正 (黒), 逆 (白) 磁極期を示し, (d) の $\delta^{18}O$ グラフの上下の数字は海洋同位体ステージ (MIS).

の磁化率で, 経験的に大きい値ほど温暖湿潤である. (b) は北大西洋 (北緯 56 度) 海底堆積物コア中の $CaCO_3$ の比率で, 小さい値は氷で運ばれた陸源性砕屑物が多いことを示す. (c) は (b) と同一コア中の有孔虫の $\delta^{18}O$, (d) はインド洋赤道域の海底堆積物コア中の有孔虫の $\delta^{18}O$ で, これらの $\delta^{18}O$ は氷床の拡大の指標となっている. (d) の時系列の上下に示した海洋同位体ステージ (MIS: marine isotope stage. 酸素同位体ステージとも呼び, 図 11.1(c) にも細かい MIS が示されている) は, 奇数が間氷期, 偶数が氷期に対応している. $\delta^{18}O$ の経時変化データは 350 万年前から現在に向かって緩やかに寒冷化に向かっており, 240 万年前あたりから $\delta^{18}O$ の振幅が大きくなり 4 万年周期の卓越が明瞭になった. その後 100 万年前を超えてしばらくすると 10 万年周期の変動が卓越することは, すでに図 11.1 や図 11.2 で示したとおりである.

さらに古い時代の環境復元は, 日本も参加しているバイカル湖掘削計画 (BDP:

Baikal Drilling Project) で行われた．ロシア，シベリアのバイカル湖で掘削した 600 m の湖底堆積物コアからは，1200 万年分の堆積物を回収できた．堆積物の平均粒径 (温暖期は大きく寒冷期は小さい) をもとに過去の気候を推定すると，この間ゆっくりと寒冷化が進み 300 万年前以降気候変動が大きいこと，880～850 万年前，600～550 万年前に環境変化があったことが示された[10]．またスペクトル解析からは，40 万年，60 万年，100 万年の卓越周期が得られ，ミランコビッチ周期との関連が示唆され，最近の約 100 万年は図 11.3 の結果と同じく 10 万年周期が顕著になっていた[10]．

気候以外の環境要素についても，復元がはかられている．地球磁場 (geomagnetic field) の変動は火山岩や堆積物に残った残留磁化 (remanent magnetization) から調べられており，磁場の極性の反転が過去 500 万年に 30 回程度あり，磁場強度も経時変化し，地磁気極の位置も移動していた[11]．図 11.3(c), (d) の下の帯が地磁気の極性を示しており，黒が現在と同じ正磁極期 (N クロン：normal chron)，白が逆磁極期 (R クロン：reverse chron) である．磁極期には名前が付けられており，78 万年前に突如磁場が逆転したことを 1929 年に発表した松山基範を讃えて，短期間のサブ正磁極期が 3 回含まれる 258 万年前から 78 万年前までの逆磁極期は松山期 (Matsuyama chron) と呼ばれる．松山期に続く 78 万年前から現在までの正磁極期はブルン期 (Brunhes chron)，松山期の前の 358 万年前から 258 万年前の正磁極期はガウス期 (Gauss chron) と呼ばれる．

現在から紀元前 1 万年前まで 1 万 2000 年間の地球磁場強度は，遺跡の焼土や土器に含まれる磁性物質の熱残留磁化強度から求められており，3243 試料の値を 500 年または 1000 年ごとにまとめて平均値をとり時系列に表したのが図 11.4 である．磁気双極子モーメントの値は，現在より 1000～3000 年前には 11×10^{22} Am^2 の極大値をとり，それ以前は現在の 8×10^{22} Am^2 よりわずかに低く，時間変動が見られる[12]．

地球磁場強度の経時変化は地球へ降り注ぐ銀河宇宙線 (galactic cosmic ray) の量に影響する．銀河宇宙線は地球磁場で偏向を受けるため，地球磁場強度が弱くなると地球大気に届く量は増える．地球に届く銀河宇宙線量は，宇宙線と高層大気との核反応で生じる二次中性子と大気 N との核反応 (^{14}N(n, p)^{14}C) でできる ^{14}C の生成量に反映される．図 11.5 には，紀元前 5000 年から現在ま

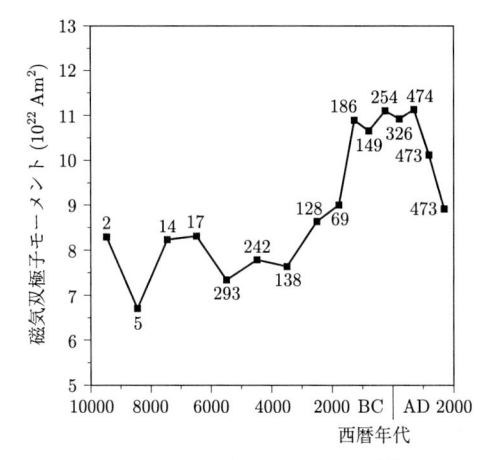

図 11.4 地球磁場強度の経年変化[12)]
各データの数字はサンプル数.

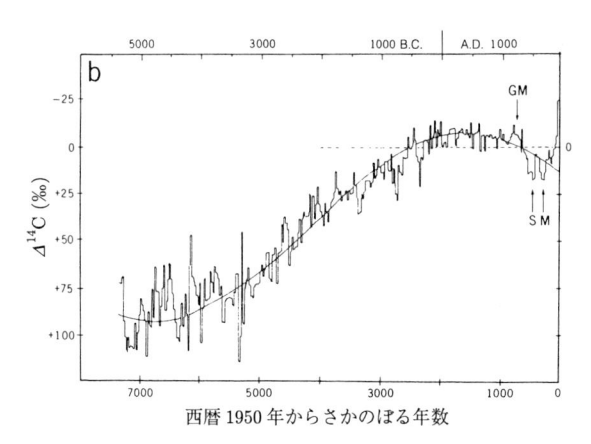

図 11.5 木材年輪で測定された過去 7000 年間の ^{14}C の経年変化[13)]
Δ^{14}C は 1950 年の値からのずれ (‰). S, M は太陽活動の極小期, GM は極大期.

で 7000 年間の木材年輪の有機物 C 中の ^{14}C 濃度の経年変化を, 1950 年の ^{14}C 値からのずれ (Δ^{14}C‰) として示す. 図 11.4 で示した 1000～3000 年前の磁場強度が大きい時期は, ^{14}C の生成量が減少している.

図 11.5 の年輪中の ^{14}C の経年変化は, 地球磁場強度の永年変化に対応する長期的な ^{14}C 変動に細かい凸凹が乗っており, その凹凸は年単位の太陽活動強度を反映している. 太陽から放出されるプラズマ雲は銀河宇宙線が太陽系に入るのを妨げるので, 太陽活動が盛んで黒点の多い期間は ^{14}C の生成量が少なく

なる．黒点数の観測から11年周期で太陽活動が活発化していることが知られており，木材年輪の^{14}C濃度からは，黒点観測を行っていなかった昔の時代にも11年周期が見つかっている．さらに，木材年輪の^{14}C濃度の長期間の増加から，過去には太陽活動が異常に停滞した時期があったことが示された[13]．それらは，図11.5にSとMで示されている西暦1460～1550年のシュペラー極小期 (S: Spörer Minimum)，1645～1715年のモンダー極小期 (M: Maunder Minimum) である．これらの時期は過去1000年間の地球で気温が最も寒冷化した1400～1650年のいわゆる小氷期 (little ice age) に対応しているが，太陽活動と地球の気候を結ぶメカニズムは不明である．1850年以降の急激なΔ^{14}Cの減少は，工業化に伴う化石燃料の燃焼で^{14}Cを含まない古い炭素 (dead carbon) が大量に大気中に供給され，宇宙線との核反応で定常的に作られている^{14}Cが薄められたためで，この現象はスース効果 (Suess effect) と呼ばれる．

木材年輪には過去の火山噴火に伴う気候変動の記録が残っていることもある．年輪幅は木の成長が何らかの原因で抑制されると狭くなる．巨大噴火で大量の火山灰とSO_2が放出し成層圏にまで運ばれ，エアロゾルが長期滞留して太陽の日射を遮るパラソル効果 (parasol effect または umbrella effect) を起こすと，地表が寒冷化し，その効果は狭い年輪幅として現れる．北アイルランドの沼地のオークの年輪から，ギリシア，サントリーニ (Santorini) 火山の噴火が紀元前1628年に起きたことが示された[14]．

11.3 地球温暖化：大気への温室効果ガスの排出

地球全体の平均気温を10万年規模で見ると，前節で述べたように，現在は1万5000年前から始まる間氷期の最高気温の時期 (8000～4000年前) を過ぎ，徐々に寒冷化に向かっている段階にある．しかし過去1000年規模で見ると (図11.6)，気温は西暦15～19世紀の寒冷化した時期の後，急激に上昇している．図11.7に1850年以降の機器による温度測定に基づく世界平均気温変動を示す．1950年頃までは上下変動を伴いながらゆっくり上昇していたが，その後は急激に上昇しており，20世紀後半から21世紀にかけての平均気温は過去1300年の最高値を更新し続けている[16]．

地球表層の大気温度は，地表面に対するエネルギーバランスで決まる (図11.8).

11.3 地球温暖化：大気への温室効果ガスの排出

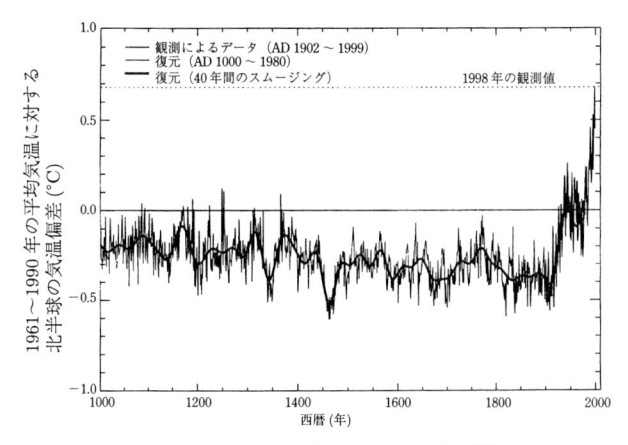

図 11.6 過去 1000 年の気温変化の復元[15)]

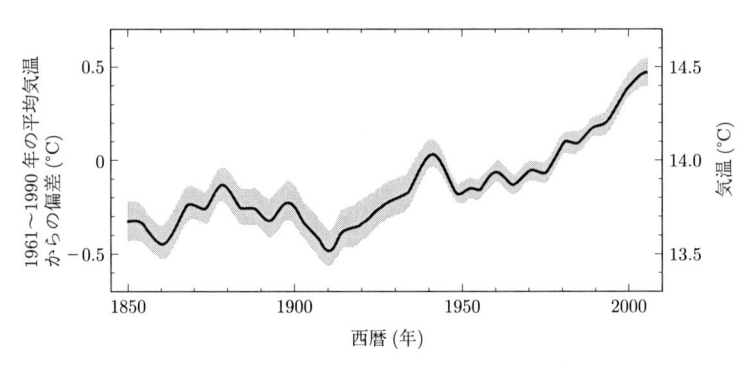

図 11.7 1850 年以降の世界平均気温の経年変化[16)]
曲線は 10 年間平均値，陰影部は不確定性の幅．

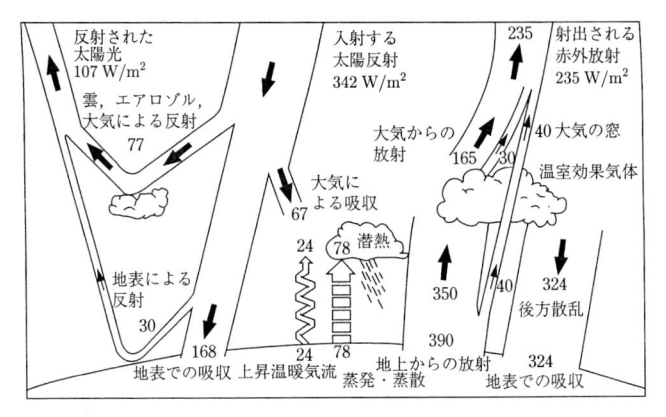

図 11.8 地球におけるエネルギーバランス[15)]

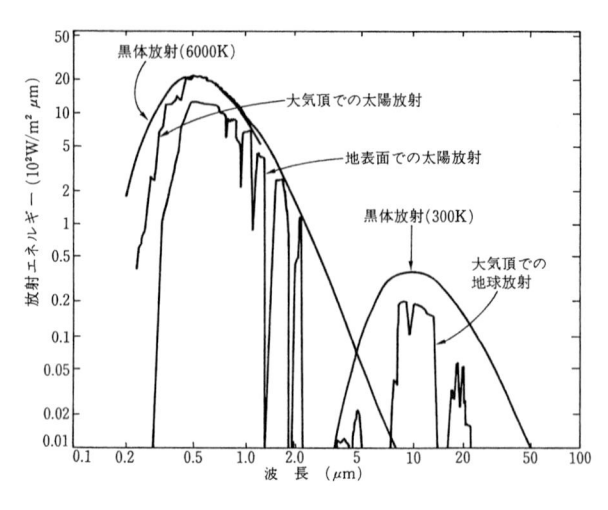

図 11.9 太陽放射のスペクトル (大気頂および地表面) と地球放射のスペクトル (大気頂)[17]

この図では，成層圏と対流圏の境界に達した太陽光を出発点としたエネルギーバランスが示されており，対流圏界面では，地球大気圏外で測定される太陽全放射量 $1366 \sim 1370 \mathrm{W/m^2}$ は $342\,\mathrm{W/m^2}$ まで減少している．また，高温の地球内部からの地表へ放出されている地殻熱流量 (terrestrial heat flow) も地表面に熱を供給しているが，その量は $69\,\mathrm{mW/m^2}$ と太陽光放射で供給される熱量に比べ無視できるくらいに少ない．太陽放射は地表面に達するまでに大気による吸収や雲などの反射を受け，$168\,\mathrm{W/m^2}$ が地表に吸収される．暖められた地表からは赤外線として熱が放射するが大部分は大気中の温室効果ガス (greenhouse gas) に吸収され大気を暖め，大気から赤外線が地上と上層大気に放射される．

図 11.9 に大気頂および地表面での太陽光の放射スペクトル，大気頂での地球の放射スペクトルを示す．大気頂での太陽光スペクトルは $6000\,\mathrm{K}$ の黒体放射スペクトルに近い．地表で測定する太陽光スペクトルでは大気成分による吸収が少し現れているが，透過度は良好で地表面を加熱している．一方，大気頂で測定された地球の放射スペクトルは $10\,\mu\mathrm{m}$ 付近にピークのある赤外放射で，多くの大気成分による吸収が顕著に現れて減衰している．大気中では，特定成分が地球放射を吸収し，吸収されたエネルギーは大気を加熱するのに使われ，温室効果 (greenhouse effect) が起きている．もし大気中に温室効果ガスが存在しないと，地表の平衡温度は月の表面平均温度の $255\,\mathrm{K}$ ($-18°\mathrm{C}$) と同じになるは

ずだが，実際は 288 K (15°C) であり，温室効果で 33 K 高くなっている．

図 11.10 に，地球大気による紫外から赤外までの電磁波の吸収を，吸収成分を特定して示す．地球大気の温度を維持している温室効果ガスで最も寄与が大きいのは H_2O であり，CO_2 がそれに次ぐ．近年地球で起きている温暖化は，大気温度が決まるバランスが人間活動により崩れたことが原因で，温室効果ガスの急激な増加によると考えられている．

大気中の CO_2 濃度の測定は，Keeling がハワイ，マウナロア (Mauna Loa) の山頂付近で 1958 年に始めたのに端を発し，現在では世界各地で連続観測が行われている．図 11.11 に示すマウナロアと南極の大気中 CO_2 濃度の時系列データは，季節変動を伴いながら着実に増加している（なお，日本のデータは

図 11.10　大気成分による太陽光の吸収[18]

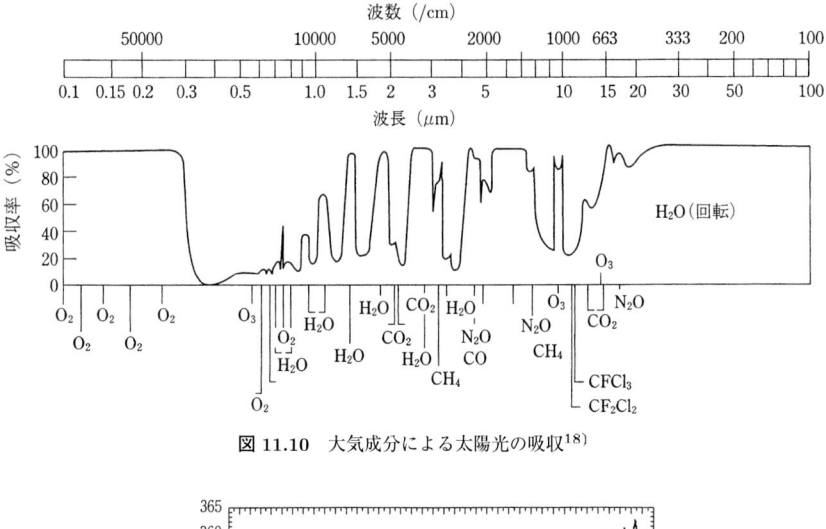

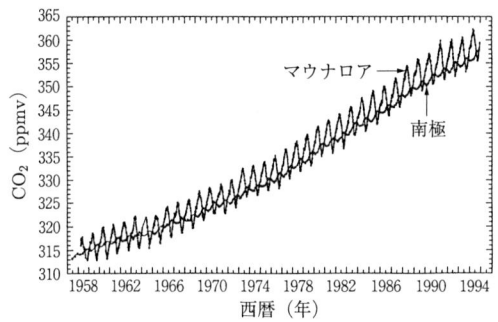

図 11.11　マウナロア (ハワイ) と南極の大気中 CO_2 濃度の経年変化[19]

図 10.5 に示されている).北半球のマウナロアで観測される 5～6 月に極大,8～9 月に極小となる季節変動は陸域生態系の光合成と呼吸に起因しており,南半球の南極ではマウナロアと逆の位相で振幅も小さい.図 11.12 に温室効果ガスである CO_2,CH_4,N_2O の最近 1000 年間の大気中の濃度変化を示す.いずれも同じように 1800 年あたりから濃度上昇が始まり,1900 年を超えると上昇率が大きくなり,ボストークコアに記録されている過去 42 万年間の最高値を更新し続けている.2005 年には大気中 CO_2 濃度が 379 ppmv,CH_4 濃度が 1774 ppbv に達した[16].図 11.13 には同じく温室効果ガスの CFC–11 (CCl_3F) の 1960 年以降の成層圏大気中の濃度変化を示す.1930 年ごろ米国で開発された CFC–11 は 1970～80 年代に大気中に大量放出されたが,オゾン層を破壊することがわかり,モントリオール議定書 (Montreal Protocol,1989 年発効) 以降

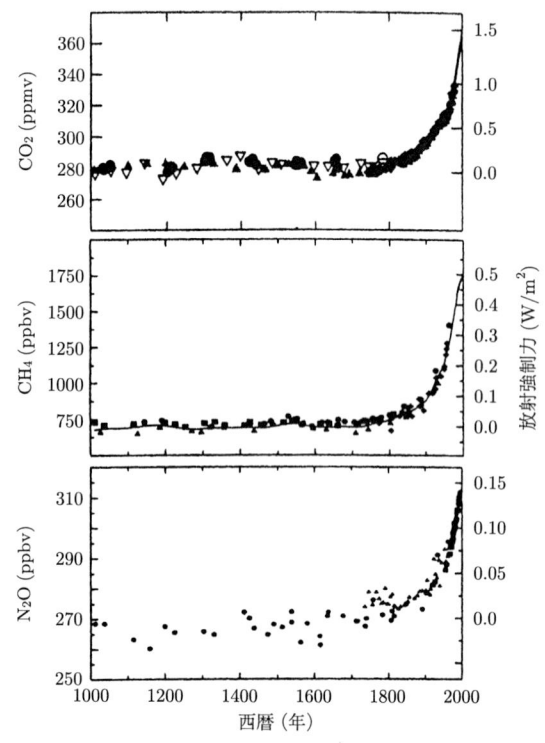

図 11.12 過去 1000 年間の大気中 CO_2,CH_4,N_2O 濃度の経年変化[15]. 1850 年以降の濃度上昇に対応する放射強制力は図 11.14 参照.

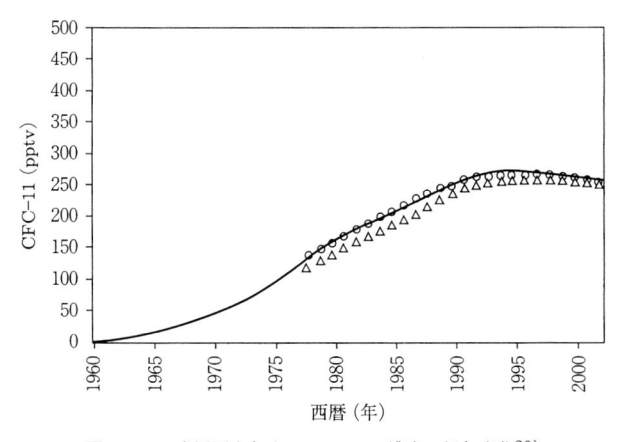

11.3 地球温暖化：大気への温室効果ガスの排出

図 11.13 成層圏大気中の CFC-11 濃度の経年変化[20]
○北半球の実測値，△ 南半球の実測値．実線は放出量をもとに平均滞留時間が 50 年で計算した大気中濃度の推定値．

表 11.2 温室効果ガスの濃度の特徴，放射強制力，地球温暖化指数[21]

温室効果ガス	CO_2	CH_4	N_2O	CFC-11	HCFC-22*	CF_4
大気中濃度						
産業革命前	~280 ppmv	~700 ppbv	~275 ppbv	0	0	0
1994 年	358 ppmv	1720 ppbv	312 ppbv	268 pptv	110 pptv	72 pptv
濃度増加率	1.5 ppmv/y	10 ppbv/y	0.8 ppbv/y	0 pptv/y	5 pptv/y	1.2 pptv/y
(1994 年)	0.4%/y	0.6%/y	0.25%/y	0%/y	5%/y	2%/y
単位濃度あたり						
の放射強制力	1.8×10^{-5}	3.7×10^{-4}	3.7×10^{-3}	0.22	0.19	0.10
(W/m^2)						
大気中の滞留時間						
(年)	50~200	12	120	50	12	50000
地球温暖化指数						
(GWP)　20 年	1	56	280	5000	4300	4400
100 年	1	21	310	4000	1700	6500
500 年	1	6.5	170	1400	520	10000

*HCFC (hydrochrolofluorocarbon)-22 ($CHClF_2$)

の規制が進み，大気中の濃度は 1995 年前後をピークに減少傾向に転じている．

表 11.2 には，温室効果ガスの濃度の特徴，放射強制力 (radiative forcing)，地球温暖化指数 (GWP: global warming potential) をまとめる．放射強制力とは，大気中に存在する単位量の特定の温室効果ガスによって吸収される地球からの放射エネルギーのことを指し，単位は W/m^2 ppm (または ppb) で表される．その成分の大気中の平均滞留時間を考慮して，一定期間の積算放射強制力

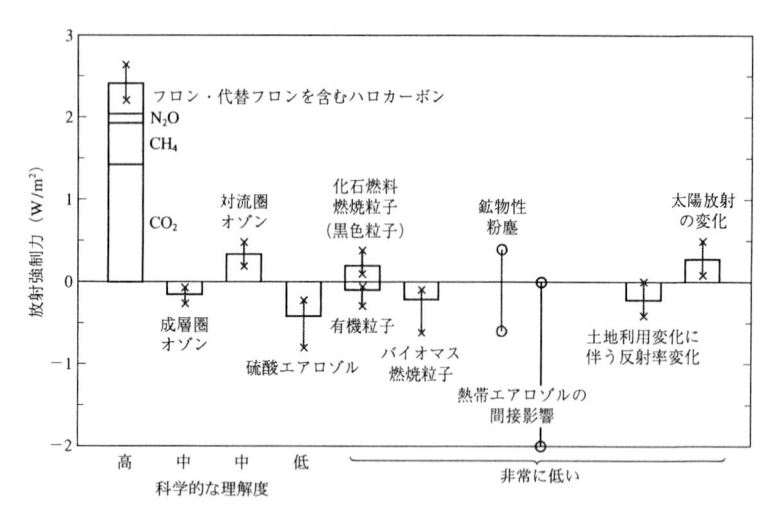

図 11.14 大気温度を決めるいろいろな要素の 1850 年以降の全球平均放射強制力の推定[19]

を計算したパラメータが地球温暖化指数で，以下のように CO_2 に対する相対値で示す．

$$\text{GWP} = \frac{\int a_i c_i dt}{\int a_{CO_2} c_{CO_2} dt} \tag{11.1}$$

ここで，a_i は温室効果ガス i の単位濃度あたりの放射強制力で，c_i は放出後時刻 t で大気中に残っている i の濃度である．表 11.2 では GWP を 20 年，100 年，500 年の積算時間で計算してある．図 11.14 には，地球大気温度を決める温室効果ガスほかいろいろな要素の 1850 年以降の全球平均放射強制力を示す．地球温暖化への寄与は CO_2 増加が最大の約 60%を占めている．CO_2 以外の温室効果ガスは CO_2 に比べ GWP が桁違いに大きいため，増加の絶対量は小さいが CO_2 に匹敵する寄与があり，温暖化への寄与率は CH_4 が 15%，N_2O が 5%，CFCs 合わせて 12%で，対流圏 O_3 も 8%寄与している[22]．対流圏の硫酸エアロゾルなど温暖化に対して負の強制力をもつ (冷却効果をもつ) 成分も存在するが，推定結果の信頼度は低い．

大気中の O_2 と CO_2 濃度の精密測定 (図 11.15) によれば，1990 年 (CO_2：352 ppmv，O_2：標準試料に比べて −18 ppmv) を起点に，2000 年までに放出された化石燃料起源の CO_2 がすべて大気に加わるとすると 2000 年には CO_2 は 382 ppmv，O_2 は −57 ppmv (標準試料に対する相対値) になるはずである

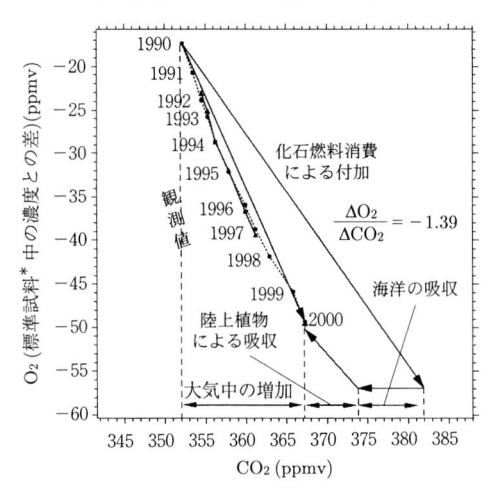

図 11.15 大気中の O_2, CO_2 濃度の経年変化と過剰な CO_2 の吸収先[23]
*Keeling らのグループが圧縮空気より作成した標準試料.

が，実際の観測値はそれぞれ 367 ppmv，−50 ppmv であった．これは放出された CO_2 の一部は海洋に吸収され (O_2 増加を伴わない)，光合成で植物に吸収 (O_2 増加を伴い $\Delta O_2/\Delta CO_2 = -1.1$) されたためである．図 11.15 をもとに海洋や植物に吸収された C の量を求めると，1990 年代には化石燃料燃焼で 1 年間に放出された $(6.3 \pm 0.4) \times 10^{15}$ g (Gt) の C のうち，$(1.7 \pm 0.5) \times 10^{15}$ g (Gt) が海洋に吸収され，$(1.4 \pm 0.7) \times 10^{15}$ g (Gt) が植物に吸収された計算になり，$(3.2 \pm 0.1) \times 10^{15}$ g (Gt) の C が大気に残って CO_2 濃度上昇に寄与したことになる[23].

20 世紀に入って現在までの地球温暖化は，すでに積雪面積の縮小 (北極では 1978 年以降 10 年あたり 2.1 〜 3.3% 縮小)，海面上昇 (1961 年以降 1.3 〜 2.3 mm/y 上昇) に現れており，農業や林業，漁業，人間の健康や人間活動にも影響が現れ始めている[16].

11.4　地球温暖化以外の人間活動による地球環境変化

人類は自らの文明を築くために，化学や物理学を操って，自然界に存在しなかった新しい物質を合成し，自然界に分散存在していたものを抽出精製したりした．その結果，合成された新規物質そのものや精製過程で副次的に作られる

物質が環境に負荷を与え、人類の持続的な生存を脅かす事態にまで至っている。このような環境破壊は科学技術が急速な進歩を遂げた20世紀に顕在化し、まずは地域的なスケールでの環境汚染 (environmental pollution) として、土壌汚染による農業被害、水質汚染、大気汚染からの健康被害が発生し、公害とも呼ばれた。その後、狭い地域の汚染ではなく、大気や海洋を介在して汎地球的に化学的なシステムが変わるような環境破壊が身近に現れ始め、地球環境問題 (global environmental issues) と呼ばれている。

11.4.1 オゾン層の破壊

温室効果ガスの1つであるクロロフルオロカーボン類 (CFCs: chlorofluorocarbons) は、不燃性、無毒性であるため、利用しやすい理想的な気体として冷媒、噴霧剤、消化剤、発泡剤と広範囲に使用されてきた。しかし、その安定性のため、対流圏では分解されず、成層圏にもたらされると太陽の紫外線で分解、ラジカルが生成して、オゾン層の破壊を引き起こす (10.4節参照)。その結果、図11.16に示すように南極ではオゾンホール (ozone hole) の拡大が毎年進行している[24]。オゾン層の存在は陸上に生息する動物にとって不可欠であり、地球史の中でオゾン層の生成と生物の陸上進出とは因果関係があるとされている (5.6節参照)。オゾン層は太陽紫外線を吸収し地表に届く量を激減させており、紫外線被爆により皮膚細胞のDNA損傷、さらに遺伝子の変異の誘導や生体の免疫抑制が起きることを防御している。オゾン層の破壊が進み、地表に達する太陽紫外線が増加すると、皮膚がんや白内障の増加が懸念されている。モントリオール議定書 (1987年) に基づく規制によって、大気中のCFC–11は1995年あたりから減少傾向になった (図11.13) ことは、すでに11.3節の温室効果ガスの説明で述べたとおりである。

11.4.2 合成化学物質による環境汚染

合成化学物質による環境汚染に最初に警鐘を鳴らしたのは、1962年に刊行されたCarsonの『沈黙の春 (*Silent Spring*)』であり、農薬使用の生態系への深刻な影響を訴えた。農薬は殺菌効果、殺虫効果、除草効果をもつ化学薬品で、世界中で約700種類使われている。農業作物を作っている土壌に散布されるので、農薬成分は農耕地から周辺環境に移動し、野生動物が被爆すると食物連鎖を通

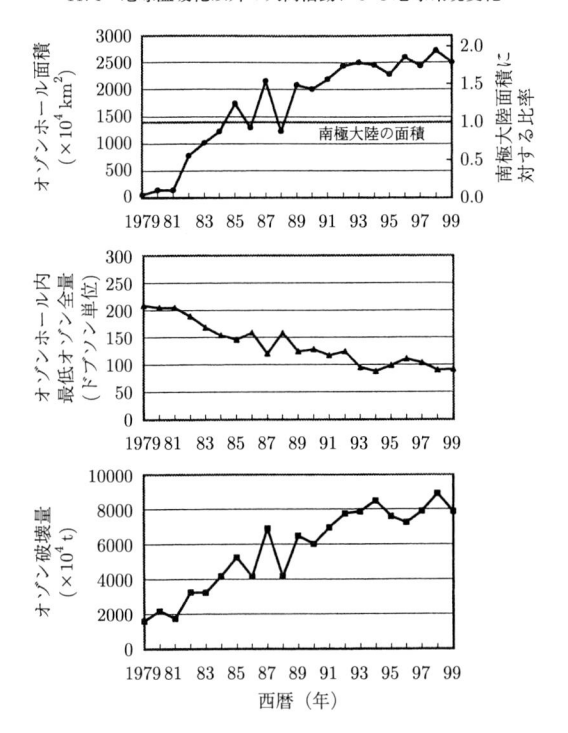

図 11.16 南極オゾンホールの拡大とオゾンホール内最低オゾン全量,オゾン破壊量の経年変化[24)]
ドブソン単位 (DU: Dobson unit) は,1 atm,0°C における単位面積あたりの気柱に存在する O_3 総量を 10^{-3} cm の単位で示したオゾン層の厚さ.

して生物濃縮する (9.7 節参照)[25)].農薬は元来毒性が強く,法律によって安全性が確保されたもののみが使用可能で,食用の作物などの残留農薬量にも規制がかけられている.かつて殺虫剤として汎用されてきた DDT (dichloro diphenyl trichloroethan: $C_{14}H_9Cl_5$) や BHC (benzene hexachloride: $C_6H_6Cl_6$) は,日本では 1971 年に使用禁止になった.

PCB (polychlorinated biphenyl) は,絶縁性と耐熱性,耐薬品性にすぐれ電気部品ほか広い用途に使われてきたが,毒性が高く,発がん性があり,皮膚障害や内蔵障害を起こすことが分かってきた.極性の小さい有機分子で,水に溶けにくく,生体の油脂に濃縮されやすいため,食物連鎖を一段あがるごとに 100 倍も濃縮し,最終消費者では 2500 万倍の濃縮が示された報告もある[26)].そのため日本では 1974 年に製造,輸入が原則禁止となった.

環境へ放出される有害化学物質をヒトへの危険性の観点で扱うと，発がん性のほか，生殖機能への危険性が重要視されており，内分泌攪乱物質 (endocrine disruptors)，いわゆる環境ホルモンによる環境汚染が注目を集めている．内分泌攪乱物質にはPCBやDDT，ダイオキシン類 (dioxin, chlorodibenzodioxinの俗称) のような有機塩素系化合物，ビスフェノールA (bisphenol A)，アルキルフェノール (alkylphenol) 類など芳香族工業化学品，トリアジン (triazine) 系除草剤，有機リン系殺虫剤など農薬のほか，有機Sn化合物 (organotin compound) のような重金属化合物類も含まれる[27]．ダイオキシン類は難分解性，蓄積性，生物濃縮性の化学物質で，毒性が極めて強く，発がん性，生殖毒性も有する．化学薬品の合成の際に意図せずにできる副生成物で，ゴミの焼却の際にも発生し，大気に拡散する．また，TBT (tributyltin) やTPT (triphenyltin) など有機Sn化合物は，農薬，木材防腐剤のほか，船底防汚塗料，漁網防汚剤として世界中で使われ，巻貝類に深刻な生殖障害を引き起こした[27]．

11.4.3　鉱山操業に伴う環境への重金属汚染

人類の生活や産業に必要な特定の金属元素を得るためには，特定の金属元素が濃集した鉱床から鉱石を採掘し，それを精錬して純度の高い金属を得る．このような一連の工程は，鉱物結晶中に閉じこめられていた特定金属を環境へまき散らすことを意味し，河川を通して金属元素が長距離輸送される．河川堆積物の元素組成をもとに作成された日本の地球化学図 (geochemical map) では，As, Cd, Cu, Pb, Sb, Znが，足尾，日立，尾去沢，小坂，生野，別子などの旧鉱山地域で高濃度となっている[28]．鉱床のある地域は鉱床に濃縮している金属元素のバックグラウンドが高いことは確かであるが，河川の流域に沿っての高濃度域の分布は，鉱業所の操業が特に下流域の重金属環境を変えている可能性を示している．

日本の公害の原点ともいわれる19世紀から20世紀にかけて起きた足尾銅山鉱毒事件では，鉱業所の排水に含まれるCuイオンなど金属イオンが渡良瀬川に大量に流れ，下流域に多大な健康被害をもたらした．神岡鉱山亜鉛精錬所から出された排水は神通川流域にCd汚染をもたらし，イタイイタイ病の原因となった．化学工業の工場廃液が重金属汚染を引き起こした例は水俣病であり，アセトアルデヒド製造工程で触媒に使う無機水銀に由来するメチル水銀が食物

連鎖を通して周辺住民に摂取され，水銀中毒に罹患するという大変な悲劇が起きた．

11.4.4 酸 性 雨

酸性雨 (acid rain) とは，純水が大気中の CO_2 と平衡に達した時の pH 値 5.6 以下の pH を示す雨と定義されている (9.1 節参照)．火山ガスの酸性ガス成分や，生物起源の S 化合物の空気酸化生成物を降水中に取り込んだ場合にも，酸性雨は生成する．化石燃料の燃焼に伴って大気へ放出された SO_x (硫黄酸化物：SO_2 と SO_3) や自動車の排ガスからの NO_x (窒素酸化物：NO，NO_2，N_2O_4 など) が雲に取り込まれ，酸化されて生成した SO_4^{2-} や NO_3^- が降水に溶解して酸性雨となる．

酸性雨は 1960 年代から顕著になり始め，1970 ～ 80 年代にはヨーロッパ全域，北アメリカ，北極圏に広がり，1980 年代後半では開発途上国でも顕在化した地球規模での環境汚染である[29]．酸性雨は，地域環境にとどまらず，場合によっては国境を越えた広域の環境に影響を及ぼしている．日本でも 1960 年代の高度経済成長期から酸性雨は始まり，排ガス規制などの対策はされたが，現在でも大幅な改善は見られない．岩手県大船渡市の雨水の pH は 1980 年代から 2008 年まで，4.4 ～ 5.0 で推移している[40]．酸性雨の地球環境への負荷としては，土壌や湖沼の酸性化に伴う，森林破壊や魚類の死滅など生態系への影響があげられ，特に北米，ヨーロッパで多く見られている．酸性雨によって土壌が酸性化すると Al が溶解し，植物根に害をもたらし，森林退行を促進する．

11.4.5 放射能汚染

1942 年 Fermi らが原子炉を作り，人類が原子力エネルギーを手にして以来，環境への人工放射能の放出が起きている．放射能は生物に健康被害 (放射線障害) を及ぼし，被爆線量が多いと死に至る．1945 年の広島と長崎への原爆投下では 14 万人，7 万 7000 人の人々が一瞬に死亡し，さらに多くの人々が放射線障害を患ってきた．これまでに放射性物質の大気環境への放出は，大気圏内での原子爆弾実験と原子力発電所などでの予期せぬ原子炉事故の際に起きている．1950 年代から米国，ソビエト連邦による大気圏内核実験が大規模に行われ，大気中に放射性フォールアウト (fallout：死の灰) がまき散らされた．1962 年に

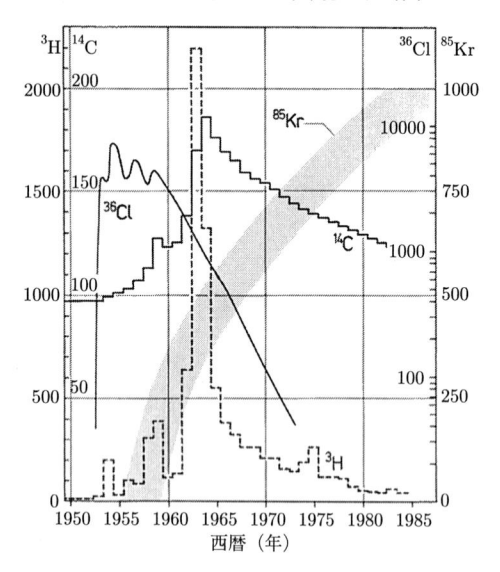

図 11.17 大気圏内核実験に起因する大気中 CO_2 の ^{14}C，降水中の ^3H (T)，氷床コア中で測定した ^{36}Cl 降下率，および大気中 ^{85}Kr の時間変化[31]
単位は，^3H：TU (tritium unit，1 TU は T/H= 10^{-18})，^{14}C：pmc (percent modern carbon)，^{36}Cl：原子数/m^2 s，^{85}Kr：dpm/mmol Kr.

米ソの大気圏内核実験は中止され地下核実験に移行したが，その後も中国，フランスは大気圏内核実験を続けた．そして，1980 年 10 月の中国の核実験を最後に大気圏内核実験は行われていない[30]．

図 11.17 に中央ヨーロッパの大気中の CO_2 の ^{14}C (半減期 5730 年)，降水中の ^3H (半減期 12.33 年で T (トリチウム) とも呼ぶ)，グリーンランド氷床コア中の ^{36}Cl (半減期 3.01×10^5 年) の経年変化を示す．^{14}C は核実験で大量に作られ，1964 年に最大値に達し，大気圏内核実験が中止された後も以前の値には戻っていない．^3H はもっと影響が大きく，1963 年には核実験が行われる以前の降水中のバックグラウンド濃度 ($\sim$ 25TU) の 100 倍に達した．また，グリーンランドの氷床コア中の ^{36}Cl は，近傍の海で行われた核実験を反映した増加がみられた．図 11.17 には大気中の ^{85}Kr (半減期 10.7 年) も示してあり，1955 年以降増加が続いている．^{85}Kr は使用済核燃料の再処理の際に環境に放出される放射性の気体で，人体に影響はないとされている．

フォールアウトはこれらのほかにも ^{90}Sr (半減期 29.1 年) や ^{137}Cs (半減期 30.1 年) が大気圏にまき散らされており，図 11.18 に大気中の ^{137}Cs のデータ

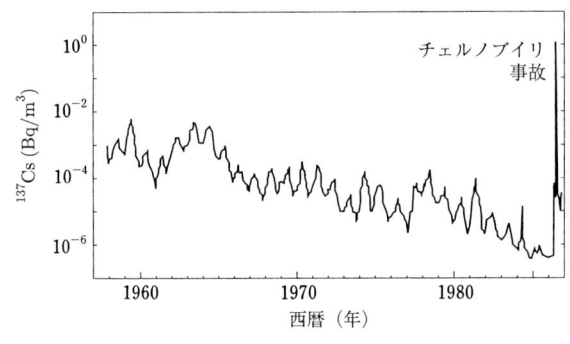

図 11.18 ストックホルムの大気中の ^{137}Cs の時間変化[32]

を示す．^{137}Cs 放射能の長期的な減少は，1955 年以降の大気圏内核実験の影響が核実験停止後も引き続き残っていることを示している．1986 年に見られるスパイク的な急増は 4 月に起きた旧ソ連のチェルノブイリ原子力発電所の事故で大量の ^{137}Cs が大気にまき散らされたことによっている (10.3 節参照)．この原子力発電所事故は過去最悪のもので，周辺住民の健康被害はもちろん，放射能汚染された土壌環境の将来への影響は深刻である．

11.5 地球環境のこれから

人間活動によって地球環境は急速に変化してきたが，この先はどうなると考えられているのだろうか．地球環境問題で最大の懸案である地球温暖化について，IPCC (Intergovernmental Panel on Climate Change：気候変動に関する政府間パネル) は，今後の CO_2 排出量予測について 6 つのシナリオを用意し，それぞれについて 2100 年までの気温予測を公表している．図 11.19 にはその中の 3 つのシナリオについての気温予測を示す[16]．それぞれのシナリオの違いは，世界の社会経済の発展経路の予測の違いに基づいており，今後の世界各国の政策や国際間の協調，CO_2 削減技術の進展の度合いによってもシナリオは変わりうるので，実際にどのシナリオが現実的かは判断が難しい．各シナリオごとの予測される 2100 年での温度上昇の幅は大きく，現時点で言えることは，西暦 2000 年から 2100 年の 100 年間の温度上昇は 1～6°C 程度であろうということに尽きる．気温上昇が最大の場合と最少の場合とでは人間活動への影響もかなり異なり，その対応策も異なったものになるだろう．

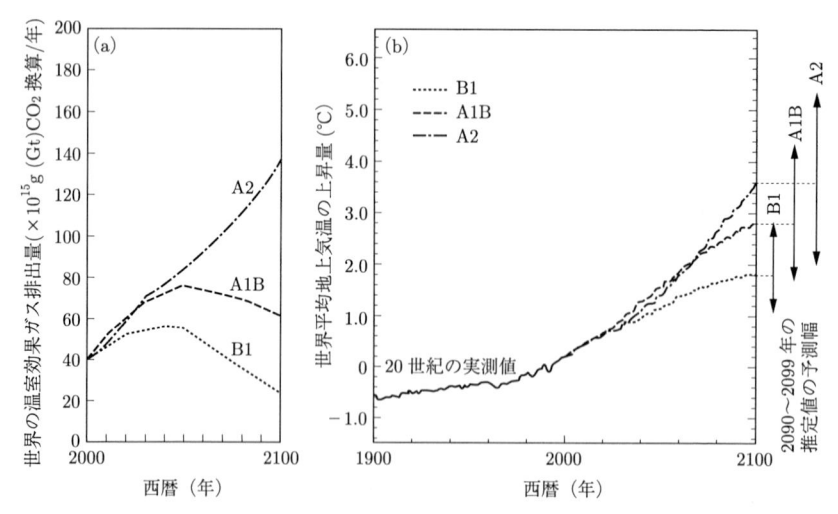

図 11.19 2000〜2100 年の (a) 温室効果ガス排出シナリオと (b) 世界平均気温予測[16] 3種の排出シナリオに対応する気温予測が示されている．気温は 1980〜1999 年の平均気温との比較で表示．

一方で 2000 年に 60 億人を超した世界人口が 100 年間でどこまで増えるかは地球の資源問題を考える上で重要となる．不確定な要素は大きいが，2100 年の世界人口は概略 100 億人あり，気温の上昇を想定した上で，それに見合ったエネルギー資源，鉱物資源，生物資源，水資源，土壌資源などを確保しなければならない．

地球資源は通常，再生 (更新性，非枯渇性) 資源 (renewable resource) と非再生 (非更新性，枯渇性) 資源 (non-renewable resource) とに分けられる[33]．非再生資源に分類される化石燃料や鉱物資源には耐用年数 (lifetime) があり，表 11.3 にまとめる．ほとんどの金属元素は 100 年以下で，大きく 100 年を超える元素は Al, Co, Nb, 白金族元素，希土類元素，Th, V くらいである．しかし金属資源は，使用後廃棄された生産品から回収して再利用が可能であり，これからは耐用年数の短い金属資源をリサイクルする技術も進むであろうから，実効的な耐用年数は長くなり，これらの資源の枯渇の心配は当面必要ないかもしれない．また，希少金属では代替資源の研究開発も進んでいる．

一方でエネルギー資源についてより深刻に考えなければならない．化石燃料の耐用年数は石油 42 年，石炭 131 年，天然ガス 60 年で，使い切ったら CO_2 と

11.5 地球環境のこれから

表 11.3 鉱物資源, 化石燃料の生産量, 埋蔵量と耐用年数[34]
(U, 石炭, 石油, 天然ガスのデータは文献[35]による)

元素名	単位	年間生産量	埋蔵量	耐用年数 (年)
Al	1000 t	154166	23000000	149
Sb	t	154537	1800000	12
As	1000 t	35.1	702〜1053	20〜30
Be	t	3300	*	*
Bi	t	3810	330000	87
B	1000 t	4350	170000	39
Cd	t	16873	600000	36
Cr	1000 t	13500	810000	60
Co	t	47600	7000000	147
Cu	1000 t	13670	470000	34
Au	t	2550	43000	17
In	t	*	2500	*
Fe	1000 t	1120000	70000000	63
Pb	1000 t	2851	67000	23
Li	t	*	4100000	*
Mn	1000 t	22300	680000	30
Hg	t	1530	120000	78
Mo	1000 t	128	8600	67
Ni	1000 t	1286	62000	48
Nb	t	32800	4400000	134
白金族	t	453	71000	157
希土類	t	95000	88000000	926
Re	t	33	2400	73
Se	t	1430	82000	57
Si	1000 t	4000	*	*
Ag	t	18243	270000	15
Sr	t	370000	6800000	18
Ta	t	1210	43000	36
Th	t	5650	1200000	212
Sn	1000 t	255	6100	24
Ti	1000 t	4950	420000	85
W	t	59100	2900000	49
V	t	60000	13000000	217
Zn	1000 t	9148	220000	24
Zr	1000 t	864	38000	44
U	1000 t	41(67)	5470	82
石炭	10^6 t	6488	847500	131
石油	10^6 バレル	29770	1237900	42
天然ガス	10^9 m^3	2940	177360	60

文献[34]は2002, 2003年のデータ, 文献[35]は2007年のデータ使用. Uの耐用年数は ( ) 内の年間需要量で計算.
* データなし

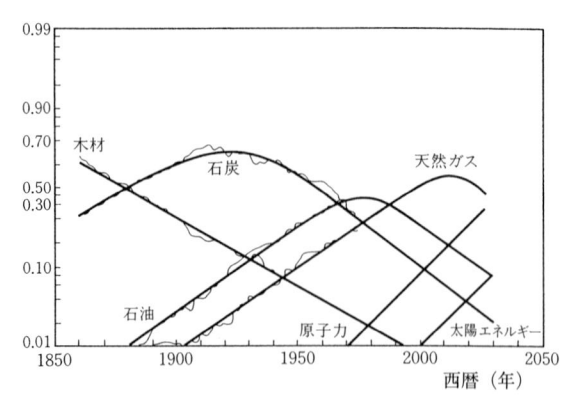

図 11.20 エネルギー消費の割合の変化[36)]

なりリサイクルはできないからである.原子力発電に使う U も核分裂するのでリサイクル不可能で,原子炉でできた ^{239}Pu は再処理してもう一度核燃料として使うことはできるが,それ以上の再利用はできず,U の耐用年数 (82 年) からして長期間エネルギーを原子力に依存することはできないだろう.このような事情で,エネルギー資源の将来予測は,図 11.20 に示したように太陽エネルギーに代表される代替エネルギーに頼らざるを得ない.太陽エネルギーは太陽光発電などで直接的に利用されるだけではなく,水力,風力,波力,潮汐力を利用して間接的にも利用される.そのほかの代替エネルギーとしては,地熱エネルギー,メタンハイドレートのような非在来型天然ガス,バイオマスエネルギー,核融合,水素エネルギーなどが開発されている.

現在の地球は,45.6 億年の地球史の中で,3600 万年前頃から始まる氷河時代の中で,80～70 万年前から始まった氷期と間氷期をほぼ 10 万年周期で規則的に繰り返す段階の途中にいる.ミランコビッチ周期は,太陽からの日射量が地球の軌道の形と地軸の方向の永年変化によって周期的に変化することで起きており (11.2 節参照),地球軌道要素の変化が今後も同じように続くなら,現在は寒冷化に向かいつつある段階である (図 11.21(a)).早晩化石燃料を使い切って CO_2 の排出もなくなると,Broecker が提唱した「人為的なスーパー間氷期 (anthropohenic superinterglacial)」も終わり,図 11.21(b) に示すように急速に寒冷化に向かうだろう.1 万年後の地上気温は,大気中の CO_2 増加がないときのトレンドに戻り,氷期へ突き進むことになろう[37)].

1 万年後以降の地球環境は現在よりかなり気温が下がる氷期であるが,現生

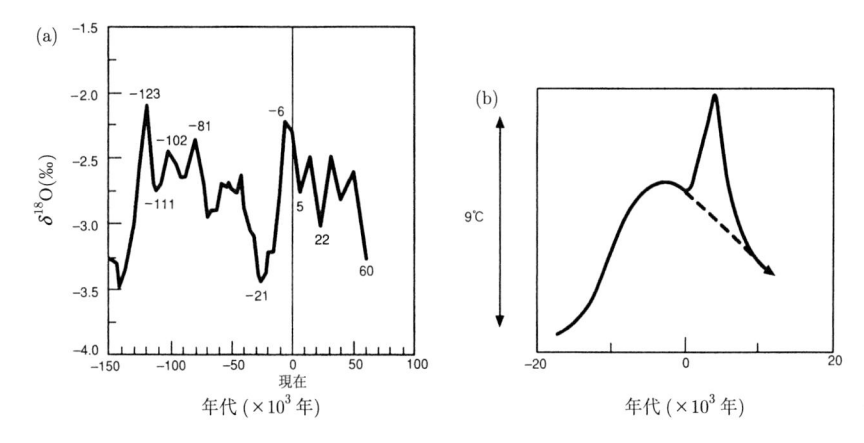

図 11.21 (a) 過去 15 万年の気温変化とミランコビッチ周期で予測される今後 6 万年の気温変動 (海成炭酸塩の $\delta^{18}O$ で表示) と (b) 温室効果ガスの影響を考慮した 1 万年後までの気温変化予想[37]

人類は過去にも最終氷期の中を生き延びてきたので，次の氷期は発達した文明をもってすれば生き延びることはできるであろう．100〜1000 万年後となると，現生人類も生物種として進化を遂げているかも知れないし，その間に起きる何らかの現象で絶滅や新種の誕生が起きているかもしれない．

地球上で現在と同じテクトニクスが将来も支配するとするなら，5000 万年後にはフィリピン海プレートは沈み込み尽くして消滅し，オーストラリアプレートが北上して東アジアに衝突する[38]．その段階で日本列島は島弧から衝突帯に変わる (図 11.22(a))．2 億年後には北アメリカがアジアに衝突し，太平洋が閉じる．現在の日本列島はこうして次の超大陸の中の安定地塊の一部になるであろう (図 11.22(b))．

今後 1〜2 億年後までを考えると，地球上で生物の大量絶滅 (5.7 節参照) を起こす巨大隕石の衝突や超寒冷期などが起きる可能性は極めて高い．これまでに分っているだけで，5 億年間に 5 回の大量絶滅事件が確認されており，最後の事件は 6500 万年前であった．

恒星の進化に関する知識に基づけば，太陽の進化に伴い，太陽放射は増え続け (図 11.23)，数億年スケールでは地球は温暖化する．一方，地球内部の熱源は減少し続け，固体の内核は拡大する．液体の外核がなくなると地球磁場もなくなり，宇宙線に曝されることになろう．マントル対流もなくなるとプレート

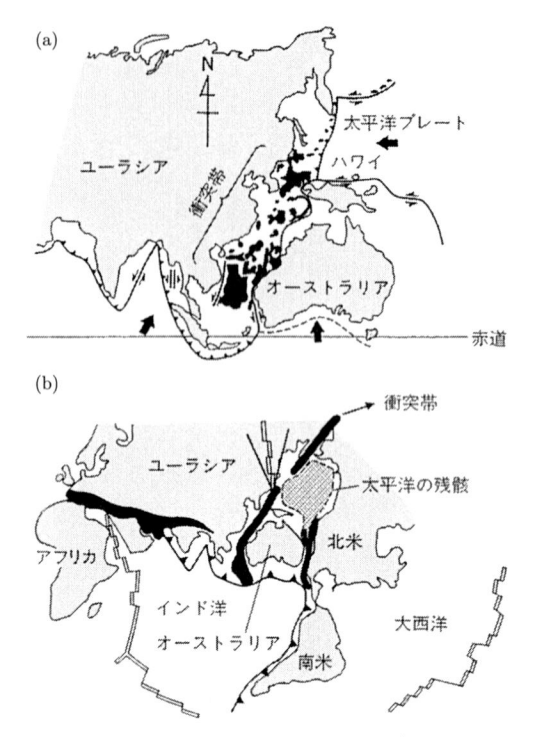

図 11.22 日本列島の未来の姿[38]
(a) 5000万年後，オーストラリア大陸の衝突．(b) 2億年後，北アメリカ大陸の衝突．

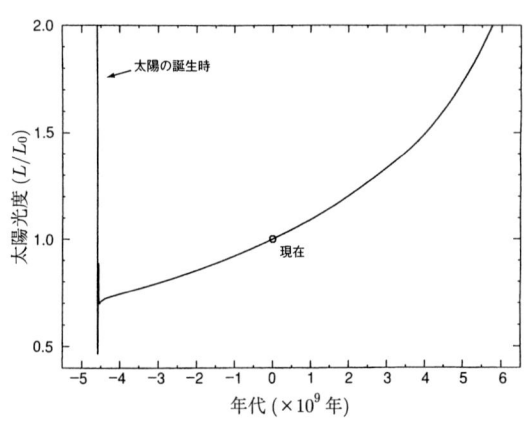

図 11.23 太陽光度の時間変化[37]

テクトニクスは固体地球で成立しなくなる．

現在太陽は中心部でHの核融合反応が進んでおり，60億年後にはHeコアができる．燃料のHがなくなると中心核は収縮するが，外層と中心核のバランスが崩れて外層は膨張し，主系列を離れて赤色巨星 (red giant) へと進化する．太陽の表面温度は3000Kまで下がり，半径が現在の200倍になり，水星や金星は呑み込まれる．中心核の収縮は続き，中心温度が10^8Kを超えるとHeの核融合が始まり，半径も現在の10〜20倍にまで収縮する．Heの核融合は3500万年続きCとOからなる中心核ができるが，中心温度はCやOの核融合反応が起きる$7×10^8$Kまでにはあがらず，中心核が陥没し地球ほどの大きさの白色矮星 (white dwarf) となって一生を終わる[39]．太陽系がなくなった後の宇宙の行き着く先についてはいろいろな考えが提唱されている．

文　献

1) 諏訪　元, シリーズ進化学5, ヒトの進化, 岩波書店, 13-64 (2006)
2) 颯田葉子, 斎藤成也, シリーズ進化学5, ヒトの進化, 岩波書店, 65-108 (2006)
3) 小林直宏, 地球環境ハンドブック (第2版), 朝倉書店, 128-133 (2002)
4) 半谷高久, 地球化学入門, 丸善, 161-197 (1988)
5) 石渡良志, 地球化学講座7, 環境の地球化学, 培風館, 37-49 (2007)
6) J.R.Petit et al., Nature 399, 429-436 (1999)
7) 平川一臣, 地球化学講座7, 環境の地球化学, 培風館, 25-34 (2007)
8) 増田耕一, 岩波講座惑星地球科学11, 気候変動論, 岩波書店, 103-156 (1996)
9) 河村公隆, 地球化学講座7, 環境の地球化学, 培風館, 14-24 (2007)
10) K.Kashiwaya et al., Nature 401, 71-74 (2001)
11) 吉原　新ほか, 全地球史解読, 東京大学出版会, 363-381 (2002)
12) S.Yang et al., Geophys. J. Int. 140, 158-162 (2000)
13) J.A.Eddy, Science 192, 1189-1202 (1976)
14) M.G.L.Baillie and M.A.R.Munro, Nature 332, 344-46 (1988)
15) 植松光夫, 河村公隆, 地球化学講座6, 大気・水圏の地球化学, 培風館, 21-82 (2005)
16) 文部科学省ほか (訳), IPCC報告書, 気候変動2007 総合報告書, 22pp. (2007)
17) 野尻幸宏, 地球環境ハンドブック (第2版), 朝倉書店, 153-156 (2002)
18) P.Brimblecombe, Air Composition and Chmistry (2nd ed.), Cambridge University Press (1996)
19) 井上　元, 地球環境ハンドブック (第2版), 朝倉書店, 156-168 (2002)
20) S.Solomon, Nature 427, 289-291 (2004)
21) 時岡達志, 岩波講座惑星地球科学3, 地球環境論, 岩波書店, 101-137 (1996)
22) 沼口　敦ほか, 地球化学講座6, 大気・水圏の地球化学, 培風館, 131-155 (2005)
23) I.C.Prentice et al., Climate Change 2001, The Scientific Basis, Cambridge Uni-

versity Press, 183–237 (2001)
24) 中根英昭, 地球環境ハンドブック (第 2 版), 朝倉書店, 255–264 (2002)
25) 石井康雄, 地球環境ハンドブック (第 2 版), 朝倉書店, 903–910 (2002)
26) 赤木　右, 地球化学講座 1, 地球化学概説, 培風館, 236–251 (2005)
27) 森田昌敏, 地球環境ハンドブック (第 2 版), 朝倉書店, 894–899 (2002)
28) 今井　登ほか, 日本の地球化学図, 産業技術総合研究センター, 209pp. (2004)
29) 小倉紀雄, 一國雅巳, 化学新シリーズ「環境化学」, 裳華房, 151pp. (2001)
30) 廣瀬勝己, 地球環境ハンドブック (第 2 版), 朝倉書店, 966–969 (2002)
31) M.A.Geyh and H.Schleicher, *Absolute Age Determination*, Springer-Verlag, 503pp. (1990)
32) 古川路明, 放射化学, 朝倉書店, 221pp. (1994)
33) 鹿園直建, 岩波講座惑星地球科学 3, 地球環境論, 岩波書店, 11–35 (1996)
34) 西山　孝, 資源と素材 121, 474–483 (2005)
35) 経済産業省 (編), エネルギー白書 2009, エネルギーフォーラム, 234pp. (2009)
36) H.D.Holland and U.Paterson, *Living Dangerously*, Princeton University Press, 490pp. (1995)
37) T.E.Graedel and P.J.Crutzen (著), 河村公隆, 和田直子 (訳), 地球システム科学の基礎, 学会出版センター, 400pp. (2004)
38) 磯崎行雄, 科学 70, 133–145 (2000)
39) 柴橋博資, シリーズ現代の天文学 10, 太陽, 日本評論社, 3–10 (2009)
40) 国立天文台 (編), 理科年表 (平成 22 年), 丸善, 1041pp. (2009)

12

まとめに代えて：宇宙・地球化学の歩み

12.1 地球化学前史：新元素発見の時代

　地球化学の研究史を遡ると，近代科学としての地球化学の出発点は，20世紀初頭に体系化した岩石圏の化学的な研究であり，地球化学は固体部分の地球の研究からスタートした．時代をさらに遡ると，18〜19世紀のヨーロッパの化学の世界は，中世錬金術の時代，ルネサンスを経て近代的な化学に向かおうとする時期にあたり，分析化学の知識や技術を駆使して進める新元素発見が最大の関心事であった．天然物質の中から今までに見つかっていない元素を単離してその化学的な性質を調べることが，当時の化学の世界の最先端の研究テーマであり，化学が地球化学そのものであった時代ともいえる．地球化学 (geochemistry) という用語は，1838年に，オゾンの発見で知られているスイスの化学者 C.F.Schönbein が始めて用いた．

　表12.1には元素の発見を，新元素が含まれていた物質と発見方法と一緒に，発見年代の順にまとめる．古代から中世までに知られていたのは元素の単体鉱物や硫化物，酸化物，炭酸塩の鉱物で，広い用途に使われていた．鉱物の化学分析は，鉱物の品質を知るために不可欠で，分析化学や結晶化学の発展にも大いに貢献した．18世紀後半以降は，特定元素が主成分として存在する軟マンガン鉱 (MnO_2)，輝水鉛鉱 (MoS)，灰重石 ($CaWO_4$)，ジルコン ($ZrSiO_4$)，ピッチブレンド (UO_2)，チタン鉄鉱 ($FeTiO_3$) ほか多くの鉱物の分析から新元素発見の報が続いた．天然の無機結晶である鉱物は化学式どおりの純粋な組成であることは珍しく，通常は不純物を含む．そのような不純物は新元素の宝庫で，Rb はリシア雲母から，In や Ga は閃亜鉛鉱から，Hf はジルコンから分離発見され，白金属元素の元素群は天然に産出する Pt 単体鉱物を溶かした溶液から分離された．一連の希土類元素は相互の化学分離が大変に難しいため，発見さ

表 12.1 元素発見の歴史（文献1,2）より作成）

発見年代	元素	発見者	発見材料	分離・確認方法	発見年代	元素	発見者	発見材料	分離・確認方法
古代	6 C		単体（炭、スス）		1817	48 Cd	F.Stromeyer(独)	不純物を含む$ZnCO_3$ 試薬	化学分析
先史時代	16 S		単体		1823	14 Si	J.J.Berzelius(典)	古代から石英知られる	SiF_4 を K で還元
先史時代	29 Cu		単体、銅鉱石		1825	13 Al	H.C.Oersted(デ)	古代からミョウバン、アルミナ上に濃縮	気体 Al_2O_3 を K アマルガム上に濃縮
BC8000 頃	26 Fe		隕鉄、鉄鉱石		1826	35 Br	A.J.Balard(仏)	塩湖の蒸発物	化学分析
BC5000 頃	79 Au		単体		1828	90 Th	J.J.Berzelius(典)	トーライト$(ThSiO_4)$	酸化物分離
BC4000 頃	47 Ag		硫化鉱物、単体		1839	57 La	C.G.Mosander(典)	分離されたCe_2O_3	酸化物分離
BC4000 頃	82 Pb		方鉛鉱(PbS)		1843	68 Er	C.G.Mosander(典)	分離されたY_2O_3	酸化物分離
BC3000 頃	50 Sn		錫石(SnO_2)		1843	65 Tb	C.G.Mosander(典)	分離されたY_2O_3	酸化物分離
BC3000 頃	80 Hg		辰砂(HgS)		1845	44 Ru	K.K.Klaus(露)	自然 Pt の王水溶液	化学分析
BC16C					1860	55 Cs	R.W.Bunsen(独), G.R.Kirchhoff(独)	鉱泉水	分光分析
錬金術時代					1861	37 Rb	R.W.Bunsen(独), G.R.Kirchhoff(独)	リシア雲母$(KLiAl(F,OH)_2Si_4O_{10})$	分光分析
10C 以前	30 Zn		古代から Cu-Zn 合金知られる。閃亜鉛鉱(ZnS)	亜鉛鉱石を還元融解	1861	81 Tl	W.Crookes(英)	硫酸製造の鉱泥	分光分析
13C 頃	33 As		古代から雄黄(As_2S_3)、鶏冠石(AsS) 知られる	雄黄の還元融解	1863	49 In	F.Reich(独), H.T.Richtel(独)	閃亜鉛鉱(ZnS)	分光分析
15C 頃	83 Bi		輝蒼鉛鉱(Bi_2S_3) 単体	硫化鉱物の還元融解	1868	2 He	N.Lockyer(英)	太陽紅炎、クレーブ石（U 鉱石）中にも確認：W.Ramsey(英)(1895)	皆既日食の分光分析
15C 頃	51 Sb		古代から二種含安鉱(Sb_2S_5) 知られる	硫化鉱物の還元融解	1875	31 Ga	L.de Boisbaudran(仏)	閃亜鉛鉱	化学分析
1669	15 P	H.Brandt(独)	人尿	蒸留後還元	1878	70 Yb	J.C.G.de Marignac(瑞)	分離されたEr_2O_3	酸化物分離
1735	27 Co	G.Brandt(典)	青色著色材の Co 鉱石	化学分離	1879	21 Sc	L.F.Nilson(典)	予言元素、分離された$(Y,U,Ca)Y_2O_3$	酸化物分離
1748	78 Pt	A.de Ulloa(西)	Au 鉱山	高融点金属	1879	62 Sm	L.de Boisbaudran(仏)	サマルスキー石$(Y,U,Ca)(Nb,Ta,Fe)_2(OH)_6$	酸化物分離
1751	28 Ni	F.Cronstedt(典)	Co 鉱石	化学分離	1879	67 Ho	P.T.Cleve(典)	分離されたEr_2O_3	酸化物分離
1766	1 H	H.Cavendish(英)	酸と Fe,Zn,Sn などの反応	空気より軽い気体	1879	69 Tm	P.T.Cleve(典)	分離されたEr_2O_3	酸化物分離
1772	7 N	D.Rutherford(英)	空気	CO_2 で酸素除去	1880	64 Gd	J.C.G.de Marignac(瑞)	サマルスキー石$(Y,U,Ca)(Nb,Ta,Fe)_2(OH)_6$	酸化物分離
1774	8 O	C.W.Sheele(典), J.Priestley(英)	HgO や $AgCO_3$ の加熱	気体回収					
1774	25 Mn	J.G.Gahn(典)	軟マンガン鉱(MnO_2)	還元単離					
1778	42 Mo	C.W.Sheele(典)	輝水鉛鉱(MoS_2)	酸化物分離					
1781	74 W	C.W.Sheele(典)	灰重石$(CaWO_4)$	酸化物分離					
1782	52 Te	F.J.Müller(独)	Au 鉱石	化学分析					
1789	40 Zr	M.H.Klaproth(独)	ジルコン$(ZrSiO_4)$	酸化物の化学分析					
1789	92 U	M.H.Klaproth(独)	ピッチブレンド(UO_2)	酸化物の化学分析					
1791	22 Ti	W.Gregor(英)	チタン鉄鉱$(FeTiO_3)$	酸化物分離					

12.1 地球化学前史：新元素発見の時代

年	番号	元素	発見者	産出源	方法
1794	39	Y	J.Gadolin(フ)	ガドリン石 $(Be_2FeY_2Si_2O_{10})$	酸化物分離
1797	24	Cr	L.N.Vauquelin(仏)	紅鉛鉱 $(PbCrO_4)$	酸化物分離還元
1798	4	Be	L.N.Vauquelin(仏)	緑柱石 $(Al_2Be_3(SiO_3)_6)$	化学分析
1801	23	V	del Rio(西)	褐鉛鉱 $(Pb_5(VO_4)_3Cl)$	化学分析
1801	41	Nb	C.Hatchett(英)	$Nb>Ta$ のコルンブ石 $((Fe,Mn)(Ta,Nb)_2O_6)$	化学分析
1802	73	Ta	A.G.Ekeberg(典)	$Nb<Ta$ のコルンブ石 $((Fe,Mn)(Ta,Nb)_2O_6)$	化学分析
1803	45	Rh	W.H.Wollaston(英)	自然 Pt の王水溶液	化学分離
1803	46	Pd	W.H.Wollaston(英)	自然 Pt の王水溶液	化学分析
1803	58	Ce	M.H.Klaproth(独), J.J.Berzelius(典)	セル石 $(Ce_9Fe(SiO_4)_6(SiO_3)_3(OH)_3)$	酸化物の電気分解
1803	76	Os	S.Tennant(英)	自然 Pt の王水溶液	化学分析
1803	77	Ir	S.Tennant(英)	自然 Pt の王水溶液	化学分析
1807	19	K	H.Davy(英)	古代から K_2CO_3 知られる	溶融 KOH の電気分解
1807	11	Na	H.Davy(英)	古代から Na_2CO_3 知られる	溶融 NaOH の電気分解
1808	5	B	L.J.Thénard(仏), J.L.GayLussac(仏), H.Davy(英)	古代からホウ砂知られる	ホウ酸の還元、ホウ酸溶液の電気分解
1808	12	Mg	H.Davy(英)	古代から $MgCO_3$ 知られる	MgO の電気分解
1808	20	Ca	H.Davy(英)	古代から $CaCO_3$ 知られる	CaO の電気分解
1808	38	Sr	H.Davy(英)	ストロンチアン石 $(SrCO_3)$ に新元素確認：A.Crawford(英)(1790)	SrO の電気分解
1808	56	Ba	H.Davy(英)	重晶石 $(BaSO_4)$ に新元素確認：C.W.Sheele(典)(1774)	BaO の電気分解
1810	17	Cl	H.Davy(英)	軟マンガン鉱に HCl 作用で発生：C.W.Sheele(典)(1774) は単独元素と考えず	単独元素確認
1811	53	I	B.Coutois(仏)	海藻灰	化学分離
1817	3	Li	J.A.Arfvedson(典)	ペタライト $(LiAlSi_4O_{10})$	化学分析
1817	34	Se	J.J.Berzelius(典)	硫酸製造の鉛室泥	化学分析
1885	59	Pr	C.A.von Welsbach(オ)	Ce_2O_3 から分離したジジム(Di)	酸化物分離
1885	60	Nd	C.A.von Welsbach(オ)	Ce_2O_3 から分離したジジム(Di)	酸化物分離
1886	9	F	H.Moissan(仏)	蛍石 (CaF_2)	KHF_2-HF の電気分解
1886	32	Ge	C.A.Winkler(独)	予言元素．硫銀ゲルマニウム鉱 (Ag_8GeS_6)	化学分析
1886	66	Dy	L.de Boisbaudran(仏)	分離された Ho_2O_3	分光分析．酸化物分離
1894	18	Ar	Lord Reyleigh(英), W.Ramsey(英)	空気	O_2, N_2 の化学除去、分光分析
1898	10	Ne	W.Ramsey(英), M.W.Travers(英)	空気	分留成分の分光分析
1898	36	Kr	W.Ramsey(英), M.W.Travers(英)	空気	分留成分の分光分析
1898	54	Xe	W.Ramsey(英), M.W.Travers(英)	空気	分留成分の分光分析
1898	84	Po	M.&P.Curie(仏)	ピッチブレンド (UO_2)	化学分離
1898	88	Ra	M.&P.Curie(仏)	ピッチブレンド (UO_2)	化学分離
1899	89	Ac	A.Debierne(仏)	ピッチブレンド (UO_2)	化学分離
1900	86	Rn	F.Dorn(独)	Ra	放射性気体放出
1901	63	Eu	E.A.Demarçay(仏)	分離された Sm_2O_3	酸化物分離
1907	71	Lu	C.A.von Welsbach(オ), G.Urbain(仏)	分離された Yb_2O_3	酸化物分離
1918	91	Pa	O.Hahn(独), L.Meitner(オ), F.Soddy(英), J.A.Cranston(英)	ピッチブレンド (UO_2)	化学分離
1923	72	Hf	D.Coster(蘭), G.von Hevesy(ハ)	ジルコン $(ZrSiO_4)$	X 線分析、化学分離
1925	75	Re	W.Noddack(独), I.Tacke(独), O.Berg(独)	ガドリン石 $(Be_2FeY_2Si_2O_{10})$	濃縮試料の X 線分析

発見者の国名：独(ドイツ)，典(スウェーデン)，英(イギリス)，西(スペイン)，蘭(オランダ)，露(ロシア)，フ(フィンランド)，デ(デンマーク)，オ(オーストリア)，ハ(ハンガリー)

れた新元素の中からさらに新たな元素が分離されることが続いた.

新元素が多く見つかると,元素の性質の規則性に着目して統一的に解釈しようとする試みが,1869 年 D.I.Mendeleev による周期表 (periodic table) の発表に結実した.周期表上で空白の元素の性質が予言され,Ga, Sc, Ge の発見につながった.元素発見の手段としては,18 世紀は湿式化学分析による分離に限られていたが,19 世紀に入ると電気分解でアルカリ元素やアルカリ土類元素の単離が行われ,19 世紀中頃からは分光分析での新元素確認が行われるようになった.新元素が見つかった天然物は鉱物だけではなく,塩湖蒸発物 (Br),鉱泉水 (Cs),海藻灰 (I),人尿 (P),空気 (He 以外の希ガス元素) など,大気水圏,生物圏にまたがる.He は,地球外物質から発見された唯一の元素で,皆既日食の際に太陽紅炎の分光分析で見つかった.

12.2 地球化学の誕生の頃:20 世紀前半

地球化学が,天然物を扱う分析化学とは異なる,独立した分野として確立したのは 20 世紀初頭であり,F.W.Clarke, V.M.Goldschmidt や V.I.Vernadsky らが地球化学を築いた[3].その当時の地球に関する知識は現在とはかなり異なっていた.地球の形,大きさ,質量などは現在とほとんど変わらない知識があったが,内部構造は,モホロビチッチ不連続面の発見 (1909 年),コア–マントル境界の不連続面と液体コアの発見 (1913 年) など,概要が分かり始めた時期であった.放射能の発見 (H.Becquerel, 1896 年) からまだ日が浅く,放射年代測定法はまだ確立しておらず,地球の年代の議論は 1940 年代後半まで待たねばならなかった.大陸移動説 (A.Wegener, 1915 年) はこの頃提唱されたが受け入れられず,プレートテクトニクスなど思いもよらなかった.太陽系の起源については,18 世紀に提唱された Kant–Laplace の星雲説に対して,遭遇説,潮汐説が提唱されて (J.H.Jeans, 1917 年),新たな議論が始まっていた.

このような時代背景の中で,アメリカ地質調査所 (USGS: United States Geological Survey) の主席化学者 F.W.Clarke は 1908 年に *The Data of Geochemistry* の第 1 版を U.S. Geological Survey Bulletin No.330 に出版し,岩石圏を構成する物質の化学組成データを集めた.この後,1924 年までに 5 版を重ね,集大成となる第 5 版では大気圏,水圏も加わり深さ 10 マイル (16 km)

までの岩石圏の化学像を知るのに大きく貢献した[3]．Clarke はまた 1924 年に H.S.Washington と地殻の平均化学組成を発表した[4]．まだ地殻の構造すら不明な時代に，陸上に分布する岩石の分析値から優れた 5159 個を選びだし平均値を求めたもので，今の知識を借りると大陸地殻の平均化学組成に相当する．ロシアの A.E.Fersman は 1933 年に Clarke らの研究に敬意を払い，地殻における元素の平均重量百分率を「クラーク数 (Clarke number)」と命名した．しかし，地殻の不均質さを考慮すると地殻の平均組成を求めることは元来難しく，その値を定数のように扱うことはできない．現在では「クラーク数」の用語はほとんど使われないが，大陸地殻や海洋地殻の平均元素組成を求める試みは続いており，地球の進化や物質循環の議論では必要不可欠な数値である (7.4 節参照)．Clarke が活躍したアメリカでは同じ頃，カーネギー研究所 (Carnegie Institute of Washington) に地球物理学研究所 (Geophysical Laboratory) が設立され (1904 年)，物理化学的手法を使って実験岩石学が進められた．N.L.Bowen がマグマの成因と進化を明らかにした[5] ことは地球化学の発展にとっても特筆すべきことである (6.2.4 項参照)．

ヨーロッパ大陸では V.M.Goldschmidt が，1911 年にオスロ大学へ提出した学位論文で，接触変成作用に相律を適用して物理化学的な解析を行い，変成岩岩石学の基礎を築いた．1914 年にはオスロ大学の教授に就任し，1929 年にはゲッチンゲン大学の教授に就任したが，ナチスに追われ 1935 年にオスロに戻った．この間 1923 年から 1938 年にかけて，「元素の地球化学的分配の諸法則 (Geochemische Verteilungsgesetze der Elemente)」と題する 9 編の論文を発表し，結晶質物質における元素分配を支配する一般的な法則を明らかにした[3]．古典的な用語として現在も使われる「岩石圏 (lithosphere)」「水圏 (hydrosphere)」や「親石元素 (lithophile element)」「親鉄元素 (siderophile element)」「親銅元素 (calcophile element)」「親気元素 (atmophile element)」などは彼の作った造語である (6.5 節参照)．

一方ロシアでは，V.I.Vernadsky を中心に独自の地球化学が発展した．彼は，ペテルブルグ大学に学び，1891 年から 1911 年の 20 年間モスクワ大学教授を務め，化学的な過程を取り入れた鉱物学を指導した．パリに滞在し，ソルボンヌ大学で 1922～23 年に行った講義をもとに，1924 年『地球化学 (*La Geochimie*)』を出版した．原著は増補改訂され，ロシア語版，ドイツ語版が出版され，1933

年には日本語版(高橋純一訳)も出版された[3]．彼は，その後1926年にソビエト連邦に戻り，A.E.Fersmanと地球化学研究の基礎を築いた．放射性元素の地球化学や生物地球化学に強く関心をもち，1928年には『生物圏(La Biosphere)』を出版し，生物地球化学(biogeochemistry)の祖と呼ばれている．

12.3 日本における地球化学の事始め

わが国で最も古い地球物質の化学分析の記録は，江戸時代末の1820年代に行われたシーボルト(P.F.J.Siebold)による鉱石や温泉水の分析で，同じ頃『舎密開宗』の著者の宇田川榕庵も温泉鉱泉の分析を行っている．

近代的な地球化学は，1913年ヨーロッパ留学から帰った柴田雄次が苗木石$((Zr, Hf, Y)(Si, Nb, Ta)O_4)$の発光分光分析を試みたことが発端である．1920年からは木村健二郎と東洋産含希元素鉱石の化学的研究を始め，最初の論文は1921年に日本化学会誌に発表された[6]．柴田雄次は1925～1926年に東京大学理学部化学科の学生と行ったVernadskyの La Geochimie の輪読に刺激され，1926年「国民新聞」紙上に「地球化学」という一文を寄稿し，その学問的重要性を述べた．この記事が日本で「地球化学」という用語が使われた最初である．1930年には柴田門下の岡田家武が岩波講座「物理學及び化學」の中の第16回配本(化學第7回)で，71ページの『地球化學』を著し，これが日本人による最初の地球化学の著書である．

日本は火山や温泉が豊富なこともあり，全国の分析化学の教室に地球化学研究が短期間に普及し，1941年には日本化学会年会で第1回地球化学討論会が開かれ21の講演(温泉7，海洋3，地球成因2，火山2，鉱物2，ほか)が発表されるに至った[7,8]．研究者組織は，1953年に地球化学研究会が会員約200人で発足し，1963年には日本地球化学会となった．日本地球化学会では1966年から国際学術雑誌 Geochemical Journal を刊行している[7]．

12.4 質量分析法による宇宙・地球化学の新展開：1950年代

1950年代は，同位体を分離定量する質量分析計の開発が進み，地球化学の中で元素の同位体比を用いる分野が確立，発展した時代である．自然界において元素

の同位体比は，放射壊変の影響や天然で起きる同位体効果で変動することが知られており (2.6 節参照)，前者は放射年代測定 (radiometric age determination) に利用され，後者から安定同位体地球化学 (stable isotope geochemistry) が誕生した．

12.4.1 放射年代測定法の確立

過去に地球で起きた現象の年代を時間単位の数値で与えることは，地球科学に革命的な進展をもたらした．それを支えるのが放射性核種の壊変関係を利用する放射年代測定法で，最初の試みは 1906 年に E.Rutherford により行われた U–He の定量による年代測定である[9]．この時は放射壊変を行う親核種と娘核種の元素の量比から求めた年代であった．

同位体の発見は，1913 年に J.J.Thomson が陽極線分析器で Ne に質量数 20 と 22 の同位体が存在することを示したことに遡る．弟子の F.M.Aston は 1919 年に質量分析器で Ne 同位体の分析を行ったのち，次々と多くの元素で同位体を発見し，1922 年ノーベル化学賞を受賞した．同位体を分離分析し同位体比を求める質量分析計の開発が進み，1930 年代後半には K–Ar 法，Rb–Sr 法による年代測定が試みられた[9]．1940 年に A.O.Nier によっていわゆる Nier 型の質量分析装置が開発されると，1940 年代後半には地球化学研究に大いに利用された．

1950 年代には K–Ar 法，Rb–Sr 法，U(Th)–Pb 法などの年代測定法 (4.1 節参照) が全盛期を迎えた．この時期のハイライトは 1956 年に C.Patterson が，隕石で作る Pb–Pb アイソクロン上に海底堆積物の Pb 同位体比がのることから，地球の年代が 45 〜 46 億年であると提唱したことで[10]，地球や太陽系の年代が確立する礎を築いた (4.4 節参照)．1950 年代には世界各地で膨大な数の年代測定データが蓄積し，それまで化石による層序で区分けされていた地質時代に時間軸が入り，地球誕生に始まる地球史の大枠はもちろん，特定の地域の地史，生物の進化の解明に大いに寄与をした．地球化学の中でも放射年代測定は地球年代学 (geochronology) として 1 つの分野を作っている[9]．

12.4.2 安定同位体地球化学の確立

1950 年代は，天然で起きる同位体効果により同位体比に変動があらわれる

H, C, N, O, S など軽元素の安定同位体地球化学が確立した時代でもある. この分野は1930年代後半から A.O.Nier が天然の C 同位体比変動の大きさに注目したのが発端で[11], この頃のハイライトは同位体温度計の開発実用化であった. 1932年に重水素を発見し, 1934年にノーベル化学賞を受賞した H.C.Urey は, 1947年に海水中に存在する CO_3^{2-}, SO_4^{2-}, PO_4^{3-} などオキソ酸イオンと水との間の O 同位体交換平衡の温度依存性を計算し, 1951年にベレムナイト化石の炭酸カルシウムの $^{18}O/^{16}O$ から古海水温度を推定することに成功した[12]. この成功のかげには, 分析試料と標準物質を交互に導入分析して, 微小な同位体比の変動を標準物質の同位体比との偏差で測定する質量分析技術の開発が大きい. 今日, 安定同位体の同位体比を示すのに使われる, 標準物質の値に対する千分率表示 (δ 表示. 2.6節参照) も Urey らにより始められた.

O 以外の安定同位体の分野では, C 同位体地球化学は H.Craig[13] が, S 同位体地球化学は H.G.Thode ら[14] が, 確立に貢献した. H.Craig はまた天然水が δD–$\delta^{18}O$ 図上で天水線 (図8.6参照) を作ることを見いだした[15]. 軽元素の安定同位体地球化学は, 同位体効果の温度依存性を使う地質温度計 (geothermometer) や, 天然で起きる特に生物の関与する反応の解明, これらの元素を含む物質の起源の推定にも使われ, 大きな分野に発展することとなった[11].

12.5 微量元素測定が切り開いた宇宙・地球化学:1960年代以降

Goldschmidt や Clarke の時代にも岩石中の微量元素 (trace element) は主に発光分光分析で測定されていた. しかし ppm オーダーの元素濃度が手軽に精度よく測れるようになったのは中性子放射化分析法 (NAA: neutron activation analysis) が確立した1960年代である. さらに, 同位体希釈質量分析法 (IDMS: isotope dilution mass spectroscopy) や原子吸光法 (AAS: atomic absorption spectroscopy) も加わり, 一気に微量元素分析が進展した. 1970年代に入ると ICP–AES (inductively coupled plasma–atomic emission spectroscopy:誘導結合プラズマ–原子発光分光分析法), 1980年代には ICP–MS (inductively coupled plasma–mass spectroscopy:誘導結合プラズマ–質量分析法) と, 新しい原理の分析装置が普及し, いまや ppb はおろか ppt レベルの分析も可能になっている. 海水中の微量元素分析では, 分析機器の進歩に加えて, 試料採

取，試料処理段階での分析器具や分析試薬からの汚染の除去法の改善が必要で，1 ppb 以下の成分の確かなデータの報告は 1970 年代以降である．

微量元素の地球化学研究の進展には正確な分析値が必須であり，正確な分析値を得るのに分析標準試料 (standard reference material) の果たした役割は大きい．1949 年にアメリカ地質調査所は 2 種類の岩石標準試料，G-1(花崗岩) と W-1(輝緑岩) を調製し，1952 年には世界中の 35 研究室に配り，分析値の研究室間テストを行った[16]．その結果は，世界のトップクラスの研究室の分析者同士でも主成分分析値ですら必ずしもよい一致を示さない意外なものであった．これを契機に分析法の検討と改良がなされ，特に微量元素分析法の確度と精度の向上は 1960 年代の微量元素地球化学の開花に決定的に貢献した．このような分析標準試料は，岩石試料に限らず，生物試料，環境試料などが世界中の公的な機関から発行されている[17,18]．

第 6 章，第 7 章で述べたように，我々が採取して分析する岩石鉱物試料は，溶融や固化に伴う元素の固相-液相間分配，鉱物結晶相互間の固相-固相間分配の結果現在の化学組成になっている．現象がすべて平衡かつ閉鎖系で起きているとは限らないが，分配係数の異なる多くの微量元素を解析することにより，地球で起きる諸現象をモデル化し，定量化して扱えるようになった．1960 年代は高温高圧実験技術が進歩した時代でもあり，微量元素の分配測定に実験岩石学 (experimental petrology) の手法が取り入れられ，制御された系での分配実験は，天然の系の微量元素の挙動の理解を助けた．高温高圧実験は現在では地球のコアの条件下も可能になっている (7.1 節参照)．

1960 年代は日本の地球化学にとっても飛躍の時代であった．微量元素の分野で独創的な研究を世界に発信できたからである．1962 年に増田彰正は，希土類元素 (REE: rare earth element) 存在度パターン (コンドライト隕石の値で規格化した REE 存在度を原子番号順に図示したプロット) を最初に提唱し (6.5 節参照)，固相液相分配ではパターンが相補的になることを示し[19]，REE 地球化学の礎を築いた[20]．その当時の REE 地球化学の 1 つの成果は，地殻-マントル系の進化に関する Masuda-Matsui モデルである[21]．マントル起源物質と大陸地殻物質が固相型，液相型の REE パターンを示すことから，それぞれは溶融地球が結晶化した固相および液相が凍結した相に相当することを，固相液相分配のモデル計算から明らかにした．同じころ，小沼直樹，長沢宏を中心に，火成

作用における元素分配の基本法則が結晶構造支配則 (crystal structure control) であることを確立した (6.4節参照)[22]. 火成作用における全元素の挙動を解明するという意気込みは「アラユルニウム (all-ium) 計画」という名前に現れている[23].

12.6　宇宙化学の記念すべき年：1969年

　宇宙・地球化学は，新しいタイプの試料が入手できたのを機会に急速に進展することがある．それは，長い間採取の計画を立て，周到な準備の結果入手されることもあれば，全く偶然に入手されることもある．1968年に始まった深海掘削計画 (DSDP: deep sea drilling project) では周到な準備のもとに海洋底試料を採取し，研究に供して地球化学の進展につながったことは，次節 (12.7節) で述べる．翌1969年は宇宙化学にとって記念すべき年で，新しい太陽系像の確立に寄与するいくつかの種類の試料が入手できた．1つは月面岩石の採取であり，いま1つはAllende隕石とMurchison隕石の落下で，さらに南極隕石の大量発見もこの年に始まる．

　1969年7月20日アポロ (Apollo) 11号が人類最初の有人月面着陸に成功し，月面物質22 kgを地球へ持ち帰った．月の石の分析は厳選された研究機関で行われ，そのデータは翌年1月5〜8日にはヒューストンの「月科学会議 (Lunar Science Conference)」で発表[23]，1月30日には *Science* 誌の特集号が刊行された[24]．最初の着陸以降，有人アポロ宇宙船による6カ所 (1969〜1972年) および無人ルナ (Luna) 号による3カ所 (1970〜1976年) の月面試料の採取が行われ，総計400 kgの多様なタイプの月面試料が回収され研究に使われた．月の化学組成，構造，年代，進化などが明らかになり，地球との比較惑星学的なアプローチは地球の起源や進化の研究に進展をもたらした (4.4節参照)．また，アポロ計画では分析チームが世界中から厳選されたため，その波及効果として世界中の研究室の分析技術の向上がはかられ，宇宙・地球化学のレベルアップにつながった．

　アポロ月面着陸より前の1969年2月8日にメキシコに落下したAllende隕石はCV3に分類される炭素質コンドライトで，$^{17}O/^{16}O$, $^{18}O/^{16}O$ を両軸にとる3同位体プロット上で質量依存の同位体分別線上にのらない包有物 (図2.15)

を含んでいた． ^{16}O に富む太陽系先駆物質の生き残りの可能性が指摘され，あらゆる角度から研究が行われた結果，O 以外にも多くの元素の同位体比に異常が見つかった (2.7 節参照)．その後，同位体異常を担うのはプレソーラー粒子と呼ばれるダイヤモンドや SiC などの微粒子であることが見つかり (2.8 節参照)，太陽系の成因や太陽系形成以前に存在した物質に関して新しい研究展開がなされることとなった．同年 9 月 28 日にオーストラリアに落下した Murchison 隕石も炭素質コンドライトで CM2 に分類された．Xe の同位体比異常が見つかった隕石で (2.7.1 項参照)，アミノ酸ほか多くの有機物を含むことから (表 5.2)，生命の起源の議論では必ず例に挙げられる隕石である．

1969 年は南極大陸における大量の隕石発見の契機になった年でもある．それ以前も南極では隕石が 4 カ所から 6 個見つかっていたが，日本の南極探検隊は昭和基地近くのやまと山脈斜面の狭い氷河の地域で種類の異なる 9 個の隕石を発見し，南極では氷河にのって隕石が特定の場所に集まることを示した[25]．この発見を契機に世界各国による南極での隕石採取が行われ，1995 年までに 1 万 5000 個の隕石が採取された．その中には新種の隕石や分類の空白を埋める隕石もあり，宇宙化学の発展に多いに寄与している．

12.7 プレートテクトニクスの地球化学：1970 年代以降

プレートテクトニクス (plate tectonics) は 1950 年代の大陸移動説 (continental drift) の復活に始まり，多くの観測や観察で裏打ちされ，1960 年代後半には地球科学の新しいパラダイムとして定着した[26]．しかし，実際の地球物質の化学的，同位体的な研究からのサポートは少なかった．その頃までに研究された試料は陸域の地球表層物質に限られており，プレートテクトニクスの検証に重要な海洋底試料が採取できなかったからである．前節で述べたように 1968 年，アメリカで深海掘削計画 (DSDP) が始まり，それまでは入手困難であった深海底の試料が採取され研究できるようになり，中央海嶺や海山の火山岩も研究対象となった．1970 年代にはその成果が現れだし，プレートの誕生，消長および固体地球内で起きているマントルと地殻の間の物質循環が明らかになり，マントルの化学像をかなり具体的に描けるようになった．アポロ計画を契機に同位体分析の精度や感度が向上し，同位体トレーサーの種類が増えたことも精

密な議論が行えるバックグラウンドとなった．

1960年代までは同位体とレーサーとしては$^{87}Sr/^{86}Sr$やPb同位体比が使われていたが，1970年代には$^{143}Nd/^{144}Nd$が，1980年代に入ると$^{176}Hf/^{177}Hf$, $^{187}Os/^{188}Os$, $^{138}Ce/^{142}Ce$が使われるようになった(表2.5参照)．同位体比は，源物質の特定に威力を発揮するので，例えば$^{87}Sr/^{86}Sr$と$^{143}Nd/^{144}Nd$の組合せのような複数同位体比のシステマティックスを解析するマルチアイソトープの手法が定着し，新たな議論の展開がはかられた．1970年代からは同位体トレーサーとして$^{3}He/^{4}He$や$^{40}Ar/^{36}Ar$など希ガス元素も使われるようになり，固体元素の同位体比や軽元素同位体比と一緒に議論できるようになった．

その結果，中央海嶺と火山島や海山とでは，化学組成，同位体組成がともに異なり，マントルの異なる部分を起源としていることが示された．中央海嶺の玄武岩は液相濃縮元素に乏しいマントル(DM: depleted mantle)に由来し，火山島や海山の玄武岩は液相濃縮元素に富むマントル(EM: enriched mantle)に由来するという2成分マントルモデルは，地震波速度分布から示された上部マントル，下部マントルという2層マントルモデルと結びついた[27]．また，プレートの沈み込み帯で起きているマグマ発生に関する理解も同位体比を駆使することにより格段に進展した．しかし，1980年代に入って，多くのデータが蓄積してくると，中央海嶺玄武岩の均質性が確認された一方で，海洋島・海山玄武岩の多元素の同位体比の結果からは液相濃縮元素に富むマントル成分(EM)は1つではなく，少なくとも数成分必要であることが示された(7.2節参照)．地震波トモグラフィによるマントル3次元構造との対応など，その後の展開は7.6節で述べられている．

プレートテクトニクスは，地震発生や火山活動も統一的に説明できる．地震発生と地球化学とは縁遠いように思われがちであるが，それを結ぶような研究が1970年代から起こった．地殻応力の蓄積や地震発生に伴って地球内部で起きる現象を化学的に調べようとする地震化学(earthquake chemistry)ともいうべき分野である(8.6節参照)．

12.8 これからの宇宙・地球化学

宇宙・地球化学の発展は一様な歩みではなく，新しいアプローチが始まり著し

い進展が見られる時期と，データを蓄積するだけで一見進展が見られない時期とを繰り返している．著しい進展は，宇宙・地球についての新しい見方，考えが出てきたときや，それまで入手できなかったサンプルが扱えるようになったとき，それまでできなかった難しい分析や室内実験が新しい技術革新でできるようになったときに見られる．新しい考えが出てくると，それまでのデータを見直し新しい分析や実験を始めることになり，従来の考えでは解釈できない分析や実験の結果がでてくると，それらをもとに新しい地球像が出されるので，新しい考えと技術革新は相互に深く関わっている．これまでの宇宙・地球化学研究の歴史で，大いなる発展のきっかけとなった新しいパラダイムとして，惑星形成の凝縮モデル (condensation model)，プレートテクトニクス (plate tectonics) が挙げられる．

陸上の地表試料しか分析できなかった時代から，深海底の試料が入手できるようになって，地球化学の進展があったことはすでに述べたとおりだが，今後の新たな研究対象のターゲットの1つは，地球深部物質の掘削であろう．地殻の厚さが薄い海洋部分ですらマントルまで掘削することは，まだ誰も成功しておらず，まずは海洋地殻下のマントル採掘で，大陸地殻下でのマントルの掘削はその次であろう．また，地球外物質に目を転じると，隕石が落ちてくるのを待つのではなく，積極的に惑星，衛星，小天体から試料を回収できれば，新たな知見が得られることは間違いない．さらに，太陽系外物質を回収できる手段ができれば，宇宙化学的知見は著しく増えるであろう．

新しい分析法の登場や既存の分析方法の抜本的な改善が宇宙・地球化学の発展のきっかけとなった例は，いろいろな質量分析法や微量元素分析法の登場としてすでに述べたとおりである．これからの動向は微小領域の微量元素分析，状態分析，微量同位体分析の確立であろう．1980年代に数 μm 領域の同位体分析法としての二次イオン質量分析法 (SIMS: secondary ion mass spectroscopy) の性能が格段に向上し，ジルコン結晶1つ1つの Pb 同位体分析が可能になり，最古の鉱物年代もこの方法で得られた．SIMS はまた地球外物質の同位体比異常の研究でも威力を発揮し，隕石中に含まれるプレソーラー粒子の同位体比測定を可能にした．しかし微小領域の微量元素の同位体比測定はまだ難しい．さらに，微小領域の元素定量はできても状態分析を行う分析手段が必要である．

新しい試料が入手でき，新しい分析や解析実験ができても，それらが統合さ

れて新しい見方につながらないと,宇宙・地球化学は革新的には進まない.現在新しい見方を必要としている領域の1つは,隕石に含まれる超微粒子で発見された桁違いの同位体異常を説明できる宇宙化学モデルである.先太陽系物質の生成から太陽系形成までをつなぐモデルで,単に恒星進化に伴う元素合成モデルと太陽系成因論とを結びつけるだけでなく,恐らく銀河の化学,同位体進化モデルと結びつく壮大な枠組みを必要としているのではないかと思う.また,地球内部に見られる同位体比の変動を説明できる,地球の構造と地球の分化・進化を統合するモデルは,プレートテクトニクスの次にくる新たなパラダイムの創成とつながると思われる.そのためには地球深部の物質科学情報を多角的により多くより精密に得るための新たな展開が必要となるであろう.

宇宙・地球化学を進める動機は,自分たちが生きている空間である宇宙から地球の特定の場所までの自然環境を過去から未来までできるだけ完全に理解して,それを人類共通の文化的な財産として蓄積したいということに尽きるかもしれない.その一方で蓄積した知識を地球環境の改善,資源エネルギー・食料獲保,自然災害軽減など自分たちの生活や生存に役立てたいという願望も当然出てくる.もっと積極的に考えて,時代的な要請,社会的な要請に応える形で特定の問題解決型の地球化学研究を行いたいということも研究の動機になりうる.CO_2排出による地球温暖化の危機が叫ばれ,国際政治の最大の関心事になってきた中で,地球環境問題に密接に関連する学問分野である地球化学は,時代的な要請に答えることを念頭において,さらなる発展を目ざして進んでいくことになろう.

文　　献

1) 馬淵久夫 (編), 元素の事典, 朝倉書店, 304pp. (1994)
2) Per Enghag (著), 渡辺　正 (監訳), 元素大百科事典, 朝倉書店, 685pp. (2007)
3) 日本化学会 (編), 化学の原典 5, 地球化学, 学会出版センター, 185pp. (1987)
4) W.F.Clarke and H.S.Washington, *U.S. Geol. Surv. Prof. Paper* 127, 117pp. (1924)
5) N.L.Bowen, *The Evolution of the Igneous Rocks*, Princeton University Press, 334pp. (1928)
6) 柴田雄次, 木村健二郎, 日本化学会誌 42, 1–16 (1921)
7) 松尾禎士, 地球化学 22, 123–167 (1988)
8) 北野　康, 松尾禎士, 日本の化学百年史, 東京化学同人, 412–424 (1978)
9) 兼岡一郎, 年代測定概論, 東京大学出版会, 315pp. (1998)

文　献

10) C.Patterson, *Geochim. Cosmochim. Acta* 10, 230-237 (1956)
11) 酒井　均, 松久幸敬, 安定同位体地球化学, 東京大学出版会, 403pp. (1996)
12) H.C.Urey *et al.*, *Bul. Geol. Soc. Amer.* 62, 399-416 (1951)
13) H.Craig, *Geochim. Cosmochim. Acta* 3, 53-92 (1953)
14) H.G.Thode *et al.*, *Geochim. Cosmochim. Acta* 3, 235-243 (1953)
15) H.Craig, *Science* 133, 1702-1703 (1961)
16) H.W.Fairbairn, *Geochim. Cosmochim. Acta* 4, 143-156 (1953)
17) K.Govindaraju, *Geostandard Newsletter* 8, Special Issue (1984)
18) http://riodb02.ibase.aist.go.jp/geostand/welcomej.html
19) A.Masuda, *J. Earth Sci.*, Nagoya Univ. 10, 173-187 (1962)
20) 増田彰正, 岩波講座地球科学 4, 地球の物質科学 III, 岩波書店, 241-264 (1979)
21) A.Masuda and Y.Matsui, *Geochim. Cosmochim. Acta* 30, 239-250 (1966)
22) Y.Matui *et al.*, *Bull. Soc. fr. Mineral. Cristallogr.* 100, 315-324 (1977)
23) 小沼直樹, 宇宙化学・地球化学に魅せられて, サイエンスハウス, 195pp. (1987)
24) The Moon Issue, *Science* 167, 418-781 (1970)
25) M.Shima, *et al.*, *Earth Planet. Sci. Lett.* 19, 246-249 (1973)
26) 上田誠也, プレート・テクトニクス, 岩波書店, 268pp. (1989)
27) D.J.DePaolo and G.J.Wasserburg, *Geochim. Cosmochim. Acta* 43, 615-627 (1985)

さらに宇宙・地球化学を学ぶために

　本書では宇宙・地球化学全般を記述したが，本書 1 冊でその広い分野をカバーすることは無理であり，広く浅い記述になってしまった．これまでに多くの宇宙・地球化学関連の著作が出版されているので，本書では割愛した内容や本書より進んだ内容は，それらを参考にして学んでほしい．以下に，国内で出版された著作について，シリーズ本，全分野が 1 冊の本，特定分野を扱う本，実験書，一般向けその他に分けて示す．宇宙・地球化学の特定分野を扱った著作は大変多いので，分野ごとに数冊に限って紹介してある．古くに出版された著書は絶版となっているが，図書館から借りて読むことができる．現時点の最先端の研究結果を知るためには新しい著作を参考にしていただきたいが，過去の名著からは，時代とともに宇宙・地球化学そのものが変貌していることをつかめると同時に，時代によらない宇宙・地球化学の本質を嗅ぎとることができる．

A．地球化学のシリーズ
日本地球化学会監修「地球化学講座」(全 8 巻) 培風館
　第 1 巻：松久幸敬, 赤木　右, 地球化学概説 (2005)
　第 2 巻：松田准一, 圦本尚義 (編), 宇宙・惑星化学 (2008)
　第 3 巻：野津憲治, 清水　洋 (編), マントル・地殻の地球化学 (2003)
　第 4 巻：石渡良志, 山本正伸 (編), 有機地球化学 (2004)
　第 5 巻：皆川雅男, 吉岡崇仁 (編), 生物地球化学 (2006)
　第 6 巻：河村公隆, 野崎義行 (編), 大気・水圏の地球化学 (2005)
　第 7 巻：蒲生俊敬 (編), 環境の地球化学 (2007)
　第 8 巻：田中　剛, 吉田尚弘 (編), 地球化学実験法 (2010)

B．全分野
　岡田家武, 地球化学, 岩波講座物理学及び化学, 岩波書店 (1930)
　松原　厚, 地球化学, 岩波講座鉱物学及び岩石学, 岩波書店 (1931)
　V.I.Vernadsky (著), 高橋純一 (訳), 地球化学, 内田老鶴圃 (1933)
　岩崎岩次, 地球化学概説, 大日本図書 (1953)
　三宅泰雄, 地球化学, 朝倉書店 (1954)
　B.Mason (著), 半谷高久 (訳), 地球化学概論, みすず書房 (1954)
　菅原　健, 地球化学, 岩波講座現代化学 2C, 岩波書店 (1956)
　菅原　健, 半谷高久 (編), 地球化学入門, 丸善 (1964)
　Y.Miyake, *Elements of Geochemistry*, 丸善 (1965)
　B.Mason (著), 松井義人, 一國雅巳 (訳), 一般地球化学, 岩波書店 (1970)
　半谷高久 (編著), 地球化学入門, 丸善 (1988)
　松尾禎士 (監修), 地球化学, 講談社サイエンティフィク (1989)

増田彰正, 中川直哉, 田中　剛, 宇宙と地球の化学, 大日本図書 (1991)
藤原静男 (編), 地球化学の発展と展望, 東海大学出版会 (1997)

C.　個別分野
C.1　宇宙・太陽系
小沼直樹, 宇宙化学—コンドライトから見た原始太陽系—, 講談社 (1972). 新装版, サイエンスハウス (1987)
海老原充, 太陽系の化学—地球の成り立ちを理解するために—, 裳華房 (2006)

C.2　固体地球
岩崎岩次, 火山化学, 講談社 (1970)
一國雅巳, 無機地球化学, 培風館 (1972)
松井義人, 坂野昇平 (編), 岩石・鉱物の地球化学, 岩波講座地球科学 4, 地球の物質科学 III, 岩波書店 (1979)

C.3　大気・水圏・生物圏
W.S.Broecker (著), 新妻信明 (訳), 海洋化学入門, 東京大学出版会 (1981)
西村雅吉 (編), 海洋化学——化学で海を解く, 産業図書 (1983)
北野　康, 炭酸塩堆積物の地球化学：生物の生存環境の形成と発展, 東海大学出版会 (1990)
野崎義行, 地球温暖化と海：炭素の循環から探る, 東京大学出版会 (1994)
D.J.Jacob (著), 近藤　豊 (訳), 大気化学入門, 東京大学出版会 (2002)

C.4　環境化学
半谷高久, 安部喜也, 社会地球化学：人間社会と自然の新しい見方, 紀伊国屋書店 (1966)
那須光彦, 那須淑子, 地球の化学と環境 (第 2 版), 三共出版 (1998)
小倉紀雄, 一國雅巳, 環境化学, 裳華房 (2001)
北野　康, 地球の化学像と環境問題, 裳華房 (2003)
川端穂高, 海洋地球環境学, 生物地球化学循環から読む, 東京大学出版会 (2008)

C.5　その他
酒井　均, 松久幸敬, 安定同位体地球化学, 東京大学出版会 (1996)
鹿園直建, 地球システムの化学：環境・資源の解析と予測, 東京大学出版会 (1997)
兼岡一郎, 年代測定概論, 東京大学出版会 (1998)
J.Hoefs (著), 和田秀樹, 服部陽子 (訳), 同位体地球化学の基礎, シュプリンガー・ジャパン (2007)

D.　実験書
岩崎岩次ほか, 地球化学, 化学実験学第 1 部 12 巻, 河出書房 (1941)
日本化学会 (編)(岩崎岩次担当), 実験化学講座 14, 地球化学, 丸善 (1958)
日本化学会 (編)(本田雅健担当), 新実験化学講座 10, 宇宙地球化学, 丸善 (1976)
飯山敏道, 河村雄行, 中嶋　悟, 実験地球化学, 東京大学出版会 (1994)

E.　一般向け・その他
日本化学会 (編)(藤原鎮男担当), 化学の原典 (第 II 期)5, 地球化学, 学会出版センター (1978)
小沼直樹, 宇宙化学・地球化学に魅せられて, サイエンスハウス (1987)
黒田和夫, 17 億年前の原子炉：核宇宙化学の最前線 (ブルーバックス B-720), 講談社 (1988)
酒井　均, 地球と生命の起源 (ブルーバックス B-1248), 講談社 (1999)

宇宙・地球化学は，天文学，地球惑星科学，生物学などと重なっている部分も大きい．これらの分野で出版されているシリーズ，単行本にも，本書で扱った内容が書かれており，宇宙・地球化学の枠にとらわれずに学ぶことができる．

海外ではさらに多くの宇宙・地球化学関連の出版物が出されている．数が多すぎるため個別の書籍の紹介は行わないが，2003年以降Elsevierから出版された全10巻のシリーズ"Treatise on Geochemistry"を挙げるにとどめる．このシリーズは個別分野ごとに1巻を構成し，各巻はトピックスごとのレビュー論文からなっており，最新の動向を勉強できる．なお10巻の構成は，

1. Meteorites, Comets, and Planets
2. The Mantle and Core
3. The Crust
4. The Atmosphere
5. Surface and Ground Water, Weathering, and Soils
6. The Oceans and Marine Geochemistry
7. Sediments, Diagenesis, and Sedimentary Rocks
8. Biogeochemistry
9. Environmental Geochemistry
10. Indexes

である．

最後に，宇宙・地球化学の演習問題を朝倉書店のホームページ (http://www.asakura.co.jp) 上に掲載しておくので，利用いただければ幸いである．

索　引

A

α 壊変　24, 73
α 過程　34
AABW　208
AAS　272
Acasta 変麻岩　89
Acfer059 隕石　82
AFC　136
AGB 星　51, 52, 56
^{26}Al–^{26}Mg アイソクロン　84
^{26}Al–^{26}Mg 法　83, 87
Allègre　69, 71, 147
Allende 隕石　47, 49, 50, 66, 82–85, 274
Anders　29, 50, 68
Ar　153
^{40}Ar/^{36}Ar　100, 153, 276
Ar–Ar 法　74, 75
Ar 散逸　75
Ar 同位体比　100
Aston　271
AU　5

B

β 壊変　73
$β^{+}$ 壊変　24
$β^{-}$ 壊変　24, 35, 36
BDP　241
^{10}Be　74, 85, 162
Becquerel　268
BHC　253
BIF　111, 204
Bjurböle 隕石　90
Black　47
Bowen　134, 269
——の反応系列　134
Broecker　207, 260
BSE　151

C

C
——の循環　227
C 同位体　112
C 同位体地球化学　272
C 同位体比　103, 105, 113
^{13}C/^{12}C　103, 180
^{14}C　74, 208, 244, 256
——の経年変化　243
C3 植物　104, 105
C4 植物　104
^{41}Ca　86
Ca–Al に富む包有物　12, 146
$CaCO_3$　241
CAI　12, 66, 82–85, 87, 88, 91, 146
CAM 植物　104
Carson　252
CCAM 線　48
CCFXe　47, 50
CDT　43
Cd 汚染　254
Ce　144
^{138}Ce/^{142}Ce　276
CF　214
CF_4　249
CFC–11　222, 233, 248, 249, 252
CFC–12　222
CFCs　222, 233, 250, 252
$(CH_3)_2S$　229
CH_4　222, 227, 248–250
Chapman　232
——のモデル　233
CHUR　150
CI コンドライト　27–29, 67, 68, 71
^{36}Cl　256
$Cl·$　233

Cl/S　181
Cl^{-} 濃度　185, 186
Clarke　268, 269
$ClO·$ の増加　233, 234
CMB　17, 21, 147, 148, 158, 163–165, 198
CNO サイクル　34
CO　227
CO_2　179, 222, 227, 247–250
——の溶解度　178
CO_2 排出量予測　257
Craig　13, 272
^{137}Cs　256, 257
CS_2　229
Cu イオン　254

D

$δ^{13}$C　205, 213
$δ$D　180, 182, 240
$δ^{15}$N　213
$δ^{18}$O　180, 182, 205
——の経時変化　241
$Δ^{33}$S　112, 113
$δ^{34}$S　205
$δ$ 表示　43
D″ 層　17, 164
DDT　253, 254
DHMS　198
DM　151, 154, 155, 159, 276
DMM　150–152, 164
DMS　229
DNA ゲノム生物　109
DO　204
DOC　196
Dresser フォーメーション　104
DSDP　274, 275
DU　253

E

e 過程 34
ϵ_{Hf} 155
ϵ_{Nd} 表示 150, 151, 154, 161
ϵ_W 90
EC 壊変 73
Efremovka 隕石 82
EKBO 9
EM 152, 154, 155, 276
EM-1 150, 151, 164
EM-2 150-152, 164
E-MORB 150
Eu 144
　負の――異常 157

F

^{60}Fe 86
Fe 同位体 114
Fe 同位体比 112
Fermi 255
Fersman 269, 270
FMQ 緩衝系 96
Fraunhofer 29
FUN 包有物 48, 50

G

γ 壊変 24
γ 過程 36
Goldschmidt 141, 268, 269
GPS 162
Grevesse 29
Grossman 62
GWP 249, 250

H

^{3}H (T) 182, 256
H_2 222
H_2O
　――の起源 182
　――の溶解度 178
H_2S 229
Hadley 231
HCFC-22 249
He 268
^{3}He/^{4}He 153, 180, 181, 185, 276
^{4}He/^{3}He 152
He コア 263
He 同位体比 152, 153

^{3}He 放出量 185
HED 隕石 11, 12
^{176}Hf/^{177}Hf 154, 155, 276
^{182}Hf/^{180}Hf 91
^{182}Hf-^{182}W アイソクロン 91
^{182}Hf-^{182}W 系 87, 92, 146
Hf 同位体比進化 155
HFS 元素 143, 156, 161
HI 57
HII 領域 57
HIMU 150-152, 164
HI ガス雲 57
Holland の方法 96
HREE 157
HR 図 2, 3, 59

I

^{129}I 90
^{129}I/^{127}I 90
I-Xe 法 90
IAU 5
ICB 18, 21, 147
ICP-AES 272
ICP-MS 272
ICRP 214
IDMS 272
IPCC 257
Ir 117
Isua 99, 100, 104, 105
ITCZ 231

J

Jack Hills 88
Jeans 268

K

K-Ar 法 74, 271
Kant-Laplace の星雲説 268
Keeling 247, 251
^{85}Kr 256
K/T 境界 117, 118

L

La-Ba 法 77, 78
La-Ce 法 77, 78
Larimer 62
LIL 元素 143, 156, 161
LIP 130
LREE 157

Lu-Hf 法 77, 78

M

μ 値 79, 152
Maruyama 165
Mason 68
Masuda-Coryell プロット 144
Masuda-Matsui モデル 273
McDonough 147
Mendeleev による周期表 268
Mg/Ca 217
Mg^{2+}/Ca^{2+} 204, 205
MIF 44, 48, 112
Milankovitch の理論 240
MIS 239, 241
^{53}Mn-^{53}Cr 法 87
Moho 17
Mohorovičić 17
Molina 233
MORB 129, 132, 148-150, 153, 155, 159, 161-165, 180
Murchison 隕石 47, 108, 274, 275
MUSES-C 10

N

N クロン 242
N の鉛直分布 210
N_2 222
N_2O 222, 248-250
NAA 272
NADW 208
Nagasawa 141
NAM 198
Narryer 変麻岩体 88
^{92}Nb/^{93}Nb 91
^{142}Nd/^{144}Nd 91
^{143}Nd/^{144}Nd 149, 154, 208, 209, 276
^{143}Nd/^{144}Nd 進化 154
Ne-A 46
Ne-B 46
Ne-E 47, 50
Ne-E(H) 51
Ne-E(L) 51
Ne-S 46
Ne 同位体 271

索引

Nier 271, 272
Nier 型の質量分析装置 271
N-MORB 150
NO· 233
Nuvvuagittug グリーンストーン帯 89

O

O
　——の鉛直分布 210
　——の 3 同位体プロット図 47
O 同位体 47
O 同位体交換平衡 272
$^{17}O/^{16}O$ 274
$^{18}O/^{16}O$ 274
O_2 222
　——の蓄積 111
　——の濃度精密測定 250
O_2/N_2 226
O_2 発生型光合成細菌 110
O_3 220, 232, 234
O_3/O_2 分子比 232
OCS 229
OH ラジカル 234
OIB 129, 148, 150-153, 156, 162, 164, 165, 180
Oklo 46
Onuma 141
Oparin 107
Orgueil 隕石 47
$^{187}Os/^{188}Os$ 154, 205, 276

P

p 過程 35, 36, 50, 85
P の鉛直分布 210
PAL 98, 101, 112, 114
Patterson 271
$^{208}Pb/^{204}Pb-^{206}Pb/^{204}Pb$ 152
Pb-Pb アイソクロン 79, 82
Pb-Pb 年代 83, 87
Pb-Pb 法 78, 79, 82
Pb 同位体成長曲線 79
Pb 同位体比 276
PCB 253, 254
PC-IR 図 141
PDB 43, 103
Peedee 層 103
Pepin 47

Pilbara 地塊 104, 110
PM 151, 152, 154
pp チェイン 33
PREM 16
^{190}Pt 148
^{239}Pu 260

R

r 過程 35, 36, 41, 50, 85
R クロン 242
Rb-Sr 法 76, 271
^{187}Re 148
Re-Os 法 77, 78
Redfield 210
REE 121, 122, 144, 157, 174, 273
REE 地球化学 273
Ringwood 68
Rn の異常変化 185
Rn 濃度 185, 186
RNA ゲノム生物 109
RNA ワールド 109
Rowland 233
Rutherford 271

S

$^{34}S/^{32}S$ 180
s 過程 35, 50
S 同位体地球化学 272
S 同位体比 112, 113
Sagan 97
Schönbein 265
SiC 50, 275
SiC 粒子 52
Siebold 270
SIMS 51, 88, 277
Slave クラトン 89
^{146}Sm 89, 155
Sm-Nd 法 77, 78
Sm-Nd モデル年代 158
SMOW 43, 47
SNC 隕石 12
SO_2 229
SO_2/H_2S 181
SO_2 放出量 181
SO_4^{2-} エアロゾル 229
^{90}Sr 256
Sr/Ca 217
$^{87}Sr/^{86}Sr$ 149, 154, 205, 206, 208, 276

$^{87}Sr/^{86}Sr-^{143}Nd/^{144}Nd$ 150, 151, 161
Sr 同位体進化直線 149

T

T Tauri 型星 59, 60, 82, 85, 94
TBT 254
TDS 170
TFL 44, 47
$^{232}Th-^{208}Pb$ 法 79
Thode 272
Thomson 271
TNO 5, 9
TPT 254
TSS 170

U

U 260
　——の耐用年数 260
U-He 年代測定 271
$^{235}U-^{207}Pb$ 法 78
$^{238}U-^{206}Pb$ 法 78
U(Th)-Pb 法 78, 271
UCC 174
UO_2 112
Urey 13, 272
　——と Miller の実験 107

V

van del Hirst 165, 166
Vernadsky 268-270

W

$^{182}W/^{184}W$ 90
Washington 269
Wegener 268

X

Xe-HL 47, 51
Xe-S 47, 51
$^{129}Xe/^{130}Xe$ 90
$^{136}Xe/^{130}Xe$ 90

Y

Yilgarn クラトン 88

Z

Zinner 50
$^{92}Zr/^{93}Zr$ 91

ZrSiO₄　80, 88

ア

アイソクロン　75, 76, 79, 84
アイソクロン法　76
アーキア　105
足尾銅山鉱毒事件　254
アセノスフェア　19
圧密作用　120, 172
アナトリア断層　185
アポロ計画　274, 275
アミノ酸　107, 108, 275
アラゴナイトの海　205
アラユルニウム計画　274
アルカリ玄武岩マグマ　132
アルカリ長石　124
アルカリポンプ　211, 217, 228
アルベド　97
アングライト　87
安山岩　135
安山岩質マグマ　133, 135
安山岩水　180
安定核種　24, 25
安定地塊　261
安定同位体地球化学　42, 271

イ

イオ　9
硫黄酸化物　255
硫黄循環　229
イオン結晶　121
イオン交換性　171
イオン半径　121, 122, 141
イタイイタイ病　254
一次鉱物　171
一次消費者　213
一次生産者　213
一次大気　94
一次放射性核種　26, 45, 73, 83
一次粒子　223
一酸化窒素ラジカル　233
1層対流　165
一致年代　80
イトカワ　9, 10
イライト　169
色指数　126
印象化石　103
隠生代　116

隕石　9–12, 69, 83
──の精密形成年代　81
──の大規模衝突　88
分化した──　11, 14
隕石線　69
隕石母天体　13, 68, 81
インフレーション宇宙論　1

ウ

ウィドマンシュテッテン構造　15
有珠火山　181
宇田川榕庵　270
宇宙
──の化学進化　39
──の年代　41
──の晴れ上がり　1
宇宙塵　56
宇宙線照射　46
宇宙年代学　85
宇宙背景放射　1
ヴュルム氷期　240
ウラン鉱床　191
運搬作用　169
雲母鉱物　169

エ

エアロゾル　195, 220, 223, 224
──の長距離輸送　231
エイコンドライト　11, 12, 14, 61, 87
衛星　5, 7
栄養塩　204
栄養塩型元素　211
栄養段階　213
エウロパ　9
液相濃集元素　143
液相不混和　187
液体コアの発見　268
エッジワース-カイパーベルト天体　9
エディアカラ動物群　115
エネルギー資源　258
エネルギー消費　260
エネルギーバランス　244, 245
塩基性岩　126
塩基性変成岩　176
塩湖　172, 196

猿人　236
塩水湖　193
エンスタタイトコンドライト　12, 13
円石藻　210
塩分躍層　199

オ

黄土　174, 240
岡田家武　270
オクロ現象　46
オーストラリア大陸の衝突　262
オーストラリアプレート　261
オゾン層　114, 226
──の破壊　252
オゾンホール　233, 234, 252, 253
オッド-ハーキンズの法則　31
小沼直樹　273
オールトの雲　5, 7, 9, 11
温室効果　97, 100, 246
温室効果ガス　97, 114, 222, 239, 240, 246–250, 252, 261
温泉水　182, 183
温度躍層　198, 199
オントンジャワ海台　130

カ

海塩　229, 240
海塩成分　195
外縁天体　7
海塩粒子　224
外核　18, 21, 146
外気圏　220
海溝　21, 160
海山　275, 276
塊状硫化物鉱床　188
海水　193, 197
──中の $^{87}Sr/^{86}Sr$ 精密経時変化　206
──中の元素濃度　200
──の鉛直分布　201
──中の平均元素濃度　202
──の Mg^{2+}/Ca^{2+} の経時変化　205
──の組成変化　204
海成炭酸塩　112, 113, 205
──の $^{87}Sr/^{86}Sr$ の経時変

索　引

化　207
　——の $\delta^{13}C$　205, 206
　——の $\delta^{18}O$　205, 206
海台　130
海底堆積物　162, 241
海底熱水　189
壊変定数　24
海面上昇　251
海洋　17, 19, 20, 197
海洋酸性化　228
海洋生態系　228
海洋大循環　207, 208, 211
海洋堆積物　238
海洋地殻　19, 20, 129, 156
　——のリサイクル　129
海洋地殻玄武岩　198
海洋底変成作用　175
海洋同位体ステージ　239, 241
海洋島玄武岩　148, 156
海洋プレート　19, 21, 160
　——の沈み込み　162, 197
ガウス期　242
カオリナイト　169, 171
化学化石　103
化学合成細菌　109
化学進化　106
　宇宙の——　39
　銀河の——　38
化学沈殿岩　172
化学の堆積岩　173
化学の堆積鉱床　190
化学的沈殿岩　174
化学的沈殿物　172, 173
化学的風化作用　102, 168, 169, 196
核　17
核–宇宙年代学　38
核酸　107
核酸塩基　107
核種　23
核図表　24, 25
核破砕反応　36, 46
核融合　260
核融合反応　32, 85, 263
花崗岩　135
火口湖　182, 196
花崗閃緑岩　135
下降流　163
火山ガス　95, 96, 99, 179, 180, 255
　——の拡散放出　181
火山活動　177
火山岩　126
火山砕屑岩　173
火山砕屑物　172–174
火山性熱水系　178
火山島　149, 276
火山灰　231
火山噴火　178, 244
過剰 Ar　75
加水溶融　160
火星　94, 100
　——の大気組成　98
火星隕石　12, 14
火成岩　120
火成鉱床　186
火成作用　136, 175
火星物質　49
化石　103
化石燃料　237, 258, 259
　——の燃焼　102, 227, 230, 251, 255
　——の燃焼効果　226
化石燃料鉱床　191
河川水　193, 196
河川堆積物　172, 254
カタストロフィック脱ガス　99, 100
褐色矮星　34
活断層　185
活断層探査　185
カーネギー研究所　269
下部マントル　18, 21, 276
ガブロ　135
花粉　238
カーボナタイト鉱床　187
カーボナタイトマグマ　125
神岡鉱山亜鉛精錬所　254
カリ変質帯　184
カルクアルカリ安山岩　129
カルサイトの海　205
岩塩　204
環境汚染　252, 255
環境破壊　252
環境復元　238
環境ホルモン　254
間隙水　172
乾式沈着　224
含水鉱物　198
乾性沈着　230
岩石　120
　アルカリ系列　126, 127
　カルクアルカリ系列　127, 128
　ソレアイト系列　127, 128
　——の砕屑化　168
　——の組織　125
　非アルカリ系列　126, 127
岩石学タイプ　14
岩石系列　126
岩石圏　269
岩石標準試料　273
乾燥重量　212
貫入岩　126, 178
間氷期　240, 244
カンブリア紀の生命大爆発　116
カンラン岩　126, 130, 143
カンラン石　123, 124, 198
寒冷化　244, 260

キ

気温　240
気温変化　101, 245, 261
気温変化予想　261
気温予測　257, 258
機械的堆積鉱床　190
希ガス同位体　46
気候変動に関する政府間パネル　257
基質　175
気象現象　220
汽水湖　196
季節風　207, 232
北アメリカ大陸の衝突　262
北大西洋深層水　208
希土類元素　121, 144, 157
希土類元素存在度パターン　144, 273
揮発性元素　28, 67, 71
ギブス自由エネルギー　124
木村健二郎　270
逆磁極期　242
逆断層　184
逆累帯構造　136
凝灰岩　190
凝結核　223
凝縮温度　63, 64, 67, 72
凝縮過程　85

凝縮相　63, 64
凝縮モデル　68, 95
共成長説　88
極性の反転　242
極端紫外光放射　220
巨大隕石クレーター　117
巨大隕石の衝突　116, 117, 261
巨大火成岩岩石区　130
巨大地震の再来周期　184
巨大衝突　89, 94
巨大衝突説　88
巨大噴火　231, 244
極冠　100
菌界　116
銀河宇宙線　242
銀河系　2, 3, 31
銀河の化学進化　38
金星　94, 99
——の大気組成　98
金属–ケイ酸塩分離　91
金属欠乏星　37
金属元素の長距離輸送　254
金属資源のリサイクル　258
キンバーライト　187

ク

苦鉄質岩　126
苦鉄質鉱物　126
暗い太陽のパラドクス　97
クラウジウス–クラペイロンの式　125
クラーク数　269
クラトン　156
グラファイト　50, 56
グラファイト粒子　53
グリーンタフ　190
グリーンランド　238
黒鉱　190
黒潮　207
黒田和夫　46
クロロフルオロカーボン類　222, 252

ケ

ケイ化帯　184
軽希土類元素　157
ケイ酸塩鉱物　121–123
ケイ酸塩溶融体　140
ケイ質軟泥　211

形成期間　84
ケイ藻　210
珪長質岩　126
珪長質鉱物　126
頁岩　174
結晶構造支配則　141, 274
結晶分化作用　134, 187
月面試料　274
ケロジェン　103, 171, 191, 227
減圧溶融　131
原核細胞　109, 110
健康被害　252
原子　23
原始海水　100, 101
原始海洋　98, 100, 101
原子核　23
原子吸光法　272
原始星　33, 59
原始生命　106, 107
原始大気　94–96, 98, 100, 101
原始太陽　82
原始太陽系星雲　10, 27, 29, 42, 48, 51, 59, 61–63, 66, 81, 82, 84, 86, 88, 94, 146, 148
原子番号　23
原子炉事故　232, 255
原始惑星　60
原始惑星系円盤　59, 60
現生人類　236
原生生物界　116
顕生代　116, 117
原生代　116, 117
元素　23
　栄養塩型　200, 203
　酸化状態支配型　203, 204
　除去型　200, 203
　人為起源の影響　203
　人工起源攪乱型　204
　——の宇宙化学的分類　66, 67
　——の宇宙存在度　31
　——の海水中の鉛直濃度分布　200
　——の起源　32
　——の地球化学的分配　269
　——の地球化学的分類　142, 143

　——の年代　41
　——の発見　265, 266
　——の分配　140
　保存成分型　200, 203
元素合成　32
元素組成
　植物の——　215
　生物の——　215
　ヒトの——　213, 215
元素濃縮率　187
玄武岩質火山　178
玄武岩質の地殻　158

コ

コア　17, 198
　液体——の発見　268
　——の化学組成　147
　——の分離　99
　——の密度　198
コア–マントル境界　17, 147, 163, 198, 268
コア–マントル分離　91, 92, 146, 154
高圧型変成帯　176
広域変成作用　175
高エネルギー粒子照射　85, 86
高塩濃度マグマ流体　178
高温凝縮物　66
高温高圧実験技術　273
公害　252, 254
光化学オキシダント　235
光化学スモッグ　235
光学異性　109
光学活性　109
鉱化作用　186
高揮発性元素　67
光球　4
孔隙　171
膠結作用　120
光合成　102, 104, 111, 114, 210, 225–227, 236, 248, 251
黄砂　231, 232
鉱山操業　254
鉱床　186, 254
　——の平均品位　187
洪水玄武岩　130
恒星
　第1世代の——　37
合成化学物質　252

索　　引

恒星進化の理論　5, 97
鉱石　186, 254
構造性元素　212
硬組織　212, 213, 217, 228, 236
酵素性元素　212
交代作用　175, 183
鉱物　120, 121
鉱物アイソクロン　77
鉱物資源　237, 258, 259
高密度含水マグネシウムケイ酸塩　198
鉱脈型鉱床　188
高硫化系鉱床　178
固化　139
古海水温度　272
枯渇性資源　258
古環境
　　——の復元　237, 238
古環境解析　238
古環境データ　239
呼吸　102, 225, 226, 248
黒点数　244
古細菌　105
湖沼　196
　　——の酸性化　255
湖沼水　193, 196
湖沼（湖底）堆積物　238, 242
弧状列島　161
古生代　116, 117
固相–液相間分配　273
固相–水溶液相分配　145
古土壌　112, 238
コマチアイト　130, 157
コモノート　105, 106
固溶体　120
コリオリ力　207, 231
コロンビアリバー　130
コンコーディア　80
コンコーディア図　78, 80, 81
混合層　199
混成作用　136
コンドライト　11–13, 27, 28
コンドルール　12, 14, 82, 87
ゴンドワナ超大陸　162

サ

再結晶作用　175
最終氷期　237, 240
再生資源　258

砕屑岩　173
砕屑性堆積岩（堆積物）　174
砕屑粒子　173
砂金　190
削剥速度　169
砂鉱床　190
雑食動物　213
砂漠隕石　11
砂漠堆積物　174
サルファーマグマ　125
サンアンドレアス断層　185
三角州　172
酸化作用　168
酸化物粒子　53
酸化分解　102, 103, 226
酸性雨　195, 255
酸性岩　126
酸性変質　100
酸性硫酸塩–塩化物泉　182, 183
酸性硫酸塩泉　182, 183
酸素循環　225
酸素燃焼　34
山頂火口　178
サントリーニ火山　244
三波川変成帯　176
残留磁化　242

シ

シアノバクテリア　104, 110, 111
紫外線照射　94
紫外線被爆　252
磁化率　241
磁気圏　4, 220
自形　125
資源枯渇　237
始源的エイコンドライト　12
始源的マントル　150, 154, 155
始源物質　165
資源問題　258
地震　16, 184
地震化学　276
地震波速度構造　16
地震波トモグラフィ　276
沈み込み帯　21, 129, 133, 160, 178
　　——の火山岩　161, 162
沈み込み帯玄武岩　156

始生代　116, 117
自然環境　237
実験岩石学　273
湿式沈着　224
質量分析計　271
質量分析法　277
死の灰　255
磁場強度　242, 243
柴田雄次　270
自発核分裂　24, 47
脂肪酸　107
縞状構造　176
縞状鉄鉱床　111, 191
社会地球化学　237
斜長岩　88, 157
斜長石　124
蛇紋石　160, 198
蛇紋石化　168
重希土類元素　157
重金属環境汚染　237, 254
重晶石　206
重水素の発見　272
集積植物　214
集積生物　214
集積動物　214
重炭酸塩泉　182, 183
重力崩壊　36
主系列星　2, 3, 60, 82, 85
シュペラー極小期　244
準惑星　5
硝化　225
硝酸呼吸バクテリア　225
消失源　221, 222
上昇流　163, 165
小天体からの試料回収　277
小天体衝突現象　95
衝突境界　160
衝突脱ガス　129, 261
衝突脱ガス　99
蒸発岩　172, 205
小氷期　244
上部大陸地殻　174
上部マントル　18, 21, 276
消滅放射性核種　26, 45, 46, 59, 73, 83–86, 89
縄文海進　240
小惑星　5, 11
小惑星帯　7, 9
初期凝縮元素　67
初期凝縮物　86

初期脱ガスモデル　100
植食動物　213
植物界　116
植物プランクトン　210
食物網　213
食物連鎖　213, 236, 252, 253
初生 ($^{87}Sr/^{86}Sr$) 比　76
初生マグマ　132
ジルコン　80, 88
深海掘削計画　274, 275
深海性堆積物　163
深海底堆積物　211
真核細胞　110
真核生物　105, 110
進化系統樹　105, 106
親気元素　142, 269
シンク　221, 222
新元素発見　265
浸食作用　169
新星　56
深成岩　125, 126
親生元素　143
真正細菌　105
新生代　116, 117
親石元素　27, 28, 142, 269
新鮮物重量　212
深層　199
深層海水　200, 209
深層地下水　196
神通川　254
親鉄元素　27, 28, 141, 269
親銅元素　142, 269
森林退行　255
森林破壊　255

ス

水銀中毒　255
水圏　269
水質汚染　252
水質変成　13, 14
彗星　5, 9
水素エネルギー　260
水素燃焼　33
水和作用　168
スカルン鉱床　188
スース効果　244
スタグネーション　163
スターダスト計画　10
ストロマトライト　110
スノーボールアース　97
　→ 全球凍結
スパイダー図　144, 151
スーパー間氷期　260
スラブ　160
　――の深部貫入　165
スラブ起源の流体　161
スラブペネトレーション　21, 164

セ

生化学的禁制律　108
星間ガス　56, 57
星間塵　56, 57, 61
星間物質　31, 56
星間分子　58, 108
星間分子雲　10, 57
生痕化石　103
正磁極期　242
生殖障害　254
生成関数　39
生成速度比　84
成層圏　219, 220, 222, 232, 249, 252
成層圏 O_3　234
成層圏エアロゾル　230
成層圏界面　220
生体鉱物　217
生体濃縮　253
正断層型地震　184
成長曲線　79
静的同位体効果　42
生物
　――の階層分類体系　115
　――の大量絶滅　116, 261
　――の陸上進出　114
生物岩　173
生物起源説　191
生物圏　236
『生物圏 (La Biosphere)』　270
生物源砕屑物　172
生物源粒子　172, 173
生物資源　258
生物地球化学　270
生物地球化学サイクル　210
生物の風化作用　168
生物ポンプ　211, 228
正マグマ鉱床　187
生命の起源　106, 108, 275
精錬　254

世界人口　258
世界平均気温予測　258
石英　123
石英長石質変成岩　176
石質隕石　11
赤色巨星　34, 36, 52, 56, 263
積雪面積　251
石炭　191, 236, 258
石鉄隕石　11, 12, 14, 15
石油　191, 236, 258
　――の起源　191
石灰華　172
石灰岩　174
石灰岩類　169
石灰質軟泥　211
石灰質変成岩　176
石基　126
セッコウ　111, 169, 204
接触変成作用　175, 269
絶対年代測定　73
セディメントトラップ　210
セメント化作用　172
センアンセスター　105
閃ウラン鉱　112
全岩アイソクロン　77
先カンブリア時代　117
全岩分配係数　140, 143, 144
全球凍結　97, 101, 114, 115, 193
全球平均放射強制力　250
漸近巨星分岐　51
扇状地　172
浅層地下水　196
先太陽系粒子　42　→　プレソーラー粒子
全地球トモグラフィー　21, 163–165
セントヘレンズ火山　231
浅熱水性鉱床　188, 189
浅部マグマ活動　177
千分率表示　272
全マントル1層対流モデル　164
閃緑岩　135

ソ

走時　16
層状構造　169
層状マンガン鉱床　191
相転移　124

索　引

総浮遊量　170
総溶存量　170
続成作用　172, 173, 175
速度論的同位体効果　42
ソース　221, 222
粗大粒子　223
ソリダス　130

タ

ダイアピル　132
ダイオキシン類　254
体化石　103, 104
大気
　——の構造　219
　——の大循環　230
大気汚染　237, 252
大気汚染物質　195
大気-海洋間のCO_2の収支　228
大気圏内核実験　255–257
大規模セッコウ層　111, 204
帯水層　196
堆積岩　120, 172
　——の化学組成　174
　——の分類　173
堆積鉱床　186, 190
　縞状構造の——　111
堆積作用　172
堆積物　172
代替エネルギー　260
タイタン　9
ダイナモ作用　148
ダイヤモンド　50, 176, 187, 190, 275
太陽　2, 4, 5
　暗い——のパラドクス　97
太陽エネルギー　260
太陽活動　244
　——の極小期　243
太陽系　5, 7, 27
　——の起源　268
　——の元素存在度　27, 29, 30, 62, 121
　——の成因　275
太陽系外縁天体　5, 9, 11
太陽系外惑星　5
太陽系形成
　——の標準シナリオ（モデル）　10, 60, 61, 94
太陽系先駆物質　48, 275

太陽光球　29
太陽光度　97
太陽光の吸収　247
太陽光発電　260
太陽全放射量　246
耐用年数　258, 259
太陽風　4, 94
太陽放射のスペクトル　246
大陸移動説　268, 275
大陸クラトン　21
大陸衝突型造山帯　176
大陸成長モデル　159
大陸地域　17
大陸地殻　18, 20, 89, 156, 158
　——の形成と進化　156
　——の生成　129, 158
　——の平均的な元素組成　156
大陸地殻形成速度　158
大陸地殻成長　158
大陸地殻物質の同化作用　162
大陸プレート　21
対流圏　219, 222, 252
　——における光化学反応　234
対流圏O_3　234, 250
対流圏界面　219, 246
対流圏大気　222
　——の主要成分の濃度　222
滞留時間　249
大量絶滅　115, 261
多形　124
多細胞生物　110, 114
ダスト濃度　240
脱ガス　99, 165
　固体地球からの——　101
脱窒　225
単一元素合成モデル　40, 84
炭化ケイ素　50
炭酸塩　101, 102, 206, 227, 236
炭酸化作用　168
淡水湖　193
炭素質（有機）エアロゾル　224
炭素質コンドライト　12, 13, 28, 69, 91, 107, 274
炭素循環　227
炭素燃焼　34

炭素フラックス　228
単糖　107
タンパク質　107

チ

チェルノブイリ原子力発電所　232, 257
地温分布　132
地殻　17, 19
　——の平均化学組成　269
地殻熱流量　246
地下資源　237
地下水　193, 196
置換型固溶体　123
地球　16
　——の化学組成　68, 71, 121
　——の年代　90, 268, 271
地球温暖化　237, 244, 251, 257
地球温暖化指数　249
地球外粒子　172
地球化学　265, 270
地球化学図　172, 254
地球化学探鉱　217
地球化学的循環　224
地球型惑星　6, 7, 61, 94
地球環境問題　252, 257
地球岩石圏全体　151
地球磁気圏　4
地球資源　258
地球磁場　148
　——の変動　242
地球磁場強度　242, 243
地球大気温度の鉛直構造　219
地球内部構造モデル　165, 166
地球年代学　271
地球物質
　最古の——　88
　——の同位体分別線　44, 47
地球放射のスペクトル　246
地磁気極　242
地磁気温度計　272
窒素固定　224
窒素固定細菌　224
窒素酸化物　255
窒素循環　224, 225
地熱エネルギー　260
地熱系　178

索引

地熱水 182, 183
——の分類や起源 182
地熱流体 182
チムニー 189
チャート 174
中央海嶺 21, 128, 149, 150, 159, 189, 275, 276
中央海嶺玄武岩 132, 148
中央海嶺熱水系 190
中央構造線 185
中間圏 219, 220
中間圏界面 220
中間質岩 126
中揮発性元素 67, 71
中色質岩 126
中性塩化物泉 182, 183
中性岩 126
中性子 23
中性子星 36
中性子放射化分析法 272
中性子捕獲反応 32, 35, 46
中性水素 57
中生代 116, 117
中層 199
超塩基性岩 126
超塩基性変成岩 176
超寒冷期 261
長距離輸送 240
超苦鉄質岩 126
超高圧型変成岩 176
超高温型変成岩 177
超新星 56
超新星起源 51
超新星爆発 36–38, 47, 48, 85
超大陸 162, 163, 261
超臨界流体 182

ツ

月 7
——の石 274
——の誕生 92
月隕石 12, 14, 88
月試料 88
——の年代測定 88
月物質 49, 88

テ

低圧型変成帯 176
低角逆断層型地震 184

デイサイト質 135
泥質変成岩 176
ディスコーディア 80
低速度層 19
泥炭層 172
低硫化系鉱床 178
デカン高原 130
適合元素 143
鉄隕石 11, 12, 14, 15, 61
テトラド効果 145
デラミネーション 152, 162
電解質性元素 212
電子 23
電子捕獲壊変 24, 73
天水 182, 193–195
天水線 180, 272
天然ガス 258
天然原子炉 46
電離圏 220

ト

糖 107
同位体 23
同位体異常 42
　隕石中の—— 46
同位体温度計 272
同位体希釈質量分析法 74, 272
同位体効果 42
同位体交換反応 42
同位体端成分 150
同位体トレーサー 275
同位体比の変動 41
同位体分別 42, 43, 271
　質量依存(型)の—— 44, 112
　食物摂取によるCやNの—— 213
　非質量依存(型)の—— 44, 112, 113
同位体リザーバー 148, 150
同化作用 136
同化分別結晶作用 136
島弧 21, 132, 161, 261
島弧火山活動 162
島弧型マグマ水 180
島弧マグマ 162
——の生成 161
等時線 75
同重体 23

動的同位体効果 42
動物界 116
毒性 212
独立栄養生物 213
土壌 170
——の酸性化 255
——の生成 170
土壌汚染 252
土壌空気 171
土壌水 193
土壌層位 170
土壌溶液 171
ドブソン単位 253
ドメイン 105, 115
トリプル・アルファ反応 34

ナ

内核 18, 21, 146
——の固化成長 148
——の発生 147
内核外核境界 147
内核析出開始年代 147
内分泌攪乱物質 254
長沢宏 273
難揮発性金属ナゲット 66
難揮発性元素 27, 67, 71
南極 238
南極隕石 11, 274, 275
南極オゾンホール 253
南極底層水 208
南極ボストーク氷床コア 239
軟体部 212

ニ

肉食動物 213
二次イオン質量分析法 51, 88, 277
二次鉱物 171
二次大気 94, 95
二次中性子 242
二次放射性核種 26, 73
二次粒子 223
2層マントル対流モデル 164
日本地球化学会 270
日本列島 262

ヌ

ヌクレオチド 107

ネ

ネオン燃焼　34
熱塩循環　207
熱圏　219, 220
熱圏界面　220
熱残留磁化強度　242
熱水系　184
熱水鉱床　183, 186, 187
熱水変質作用　183
熱水湧出孔　107
熱帯収束帯　231
熱変成　14
年代一致曲線　80
年代測定　45, 73, 238
年代不一致線　80
粘土鉱物　169
粘土鉱物化　168, 170
粘土変質帯　184
年輪　238, 244

ノ

農業被害　252
農耕牧畜　237
濃縮係数　214
農薬　252

ハ

バイオマーカー　103, 110
バイオマス　212
　——の燃焼　226
バイオマスエネルギー　260
バイオミネラリゼーション　217, 228
バイカル湖掘削計画　241
背弧海盆　189
排出シナリオ　258
パイロライト　68
白色矮星　263
バクテリア　105
パスツール点　112, 114
発がん性　253
発見隕石　11
発生源　221, 222
ハッブルの法則　1
発泡　177
ハドレー循環　231
ハドレーセル　231
ハーバー–ボッシュ法　225
バーミキュライト　169

林フェイズ　60, 95
林ライン　60
パラサイト　15
パラソル効果　244
バリオン　32
ハロイサイト　169, 171
ハワイ　180
斑岩鉱床　178, 188, 189
パンゲア　162
半減期　24
斑晶　126
斑状変晶　175
パンスペルミア　107
汎地球測位システム　162
反応原理　134
ハンレイ岩　135

ヒ

非核酸複製生物　109
微化石　104
ピクライト質　132
非再生資源　258
非在来型天然ガス　260
微小破壊　185
微小粒子　223
微小割れ目　185
被食者　213
ビッグバン　1, 32, 33, 41
必須元素　212
ヒドロキシラジカル　233
ピナツボ火山　181
非必須元素　212
非平衡コンドライト　14
ヒューミン　171
氷河　193
氷河時代　114, 115, 260
氷河堆積物　174
氷期　240, 260
氷期–間氷期の気候変化　240
兵庫県南部地震　185
漂砂鉱床　190
標準植物　214
標準植物組成　215
標準人間　213
標準人間組成　215
氷床　238
　——の拡大　241
　——の体積　239
　——のボーリング掘削　238
氷晶核　223

氷床コア　238, 239
表層　199
表層海水　200
微量元素
　——の地球化学　273
微量元素存在度　151
微量元素分析法　277
微惑星　60, 81

フ

フィッシャー・トロプシュ反応　108
不一致年代　80
フィリック変質帯　184
フィリピン海プレート　261
風化
　——に対する抵抗性　169
風化作用　168, 226
風化残留鉱床　190
風化生成物　171
風化堆積作用　102
風化反応速度　102
風成細粒堆積物　174
風成層　172
フォールアウト　255, 256
腐植物質　170, 191
普通コンドライト　12, 13
物質循環
　固体地球における——　129
地球物理学研究所　269
物理的風化作用　168
不適合元素　143
不適合度　143
部分溶融　130, 139
フミン酸　171
ブラックスモーカー　189
ブラックホール　36
プランクトン　211
プランク分布　1
フルボ酸　171
プルーム　148, 158, 165
プルームテクトニクス　165
ブルン期　242
フレアーアップ　59, 60
プレソーラー粒子　42, 50, 51, 61, 275
プレート　19, 20
　——の境界　184
　——の誕生　275
プレート運動　159, 162, 163

索　引

プレート収束境界　128
プレートテクトニクス　263, 268, 275-277
プレート発散境界　127, 129
不連続面 (410 km, 660 km)　18, 125
プロゲノート　105
プロテイノイド・ミクロスフェア　109
プロピライト変質帯　184
噴火
　　――の形態　178
　　爆発的な――　177
分化隕石　11, 12, 14
噴気孔　178
噴気孔ガス　179
分子雲　33, 57
　　――の収縮　86
分子雲コア　57, 59, 60
噴出岩　126
分析標準試料　273
分配係数　136, 143, 273
　　鉱物-メルト間の――
　　140-142
分別固化　137-140
分別溶融　137-139
分裂説　88

ヘ

平均自由行程　220
平均滞留時間　193, 194, 200, 208, 221, 222, 229, 249
平衡凝縮モデル　62, 63
平衡固化　137-140
平衡同位体効果　42
平衡溶融　137, 139
へき開　176
ペグマタイト鉱床　187, 188
ヘリウム燃焼　34
ペリドタイト　130
ヘルツシュプルング-ラッセル図　2, 3
変質帯　183
変成岩　120, 269
変成作用　120, 173, 175
　　隕石母天体内での――　82
変成相　176, 177
変成相系列　176, 177
変成帯　175
変成反応　177

ホ

偏西風　207, 230, 231
片麻状組織　176
片理　175

ホ

貿易風　207, 231
放射壊変　24, 44
放射強制力　248-250
放射スペクトル　246
放射性核種　24, 25
放射性元素の地球化学　270
放射線障害　255
放射年代測定　73, 271
放射能汚染　237, 255
放射能の発見　268
放射平衡　73
捕獲説　88
ボーキサイト鉱床　190
捕食　210
捕食者　213
ボストーク　238
ボストーク氷床コア　239, 240, 248
保存成分　203
ボックスモデル　194, 199, 224
ホットスポット　21, 129, 132
ホモ・エレクトス　236
ホモ・サピエンス　236
ホルンフェルス状組織　176
ホワイトスモーカー　189
本源マグマ　132

マ

マウナロア　247
マグマ
　　――の成因と進化　269
マグマオーシャン　96, 99, 100, 107, 120, 146, 158
マグマ混合　134, 135
マグマ溜まり　126, 136
マグマ発生　130
増田彰正　273
松山期　242
松山基範　242
マリグラヌール　109
マルチアイソトープ　276
マンガン団塊　191
マントル　17, 155
　　――の化学像　275

――の化学的な不均質性　148, 152
――の掘削　277
――の3次元構造　21, 152, 164
――の同位体進化　154
不適合元素に乏しい――　154
不適合元素に富んだ――　154
マントルウェッジ　132, 160, 180
マントル岩　120
マントル起源玄武岩　151, 153
マントル起源物質　90
マントル構成岩石　69
マントル線　69
マントル遷移層　18
マントル対流　21, 159, 163, 261
マントルプルーム　130
マントル分化　91
マントルヘリウム　185

ミ

水-岩石相互作用　187
水循環　193, 195, 197
密度成層構造　159
密度躍層　199
水俣病　254
未分化マントル　150
三宅島　181
ミランコビッチ周期　240, 242, 260, 261

ム

無機起源説　191
無機鉱物骨格　110
無水鉱物　198

メ

冥生代　116, 117
メカノケミカルな反応　185
メガリス　165
メソシデライト　15
メタン生成細菌　104, 114, 228
メタンハイドレート　229, 260

索　引

メチル水銀　254

モ

木材年輪　243, 244
木星型惑星　6, 7, 94
モホ面　17
モホロビチッチ不連続面　17
　　——の発見　268
モレーン　174
モンスーン　207
モンダー極小期　244
モントリオール議定書　248,
　　252
モンモリロナイト　169, 171

ユ

有機 Sn 化合物　254
有機エアロゾル　223, 235
有機堆積鉱床　190, 191
有孔虫　239
　　——の $\delta^{18}O$　241
有効放射温度　97
優黒質岩　126
融点降下　131
誘導結合プラズマ–原子発光分
　　光分析法　272
誘導結合プラズマ–質量分析法
　　272
誘導放射性核種　26, 74
優白質岩　126
ユーカリア　105
輸送距離　223
ユーリー–クレイグ図　13

ヨ

陽イオンサイト　141
陽イオンの貯蔵庫　171
溶解作用　168
溶岩湖　178
溶岩湖ガス　179
溶岩台地　130
溶岩ドーム　178
溶岩流　178
溶岩流ガス　179
陽極線分析器　271
陽子　23
葉状構造　175
溶存酸素　204
溶存有機炭素　196
溶脱　168
溶脱ケイ化作用　184
溶融　140
溶融脱ガス　95
横ずれ断層　184
四組効果　145

ラ

ラジカル　252
ラジカル触媒　233
落下限石　11
ラテライト　169

リ

リキダス　130
陸源性砕屑物　172, 241
陸水　193

リサイクル　99
リソスフェア　19
リター　171, 227
リフトバレー　128
硫酸エアロゾル　230, 235,
　　250
硫酸塩エアロゾル　235
硫酸塩の $\delta^{34}S$　206
粒子照射　94
流体包有物　204, 205
流紋岩質マグマ　133, 135
領家変成帯　176
臨界点　182
リン酸塩　87
リン酸塩鉱物　82

ル

ルナ号　274

レ

冷却効果　250
歴史的記録　238
レス　238, 240
レッドフィールド比　210
連続元素合成モデル　40, 84,
　　85

ワ

惑星　5
惑星間空間　220
惑星間塵　5, 10, 56
惑星形成の凝縮モデル　277
惑星大気　95

著者略歴

野(の)津(つ)憲(けん)治(じ)

1946年　東京都に生まれる
1975年　東京大学大学院理学系研究科化学専門課程博士課程修了
現　在　東京大学大学院理学系研究科附属地殻化学実験施設・教授
　　　　理学博士

朝倉化学大系 6
宇宙・地球化学

定価はカバーに表示

2010年 3月10日　初版第1刷
2015年 2月25日　　　第2刷

著　者　野　津　憲　治
発行者　朝　倉　邦　造
発行所　株式会社　朝　倉　書　店
　　　　東京都新宿区新小川町 6-29
　　　　郵便番号　162-8707
　　　　電　話　03(3260)0141
　　　　FAX　03(3260)0180
　　　　http://www.asakura.co.jp

〈検印省略〉

© 2010〈無断複写・転載を禁ず〉　　　中央印刷・渡辺製本

ISBN 978-4-254-14636-3　C 3343　　　Printed in Japan

JCOPY　<(社)出版者著作権管理機構 委託出版物>

本書の無断複写は著作権法上での例外を除き禁じられています。複写される場合は、そのつど事前に、(社)出版者著作権管理機構（電話 03-3513-6969、FAX 03-3513-6979、e-mail: info@jcopy.or.jp）の許諾を得てください。

好評の事典・辞典・ハンドブック

物理データ事典	日本物理学会 編	B5判 600頁
現代物理学ハンドブック	鈴木増雄ほか 訳	A5判 448頁
物理学大事典	鈴木増雄ほか 編	B5判 896頁
統計物理学ハンドブック	鈴木増雄ほか 訳	A5判 608頁
素粒子物理学ハンドブック	山田作衛ほか 編	A5判 688頁
超伝導ハンドブック	福山秀敏ほか 編	A5判 328頁
化学測定の事典	梅澤喜夫 編	A5判 352頁
炭素の事典	伊与田正彦ほか 編	A5判 660頁
元素大百科事典	渡辺 正 監訳	B5判 712頁
ガラスの百科事典	作花済夫ほか 編	A5判 696頁
セラミックスの事典	山村 博ほか 監修	A5判 496頁
高分子分析ハンドブック	高分子分析研究懇談会 編	B5判 1268頁
エネルギーの事典	日本エネルギー学会 編	B5判 768頁
モータの事典	曽根 悟ほか 編	B5判 520頁
電子物性・材料の事典	森泉豊栄ほか 編	A5判 696頁
電子材料ハンドブック	木村忠正ほか 編	B5判 1012頁
計算力学ハンドブック	矢川元基ほか 編	B5判 680頁
コンクリート工学ハンドブック	小柳 洽ほか 編	B5判 1536頁
測量工学ハンドブック	村井俊治 編	B5判 544頁
建築設備ハンドブック	紀谷文樹ほか 編	B5判 948頁
建築大百科事典	長澤 泰ほか 編	B5判 720頁

価格・概要等は小社ホームページをご覧ください.